Marc Sens, Roland Baar
(ed.)

Engine Processes

Engine Processes

Dipl.-Ing. Marc Sens, Prof. Dr.-Ing. Roland Baar,
(ed.)

and 90 Co-Authors

With 307 Figures and 24 Tables

expert verlag

automotive
engineering
iav

Bibliografische Information Der Deutschen Bibliothek

Die Deutsche Bibliothek verzeichnet diese Publikation
in der Deutschen Nationalbibliografie;
detaillierte bibliografische Daten sind im Internet über
http://www.dnb.de abrufbar.

Bibliographic Information published by Die Deutsche Bibliothek

Die Deutsche Bibliothek lists this publication
in the Deutsche Nationalbibliografie;
detailed bibliographic data are available on the internet at
http://www.dnb.de

ISBN 978-3-8169-3222-2

Bei der Erstellung des Buches wurde mit großer Sorgfalt vorgegangen; trotzdem lassen sich Fehler nie vollständig ausschließen. Verlag und Autoren können für fehlerhafte Angaben und deren Folgen weder eine juristische Verantwortung noch irgendeine Haftung übernehmen.
Für Verbesserungsvorschläge und Hinweise auf Fehler sind Verlag und Autoren dankbar.

Preface

On behalf of the authors, we are delighted to give you this summary of all the technical presentations delivered at the first international “Engine Processes” conference that took place on June 6 and 7, 2013 in Berlin. In their papers and taking the event title as their guideline, the authors reported on new engine processes, including gas exchange as well as the internal engine processes of mixture formation and combustion. In addition to showing alternative solutions, they also look at alternative or new approaches to simulation in engine process development.

The quality and diversity of the presentations summarized in this book confirm the topicality of “Engine Processes” in the current ICE development landscape. Apart from the important aspect of gas exchange, which today is extensively influenced by variabilities in the valvetrain as well as the supercharging concept, internal engine processes are also becoming more and more significant. It will only be possible to meet or remain below the limits of future emission regulations and CO2 legislation if the above processes are understood in every detail and the requisite tools are also made available. As the source of the presentations summarized here, the event sets out to achieve precisely this.

As one of their key objectives, the publishers want this conference to give all interested developers new ideas that can be of help in further improving the internal combustion engine because in spite of all the progress being made in electromobility, it will remain the dominant source of propulsion for the next few decades and still harbors much optimization potential.

Finally, a word of thanks once again goes to all authors who have made this book possible with their valuable contributions. On behalf of the many helpers, the publishers in particular also thank Mr. Boris Schulte-Römer from IAV GmbH and Ms. Lisa Hertel from TUBS GmbH for their excellent work in preparing and managing the event.

Berlin, June 2013

Marc Sens

Roland Baar

Contents

1 Challenges to Validate Turbocharger CFD Simulations with Hot Gas Test Results
Herausforderungen an die Validierung von CFD-Simulationen mit Heißgasversuchen an Turboladern

Valerius Boxberger, Holger Mai, Roland Baar, Samir Kadunic

Abstract

Driving factors of today's drivetrain development are a continuous demand to reduce emission limits and a growing expectation to improve driving dynamics coupled with declining fuel consumption. Downsizing in combination with turbocharging has proven to be a key technology. It ensures increased power density and efficiency, both at reduced emission levels. In modern design validation processes CFD (computational fluid dynamics) has been established as an important part of modern development methods. The simulation offers a variety of options to examine the detailed understanding of flow phenomena. To perform the numerical flow simulation in reasonable terms model simplifications have to be made. Hence high-quality simulations directly depend on a good validation to guaranty reliable results. The validation of CFD is performed comparing data from experiment and simulation, but both have general constraints and are only models of real engine operation. The target of this paper is the creation of a numerical model that is specifically adapted. In addition an error estimation of the experimental maps will be shown. As a result of the investigation the qualification of numerically generated performance maps will be presented to show the operating behavior of combustion engines on the basis of an engine simulation.

Kurzfassung

Treibende Faktoren aktueller Antriebsstrangentwicklung sind stetig verschärfte Emissionsgrenzwerte und ein wachsendes Erwartungsniveau an Fahrdynamik bei kleiner werdendem Kraftstoffverbrauch. Das Downsizing in Verbindung mit der Turboaufladung hat sich dabei als Schlüsseltechnologie erwiesen, bei der die Leistungsdichte und Effizienz erhöht und die Emissionen minimiert werden können. In modernen Absicherungsprozessen hat sich die Numerische Strömungssimulation (CFD= computational fluid dynamics) als ein wichtiger Bestandteil moderner Entwicklungsverfahren etabliert. Die Simulation bietet eine Vielzahl an Untersuchungsmöglichkeiten für das detaillierte Verständnis von Strömungsphänomenen. Um den numerischen Aufwand einer Simulation zu verkürzen werden Vereinfachungen des CFD-Modells vorgenommen. Diese führen zu der Problematik, dass die Sicherstellung eines qualitativ hochwertigen Simulationsergebnisses unmittelbar mit einer guten Validierung in Zusammenhang steht. Die Validierung der CFD erfolgt in Form eines Abgleichs der experimentellen mit den simulierten Kennfeldern, wobei beide grundsätzliche Einschränkungen haben und nur Modelle des realen Motorbetriebs sind. Ziel dieses Vorhabens ist die Erstellung eines belastbaren numerischen Turbolader-Modells. Des Weiteren soll anhand einer Motorprozesssimulation gezeigt werden, wie sich mittels

CFD erzeugte Kennfelder für die Abschätzung des Betriebsverhaltens von aufgeladenen Verbrennungsmotoren eignen.

1 Einleitung und Problemstellung

Dem ingenieursmäßigen Anspruch an eine zweifelsfreie und eindeutige Technologiebewertung stehen verschiedene Probleme im Weg. Es zeigt sich, dass weder das Experiment, noch die Simulation ohne kritische Bewertungen eindeutige Aussagen zulassen. Da aber eine genaue Anpassung von Turboladern an Verbrennungsmotoren für die schärfer werdenden thermodynamischen Anforderungen, an die Emissionen, an den Verbrauch sowie die mechanischen Grenzen hinsichtlich Belastbarkeit und Lebensdauer essentiell ist, müssen die Methoden zur Untersuchung ständig verfeinert und erweitert werden.

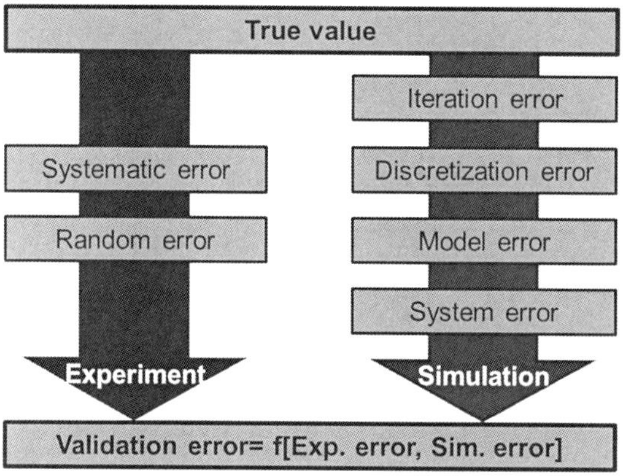

Abbildung 1: Validierungsfehler

Im Bereich der experimentellen Untersuchungen haben Heissgasprüfstände den Anschein, vergleichbare Betriebsbedingungen zu schaffen. Dabei zeigt sogar schon die Bestimmung der Lage der Pumpgrenze eine große Abhängigkeit von der Prüfstandskonfiguration. Dies ist nur ein Indiz dafür, dass Handlungsbedarf besteht. Heissgasprüfstände werden meist mit konstanter Abgastemperatur betrieben, was im Bereich kleiner Massendurchsätze dazu führen kann, dass diabate Vorgänge unverhältnismäßig dominieren und zu scheinbaren Wirkungsgraden größer eins führen können. Die Strömung am Heissgasprüfstand ist quasi stationär, während am Motor, verursacht durch die Zündfolge, instationäre Strömungsvorgänge existieren. Die drallbehaftete Abströmung aus der Turbine macht eine Messung der Austrittstemperatur sehr schwierig, was die exakte Bestimmung isentroper Turbinenwirkungsgrade erschwert. Schließlich sind noch die Grenzen der Messtechnik zu nennen, die zu einer Streuung der Messergebnisse führen.
Nach dem aktuellen Stand der Technik können dreidimensionale Strömungsberechnungen schnell und effizient realisiert werden. Die Übereinstimmung mit experimentellen Messdaten erscheint dabei in weiten Bereichen als sehr hoch. Allerdings ist hierbei nicht immer eindeutig, ob der physikalische Wert richtig ermittelt wurde. Die Pumpgrenze, die schon im Experiment nur bedingt reproduzierbar ist, stellt hier hohe

Anforderungen an die Modellierung. Dies gilt ebenfalls für die Diabatheit und die Pulsationen. Allgemeine numerische Unzulänglichkeiten runden das Problemfeld der Simulation ab. Im Folgenden werden Ergebnisse zur Beurteilung der Leitungsfähigkeit von numerischen Strömungsberechnungen präsentiert. Sie sind ein Teil umfangreicher Untersuchungen zur genaueren thermodynamischen Abbildung von Turboladern. Schon auf Basis der vorgestellten Abweichungen zeigt sich ein relativ großer Einfluss auf das Betriebsverhalten eines Motors. Hierzu werden exemplarisch Motorprozesssimulationen gezeigt, die auf Basis eines Beispielturboladers durchgeführt wurden.

2 Experimentelle Messungen

2.1 Turboladerprüfstand

Der Turboladerprüfstand des Fachgebiets Verbrennungskraftmaschinen der Technischen Universität Berlin ermöglicht eine große Bandbreite an Erprobungen und Vermessungen von Abgasturboladern unabhängig vom Betriebspunkt eines Verbrennungsmotors. Das Kernstück des Prüfstandes bildet die Hochtemperaturbrennkammer, mit der Heissgas bis zu 1200°C erzeugt werden kann. Eine Konditionierung von Schmieröl- und Kühlwassersystem in Verbindung mit einer optionalen pulsierenden Turbinenbeaufschlagung (mittels Zylinderkopf) erlaubt es, moderne Abgasturbolader unter realitätsnahen Bedingungen zu erproben. Die Kombination dieser Möglichkeiten macht den Turboladerprüfstand zu einem leistungsfähigen Werkzeug bei der Vermessung stationärer, instationärer und transienter Betriebszustände.

Abbildung 2: Turboladerprüfstand des Fachgebiets Verbrennungskraftmaschinen

2.2 Messstellen

Für die stationäre Kennfeldvermessung werden am Turboladerprüpfstand vor und nach dem Verdichter sowie vor und nach der Turbine jeweils eine Druckmessstelle und drei Temperaturmessstellen im jeweiligen Messrohr positioniert (Abb. 3). Für die dabei als Triple-T-Ringleitung ausgeführten Druckmessstellen sind jeweils eine Einlauf- und eine Auslaufstrecke vorgesehen, die dem fünffachen bzw. dem dreifachen Messrohrdurchmesser *d* entsprechen. Die Temperaturmessstellen werden, in Strö-

mungsrichtung gesehen, nach den Entnahmestellen der Druckmessung und um 45° am Umfang zu dieser versetzt angeordnet. Das Messrohr vor der Turbine bzw. nach dem Verdichter wird zwischen den Temperaturmessstellen und dem jeweiligen Turboladerflansch mit wärmedämmendem Material umwickelt. Der Verdichtermassenstrom wird über eine Einlaufdüse gemessen. Der Turbinenmassenstrom wird durch Messung des Luftmassenstroms mit Hilfe eines Sensyflows ermittelt und der Kraftstoffmassenstrom wird durch eine AVL-Kraftstoffwaage bestimmt.
Je nach den Anforderungen der jeweiligen Messstelle an den Temperatursensor hinsichtlich Temperaturbereich, Messgenauigkeit und thermischer Trägheit werden Thermoelemente (TC) und Widerstandsthermometer (RTD) am Prüfstand eingesetzt. Aufgrund des geringeren Temperaturniveaus werden auf der Verdichterseite die genaueren Pt100-Widerstandsthermometer verwendet. Heissmessungen bedingen auf der Turbinenseite den Einsatz von NiCr-Ni-Thermoelemente (Typ K).

2.3 Systemgrenze

Im Idealfall sollen die aus der Kennfeldvermessung ermittelten Kenngrößen ausschließlich das Betriebsverhalten des Turboladers beschreiben. In der Realität werden zur Ermittlung von Druck und Temperatur Messrohre (Abb. 3, rechts) am Ein- und Austritt von Verdichter und Turbine verwendet. Im Hinblick auf eine hohe Güte der Messgrößen sind insbesondere für die Druckmessung definierte Ein- und Auslaufstrecken erforderlich. Damit bilden die Messstellen für Druck und Temperatur die Ist-Systemgrenze am Prüfstand, die von der Soll-Systemgrenze entlang der Flansche und Stutzen des Turboladers um die Ein- bzw. Auslauflänge der Messrohre abweicht. Die innerhalb dieser Ist-Systemgrenze (Abb. 3, links, gestrichelte Linie) auftretenden Zustandsänderungen sind demnach nicht nur durch das Verhalten des Turboladers selbst hervorgerufen, sondern enthalten auch die Einflüsse der Messrohrgeometrie, wie etwa die darin auftretenden Wärme- und Druckverluste. Für eine sehr gute Reproduzierbarkeit einer Kennfeldvermessung bei gleichzeitig minimalen Messunsicherheiten spielt die Gestaltung der Messstrecke und der Auswahl der eingesetzten Messtechnik eine wichtige Rolle.

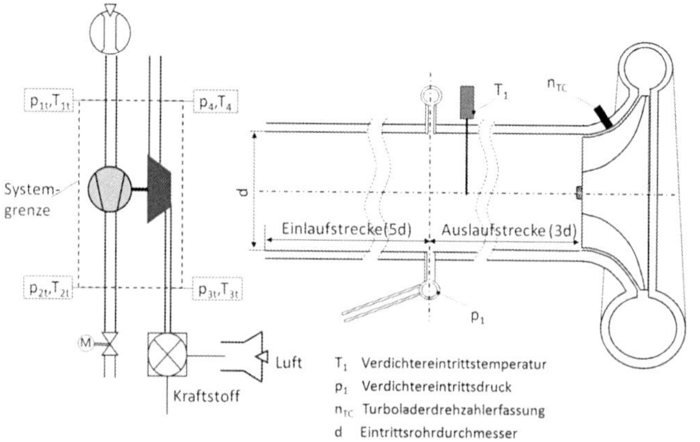

Abbildung 3: Abgasturbolader auf dem Prüfstand mit Messstellen als Systemgrenze (links), Verdichtereintrittsrohr (rechts)

2.4 Experimentelle Fehler

Bei jeder Messung am Prüfstand treten mehr oder weniger große Fehler auf, die das Ergebnis der Messung beeinflussen. Das Ziel einer jeden Messung ist jedoch die Bestimmung des wahren Wertes einer physikalischen Größe. Jeder Messwert wird jedoch durch die Unvollkommenheit des Messverfahrens, der Messgeräte oder durch Umweltbedingungen derart beeinflusst, so dass der wahre Wert der Messgröße, trotz aller messtechnischen Aufwendungen, nicht beliebig genau bestimmt werden kann [12]. Die auftretende Differenz zwischen dem Messwert y und dem wahren Wert y_w wird absolute Abweichung Δy genannt. Sie besitzt die gleiche Maßeinheit wie der Messwert. Zur Beurteilung der Qualität der Messung muss die auftretende Abweichung quantifiziert werden. Dies erweist sich allerdings als unmöglich, da der wahre Wert der Messgröße nicht bekannt ist. Die DIN 1319-1 [4] fasst diese Abweichungen unter dem Begriff der Messunsicherheit u zusammen, die mit dem Messergebnis y einen Wertebereich kennzeichnet, in dem der wahre Wert y_w der Messgröße mit einer bestimmten Wahrscheinlichkeit liegt.

$$y - u \leq y_w \leq y + u \tag{1}$$

2.5 Konzept der Messunsicherheit

Das Konzept der Messunsicherheit beruht auf statistischen Methoden deren grundlegenden Zusammenhänge kurz beschrieben werden. Eine ausführliche Analyse des Einflusses der Messunsicherheit in der Kennfeldvermessung eines Turboladers findet sich bei Mai et al. [8].

Prinzipiell entspricht die Bestimmung der Messunsicherheit dem Wunsch der quantitativen Angabe einer Unsicherheit zur Bewertung der Qualität der Messung. Hierbei soll die Messunsicherheit einen Bereich kennzeichnen, in dem der wahre Wert der Messgröße liegt. Die Messunsicherheit ist positiv, wird ohne Vorzeichen angegeben und setzt sich aus einer systematischen und einer zufälligen Komponente zusammen, wobei jedoch Abweichungen aufgrund grober Fehler hierbei keine Berücksichtigung finden.

Unter identischen Messbedingungen bleiben systematischen Abweichungen u_{sys} stets in Betrag und Vorzeichen konstant, sind reproduzierbar und können durch Wiederholmessung weder erkannt noch vermieden werden [11]. In Einzelfällen ist der gleichbleibende Anteil durch Referenzmessungen bekannt, wodurch die Möglichkeit der Angabe eines korrigierten Messergebnisses besteht.

Zufällige Abweichungen u_{zuf} (Gl. 2) entstehen stochastisch und sind nicht vermeidbar, da sie von nicht erkennbaren bzw. nicht beeinflussbaren Effekten verursacht werden. Unter Wiederholbedingungen führen diese zufälligen Abweichungen zu einer Streuung der Messwerte um einen Mittelwert der Messreihe. Ein präziser Wert kann deswegen nicht angegeben werden. Stattdessen wird ein Vertrauensbereich bestimmt, in dem der Messwert mit einer angenommenen statistischen Sicherheit auftritt [2], [4]. Nach DIN 1319-3 [5] ergibt sich der zufällige Anteil u_{zuf} aus der Verwendung der Standardabweichung des Mittelwerts zu:

$$u_{zuf} = s_y \tag{2}$$

In der Praxis gilt der *Leitfaden zur Angabe der Unsicherheit beim Messen* (GUM) [7] als ein standardisiertes und nach [1] anerkanntes Referenzverfahren. Basierend auf den obigen Ausführungen ergibt sich nach GUM [7] die Unsicherheit einer zu messenden Größe als geometrische Addition der zufälligen Unsicherheit $u_{zuf}(x_k)$ und der systematischen Unsicherheit $u_{sys}(x_k)$ (vgl. Gl. (3)). Mit dem Zusammenhang

$$u(x_k) = \sqrt{u_{zuf}^2(x_k) + u_{sys}^2(x_k)} \tag{3}$$

und aus Gl. (3) folgt die Definition

$$u_{geo}(y) = \sqrt{\sum_{k=1}^{m}\left(\frac{\partial F}{\partial x_k} \cdot u_{zuf}(x_k)\right)^2 + \sum_{k=1}^{m}\left(\frac{\partial F}{\partial x_k} \cdot u_{sys}(x_k)\right)^2} \tag{4}$$

für den Ansatz des GUM, der nachfolgend durch den Begriff *geometrische Kombination* beschrieben wird.

3 Numerische Messungen

3.1 Numerisches Modell

Die Strömungsberechnungen des zu untersuchenden Abgasturboladers basieren auf einem Finite-Volumen-Ansatz zur Lösung stationärer und instationärer RANS-Gleichungen (Reynolds Averaged Navier-Stokes). Für die Berechnung wurde das Softwarepaket ANSYS CFX 14.5 in Verbindung mit dem SST-Turbulenzmodell mit Wandfunktion verwendet. Die Berechnungen des Verdichters und der Turbine wurden separat durchgeführt. Eine Bestimmung der Lagerreibung kann mittels separater Modellierung mit hohem Aufwand ermöglicht werden und wird daher bei standardmäßigen Strömungssimulationen nicht berücksichtigt. Daher können Verdichter und Turbine getrennt berechnet werden. Für die Einstellung von Randbedingen ist es zweckmäßig das Strömungsgebiet in unterschiedliche Teilgebiete (oder Domänen) zu unterteilen. Auf diese Weise können entsprechende Bereiche als „rotierend" und andere als stationär definiert werden. Ein weiterer Grund der Einteilung ist die geometrieabhängige Verwendung unterschiedlicher Vernetzungsstrategien. Die Modelle werden in folgende Teilgebiete unterteilt:

- Einlass
- Spirale
- Laufrad (Turbine/Verdichter)
- Auslass
- Diffusor (nur Verdichter)

Aufgrund der komplexen Geometrie wurde die Spirale bei beiden Modellen unstrukturiert (unstrukturiert=ein aus Tetraedern bestehende Netz) vernetzt. Die Vernetzung der Laufräder wurde mit dem Paket TurboGrid, die der restlichen Domänen strukturiert mit der ANSYS-Software Icem durchgeführt. Für eine gute Auflösung der Grenzschicht wurden die wandnahen Bereiche des Netzes verfeinert. Über eine Netzunabhängigkeitsstudie, in der drei unterschiedlich feine Netze für das Verdichtermodell untersucht wurden (2,2 Mio. Knoten, 3,7 Mio. Knoten und 4,5 Mio. Knoten) hat sich gezeigt, dass das 3,7 Mio. Knoten Netz für weitere Untersuchungen zur Bestimmung integraler Kennfeldgrößen über eine ausreichend hohe Netzdichte verfügt. Das Modell für die Turbinenseite wurde mit 4,2 Mio. Knoten vernetzt. Es wurde eine ähnliche Netzdichte wie für das Verdichtermodell verwendet. Die erhöhte Knotenzahl resultiert an dieser Stelle aus dem insgesamt größeren Turbinenmodell. Abb. 4 zeigt eine Gegenüberstellung beider CFD-Modelle mit den jeweiligen Auswerteebnen.

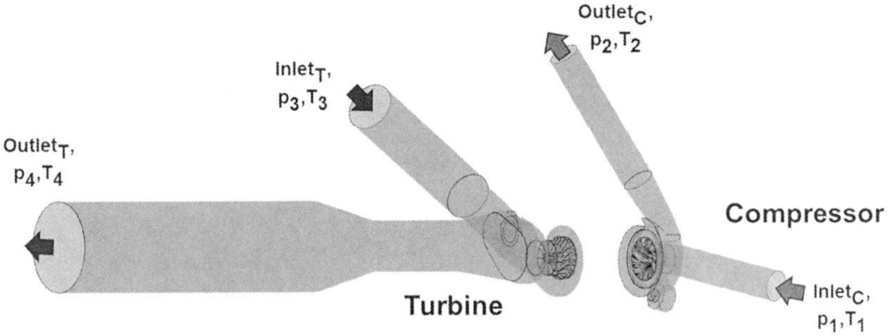

Abbildung 4: CFD-Modelle, Turbine (links), Verdichter (rechts)

Die Einstellung der unterschiedlichen Betriebspunkte des Verdichters wurde durch die Vorgabe der konstanten Total-Temperatur und des konstanten Total-Drucks am Einlass und einem je nach Betriebspunkt variierenden statischen Druck und dem Massenstrom am Auslass eingestellt. Das Turbinenmodell wurde in ähnlicher Weise berechnet, wobei für die Einstellung der Betriebspunkte ausschließlich der statische Druck am Auslass verwendet wurde. Zusätzlich wurden die Stoffwerte für Luft verdichterseitig und für Abgas turbinenseitig, sowie die Drehzahl für die rotierenden Gebiete vorgegeben. Um die Vergleichbarkeit mit den Prüfstandsmessungen zu erhalten, wurden die gleichen Drehzahlenlinien berechnet. Die Simulation erfolgte stationär. Die Übergabe der Informationen zwischen den rotierenden und den stationären Gebieten, z.B. Einlass-Verdichterrad, erfolgte über das „Frozen-Rotor-Prinzip". Beide Modelle wurden adiabat gerechnet mit der Annahme von ideal glatten Seitenwänden. Um die Rechenzeit zu verkürzen, wurden vorhergehende Lösungen als Startlösung für die jeweils folgenden Simulationen verwendet. Als Abbruchkriterium wurden die maximalen Residuen herangezogen und zudem der Massenstrom, das Druckverhältnis und die Temperaturen am Ein- und Auslass überwacht.

3.2 Numerische Fehler

Jede numerische Lösung beinhaltet Fehler, eine Beurteilung der Fehler-Größenordnung ist notwendig um zu beurteilen, ob die für die betreffenden Anwendungen akzeptabel sind. Das akzeptable Niveau der Fehler kann - je nach Anwendung - enorm unterschiedlich sein. Was in einer Optimierungsstudie zu einem frühen Entwurfszustand eines neuen Produktes ein akzeptabler Fehler sein mag (weil z.B. dabei nur eine qualitative Analyse und die Antwort des Systems auf Designänderung wichtig sind), könnte in einer anderen Anwendung unzulässig sein. Zusätzlich kann es vorkommen, dass sich einzelne Fehler gegenseitig aufheben und ein Modell mit einer relativ geringen Modellierungstiefe trotzdem genauere Ergebnisse liefert als ein Hochwertiges [6].

Prinzipiell lassen sich die numerischen Fehler in vier Kategorien einteilen:

- Iterationsfehler
- Lösungsfehler
- Modellfehler
- Systemfehler

Iterationsfehler sind Fehler, die auftreten, wenn die Residuen einer Simulation noch nicht auf ein ausreichend niedriges Niveau gesunken sind. Dabei kann laut Ferziger [6] gesagt werden, dass wenn die Residuen im drei bis vier Größenordnungen gefallen sind sich die ersten zwei oder drei signifikanten Ziffern eines Wertes nicht mehr ändern. Das würde bedeuten, dass sich die signifikanten Ziffern in weiteren Iterationen nicht mehr ändern und die Lösung damit innerhalb einer Genauigkeit von 0,01-0,1% liegt. Um in diesem Projekt den Iterationsfehler möglichst gering zu halten, wurde im Rahmen dieser Arbeit eine Rechnung erst beendet, wenn die maximalen Residuen unter den Wert von $R_{max} = 1{,}0e-3$ ($R_{max} = 0{,}001$) gefallen waren und die restlichen Werte einen konstanten Zustand angenommen hatten. In der Regel ist für Ingenieuranwendungen eine relative Genauigkeit (Fehler verglichen mit einem Referenzwert) von drei bis vier signifikanten Stellen bei jeder Variablen ausreichend [6].

Lösungsfehler sind Fehler, die aufgrund der Diskretisierung auftreten. Ein grobes Netz mit wenigen Konten benötigt weniger Computerressourcen, jedoch werden Strömungsdetails weggefiltert. Durch eine Netzstudie, in der die Netzdichte symmetrisch erhöht wird und die Iterationsfehler entsprechend niedrig sind, kann ein für den Anwendungsfall optimiertes Netz bestimmt werden. Dabei wird die Netzdichte so lange gesteigert, bis sich kein signifikanter Ergebnisunterschied mehr einstellt. Des Weiteren ist eine ausreichende Auflösung der Grenzschicht besonders wichtig. Nach Ferziger [6] kann sich ein grenzschichtverfeinertes Netz verglichen mit einem äquidistanten Netz betragsmäßig um den Faktor 10 unterscheiden. Mit einer Netzstudie lässt sich der Lösungsfehler soweit reduziert, dass er im Folgenden vernachlässigt werden kann. Nicht das ganze Lösungsgebiet muss verfeinert werden, ausreichend ist die Verfeinerung ablösegefährdeter Zonen.

Modellfehler sind Fehler, die aus Vereinfachungen resultieren. Die Simulation ist als Werkzeug interessant, wenn sie innerhalb von kurzer Zeit Ergebnisse liefert. Um den Aufwand für die CFD möglichst klein zu halten und die Berechnungszeit auf ein vertretbares Niveau zu reduzieren, werden Vereinfachungen wie z.B. Turbulenzmodelle eingeführt. Die Quantifizierung von Modellfehlern ist sehr anspruchsvoll. Für die Abschätzung werden detaillierte Prüfstandsmessungen benötigt, die nur in den seltensten Fällen zur Verfügung stehen. Diese müssen zudem genau analysiert werden, da auch Prüfstandsmessungen oft fehlerbehaftet sind. Die Abschätzung des eigentlichen Fehlers kann zudem nur erfolgen, wenn sichergestellt wurde, dass sowohl die Iterationsfehler als auch die Lösungsfehler soweit reduziert worden sind, dass sie keinen Einfluss mehr auf die Simulationsergebnisse haben. Die Reduktion der Modellfehler kann z.B. anhand von Druckverläufen entlang eines Schaufelgitters vorgenommen werden. Die Referenzwerte müssen dabei von experimentellen Messungen stammen.

Diese werden anschließend mit unterschiedlichen Simulationsergebnissen verglichen, die sich z.B. durch das Turbulenzmodell unterscheiden. Es wird dabei versucht ein Modell zu finden, welches für diesen speziellen Fall die beste Übereinstimmung liefert. Bereits durchgeführte Studien von Monsour [9] und Menter [10] zeigen, dass sich das SST-Turbulenzmodell nach Menter als besonders geeignet herausgestellt hat und dem entsprechend bei diesen Berechnungen verwendet wurde.

Systemfehler können ergänzend zu den erwähnten Fehlerarten vorkommen. Diese treten aus vielen unterschiedlichen Gründen auf, oft ist der Anwender die größte Fehlerquelle. Die häufigsten Ursachen liegen in Programmierfehlern, Geometriefehlern, falschen Randbedingungen, der Annahme einer stationären Strömung oder falsche Stoffdaten [6] [3]. Für die Durchführung von Strömungssimulationen sollte der Anwender systematisch bei der Erstellung des Modells vorgehen, über entsprechendes Wissen auf dem Feld der Strömungslehre verfügen und die eigenen Ergebnisse immer kritisch bewerten.

3.3 Validierung der Ergebnisse

Unverzichtbar für die Validierung des numerischen Modells ist die Kenntnis der experimentellen Unsicherheiten um eine zuverlässige Prognose über die Aussagekraft der Simulation treffen zu können. Im Idealfall werden nur völlig auskonvergierte Rechnungen verwendet und zudem eine Netzstudie durchgeführt. Somit können beim Abgleich der experimentellen mit den simulierten Kennfeldern Iterations- und Lösungsfehler ausgeschlossen werden. Zum Abschluss der Validierung erfolgt ein Abgleich der Kennfelder.

4 Kennfeldabgleich

Die Herausforderung bei der Validierung von CFD-Simulationen mit Heissgasversuchen am Prüfstand liegt vor allem im Unterschied beider Systeme, siehe Abbildung 2. Die Standardvermessung eines Abgasturboladers erfolgt mit einer turbinenseitigen Einlasstemperatur des Heisgases von T_3=600°C. Die Abgasenthalpie wird zunächst der Turbine zugeführt, innerhalb der Turbine in Rotationsenergie umgewandelt und über eine Welle dem Verdichter zugeführt. Zusätzlich zur Verdichterleistung muss von der Turbine die in der Lagerung entstehende Reibleistung aufgebracht werden. Während des Heisgasbetriebs bilden sich im System unterschiedliche Wärmeströme aus, die einen signifikanten Einfluss auf den Verdichter- als auch Turbinenwirkungsgrad haben. Die drei wesentlichen Wärmeströme, die innerhalb der Systemgrenze (Bilanzraum) eines Turboladers am Heissgasprüfstand auftreten, sind der aus dem Abgasmassenstrom resultierende Wärmestrom $\dot{H}_T$, der aus dem Öl resultierende Wärmestrom $\dot{H}_{Öl}$ und der verdichterseitige Frischluftwärmestrom $\dot{H}_C$. Aufgrund des Aufbaus des Turboladers am Prüfstand und der Art der Vermessung kann die Heissgasmessung als diabat angenommen werden. D.h., über die Systemgrenze hinaus finden Wärmeübergänge durch Konvektion, Leitung sowie Strahlung statt. Zusätzlich gibt es innerhalb des Systems Turbolader Wärmeübergänge. Der Wärmestrom der heißen Turbinenseite erwärmt über das Gehäuse das Öl im Lagergehäuse und teilweise auch die bereits verdichtete Frischluft auf der Verdichterseite und wirkt damit direkt in den am Prüfstand zu ermittelnden Verdichterwirkungsgrad ein.

Die Simulation des gesamten Turboladers inklusive der Lagerung (Abb. 5, rechts) stellt ein komplexes System dar, welches nicht mit der notwendigen Genauigkeit in der CFD berechnet werden kann. Aus diesem Grund werden Vereinfachungen getroffen, so dass der Verdichter und die Turbine getrennt voneinander simuliert und die Kenngrößen ebenfalls separat berechnet werden.

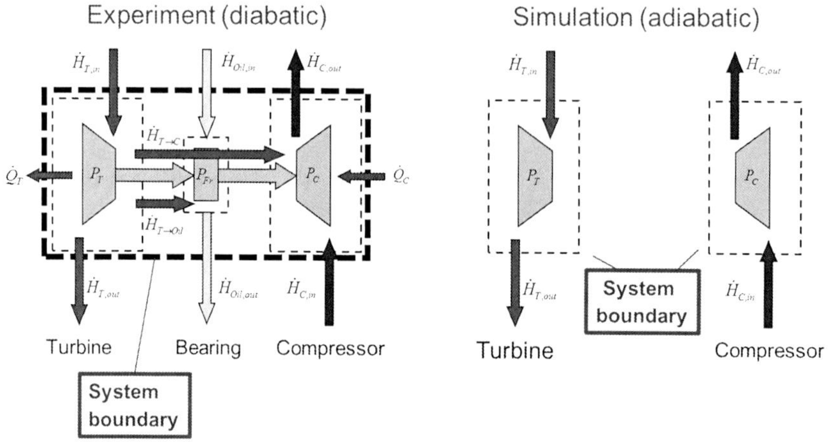

Abbildung 5: Thermodynamik eines Abgasturboladers

Im Gegensatz zum Experiment (Abb. 5, links) wird die numerische Simulation mittels CFD adiabat durchgeführt. Ein wesentlicher Grund dafür ist die Berechnung der inhomogenen Temperaturverteilung auf dem Gehäuse, die durch Vorgabe der Wandtemperatur nur unter sehr hohen Aufwand möglich wird und aus Gründen der Vereinfachung an dieser Stelle nicht realisiert wurde [13]. Darüber hinaus können mit dieser Methode die korrekten Wärmeübergangskoeffizienten nicht bestimmt werden.
Eine neue Methode stellt die so genannte Fluid-Struktur-Interaktion (FIS) dar, die es ermöglicht, Strömungsmaschinen detailgetreu mit Wandwärmeübergang zu simulieren. Während der Berechnung werden hierbei simultan Werte zwischen CFD und FEM (Finite Elemente Methode) übergeben und parallel die Strukturmechanik berechnet.

4.1 Verdichterkennfeld

Das Kennfeld des Turboladerverdichters wird in der Regel als das Totaldruckverhältnis des Verdichters (p_{2t}/p_{1t}) über dem durchgesetzten Volumen- bzw. Massenstrom dargestellt. Um die Vergleichbarkeit von Kennfeldern, die bei unterschiedlichem Umgebungs- bzw. Ansaugzustand gemessen wurden, sicherzustellen, wird der Volumen- bzw. Massenstrom und die Turboladerdrehzahl auf einen Referenzzustand am Verdichtereintritt bezogen. Die verwendeten Größen wurden wie folgt definiert:

$$\dot{m}_{C,0} = \dot{m}_C \cdot \frac{\sqrt{T_1}}{p_{1t}} \cdot \frac{p_{ref}}{\sqrt{T_{ref}}} \quad (5)$$

$$n_{TC,0} = n_{TC} \cdot \sqrt{\frac{T_{ref}}{T_1}} \tag{6}$$

$$\pi_{Ct} = \frac{p_{2t}}{p_{1t}}. \tag{7}$$

Ein starkes Wachstum der Leistungsfähigkeit von Computern in den letzten Jahrzehnten macht den Einsatz numerische Strömungssimulationen erst möglich. Der hohe Entwicklungsstand von kommerzieller CFD ermöglicht wie in (Abb. 6) dargestellt eine gute Annäherung der numerischen Ergebnisse an die Prüfstandsmessungen.

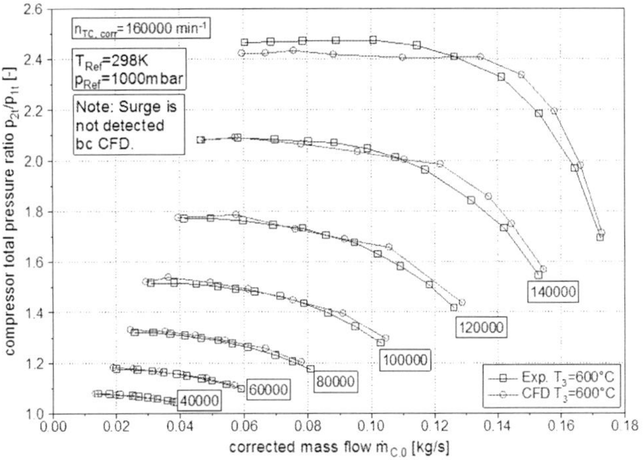

Abbildung 6: Verdichterkennfeld

Während die Simulation von Turbinen vergleichsweise einfach ist, erweist sich die Strömungsberechnung von Verdichtern als anspruchsvoll. Der Grund hierfür liegt vor allem in der höheren Ablösegefahr der Schaufelprofile und in den höheren Druckgradienten entlang der Profiloberfläche. Nach der systematischen, in Unterkapitel 3.2 beschriebenen, Reduzierung der Fehler einer CFD-Simulation, zeigt sich für kleine Turboladerdrehzahlen eine sehr gute Übereinstimmung, die zu höheren Drehzahlen hin immer noch eine zufriedenstellende Übereinstimmung mit den experimentellen Ergebnissen aufweist.

Eine Auffälligkeit zeigt sich bei den klassischen Schwächen der Numerik im Bereich der Stopfgrenze. Die Berechnung dieser gehört zu den schwierigsten Aufgaben der CFD und wird maßgeblich beeinflusst von der Profilspalthöhe, der Erosion der Profilenden, der Schaufelverdrehung, vom Turbulenzmodell, vom Transitionsmodell, von der Wandrauigkeit und von der Instationarität der Strömung. Das Stopfen ist ein systemabhängiger, der sich in vielen Schaufelpassagen gleichzeitig entwickelt und aufgrund der Grenzschichtablösung vor allem vom Turbulenzmodell abhängt. Wie in (Abb. 3) dargestellt, berechnet die CFD vornehmlich bei hohen Massenströmen ein geringeres Druckverhältnis als der Prüfstand, was auch bei Denton [3] zu finden ist. Des Weiteren kann beobachtet werden, dass das stationär aufgenommene Verdichterkennfeld eine Sensitivität zum zunehmenden Turbulenzgrad der Strömung aufweist, dies ist insbesondere im Bereich der höheren Drehzahlen zu sehen. Hier zeigt sich ein Abknicken der Drehzahllinien. Eine instationäre Berechnung der betroffenen Betriebspunkte könnte eine Möglichkeit sein, die Kennfeldqualität der CFD zu verbessern.

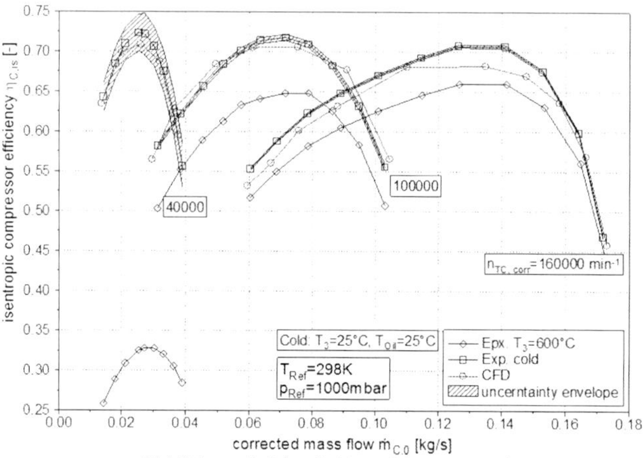

Abbildung 7: Verdichterwirkungsgrad

Der Vergleich der Verdichterwirkungsgrade ist aufgrund der in Unterkapitel 4 beschriebenen thermodynamischen Prozesse nur unter bestimmten Bedingungen möglich. Andernfalls sorgt die hohe Turbineneintrittstemperatur infolge von Wärmeströmen in Richtung Verdichter zu einer (scheinbaren) Erhöhung der Verdichteraustrittstemperatur T_2, womit der isentrope Verdichterwirkungsgrad, besonders bei kleinen Massenströmen, stark sinkt. Um diese Schwierigkeit zu umgehen wurde in diesem Projekt eine Vergleichbarkeit zwischen Prüfstand und Simulation durch eine so genannte Kaltmessung am Prüfstand hergestellt. Dazu wurde der Turbolader turbinenseitig mit einer konstanten Eintrittstemperatur von $T_3 = 25°C$ und einer konditionierten Öltemperatur von ebenfalls $T_{Öl} = 25°C$ vermessen. Durch diese Methode entsprechen die Turbineneintrittstemperatur und die Öleintrittstemperatur der Umgebungstemperatur, so dass Einflüsse durch Wärmestrahlung und Konvektion minimiert und der gemessene isentrope Verdichterwirkungsgrad einem adiabaten System angenähert wurde. Unter dieser Voraussetzung ist einen Abgleich mit der CFD erst möglich.

Der isentrope Verdichterwirkungsgrad wurde berechnet aus der Differenz der isentropen Verdichteraustrittstemperatur und der Eintrittstemperatur, dividiert durch die Differenz aus Ein- und Austrittstemperatur:

$$\eta_{Cis} = \frac{(T_{2s} - T_1)}{(T_2 - T_1)}. \tag{8}$$

Unter der Annahme einer isentropen Verdichtung ergibt sich T_{2s} *zu:*

$$T_{2s} = T_1 \cdot \pi_{Ct}^{\frac{\kappa-1}{\kappa}}. \tag{9}$$

In Abb. 7 sind die Ergebnisse der Berechnung der isentropen Verdichterwirkungsgrade für die Prüfstandsmessung (warm und kalt) und die CFD-Simulation dargestellt. Die Minimierung der Wärmeströme führt zu einem signifikanten Anstieg der experimentellen ermittelten Verdichterwirkungsgrade (Kaltmessung) insbesondere bei kleinen Turboladerdrehzahlen. Für die Wirkungsgradlinien der Kaltmessung wird zudem die Hüllkurve der Messunsicherheit exemplarisch an drei Drehzahllinien gezeigt, die sich aus der geometrischen Kombination der systematischen und zufälligen Abweichungen bestimmt. Beim Vergleich beider Verdichterwirkungsgrade zeigt sich eine zunehmende Übereinstimmung der Ergebnisse hin zu den kleineren Drehzahlen. In diesem Bereich vergrößert sich die prüfstandsseitige Fehlererwartung, womit die CFD-Rechnung sich innerhalb der Hüllkurve befindet.
Die CFD zeigt drehzahlunabhängige Schwächen bei der Berechnung der maximalen Wirkungsgrade. Sowohl das Druckverhältnis in (Abb. 3) als auch der Wirkungsgrad in (Abb. 4) zeigen ein Einknicken der Werte bei gleichen Massenströmen. Es wird vermutet, dass der Strömungslöser empfindlicher auf Strömungsturbulenzen als der Prüfstand reagiert und deswegen einen kleineren isentropen Verdichterwirkungsgrad errechnet.

4.2 Turbinenkennfeld

Turbinenkennfelder beschreiben die Verläufe von Massendurchsatz (Abb. 5) und Turbinenwirkungsgrad (Abb. 6), jeweils aufgetragen über dem Turbinendruckverhältnis. Dabei wird der Durchsatz als reduzierter Massenstrom $\dot{m}_{T_{red}}$ über das Turbinendruckverhältnis π_{T_s} aufgetragen:

$$\dot{m}_{Tred} = \dot{m}_T \cdot \frac{\sqrt{T_{3t}}}{p_{3t}}, \tag{10}$$

$$\pi_T = \frac{p_{3t}}{p_4}. \tag{11}$$

Der Turbinenwirkungsgrad errechnet sich für die Prüfstandsversuche aus dem Produkt des isentropen Turbinenwirkungsgrads und dem mechanischen Wirkungsgrad:

$$\eta_T = \eta_{Tis} \cdot \eta_m = \frac{1}{\eta_{Cis}} \cdot \frac{\dot{m}_C}{\dot{m}_T} \cdot \frac{c_{pC} \cdot T_1 \cdot \left(\pi_{Ct}^{\frac{\kappa_C-1}{\kappa_C}} - 1 \right)}{c_{pT} \cdot T_3 \cdot \left[1 - \left(\frac{1}{\pi_T} \right)^{\frac{\kappa_T-1}{\kappa_T}} \right]}. \tag{12}$$

Die Drehzahl im Turbinenkennfeld wird ebenfalls reduziert aufgetragen:

$$n_{Tred} = \frac{n_{TC}}{\sqrt{T_3}} \, . \qquad (13)$$

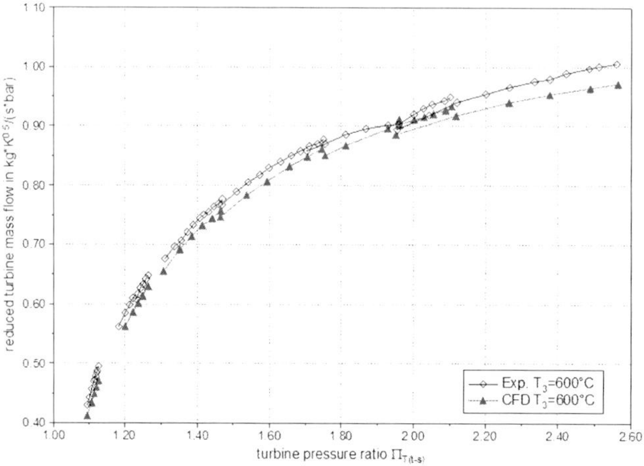

Abbildung 8: Turbinenschlucklinien

Vergleichend gegenübergestellt werden in Abb. 8 die Ergebnisse der Prüfstandsmessungen mit den Ergebnissen der CFD-Simulation im Turbinenkennfeld. Diese Darstellung entspricht näherungsweise einer Durchsatzkennlinie, dem so genannten Turbinenschluckvermögen, die dem Durchsatzverhalten eines äquivalenten Drosselquerschnitts entspricht. Das Schluckverhalten der Turbine hat direkt Auswirkung auf die Auslegung des Verbrennungsmotors in Hinblick auf ein gutes Ansprechverhalten.
Die Heißvermessung am Prüfstand wurde bei einer Turbineneintrittstemperatur von T_3=600°C durchgeführt. Äquivalent zu den im Verdichterkennfeld gemessenen Betriebspunkten sind in Abb. 5 die zugehörigen Turbinenbetriebspunkte dargestellt. Es zeigt sich eine gute Übereinstimmung zwischen Messung und Simulation. Die Prüfstandsmessung weist einen etwas größeren Durchsatz als die CFD-Simulation auf. Die Kennlinien der CFD bilden jedoch den qualitativen Verlauf der Messung gut nach. Die Unterschiede liegen im erwarteten Bereich einer entsprechenden Vergleichsvermessung von ein und demselben Turbolader auf unterschiedlichen Heissgasprüfständen. Der größte Einflussfaktor auf den reduzierten Turbinenmassenstrom bei der Prüfstandsmessung liegt in der Bestimmung des turbinenseitigen Luftmassenstroms.
Eine Vergleichbarkeit der isentropen Turbinenwirkungsgrade zwischen Messung und Simulation gestaltet sich schwierig, da prüfstandsseitig der isentrope Wirkungsgrad $\eta_{TisExp.}$ nicht plausibel direkt ermittelt werden kann. Für dessen Bestimmung wird üblicherweise der mechanische Wirkungsgrad η_m herangezogen. Der mechanische Wirkungsgrad kann bisher jedoch nur ungenau über Reibleistungsansätze abgeschätzt werden, weswegen für eine Vergleichbarkeit zwischen Prüfstandsmessung und Simulation ein alternativer Ansatz angewendet wird.
Auf Seiten der Numerik wird ausschließlich der isentrope Turbinenwirkungsgrad η_{TisCFD} bestimmt, die Lagerreibung kann numerisch bisher nicht berücksichtigt wer-

den. Um eine Validierung der Turbinenkennfelder durchzuführen wird die erste Turboladerhauptgleichung (Gl. (12)) wie folgt umgeformt:

$$\eta_T = \eta_{Tis} \cdot \eta_m = \frac{1}{\eta_{Cis}} \cdot \frac{P_{Cis}}{P_{Tis}}. \tag{14}$$

Durch Umformen der Gleichung bezüglich der effektiven Verdichterleistung folgt:

$$\eta_T = \eta_{Tis} \cdot \eta_m = \frac{P_C}{P_{Tis}}. \tag{15}$$

$$\eta_{Tis,Exp.} \neq \eta_{Tis,CFD} \tag{16}$$

Abschließend wird nachfolgend der numerisch berechnete isentrope Turbinenwirkungsgrad $\eta_{Tis,CFD}$ in den effektiven Turbinenwirkungsgrad umgerechnet:

$$P_{C,Exp.} = \frac{1}{\eta_{Cis}} \cdot \dot{m}_C \cdot c_{pC} \cdot T_1 \cdot \left(\pi_{Ct}^{\frac{\kappa_C - 1}{\kappa_C}} - 1 \right), \tag{17}$$

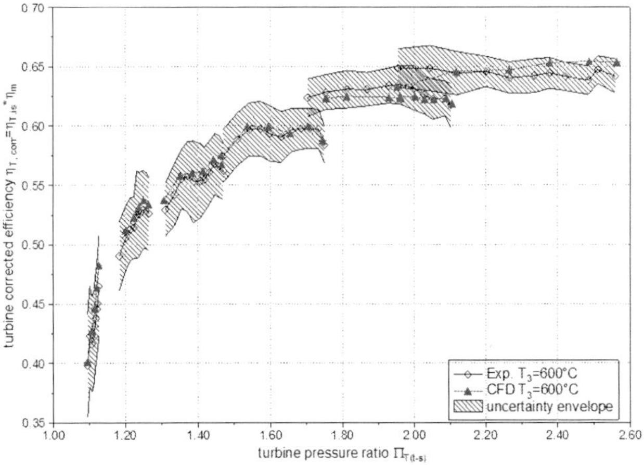

Abbildung 9: Turbinenwirkungsgrad

$$P_{Tis,CFD} = \dot{m}_T \cdot c_{pT} \cdot T_3 \cdot \left[1 - \left(\frac{1}{\pi_{T,CFD}} \right)^{\frac{\kappa_T - 1}{\kappa_T}} \right], \tag{18}$$

$$\eta_{Tis,CFD} = \frac{P_{C,Exp.}}{P_{Tis,CFD}}. \tag{19}$$

Die Ergebnisse der berechneten effektiven Turbinenwirkungsgrade aus der Heißmessung (mit den aus der Kaltvermessung korrigierten Verdichterwirkungsgraden) und der CFD-Simulation werden in Abb. 9 aufgezeigt. Die sich aus der Fehlerrechnung ergebende Hüllkurve der geometrisch kombinierten Messunsicherheit ist als Schraffur im Kennfeld dargestellt.

5 Auswertung

5.1 Turboladerabbildung in der Motorprozesssimulation mit GT-POWER

GT-POWER ist eine Software entwickelt zur Simulation von null- bzw. eindimensionalen Motorprozessen. Die flexible Gestaltung von Motorkomponenten erlaubt eine große Vielfalt an motorspezifischen Untersuchungsmöglichkeiten. Es können beispielsweise Komponentenmodelle eines Turboladers in Form von Kennfeldern mit dem Motormodell verknüpft und das Betriebsverhalten des Motors untersucht werden. Das Ersatzmodell eines Turboladers, bestehend aus einem Verdichter- und einem Turbinenkennfeld, basiert in der Motorprozesssimulation jeweils auf einer Matrix aus Stützstellen. Extern ermittelte Kennfelder werden über Interpolation oder Extrapolation auf die Matrix (eine separate Matrix für den Verdichter und eine für die Turbine) übertragen. Die für diesen Anwendungsfall eingelesenen Verdichterkennfelder basieren auf dem Totaldruckverhältnis, der normierten Drehzahl, dem normierten Massen- bzw. Volumenstrom und dem korrigierten isentropen Wirkungsgrad. Die isentropen Verdichterwirkungsgrade wurden unter Berücksichtigung der Wärmeübertragung zwischen Verdichter→Öl und Verdichter→Turbine über eine Kaltmessung angepasst.
Für die Charakteristik der Turbine wurden die reduzierten Größen für die Drehzahl, und den Turbinenmassenstrom verwendet. Zusätzlich erfolgt die Eingabe des Turbinendruckverhälnisses (total zu statisch) und dem effektiven Turbinenwirkungsgrad. Für die Motorprozesssimulationen wurde ein abgasturboaufgeladener Vierzylinder-Otto-Motor mit einem Hubraum von 1,4 l verwendet.

5.2 Ergebnisse

Der Einsatz eines validierten Motormodells erlaubt es, die Signifikanz von unterschiedlichen Turboladerkennfeldbedatungen zu quantifizieren. Besonders im transienten Betriebsbereich des Motors zeigen sich große Unterschiede im Hochlaufverhalten des Turboladers. Um die Einfluss der experimentell und numerisch erzeugten Turboladerkennfelder zu untersuchen, wurde ein definierter Lastsprung von BMEP 2bar auf 18bar bei einer konstanten Drehzahl von n=2000min^{-1} simuliert. Abb. 10 zeigt ein Verdichterkennfeld in das die Motorbetriebslinie während des Lastsprungs

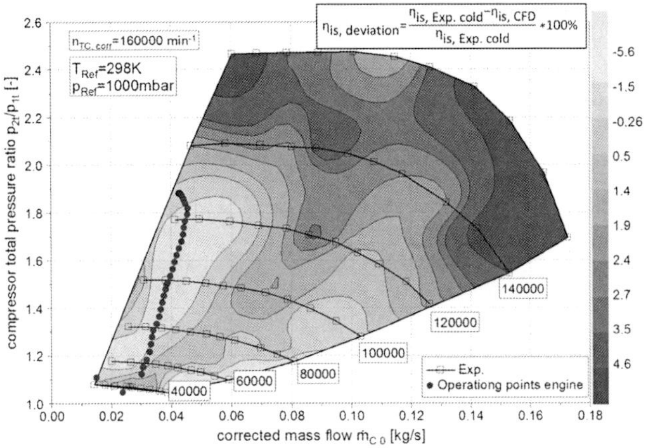

Abbildung 10: Verdichterkennfeld mit Motorschlucklinien

eingetragen wurde. Um die Unterschiede der Wirkungsgrade zwischen den Experimentellen und dem numerischen Daten zu verdeutlichen wurde ein Diffenrenzkennfeld in Form von Isolinien erstellt. Zu erkennen ist, dass in den Bereichen kleiner Drehzahlen die CFD um bis 5,6% bessere isentrope Wirkungsgrade berechnet als das Experiment. Im Gegensatz dazu stellen sich um bis zu 4,6% schlechtere Wirkungsgrade bei höheren Drehzahlen ein.

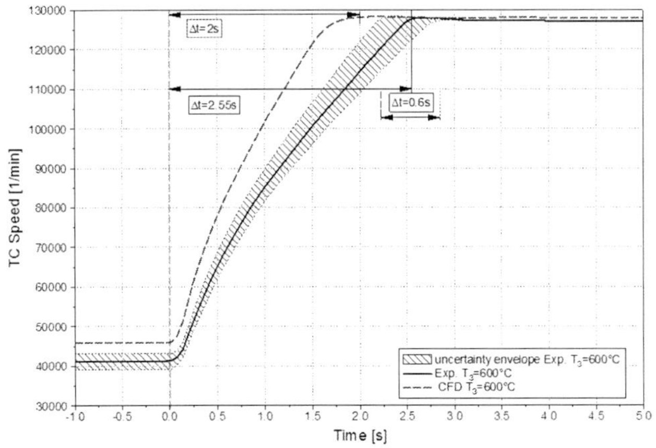

Abbildung 11: Lastsprung

Eine wichtige Größe zu Beurteilung eines Turboladers ist sein Hochlaufverhalten. Dabei wird eine möglichst kurze Hochlaufzeit angestrebt um den hohen Anforderungen an die Fahrdynamik gerecht zu werden. In Abb. 11 wird die Turboladerdrehzahl in Abhängigkeit von der Zeit dargestellt. Bis zu Zeitpunkt t=0 ist ein motorseitig ein-

geschwungener Zustand bei BMEP= 2bar zu sehen. Bei t=0 erfolgt der Lastsprung auf einen Wert von BMEP=18bar. Bei einer wiederholten Betrachtung von Abb. 10 ist zu erkennen, dass der Betriebsbereich des Motors sich in einem Gebiet befindet, in dem die CFD mit mindestens 5% über den Wirkungsgradniveau der experimentellen Messungen liegt.
Dies zeigt sich in Abb. 11 durch eine insgesamt höhere Turboladerdrehzahl sowohl vor als während und nach dem Lastsprung. In Kapitel 4.1 wurden nur geringe Unterschiede im Turbinenwirkungsgrad festgestellt. Es kann also angenommen werden, dass der überhöhte Verdichterwirkungsgrad einen wesentlichen Einfluss auf die Verkürzung der Hochlaufzeit um $\Delta t = 0{,}6s$ hat. Die Abweichungen der numerisch ermittelten Kennfelder liegen deutlich außerhalb der experimentellen Unsicherheiten.

6 Zusammenfassung

Im Verlauf der Studie zur Validierung von CFD-Turboladerkennfeldern wurden experimentelle Turboladerkennfelder aufgenommen. Es wurden die Fehlereinflüsse auf die Prüfstandsmessungen analysiert und ein Vertrauensintervall in Form von Hüllkurven für Verdichter als auch Turbine erstellt. Es konnte gezeigt werden, dass der Fehlereinfluss auf die Prüfstandsmessungen vor allem zu kleineren Turboladerdrehzahlen einen höheren Einfluss hat. Auf der numerischen Seite wurden ein CFD-Verdichter- und ein CFD-Turbinenmodell erstellt und eine Analyse der numerischen Fehler durchgeführt. Fehlerursachen wurden reduziert und eine Validierung von Experiment und CFD durchgeführt. Die CFD zeigte geringe Abweichungen bei der Berechnung der Turbinenkennfelder. Verdichterseitig konnten etwas größere, aber noch im Bereich des akzeptablen liegende, Abweichungen, vor allem an der Stopfgrenze und bei hohen Drehzahlen festgestellt werden.
Die Relevanz der Kennfeldunterschiede wurde durch eine Motorprozesssimulation anhand eines Lastsprungs untersucht. Es hat sich gezeigt, dass vor allem die Abweichenden CFD-Werte des Verdichterwirkungsgrades, die sich in einem Intervall von $\pm 6\%$ befanden, ausschlaggebend für insgesamt relativ große Abweichungen des Betriebsverhaltens des Turboladers waren. Lokale Abweichungen des numerisch berechneten Verdichterwirkungsgrades führten im Rahmen der Studie dazu, dass der Turbolader in einem Gebiet betrieben wurde, in dem die CFD bessere Wirkungsgrade berechnet. Als Resultat zeigt der Turbolader während der Simulation eines Lastsprunges ein insgesamt höheres Drehzahlniveau und ein schnelleres Hochlaufen. Abschließend kann angenommen werden, dass für eine realistische Bewertung von Motorprozessen die aktuelle Genauigkeit der CFD noch nicht ausreichend ist.

Literatur

[1] Adunka, F.; Das Konzept Messunsicherheit. In Hoffmann, Jörg: Taschenbuch der Messtechnik, 6. aktualisierte Auflage, München: Fachbuchverlag Leipzig, 2011

[2] Bundesanstalt für Materialforschung und -prüfung; Forschungsbericht 266: BAM-Leitfaden zur Ermittlung von Messunsicherheiten bei quantitativen Prüfergebnissen.: BAM-Leitfaden zur Ermittlung von Messunsicherheiten bei quantitativen Prüfergebnissen, 2004

[3] Denton, D.; Some Limitations of Turbomachinery CFD, ASME Turbo Expo 2010, GT2010-22540, 2010

[4] Deutsches Institut für Normung e.V.; DIN 1319-1: Grundlagen der Messtechnik – Teil 1 Grundbegriffe, 1995

[5] Deutsches Institut für Normung e.V.; DIN 1319-3: Grundlagen der Messtechnik – Teil 3 Auswertung von Messungen einer einzelnen Messgröße, Messunsicherheit, 1995

[6] Ferziger, J.,H.; Peric, M: Numerische Strömungsmechanik, 2002

[7] Joint Committee for Guides in Metrology; JCGM 100:2008: Evaluation of Measurement Data – Guide to the Expression of Uncertainty in Measurement, 2008

[8] Mai, H.; Vogt, M.; Baar, R.; Kinski, A.: Impact of Measurement Uncertainty in the Characteristic Maps of a Turbocharger on Engine Performance, GT2013-94621, ASME Turbo Expo, San Antonio, 2013

[9] Mansour, M. L.; Validation and Calibration of Modern CFD RANS Codes for the Prediction of Transient Axial-Centrifugal Compressors, ASME Turbo Expo 2008, GT2008-50652, 2008

[10] Menter, F. R.; CFD Simulation of Turbomachinery Flows-Verification, Validation and Modelling, European Congress on Computional Methods in Applied Sciences and Engineering, 2004

[11] Mühl, T.; Einführung in die elektrische Messtechnik, 2. Auflage, Wiesbaden: Teubner, 2006

[12] Parthier, R.; Messtechnik, 4. verbesserte Auflage, Wiesbaden: Vieweg, 2008

[13] Sailer, T.; Simulation des Verdichterverhaltens von Abgasturboladern, MTZ, 2011

2 Fuel Temperature Controlled Auto Ignition Approach - Mechanism and Characteristics of Compression Ignition with Supercritical Fuel Injection

Chris de Boer, Shizuo Sasaki, Shreeram Shetty, Gary Bonar

Abstract

This paper presents analytical and experimental results detailing the behavior of compression ignition and ignition delay with supercritical fuel injection in the development of knock-free gasoline engine combustion. The effect of supercritical gasoline on ignition delay is investigated using simulation, an optical pressure vessel, and a single cylinder engine. The simulation includes a mixture temperature estimation model considering the energy balance for phase transition and chemical delay estimation to predict auto-ignition. The mechanism and effectiveness of supercritical fuel injection for reduced ignition delay and compression ignition is demonstrated with tests performed on a single cylinder research engine.

1. Introduction

The continued population growth along with increased per capita vehicle ownership will result in creased global CO2 emission. This background is stimulating CO2 emission legislation on a worldwide basis. The impact on passenger cars is significant in that the anticipated growth in the demand of heavy fuels for commercial vehicles [1] will put heavy demands on these fuels and render them less available for light duty applications. These developments therefore lead to an increasing demand for the efficient combustion of gasoline fuels in the internal combustion engine.

Gasoline engines are predominantly operated with spark ignition combustion systems. Spark ignition thermal efficiency is limited by several factors; these include the compression ratio which is limited by detonation, the heat release profile which is controlled by flame front combustion burn and is inherently slow and the fact limited dilution tolerance requires load control by engine throttling. Compression ignition, on the other hand brings several advantages; high compression ratio, rapid combustion and increased dilution tolerance. Several approaches to gasoline compression ignition are being pursued. One example is dual fuel combustion system or RCCI [2] where a small amount of diesel fuel or other high Cetane number fuel is injected into cylinder for ignition of a gasoline/air mixture. This concept enables good fuel consumption and emission characteristics, but the fuel supply system is complex. HCCI, PCCI and GDCI are also being developed [3], [4], and [5]. In general, compression ignition of gasoline with a homogeneous mixture is difficult since the ignition delay tends to be long and the premixed combustion that follows results in high burn rates and rates of cylinder pressure rise. An enabler for homogeneous charge compression ignition is EGR. EGR can reduce the premixed burn rate and can reduce combustion noise by lowering O2 concentration in cylinder. However, this approach to combustion control is sensitive and sophisticated EGR control technology is required to maintain combustion quality. Furthermore, the high amounts of EGR required at high load impacts volumetric efficiency and sacrifices torque and power, rendering this approach unsuitable for engine downsizing.

Direct injection of supercritical gasoline has demonstrated the feasibility for compression ignition [6, 7]. A knock-free gasoline combustion concept utilizing supercritical fuel injection, known as TSCi^{TM} [8, 9, 10] has been developed. TSCi achieves knock-free combustion not with EGR but through a late injection timing strategy that promotes increased diffusive combustion. In this combustion strategy, combustion is initiated by compression ignition of pre-mixed charge. The degree of pre-mixed charge formation that takes place during the ignition delay period can be controlled by the injection strategy and injection timing. In consequence, the cylinder pressure rise rate and the maximum cylinder pressure (Pmax) can be controlled. This type of combustion enables knock-free combustion without needing to limit compression ratio and/or boost pressure. The combined mechanisms for mixture formation and chemical delay leading to ignition are essential factors of this combustion strategy.

In this paper, a simplified mathematical model was developed to analyze the mechanism for mixture formation and auto-ignition. The mixture temperature was calculated by focusing on the energy balance during the mixture formation and phase transition of the fuel. The mixture temperature was applied to a chemical kinetics model to calculate the ignition delay times. The predicted phenomenon of auto-ignition of supercritical fuel was investigated in an optical pressure vessel and a single cylinder engine comparing liquid and supercritical fuel injection.

2. Simplified mathematical model for compression ignition

2.1 Overview

Compression ignition delay is a result of both of physical and chemical delays; both mechanisms proceed in parallel. It can be assumed in a simplified model that the physical preparation of the mixture completes before the chemical preparation because the temperature during the physical preparation period is low and the progress of chemical kinetics is negligible with early injection timing.

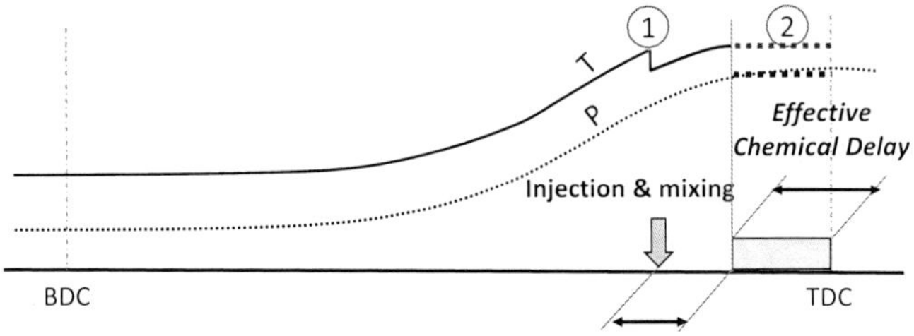

Fig. 1. Simplified ignition delay model

As shown in Figure 1, it is assumed that injected fuel is mixed with air adiabatically at the injection timing (point (1)) and completed instantaneously. The compressed air temperature of the ignition portion drops because heat energy is transferred to the fuel during mixing. In this simplified model, time based physical preparation, or the geometrical distribution of temperature and equivalence ratio, is not calculated. However, the relationship between mixture temperature (T) and equivalence ratio (Φ) is defined by the assumption of adiabatic mixing and the chemical ignition delay calculated on the basis of Φ and T.

The effective chemical delay period is based on timing from 10° BTDC (period (2)) because the temperature and pressure before this time is low and chemical progress is negligible. To simplify the calculation, the pressure is assumed to be constant after 10° BTDC. In stratified charge combustion, the equivalence ratio in combustion chamber varies spatially. In this simplified model, it is assumed that the ignition delay of the injection event is the minimum ignition delay calculated in a Φ - T matrix.

2.2 Mixture formation with phase transition

The mixture formation processes considered in this model is shown in Figure 2 and illustrates the effect of fuel temperature and fuel phase transition.
In the case of low fuel temperature (liquid) injection, fuel pressure drops to the cylinder pressure after injection. Following liquid injection the fuel evaporates during mixing with air and the partial pressure of the fuel drops to the saturation pressure with mixing. In the process of evaporation of the fuel energy is consumed due to the latent heat of vaporization. Therefore, the fuel and air mixture temperature is kept at the saturation temperature. Once the fuel is evaporated completely, the temperature increases with mixing.
When the injected fuel temperature is high, the amount of latent heat absorption is reduced. Therefore, the energy transferred from air to fuel is also reduced. The effect of increasing fuel temperature results in increasing mixture temperature; in the case of supercritical fuel injection the latent heat is zero and the mixture temperature is controlled by mixing.

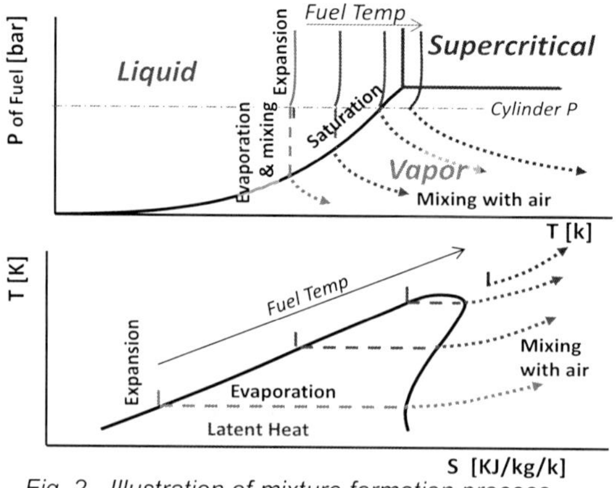

Fig. 2. Illustration of mixture formation process

2.3 Chemical delay estimation

The chemical process leading to auto-ignition was calculated using the CHEMKIN-PRO chemical kinetics code. The chemical process leading to auto-ignition is shown in Figure 3. In the auto-ignition process, initially peroxides (HO2, H2O2) are produced in the low temperature chemistry phase; the resulting temperature rise is small. Following this phase OH is produced and combustion is initiated. In the following sections, the timing of the OH peak is defined as the end of the chemical delay period or start of auto- ignition.

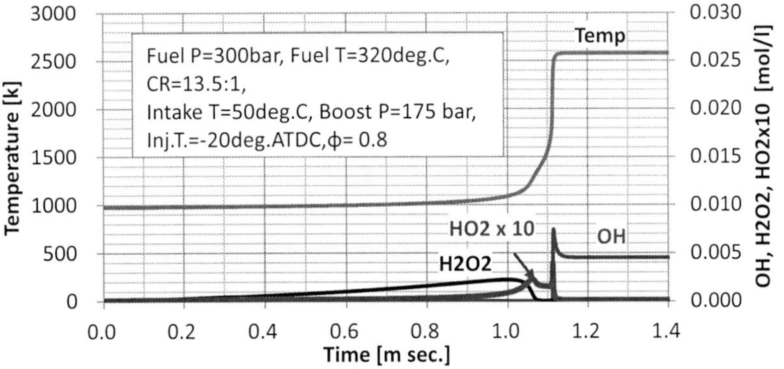

Fig. 3. Auto-ignition process

3. Auto-ignition behavior with supercritical gasoline

Supercritical gasoline auto-ignition behavior was predicted by modeling the chemical kinetics and correlated with experimental results from an optical pressure vessel. The key parameters which define the chemical delay are mixture temperature, pressure and equivalence ratio Φ. Using a GT-Power engine cycle simulation model, these key parameters are calculated using; 1) fuel temperature, 2) compression ratio, 3) intake temperature, 4) intake pressure, and 5) injection timing. Considering the heterogeneous nature of the air/fuel mixture the ignition delay was calculated for a range of Φ = 0.3 to 2.5 The matrix of the calculation is shown in Table 1.

		1)	2)	3)	4)	5)
Fuel Pressure	[bar]	300	300	300	300	300
Fuel Temp	[°C]	110~320	320	320	320	320
Compression ratio	[-]	13.5	12.5~14.5	13.5	13.5	13.5
Intake Temp	[°C]	50	50	50~100	50	50
Intaket Pressure	[kPa]	175	175	175	100~250	175
Injection timing	[°ATDC]	-20	-20	-20	-20	-40~-10
Equivalence ratio f	[-]	0.3~2.5	0.3~2.5	0.3~2.5	0.3~2.5	0.3~2.5

Table 1. Matrix of chemical delay calculation

3.1 Fuel Characteristics

The specification of the fuel used for simulation was PRF 91 as shown in Table 2. The phase transition and latent heat absorption characteristics of this fuel are shown in Figures 2 and 3.

Species	Octane(91%) + Heptane(9%)
H/C	2.26
Lower heating value [MJ/kg]	44.44
Specific gravity	0.70
Stoich. A/F mass ratio	15.1
Octane rating (RON)	91
Latent heat (Nm) [J/g]	305.0
Critical Point [°C/bar]	295/25.4

Table 2. Principal specifications of the fuel used in the simulation

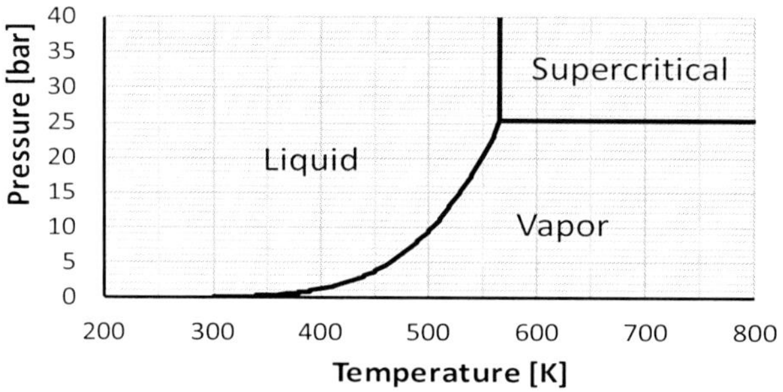

Fig. 4. Phase transition of gasoline

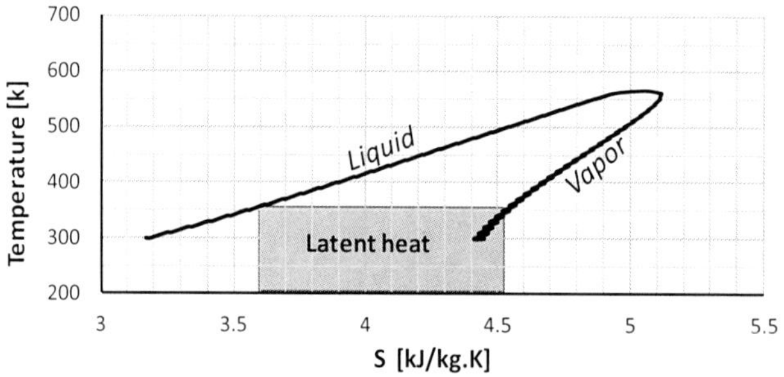

Fig. 5. Temperature-Entropy diagram of gasoline

3.2 Effect of fuel temperature on chemical delay

Results from the simulation are shown in Figure 4. As the equivalence ratio, Φ, increases the resultant mixture temperature decreases. Reducing fuel temperature also reduces mixture temperature.

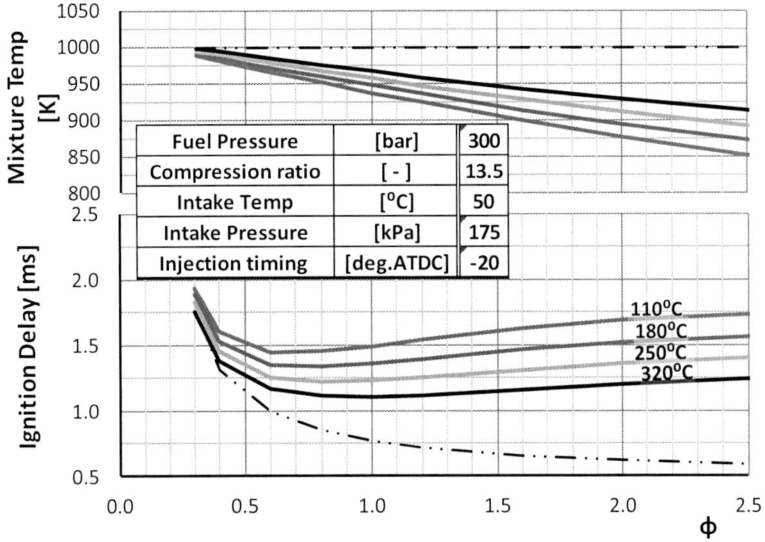

Fig. 6. Effect of fuel temperature and Φ on mixture temperature and chemical ignition delay

The simulation results show that for a constant mixture temperature and pressure as Φ is increased, the mole concentration of fuel increases and chemical reaction speed is increased. The chemical ignition delay decreases with increasing Φ. A minimum ignition delay is identified for each Φ because the mixture temperature decreases with increased equivalence ratio. In stratified charge combustion with heterogeneous mixture, the minimum ignition delay time can be assumed as the ignition delay time.

When equivalence ratio is increased, mixture temperature drops because of the latent heat effects. In the case of supercritical fuel (320°C) the temperature drop is small, without latent heat absorption, and ignition delay is minimized. The value of Φ for minimum ignition delay was increased to the rich side and was about stoichiometric. The results suggest the benefit of supercritical fuel injection; increasing the robustness of stratified charge compression ignition combustion.

3.3 Effect of compression ratio

Compression ratio affects the compression pressure and temperature and hence the chemical delay period. Calculated mixture temperature, pressure and chemical delay is shown in Figure 7 for a range of compression ratios from 12.5 to 14.5:1. As shown in this figure, the chemical delay decreases from a minimum of 1.55ms to 0.75ms when the compression ratio increases from 12.5 to 14.5:1.

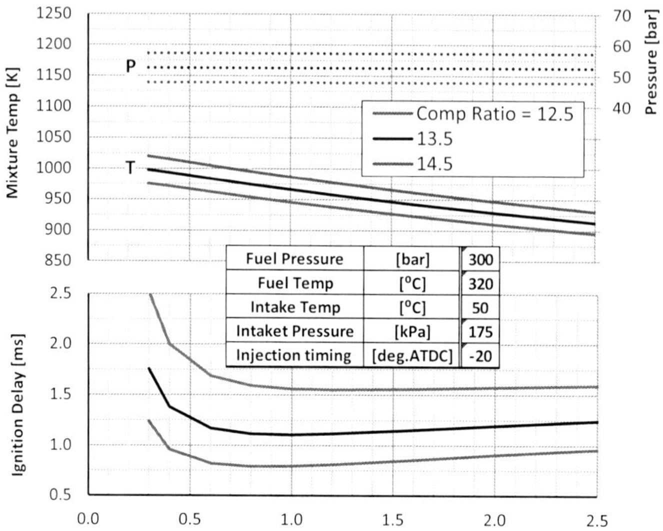

Fig. 7. Effect of compression ratio on mixture temperature and chemical delay

3.4 Effect of intake air temperature and pressure

The effect of cylinder temperature was calculated by varying intake temperature. As intake temperature was increased, the compression temperature was increased proportionally over the range of equivalence ratios but the compression pressure was at a similar level. Calculated ignition delay was decreased with increasing air temperature as shown in Figure 8.

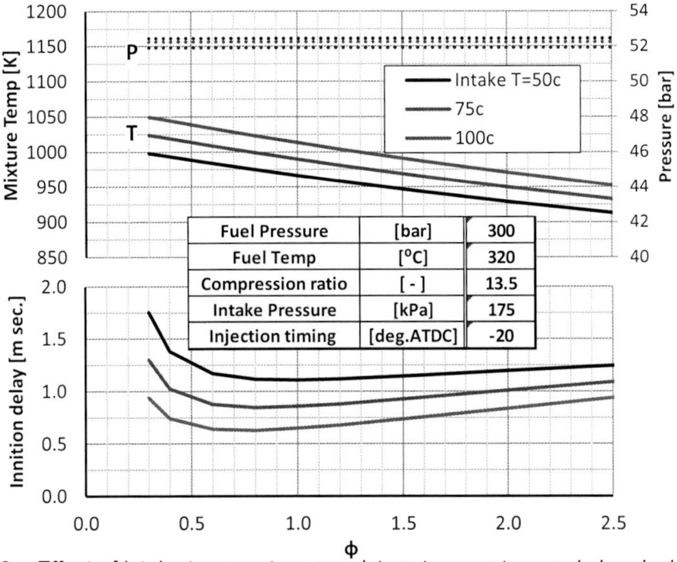

Fig. 8. Effect of intake temperature on mixture temperature and chemical delay

Figure 9 shows the effect of intake boost pressure on mixture temperature and chemical ignition delay. With the same compression ratio, intake temperature the calculated mixture temperature was similar. However, increasing intake pressure results in significant reduction of ignition delay and shows that compression ratio and boosting are effective parameters controlling compression ignition.

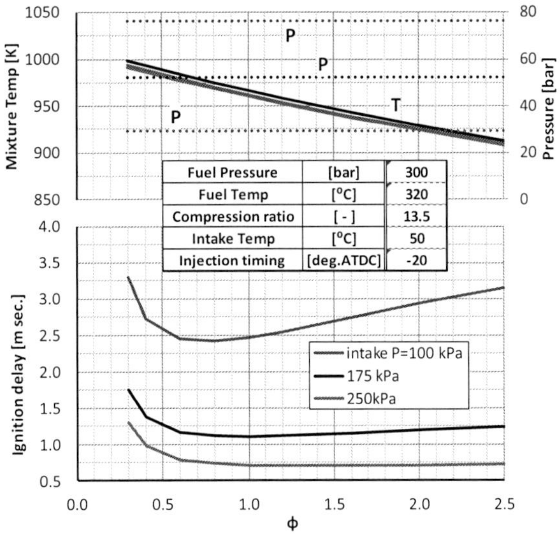

Fig. 9. Effect of boost pressure on mixture temperature and chemical ignition delay

3.5 Effect of injection timing

From the view of the physical phenomena, late injection timing would result in decreased ignition delay as a result of the increased temperature and pressure. However, the chemical kinetics calculation results showed the chemical ignition delay to increase with retarded injection timing. The result of modeling supercritical fuel injection over a range of injection timing is shown in Figure 10.

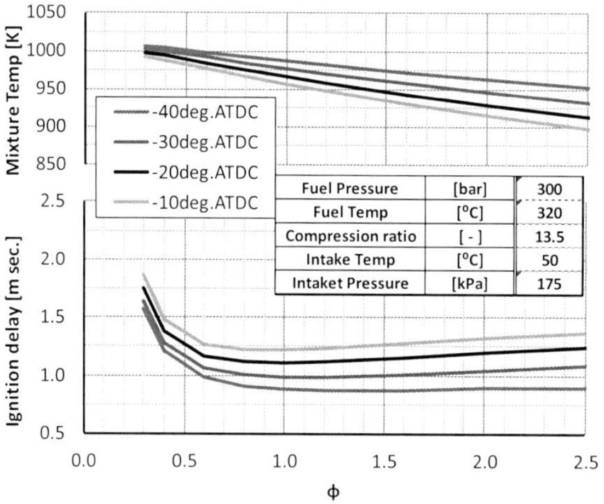

Fig. 10. Effect of injection timing on mixture temperature and chemical delay

The results show reducing mixture temperatures with higher equivalence ratio and later injection timing. The ignition delay variation with equivalence ratio was consistent with the controlling parameters; fuel temperature, intake temperature and pressure. With early injection timing the resultant mixture temperature is high because the injected fuel is compressed during the time of physical mixture preparation and the enthalpy of the fuel is increased by the compression work of the engine. This additional enthalpy decreases with later injection and the chemical ignition delay increases accordingly.

Figure 11 shows the effect of injection timing on mixture temperature and on chemical ignition delay at an equivalence ratio of Φ =1.0. The cases of supercritical (320° C) and liquid fuel injection (110° C) are compared. When injection timing is retarded, mixture temperature reduces and the chemical delay increases. When the delay period extends beyond TDC the expansion of the charge reduces temperature and pressure and so further delays the ignition time. This result explains the phenomenon of unstable combustion with late injection timing.

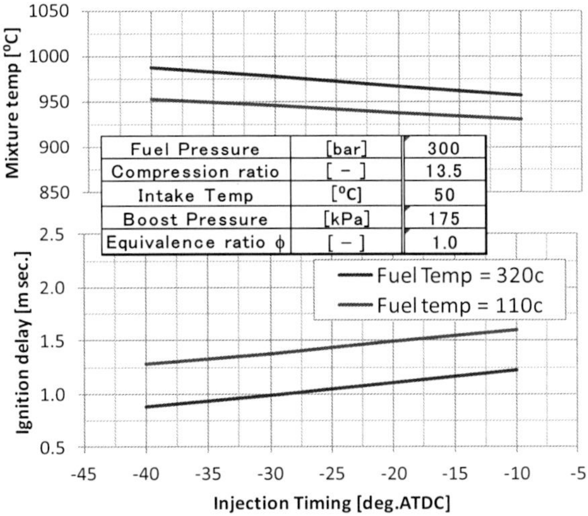

Fig. 11. Relation between injection timing, fuel temperature and chemical delay

4. Experimental validation tests

The characteristics of the mixture formation and combustion were evaluated in an optical pressure vessel and a single cylinder research engine

4.1 Optical pressure vessel visualization

The spray injected from a heated fuel injector was visualized in an optical pressure vessel capable of simulating the pressure and temperatures representative of in-cylinder conditions. The injection and ignition timing events were recorded using a high speed camera synchronized with ultraviolet (UV) luminescence from OH- radicals. The mixture formation and phase transition was analyzed using the simplified mathematical model described earlier in this paper. The test apparatus for spray visualization is shown in Figure 12.

The spray visualization apparatus comprises a pressure vessel with controls for pressurized fuel and gases. The working volume is formed by an 89 mm diameter cylindrical chamber. Quartz windows with a 70 mm clear aperture were located on opposite sides of the chamber to permit line of sight optical access to the spray plume. Prior to injection, engine-like pressure and temperature conditions are produced using a spark-ignited pre-burn of hydrogen, oxygen, nitrogen mixture. Heating jackets heat the chamber and the windows to prevent condensation of the water vapor formed by combustion of the pre-heating mixture. The vessel is filled with a mixture of the gases to achieve the average density and oxygen: nitrogen ratio necessary for the experiments.

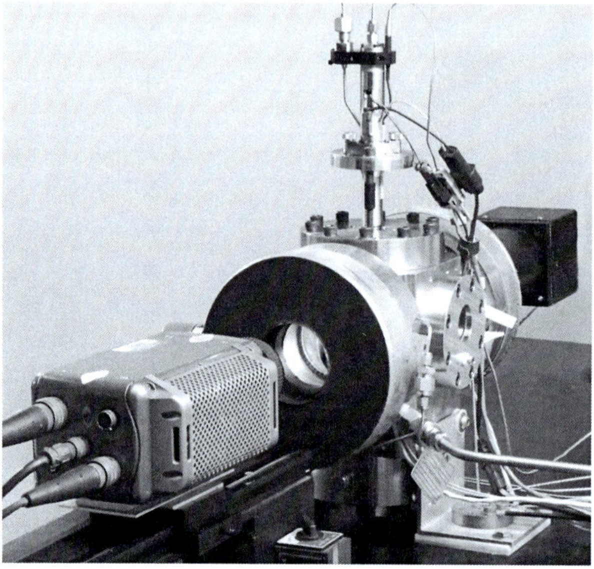

Fig. 12. Test apparatus with optical pressure vessel

The premixed hydrogen combustion is designed to result in a temperature and pressure in excess of the target injection pressure. The control system monitors the chamber pressure as it cools via heat transfer to the chamber walls. When the target pressure is reached, the fuel injector is actuated. The fuel injector was mounted on to the top of the pressure chamber such that the fuel was directed along the central axis of the chamber. The fuel was pressurized by a positive displacement pump capable of variable pressure control. The final fuel temperature was controlled via a heating element in the injector and control system.

A comparison of supercritical and liquid fuel injection on mixture formation is shown in Figure 13. In this figure, the liquid fuel temperature was 100° C and the supercritical temperature was 320° C. As shown in this figure, the penetration of supercritical fuel injection is increased over that with liquid injection. The spray plume was also widened. Low surface tension of supercritical fuel affects the macroscopic spray distribution and in addition, it is evident that low density and high diffusivity supercritical fuel results in faster mixing than in the liquid case. As a result the potential for reducing rich zones is increased.

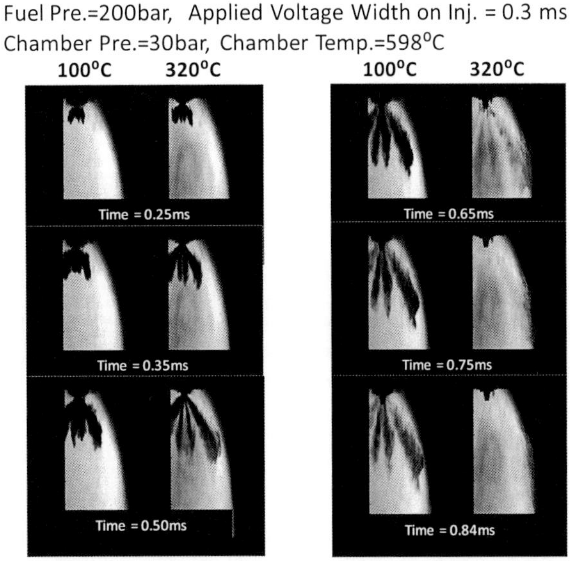

Fig. 13. Effect of fuel temperature on spray shape

The behavior of compression ignition was observed in an optical pressure vessel by comparing injections of liquid (100° C) and supercritical (375° C) fuel. The condition in the vessel at the time of injection was a pressure of 75bar, a temperature of 546° C, and a density of 28kg/m3. The optical flame was recorded with a high speed camera. OH- radical luminescence was recorded using a narrow band (309nm) photo detector.

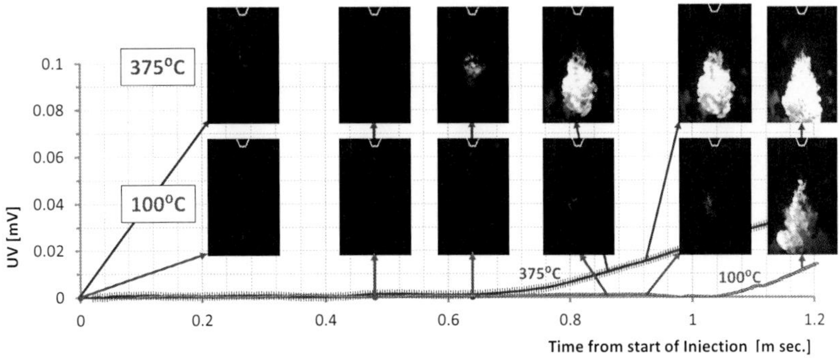

Figure 14. Auto-ignition behaviour of Supercritical fuel

As shown in Figure 14, the combustion of supercritical fuel, as indicated by the rise in UV emission, began at around 0.64ms and that of liquid fuel was around 0.92ms. The luminescence from OH- is synchronous with visible light from the flame pictures. This reduction in time to the start of combustion shows the effect of supercritical fuel on reducing ignition delay.

4.2 Single Cylinder Test Engine

The principal specifications of the test engine are shown in Table 3.

Displacement [cc]	390
Bore x Stroke [mm]	ϕ75 x 88.3
Compression ratio	13.5
Fuel injector	TSC Supercritical fuel injector
Ignition	Compression ignition
Super charger	Test cell equipment
EGR	High Pressure EGR
Intake vale close (ATDC)	-171.6
Exhaust valve open (ATDC)	157

Table 3. Principal specifications of single cylinder engine

The combustion behavior of liquid and supercritical fuel injection was evaluated on the single cylinder engine at various start of injection timing values. The results, as shown in Figure 15, show that the injection timing for liquid fuel, injected at 96°C, had to be advanced by about 14° CA in order for the heat release phasing to be equivalent to that with the supercritical fuel, injected at 340°C. The reason for the difference in ignition delay is related to the difference in energy flow following injection. The amount of negative apparent heat release of supercritical fuel is smaller than the case of liquid fuel. A reasonable assumption is that the heat transfer from air in-cylinder to injected fuel is small in the case of supercritical fuel injection.

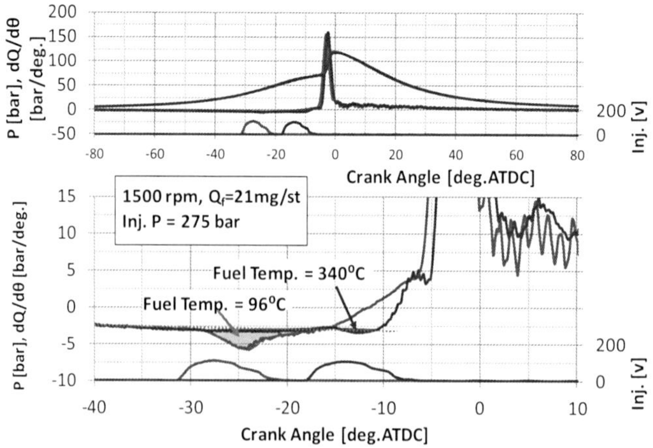

Fig. 15. Effect of injection temperature on ignition delay and apparent heat release

In the case of liquid fuel part of the energy is used to increase fuel temperature and most would be used for evaporation. For supercritical fuel, the latent heat absorbed in fuel is theoretically zero. It can be assumed the temperature of the mixture with supercritical fuel is higher and makes ignitable mixture faster than liquid.

The effect of boost pressure and intake temperature on combustion was evaluated over a range of injection timing as shown in Figure 16. Increasing inlet temperature and boost pressure allowed injection timing to be retarded at constant fuel consumption and combustion stability.

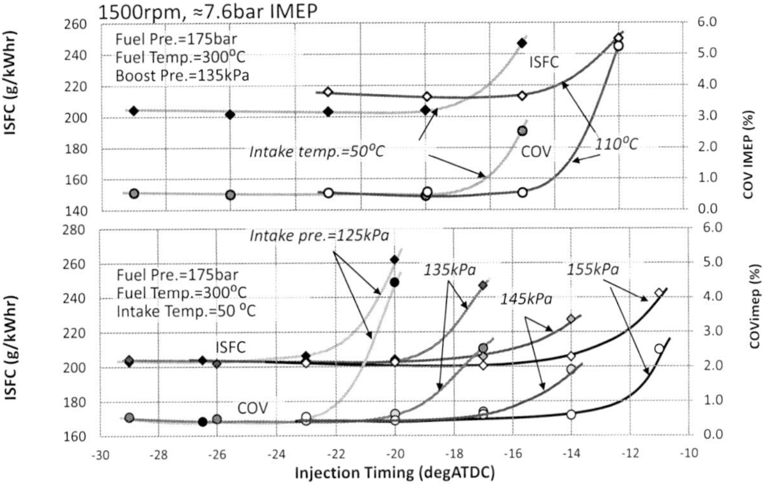

Fig. 16. Effect of intake temperature and pressure on combustion stability and fuel consumption

The effect of boost pressure on compression ignition was shown in Figure 17. Start of the first heat release (low temperature chemistry) was slightly delayed with lowered intake pressure. High temperature oxidation was started after the NTC (negative temperature coefficient) period and the timing was affected strongly by intake pressure. In these cases, intake air temperature was controlled to be the same. The difference of compression temperature between 125kPa and 155kPa, calculated from cylinder pressure, was small and the negative apparent heat release was also similar. However, the difference of ignition delay was significant. This result agrees well with that seen in the simulation.

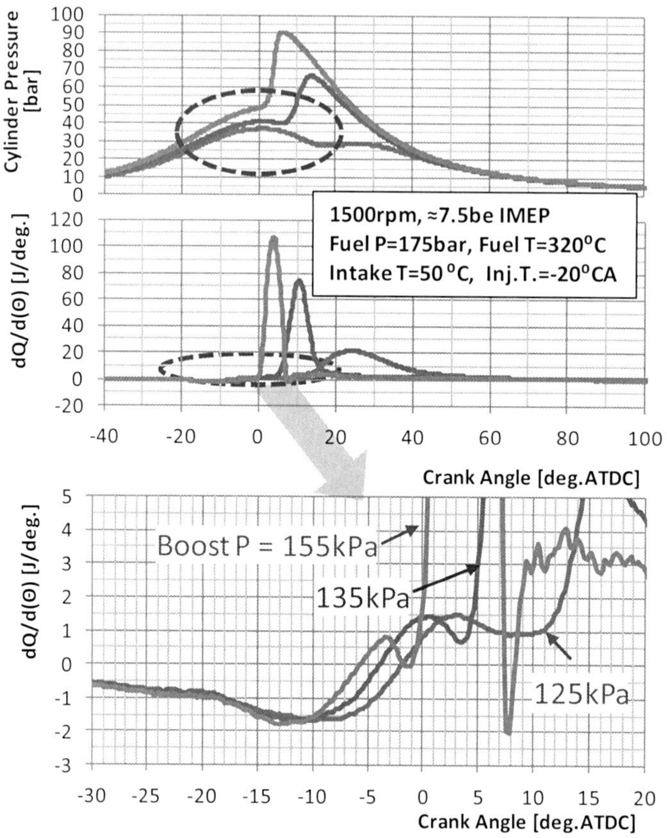

Fig. 17. Effect of boost pressure on compression ignition

4.3 Knock-free combustion with diffusive combustion

The combustion characteristics at 1800rpm and 15bar IMEP are shown in Figure 18. The results show that as injection timing is retarded, maximum cylinder pressure (Pmax) and maximum pressure rise rate (dP/dθmax) can be reduced. The high frequency pressure oscillation, or ringing, is also reduced. The results also clearly show two different combustion phases, a pre-mixed phase followed by a diffusion phase. Retarding injection timing shortens the ignition delay, reduces premixed burn and increases diffusive combustion. Maximum heat release rate of premixed burn was reduced with a pre-injection. In conclusion a late injection strategy with supercritical fuel injection has the potential for knock-free combustion with high compression ratio (13.5:1) and high boost pressure (250kPa).

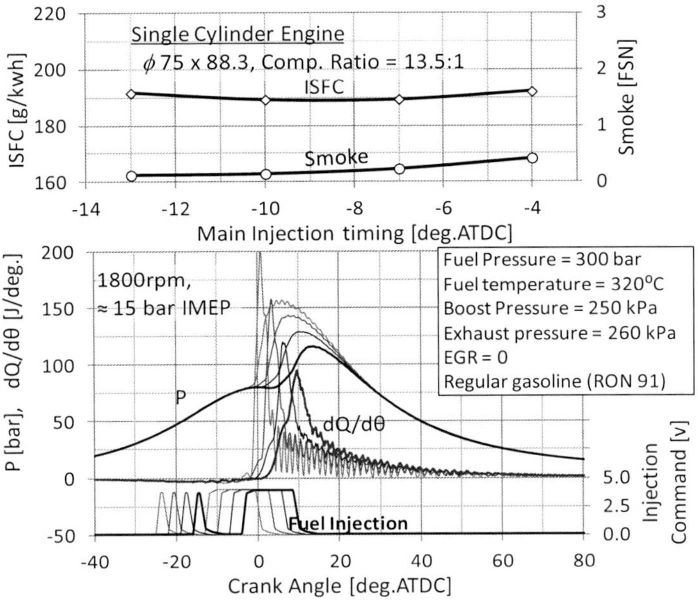

Fig. 18. Knock-free combustion with late injection strategy

A challenge with the knock-free combustion strategy is smoke which can be produced by the diffusive combustion process. In the history of Diesel engine development, smoke has been reduced dramatically; one of the most effective parameters was the increase of injection pressure up to 2000bar and beyond. High injection pressure improves atomization of the fuel and hence results in reduced smoke and particulate formation. However, the injection pressure of gasoline injection systems is limited and is much lower than Diesel systems because of the differences in viscosity and lubricity. Therefore, improvement of mixture formation with low injection pressure is a key challenge for gasoline injection systems and one that can be addressed with supercritical fuel injection.

5. Conclusions

The compression ignition behavior of supercritical gasoline injection was investigated and the parameters affecting ignition delay and auto-ignition were confirmed from a simplified mathematical model, optical pressure vessel tests and single cylinder engine tests.

Modeling showed how increased fuel temperature decreases the absorption of latent heat for evaporation from the air charge; when the fuel is supercritical the latent heat is zero. Reduction of latent heat absorption was shown to be a key factor increasing mixture temperature with supercritical fuel injection.

In a heterogeneous mixture, an equivalence ratio for minimum chemical ignition delay was identified. A higher mixture temperature and higher equivalence ratio accelerates chemical reaction and lower mixture temperature with lower equivalence ratio decelerates the reaction. By varying these factors, the equivalence ratio for minimum ignition delay was identified.

Auto-ignition of supercritical fuel is more robust than that of liquid fuel in heterogeneous mixtures. The chemical delay is less sensitive to equivalence ratio because the temperature reduction with mixing without latent heat absorption is reduced. The effect of intake pressure and temperature was investigated and the results showed that intake pressure is one of the essential factors affecting chemical delay. High boost pressures are effective for a compression ignition gasoline engines.

Injection timing retard results in increased chemical delay because the temperature drop with mixing increases with late injection timing. The limit of injection timing retard is also affected by the chemical ignition delay. Supercritical fuel injection has increased injection timing robustness because of the increased mixture temperatures.

6. References

[1] ExxonMobil 2012 Energy Outlook," http://www.exxonmobil.com/corporate/files/news_pub_eo2012.pdf.

[2] International Journal of Engine Research: Kokjohn, S.L., Hanson, R.M., Splitter,D.A., and Reitz, R.D., "Fuel Reactivity Controlled Compression Ignition (RCCI): A Pathway to Controlled High-Efficiency Clean Combustion," International Journal of Engine Research, Special Issue on Fuel Efficiency

[3] Kalghatgi, G., "Auto-Ignition Quality of Practical Fuels and Implications for Fuel Requirements of Future SI and HCCI Engines," SAE Paper 2005-01-0239, 2005

[4] John E. Dec, Magnus Sjöberg and Wontae Hwang, "Isolating the Effects of EGR on HCCI Heat-Release Rates and NOX Emissions", SAE paper 2009-01-2665, 2009

[5] Mark Sellnau, James Sinnamon, Kevin Hoyer, Harry Husted," Development of Full-Time Gasoline Direct-Injection Compression-Ignition (GDCI) for High Efficiency and Low CO2, NOx, and PM", 20th Aachen Colloquium Automobile and Engine Technology 2011, P1073

[6] Christopher de Boer, "Transonic Combustion – Supercritical Gasoline Injection for Low Emissions and High Thermal Efficiency", SAE 2012 High Efficiency IC Engines Symposium, April 22-23, 2012

[7] Christopher de Boer, Junseok Chang and Shreeram Shetty, "A novel Injection-Ignition system for improved gasoline engine efficiency", SAE Paper 2010-01-2110

[8] Christopher de Boer, Shizuo Sasaki, Shreeram Shetty, and Gary Bonar "Injection Strategy Development for Supercritical Gasoline Injection-Ignition in a Light Duty Engine", DEER Conference 2012

[9] Shizuo Sasaki, Chris de Boer, Jian Qiu, Shreeram Shetty, Gary Bonar, Kishwar Hossain. "A Study of Knock-Free Gasoline Engine with Compression Ignition and Diffusive Combustion by Super Critical Fuel Injection (1st Report)". 2013 JSAE Annual Congress

[10] Chris de Boer, Shizuo Sasaki, Shreeram Shetty. "A Study of Knock-Free Gaso-ine Engine with Compression Ignition and Diffusive Combustion by Super Critical Fuel Injection (2nd Report)". 2013 JSAE Annual Congress

3 Fresh Charge Preparation, Charge Exchange, Mixture Formation and Combustion in the EC2S Engine

Horst Philipp, Timo Janhunen

Abstract

In engine development, four stroke engines prevailed almost exclusively as the only design for passenger car propulsion units. During the decades, the technical evolution lead to an endless number of produced units with a variety of brilliant designs. However, in a four stroke work process, one complete revolution and hence half of the cycle time is required for charge intake and compression. Therefore, it takes two revolutions per cylinder to produce usable work.

In contrast to this widespread principle, with the novel working process "External Compression 2 Stroke" (EC2S) each cylinder yields work every single revolution.

To achieve this, a great share of the compression is conducted outside the working cylinder, followed by intercooling. With pressure and density of the intake air increased significantly, fresh charge can be injected into the work cylinder in very short time. Therefore, the intake event can be conducted in a fraction of the piston's upwards stroke, after the exhaust event and before the final compression.

In this manner, all steps of the four stroke cycle can be accomplished in one revolution, allowing two stroke operation while at the same time maintaining all four stroke cycle advantages Additionally, large scale downsizing will be feasible through providing the same torque with half the number of cylinders compared to a four stroke engine, attaining reduced friction, weight and size.

This presentation will concentrate on the fresh charge preparation, charge exchange, mixture formation, combustion, emissions and overall performance.

Introduction

In 1999, the Finnish company Aumet OY started to examine the new work cycle EC2S (External Compression two Stroke) in cooperation with the internal combustion engine laboratory of the Helsinki University of Technology and Lappeenranta University of Technology. This novel two stroke cycle was first performed in December 2003 in a prototype unit, which was derived from a single cylinder four stroke Diesel engine by providing it with a custom designed cylinder head and external fresh charge preparation through an industrial compressor.

In a serial production EC2S unit, fresh charge is prepared externally of the work cylinder by means of a two stage compression, both followed by intercooling. The first stage is performed by a turbocharger and the second by a piston compressor, increasing pressure and density of the fresh charge in the intake port significantly before induction in the work cylinder. Exhaust and intake are accomplished consecutively through poppet valves in the cylinder head with no overlap. Unlike in the conventional two stroke cycle, burnt gases are not displaced out of the working cylinder by fresh charge but pushed out by the piston.

Because of the comprehensive intercooling after each compression stage and the low compression ratio in the final compression, very low temperature levels can be achieved at TDC, offering potential to employ SI or HCCI as combustion principles without premature self ignition or knock even at high loads [1]. In HCCI mode, the NOx formation can be kept near zero due to the very low temperature level. EGR and final compression ratio can be controlled by cam phasing according to the operation point.
Given the comprehensive degree of freedom to control several important parameters of charge conditions, the novel work cycle might be one solution to solve the goal conflict between efficiency and emissions of nitrous oxides/particulate matter. Additionally, the EC2S work cycle allows the design of compact and lightweight engines at low production prices since it needs only half the number of cylinders to produce the same power output compared to four stroke engines, maintaining NVH levels comparable to four stroke engines.
Modern simulation tools such as Star CD, ANSYS Fluent, Diesel RK, GT-Power and Chemkin have been employed to carry out preliminary investigations and optimizations. Four master's theses, four SAE-papers and four Fisita papers have been completed on the research of the work cycle. The patent was issued on February, 25th, 2009.
Aumet's research project was part of the Finnish engine technology programme, ProMotor and supported by the national technology agency of Finland, Tekes.

1. Working principle

The EC2S work cycle can best be illustrated by a comparison with conventional cycles. As stated before, internal combustion engines of land vehicles almost exclusively employ the four stroke cycle as a work principle, regardless of the combustion type. In figure 1, the four stroke cycle is illustrated together with the conventional two-stroke work cycle as well as the novel work cycle, the EC2S process.

In a four stroke engine, the piston has to carry out four strokes to perform the steps/phases in which the work cycle is organised/phased, see top line of figure 1.
A1 (work stroke): During combustion, temperature and consequently pressure increase. Thus, during the downwards stroke more force is exerted on the piston than in the upwards stroke and so net work is performed at the crankshaft.
A2 (exhaust stroke): Shortly before BDC, the exhaust valves open and the burnt cylinder charge is pushed out of the cylinder by the piston during the upwards stroke.
A3 (intake stroke): Around TDC, the exhaust valves close and the intake valves open, so fresh charge is allowed to enter the cylinder during the downwards stroke.
A4 (compression stroke): In a typical four stroke timing, the intake valves close shortly after BDC, so the compression of the cylinder charge is carried out during the upwards motion of the piston, which completes the cycle.

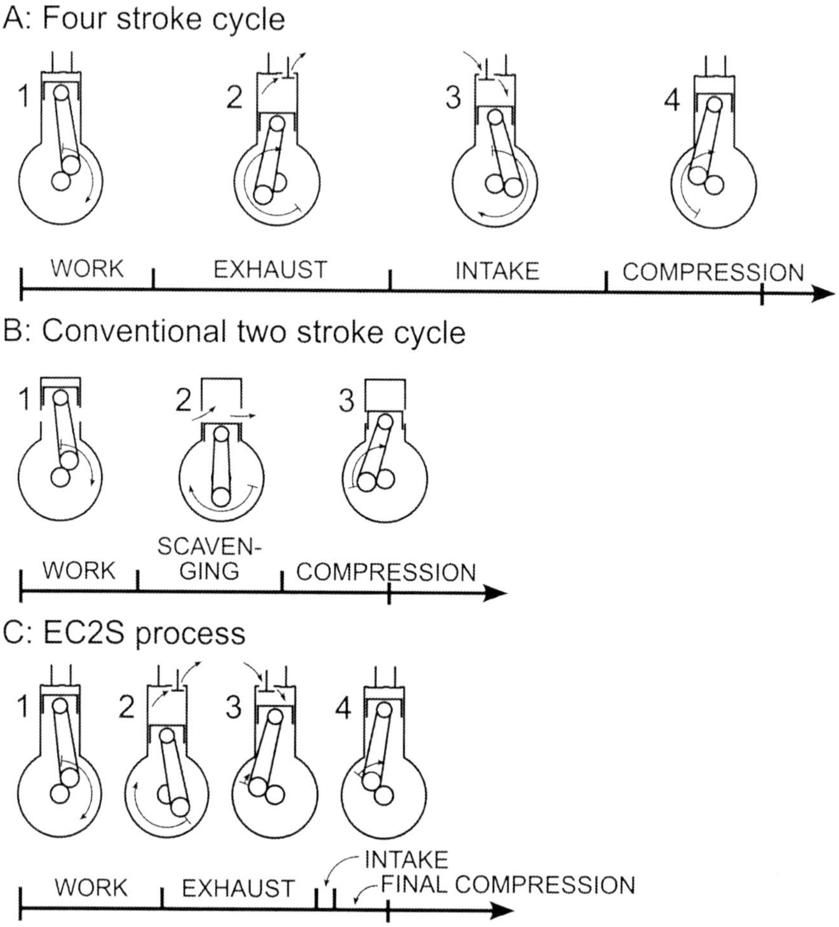

Figure 1: Illustration of the three work cycles over crank angle, typical timings are ticked according to the cycle timing.

The conventional two stroke cycle can be divided into three phases, see figure 1, second row:

B1 (work stroke): Firstly, the work stroke is executed: The burnt gases push down the piston, so work is performed at the crankshaft. The work stroke begins at TDC and ends where the exhaust device opens.

B2 (scavenging): In the second phase, the so called charge exchange step or scavenging step, fresh charge enters the cylinder through the intake opening and hereby pushes out the exhaust gas. The charge exchange step ends when the intake and the exhaust devices are both closed. Due to engine kinematics, pistons do not move very much during the scavenging phase.
B3 (compression stroke): The compression phase is the third step of the two stroke cycle. It is carried out during the upwards motion of the piston and ends at TDC, where combustion occurs.

The EC2S process is described in the lowermost line of figure 1.
C1 (work stroke): Combustion takes place around TDC and subsequently the work stroke is performed during the downwards motion of the piston in a standard work stroke like in conventional piston engines.
C2 (exhaust event): The exhaust valves have similar opening timings in the EC2S process as in a conventional four stroke engine. Unlike in the latter, they close about 70°CA before TDC. During this first section of the upwards motion, burnt gases are pushed out of the cylinder by the piston.
This is in contrast to the conventional two stroke process, where the burnt gas is displaced by the fresh charge, which is entering the cylinder simultaneously to the exhaust gas removal.
C3 (charge injection): Shortly after that, the intake event takes place: precompressed fresh charge is injected into the cylinder within 10...25 deg. CA, while the piston carries on its upwards motion.
C4 (final compression): After the closing of the intake valves until TDC there follows the last phase, the final compression with a volumetric ratio of 1:3...1:5.

As can be seen from the comparison in figure 1, each of the two stroke processes are accomplished in one revolution. In contrast to that, the four stroke process needs one revolution to only carry out charge exchange and thus requires two revolutions to complete the cycle.
While this charge exchange method might seem circumstantial, it offers possibilities that are not featured in the conventional two stroke cycle. For example, in the four stroke cycle scavenging fresh charge through the cylinder and out of the exhaust valves can be avoided or allowed as desired simply by the choice of valve overlap. At the same time the cylinder liner can be designed smoothly without gaps and scavenging ports which spoil lubrication and can cause unwanted emissions.

In an EC2S engine, all of the four stroke advantages can be maintained, while at the same time the most beneficial feature of the two stroke cycle is utilized, namely carrying out the entire cycle in one revolution so that every single rotation yields work. Therefore, the EC2S process can be regarded as a combination of the advantages of both work processes, which is illustrated in the timing diagram, figure 2.

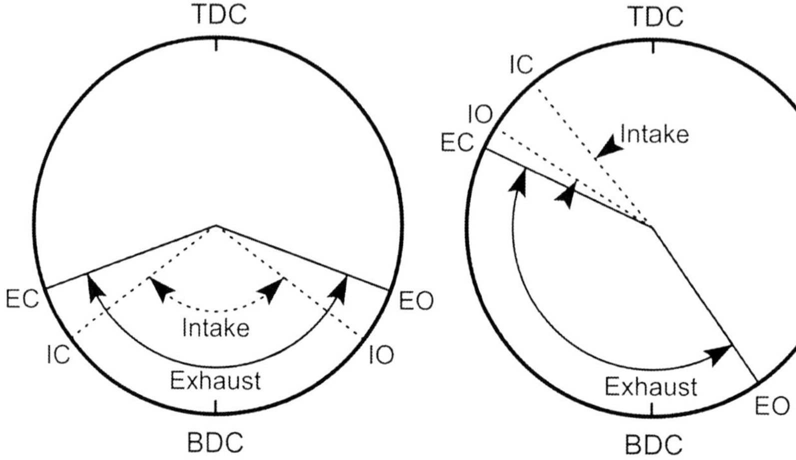

Figure 2: Comparison between scavenging in the conventional two stroke timing and the novel EC2S process with consecutive charge exchange

2. Fresh charge preparation

The fresh charge is prepared in two stages: Firstly, a turbocharger system and secondly a piston compressor, both followed by intercooling [2]. The turbo compressor has to be supported by the piston compressor at all operating points because its pressure alone would not be sufficient. Therefore, to compress air it can employ the whole available exhaust gas enthalpy without waste gate control losses.

A piston compressor has been chosen as a second charging stage because it features the highest isentropic efficiency at the required pressure ratios. Intercooling after the turbo system will furthermore reduce the compression work of the piston compressor. One compression piston is expected to be sufficient for supplying two to three work cylinders.
In order to provide the desired air mass flow, the delivery rate of the piston compressor can be controlled by intake valve timing or by installing variable compression ratio, which can be adjusted by dead space variation.

In figure 3, the mass flows are illustrated schematically. Air enters the turbo compressor (1) and is cooled in intercooler IC1 (2) before entering the piston compressor (3). In order to reduce complexity, the illustration does not show the valves of the piston compressor. Further intercooling is carried out in IC2 (4). The mixing arm (5) downstream of the intercooler 2 will affect the mass flow ratios through the intercooler as well as through the bypass, so the temperature of the fresh charge in the intake port (6) can be adjusted to the desired value. Fresh charge enters the work cylinder (7). After the exhaust valves open, burnt gases drive the turbine (8).

As can be seen from the figure, the flow scheme is designed without external EGR which often comes along with soot deposition and corrosion problems in the intercooler as well as additional flow losses in the valves.
Variable valve timing of the exhaust valves will influence the EGR share, while the final compression ratio in the work cylinder can be adjusted by intake valve timing.
By these measures, there is considerable degree of freedom to control the air-fuel ratio and compression end temperature as well as fresh charge mass and EGR mass independently from each other.

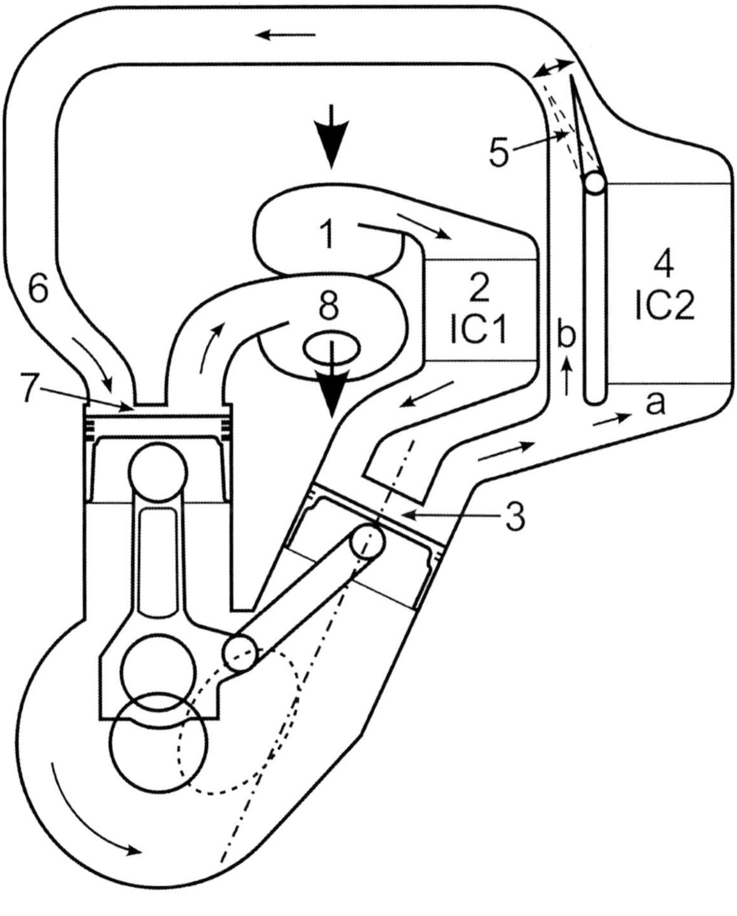

Figure 3: Flow scheme of an EC2S engine. The lower conrod of the compressor piston conrod is attached at the conrod of one work cylinder and performs an elliptical movement, which reduces side forces at the compressor piston.

3. Charge exchange

Extensive simulation efforts have been taken to investigate the intake process, employing state of the art simulation software such as Star CD, ANSYS Fluent, GT power, GT valvetrain, and Diesel RK.

3.1 Valve train

Since there are no special requirements for the exhaust valves to be met, standard parts can be used for that task. On the inlet side however, the valves as well as their springs have to be very lightweight and at the same time provide enough actuation force since the fresh charge injection event is executed in extremely short time. The valve train design and development is described in [3].
Titanium intake valves have been chosen together with a combined system of pneumatic/steel springs. Air pressure for the pneumatic springs is drawn from the discharge side of the piston compressor. At low engine speeds such as startup, the steel springs are sufficient. Bounce-free operation at higher speed is maintained by the pneumatic springs since they provide enough force at very low weight.

Figure 4: Prototype valve train on a test rig (left), CAD model of the valve mechanism assembly (right).

As can be seen from figure 4 (right), the exhaust valve mechanics are conventional. For the intake cams, a comparatively large base radius has been chosen to provide good lubrication as well as maintain the allowed hertzian pressures.

4. Mixture formation and combustion

As with the two well known work cycles mentioned above, the EC2S process is not tied to a certain combustion mode such as SI gasoline or CI Diesel combustion. In those cases, fuel injection would be like in conventional engines for both Otto and Diesel combustion modes.

4.1.1 Otto SI combustion

In the port injected Otto case, the mixture formation of the premixed charge would proceed similar to ordinary charge formation. The late charge intake shortly before TDC can be advantageous since the turbulence level during combustion can be considerably higher than in ordinary engines. Thus, the flame speed is expected to be higher and quicker combustion can be achieved, which is beneficial to efficiency.
Additionally, due to the low temperature level and the very short time from intake to ignition, the range of knock-free operation in SI combustion mode is expected to be comparatively wide especially due to the quick expansion directly after TDC.

4.1.2 Diesel CI combustion

For proper DI Diesel combustion, swirl must be generated in order to reduce NO_X formation as well as particle concentration. For example, intake valve seats can be partly shielded to direct the flow tangentially in the cylinder. Alternatively, the intake ports must be shaped in an appropriate way. Both would restrict the flow and hence reduce the delivery rate.

4.2 HCCI mixture formation and combustion

A chance to avoid the particle-NO_X-consumption goal conflict of the Diesel combustion would be to implement the HCCI combustion principle. This is important because for the mixture formation, the novel work process offers a unique option for fuel evaporation as well as charge homogenization.

4.2.1 HCCI mixture formation

One of the most intriguing features of the novel engine process is the chance to obtain the fuel evaporation heat from the in-cylinder exhaust gas. This can be achieved by injecting fuel into the hot residual gas after the closing of the exhaust valves and before the opening of the intake valves. At this stage in the process, the in-cylinder pressure is relatively low compared to Diesel process. Both high temperature and low pressure of the cylinder charge will allow quick and thorough evaporation even if Diesel fuel is chosen. This will additionally reduce the cylinder charge temperature and pressure, which increases the delivery rate and reduces compression work during the final compression.
Directly after evaporation, the fresh charge will be injected into the cylinder at high velocity, which will create large turbulence levels and help to form a very homogenous mixture.

In order to achieve high injection rates at the same time with low cylinder charge penetration, a pintle type injector was chosen, figure 5.

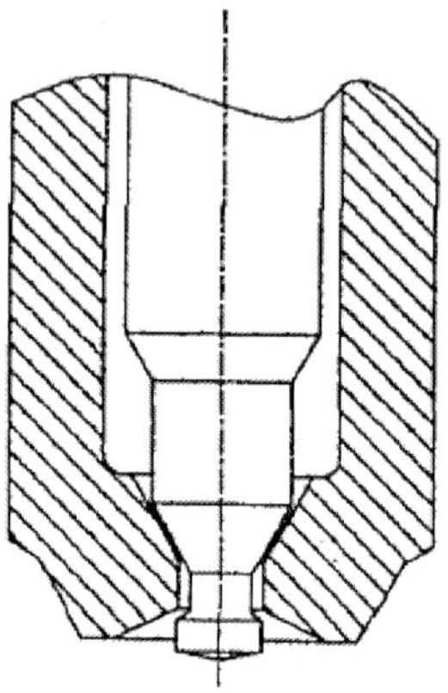

Figure 5: Pintle type injector

This type of injection has been analysed in [4], [5], [6] and by Aumet's own CFD simulations employing ANSYS Fluent.

4.2.2 Control of HCCI self ignition timing

Generally, in the EC2S process, combustion can be initiated by conventional measures like spark ignition or pilot injection. For the control of start of combustion by temperature and charge composition, the EC2S process offers unique possibilities: EGR, air-fuel ratio and compression end temperature can be controlled independently from each other by valve timing, fresh charge mass flow control and injection timing, see figure 3. For the simulations, the start of combustion was found calculating the Livengood-Wu integral according to a 4-dimensional self-ignition map, [21].

Air mass flow is set to the desired value by controlling the piston compressor. The position of the mixing arm varies the degree of heat removal in intercooler 2, so the fresh charge temperature can be set independently from intake port pressure. At the same time, the EGR mass can be controlled by the exhaust valve timing. Intake valve timing will vary fresh charge mass as well as end compression temperature together with EGR and fuel mass.

Due to the higher fresh charge ratio and subsequently higher intercooling rate, compression end temperature decreases with increasing load.

5. Overall performance

After a positive load step, the piston compressor will increase its delivery rate directly without delay and supply the work cylinder instantly. Turbochargers will typically maintain their performance with only minor variation of the pressure but an increased mass flow on the compressor side. Within the following revolutions, the turbine side will receive an increased exhaust mass flow, so that the new point of operation of the turbo system will be attained/met quickly. Thus, a stiff load response is expected.

Thermodynamically, in the EC2S process an intrinsic large scale Atkinson process is realized throughout the operation range, figure 6. Therefore, good efficiency is expected even for SI combustion mode since a high expansion rate during the work stroke is the main requirement for good efficiency and there are no pumping losses in part load.

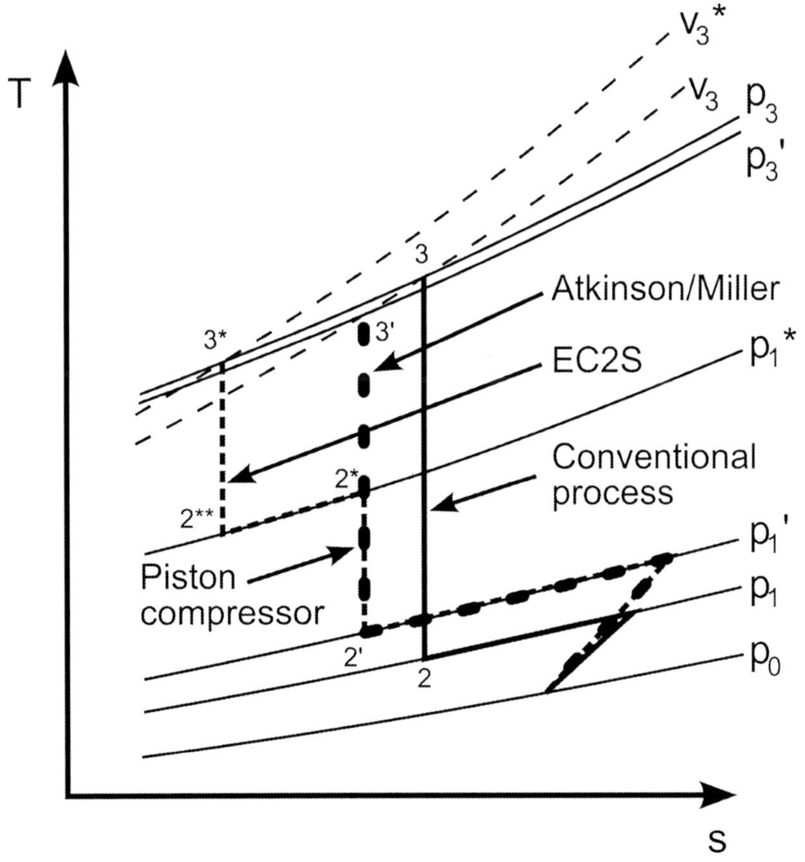

Figure 6: Charge preparation comparison from ambient to TDC in a T-s-diagram.

Compared to conventional processes, Miller/Atkinson processes strive to compress to higher pressures p_1' in order to remove more heat in the intercooler. Thus, specific entropy 2' is lower than that of conventional processes 2. Because of the lower temperature level in Atkinson/Miller mode, pressure p' at TDC is lower at the same charge mass, which is represented by the fact that the specific volume v_3 is still the same.
In an EC2S process, the Atkinson characteristic is maintained until the inlet of the piston compressor. After the piston compressor, additional heat can be removed in the EC2S process, 2*-2**. The step 2**-3* represents the final compression in the work cylinder, where eventually the considerably higher specific volume v_3* is obtained due to lower temperature at the same compression end pressure. This fact allows to design engines with the same power output at smaller displacements, reducing friction levels.

Due to the exceptionally low temperature level at start of combustion, high pressure increase subsequently to the temperature rise lead to considerably high mean effective pressures. Together with the two stroke process, this contributes to the extraordinary capability regarding downsizing as well as downspeeding, performing power similar to conventional four stroke engines.
Quick heat up is expected because of the high power to weight ratio. This is important for the comfort aspects when heating up the cabin early after cold start.

6. Summary

The entire/complete EC2S working cycle can be carried out in one revolution, divided into two strokes: The downwards motion with the work stroke and the upwards motion with three steps, namely exhaust, fresh charge injection and final compression.

Production cost is expected to be comparably low because half the number of work cylinders can deliver similar performance as a four stroke engine. The engine is designed to consist of conventional parts so the ordinary engine production supply chain can be used.

Due to the compact design, low engine weight is expected as well as quick heat up. Together with the instantaneous heat removal in intercooler 2, this quick heat up will be advantageous to provide heat for comfort appliances e.g. cabin heating shortly after cold start.

The large scale external compression allows comprehensive intercooling and hence very low process temperature levels as well as late charge intake. This allows to perform an extensive Atkinson process throughout the operation range even at high loads.
Intelligent fresh charge preparation offers considerable degree of freedom in charge composition and the unique mixture formation and homogenization offer new perspectives for HCCI combustion.

Literature

[1] Yu, Sun, Burke, Gou, Chen: Multi-Timescale Modeling of Ignition and Flame Regimes of n-heptane-air Mixtures near Spark Assisted Homogenous Charge Compression Ignition Conditions. Princeton University, October 2010

[2] www.aumet.fi

[3] Larmi, M., Grönlund, T.:Valve Train Design for a New Gas Exchange Process. SAE 2004-01-0607

[4] Akagawa, H., Miyamoto, T., Harada, A., Sasaki, S., Shimazaki, N., Hashizume, T., Tsujimura, K.: Approaches to Solve Problems of the Premixed Lean Diesel Combustion. SAE 1999-01-0183

[5] Jia, Xie, Lam, Wang: Numerical Simulation of Cavitation in the Conical-Spray Nozzle for Diesel Premixed Charge Compression Ignition Engines. Fuel 90 (2011) p. 2652-2661.

[6] Jia, Hou, Li, Xie, Liu: A Micro-Variable Circular Orifice Fuel Injector in a Diesel Fuelled HCCI Engine. SAE 2007-01-0249.

4 Rapid Spark-Ignition Parameter Optimization for Best Combustion Characteristics

Jérémie Darrasse, Roy Flitton, Diego Ismirlian, Olivier Metzelard, Jean-Baptiste Sauvage, Paul Tinwell

Abstract

The new trends in spark ignited engine technologies (direct injection, lean operation, cooled EGR, flexible valve-trains, heavy pressure-charging, flexible fuel capability, CNG...) have increased the diversity of ignition needs for optimum combustion. Understanding the sensitivities of an engine's combustion system to ignition parameters is one key to finding and defining the best compromise of engine performances and ignition equipment costs. Achieving a definition of this compromise requires a considerable time against the backdrop of contemporary technologies, and the need for a truly adjustable ignition tool has been long identified.
Working in the field of ignition since its creation in 1999, APOJEE developed *SmartCoil*, an ignition coil emulator capable of generating any desired ignition characteristics. Extensively used within the automotive and racing fields, this first product was constantly improved to meet the evolving customer engine requirements. Ever increasing demands for higher spark energy, longer spark duration and higher available voltage have recently exceeded the design limits of this first *SmartCoil*, requiring the development of a higher performance product.

SmartCoil 2 is an updated product capable of delivering up to 50kV with up to 1A peak spark current and 1J of spark energy, all with user defined current profiling and high reliability. This new equipment features a ten-fold increase in speed of current regulation, together with high resolution voltage and current measurements, and an 'on-the-fly' spark polarity capability. The emulation of all state of art ignition coils is assured, as well as a new possibility to investigate the impact of alternating current discharges.

The capabilities of *SmartCoil 2* facilitate rapid ignition research and the definition of all associated ignition componentry, quickly, safely, economically, and most importantly in a precise and scientific manner.

1 Introduction

The *SmartCoil* is a laboratory-based equipment-set capable of emulating the function of any desired spark ignition coil. Originally intended to facilitate the study of spark discharge characteristics on the overall ignition function, the equipment has found favour with many engine researchers requiring the ability to instantly change spark parameters during the course of a single engine test without the need for hardware changes.
The first *SmartCoil*, developed by APOJEE in conjunction with IFP and introduced into the automotive field in 2005 [1], featured at its heart a simple concept of a 400V power bus switched through a pulse transformer to create the necessary discharge character. A fast DSP, accurate software models of the switches and the transformer, and accurate feedback control allowed the definition and creation of the discharge according to the user needs. High voltage rise time and maximum available voltage for the spark gap breakdown, peak discharge current and the subsequent shape of the discharge current, overall spark duration or delivered energy and multiple discharge from a single trigger input could all be controlled as required, with a control frequency of 500kHz.

Many equipment sets were sold into quite diverse fields ranging from research labs, through automotive OEMs and tier-one component suppliers, to motorsport applications including several of the prestigious F1 teams. Applications have ranged from extremes such as spark to fuel-spray interaction studies, spark plug development, catalytic-convertor light-off testing and hunting for that last newton metre at the crankshaft. In recent years these existing and new customers of *SmartCoil* have repeatedly requested an increase of the range of operation of the spark parameters. Typically needed to investigate the ignition requirements for the emerging new generation of combustion concepts such as very lean operation, extreme charge dilution and heavy pressure charging, the original *SmartCoil* hardware struggled to meet these requirements. Maximum available voltages up to and above 50kV, peak discharge currents of up to 2A, single spark energy delivery exceeding 1J, and often at very high engine speeds proved to be insurmountable. Many and repeated failures were attributed to extreme EM interference and internally generated corona which could not be adequately suppressed. A complete revision of the hardware was considered necessary. The subject of the present paper is to relate the major aspects of these design changes, the improved performances yielded and the added functionality achieved. For a full understanding of the base *SmartCoil* functionality, readers are directed to the supporting materials [1,2]

2 *SmartCoil* Operational Issues and Redesign Objectives

The original *SmartCoil* hardware philosophy was one of modularity. Creating a spark characteristic over a huge dynamic range, for example spark durations between 10µs and 5ms, imposed strong physical compromises on the hardware. This was originally addressed by the simple expedient of mounting the pulse-transformer onto a separate 'high voltage' card. This facilitated a smaller, more controllable dynamic sub-range, whilst allowing the card to be swapped quickly and efficiently to access another sub-range of the overall capability. In practice this amounted to typically two or three high voltage cards to cover the entire range depending on customer requirements. A plug-in module to the HV card allowed the polarity of the discharge to be set relative to the ground of the engine. Extending this philosophy, the control DSP was mounted on a separate card so its hardware and firmware could be specifically tailored to that of the high voltage card in use. Another separate card managed the power supply and high voltage bus. A further separate card controlled communications with the host PC via RS 422 and USB convertor, together with the ignition trigger timing from the engine ECU or original ignition system. Offering the ultimate flexibility this solution enabled the overall range of spark characteristics detailed in Table 1.

	SmartCoil	*SmartCoil 2*
Available voltage	5kV to 32kV (40kV upgraded), switchable polarity	>50kV, polarity by software
Rise time to maximum voltage	30µs to 500µs	10µs to 250µs
Peak discharge current	0 to 600mA	0 to 1000mA
Spark duration	100µs to 5000µs	DC: 5µs to 2ms (longer on request) AC: 5µs to 10ms (longer on request)
Spark energy	5mJ to 300mJ	1mJ to 1000mJ with on-board cable-loss compensation
Spark current waveform	User defined by Excel sheet with standard formats	No change
Number of spark per trigger event (multiple discharge)	0 to 15	0 to 20, software controlled limit only
Time between consecutive sparks (in multi-spark mode)	50µs to 5ms	5µs to 5ms

Table 1: comparison of the major performance capabilities of original *SmartCoil* and *SmartCoil 2*.

An interesting and often exploited corollary of such an approach was the capability of the equipment to be built to service any number of required cylinders. Other than the requirement for all the cards to be fitted into a single rack-mounted unit, theoretically any number of cylinders up to and including 16 could be accommodated. In practice, the mono-cylinder set was of most interest to customers, although several four cylinder and six cylinder sets were built.

The modular solutions employed were found to be perfectly adaptable in most applications and very few issues were encountered. In particular, several F1 engine research applications ran with perfect reliability even up to engine speeds approaching 20k rpm. Minor hardware reworks improved the general equipment function and won an increased range of spark characteristic parameters over a period of years and several equipment sets.

Requests from existing customers for higher yet performances started within the F1 industry. Driven by the search for an ignition solution which ensured the maximum possible exploitation of the new direct injection, pressure-charged, 'low engine-speed' combustion systems, yet which still remained within the framework of the revised rules, the primary concern was available voltage. Requests of "above 50kV" were common to ensure reliable ignition with large spark gaps and small ignition advance angles. Such a figure was beyond the original design capability of *SmartCoil*. Similarly, those equipment sets at customers investigating combustion systems employing extreme lean-burn or charge dilution or downsizing frequently met with the *SmartCoil*'s ceiling of capability. Requests of "up to 70kV" were made in these cases to allow spark ignition studies on equal terms with other ignition concepts such as corona discharge...

Attempts were made to increase the maximum available voltage of *SmartCoil* as noted in Table 1. Raising the power bus to 500V together with hardware and software changes yielded 40kV. Unfortunately when operating at this new upper limit, and especially with high peak current requests, the equipment became unreliable. The most prominent problem encountered was the result of electromagnetic noise or interference (EMI). Loss of communications with the host PC, inexplicably random missing sparks, and an extreme sensitivity of orientation of the *SmartCoil* relative to the test engine were all experienced with increasing frequency. The effects were partially mitigated by the use of suppressor-type spark plugs and ignition cable. However, as a significant (and increasingly important) proportion of delivered spark energy is lost to ohmic heating as peak current increases, and there was no specific way to compensate other than by post processing, this solution was consider non-preferable by most customers. In extreme cases, on multi-cylinder equipment sets the output of each of the high voltage cards became unbalanced when operating at the revised upper performance limits. At best, utility was lost and customers became frustrated.

A long programme of work was undertaken to understand the root-cause of these problems when operating at the revised upper performance limits. The findings of this work highlighted shortcomings as:

- variation in the performance characteristics of identical cards outside of acceptable limits;
- inadequate shielding between cards when installed in the housing;
- inadequate shielding of the internal communications cables; and most specifically,
- insufficiently robust connectors on the interior of the equipment.

Additional concern was raised over the very complex mechanical arrangement of the boards which precluded good shielding practices, and which made assembly of the equipment difficult, particularly in multi-cylinder format. Finally, the potential for corrosion of internal components and connectors as a result of corona or ozone generated when operating at the higher limits of available voltage.

Addressing these issues by reworking the existing layout, adding internal shielding and upgrading connectors proved fruitless. A decision was made to completely redesign the equipment. Taking the opportunity to upgrade several aspects of the functionality at the same time, objectives were set as:

- increased speed of communication with a more robust communications protocol;
- evolution of the internal power supply with the possibility to create both positive and negative sparks within the same spark train, and even AC ignition with the constraints of the control frequency;
- increased maximum voltage;
- decreased voltage ramp-up time;
- increased dynamic range of output without hardware change;
- increased internal regulation bandwidth, offering the possibility to produce shorter duration sparks and an improvement in accuracy of control;
- improved EMI tolerance to support function with non-resistive spark plugs;
- increased data sampling rate for improved accuracy of measurements and acquired data;
- revised operator interface with additional function, e.g. auto-compensation of high-voltage extension cable or spark plug suppressor energy loss.

Consultation with existing *SmartCoil* customers refined the major performance objectives to those contained in Table 1.

3 *SmartCoil 2* Realisation

The primary concern was the elimination of all inter-card connectors and the hardening of the respective EMI shielding on critical communications buses. By definition this required a single PCB, which in turn dictated a very significant upward step of function and flexibility; one card now needed to embody not only all the functions served by several cards of the previous generation, but that single card now needed to be as adaptable as possible to avoid the need for future redesigns as function evolved. Despite these apparent difficulties, correct function was assured by adopting two 150MHz processors with dedicated areas of responsibility and bespoke firmware. All aspects of the hardware were checked with respect to EMI using the existing mathematical models of the general *SmartCoil* regulation principle, extended to incorporate the expected EMI under all operating conditions. Rigorous application of this simple technique ensured all PCB track routings were optimised and a full knowledge of the equipment was gained before any prototypes were built.
Figure 1 shows the optimised layout of equipment; Figure 2 the general control principle. A single PCB mounts all of the control and communications hardware. A completely separate high voltage board enclosure with RFI gaskets was specified to ensure the best possible confinement of EMI. All connectors and cables are to RF specification for maximum resistance to EMI irrespective of the source. An external, adjustable 1kV power supply was specified for the power bus to ensure ease of thermal regulation and the facility for rapid changes to *SmartCoil 2* output. This decision ensured a standard off-the-shelf, 'rugged' applications power supply could be used for high reliability with minimum impact on overall equipment development time. The geometry of the external power supply dictated the case size of the *SmartCoil*. Simple thermal modelling specified the cooling fan and duct sizes to ensure adequate dissipation of the MOSFET switching losses, which become very significant at the desired switching frequency of up to 5MHz.

The 48V power supply services the control PCB and external communications which were specified as Ethernet or RS422 are preferred by the end-user. Chosen because EMI-hardened hardware was readily available off-the-shelf for these protocols, the appropriate hardware was 'piggy-back' mounted to the main control PCB. The communications cable from *SmartCoil* to host PC was specified as at least 'Cat 6' for good EMI immunity. As default, a standard laptop Ethernet card (100Mbps) was specified as necessary to communicate with the *SmartCoil 2*.

The remarkably simple regulation principle is described in Figure 2. DSP1, running

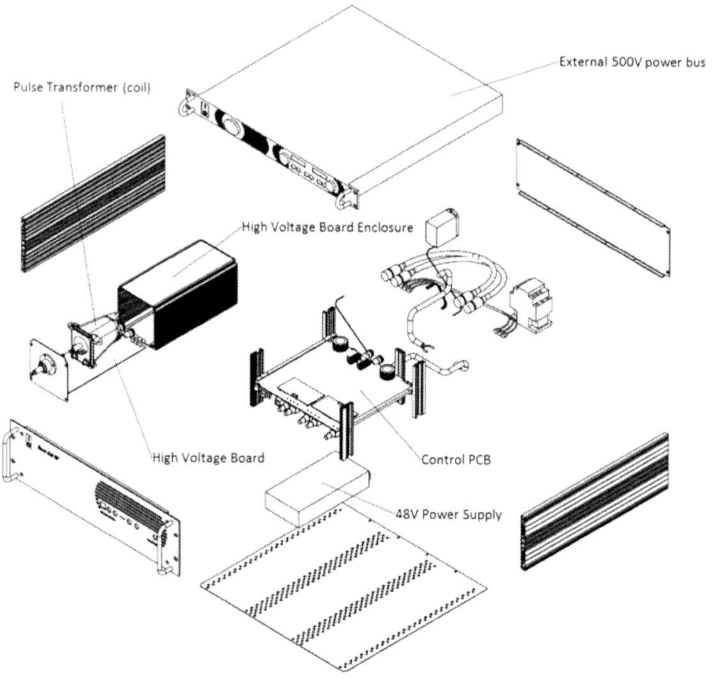

Figure 1. *SmartCoil 2* hardware layout

at 500kHz interprets the user interface inputs, schedules the spark events and handles all communications. The parallel DSP2, running at up to 5MHz, regulates the spark against the requirements of the user with real-time feedback of voltage and current at the high voltage outlet. Four MOSFET switches arranged in an 'H-bridge', controlled by DSP2 commutate the output of the 500V power supply through the pulse transformer. This critical control-loop frequency of up to 5MHz ensures significantly improved resolution of the spark discharge control over the original *SmartCoil*. Importantly, these feedback control variables are available for display in the user interface, and as they directly reflect the activity at the spark plug of the engine under test, external probes are unnecessary for this purpose. A corollary of using the H-bridge is a capability to instantaneously switch the polarity of the delivered spark polarity. This facilitates the possibility of an alternating current discharge, without compromising the more usual DC capability.

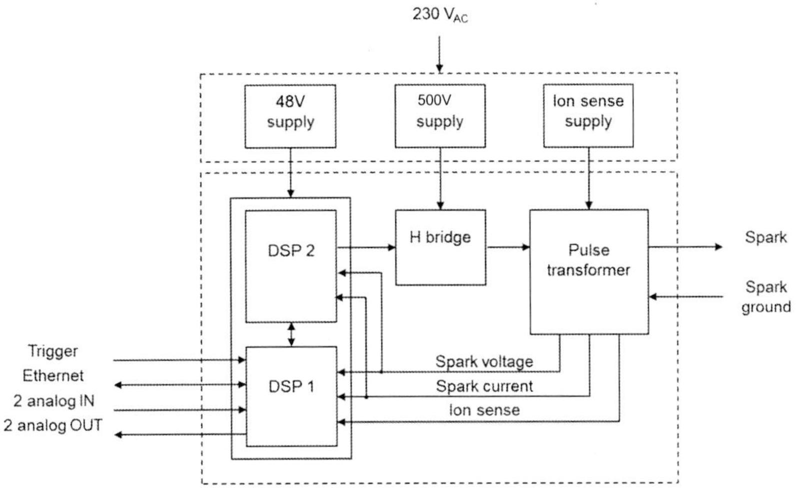

Figure 2. *SmartCoil 2* working principle

4 *SmartCoil 2* General Performance Upgrades

Following the chief requirements for improved performance, and realised both through significant modelling effort and extensive experimental work, the maximum available voltage, dV/dt, and maximum available peak current were all achieved in-line with Table 1. Verification of these data was undertaken using three techniques to load the output of the *SmartCoil*:

1 A high-voltage "load box" consisting of a wire-wound 1MΩ resistor suitably terminated and embedded into epoxy. This configuration is highly repeatable, creates very little RFI, no O_3 problems and allows direct measurement of the output with an oscilloscope and conventional low voltage probes. Non-resistive (copper-core) ignition cable and suppressor-type (inductive) ignition cable were employed depending on the particulars of the test requirements. Although the load on the *SmartCoil* is very finely controlled in this way, the solution is of course quite unrealistic when compared to a real spark discharge.

2 An adjustable "open" spark gap (Figure 3). This load solution can be equally configured with non-resistive or suppressor cabling and offers a more realistic dis-

charge loading to *SmartCoil*. The required voltage for gap breakdown can be raised by increasing the spark gap size, and there is naturally a true transition through all phases of a spark discharge. Such a solution generates the maximum possible RFI which is excellent for understanding the behaviour of *SmartCoil* under such conditions, but there remain shortcomings compared to a real application. The most obvious being there is little capability to affect adjustment of the glow-phase voltage. Perhaps less obvious is the unrealistic overall capacitance of the load.

3 A final test bench configuration was to mount a spark plug into a suitable pressure chamber and pressurise the firing end to pressures typical of the ignition point in a real engine. The interior of such a chamber is shown in Figure 4, which may be equipped with video capture equipment and simulated airflow to produce a reasonable representation of the real conditions within an engine, albeit at room tem-

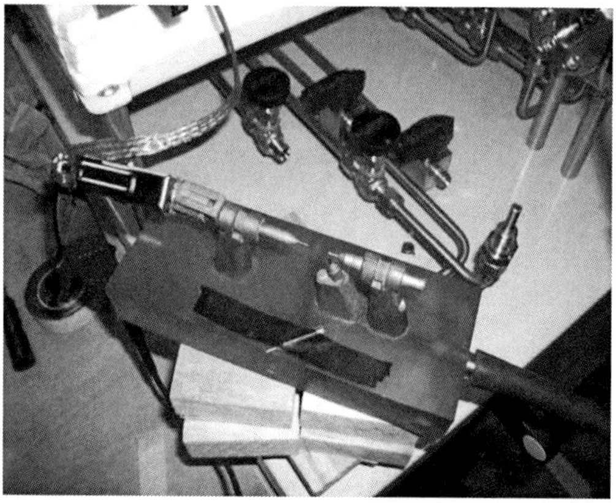

Figure 3: adjustable ambient spark gap. The left side electrode is ground, high voltage to right. The lower electrode is not connected in these tests and plays no role.

perature. The chamber is typically pressurised with dry air or N_2. For this sequence of tests air (without flow) was used, together with a single spark plug type of 1.0mm spark gap. Such an arrangement gives an excellent simulation of real engine conditions, without the need for an engine test facility. An engine test chamber is indeed available at APOJEE and much experimentation was undertaken during and subsequent to the period of *SmartCoil* development. The data collected are considered outside of the scope of the present paper and will be the subject of a future publication, with the sole exception of flame ion-signal monitoring discussed in a later section.

Figure 4: a spark plug mounted into a pressure chamber. Facilities are available for video capture and imposing an airflow over the spark plug electrodes.

4.1 Maximum available voltage

A series of tests using the load box and spark gap techniques to load the output of *SmartCoil 2* were undertaken. A fixed set of spark request conditions were used throughout, an example of which is detailed in Figure 5 showing a section of a screenshot taken of the live *SmartCoil 2* user interface when driving the load box: The fixed request conditions were:

- a maximum of +55kV, available 30µs after the trigger (i.e. dV/dt = 1.8kV/µs)
- a peak discharge current of 150mA
- a spark duration of 150µs
- the “linear decrease” current profile pre-set, typical of an inductive-type ignition coil

Ten discharges were triggered manually to generate statistically relevant data, captured processed and recorded with a LeCroy Wavesurfer 44Xs-A oscilloscope. Iterated many times to ensure repeatability, two high voltage bus levels were considered (500V and 700V) to represent the overall range of the hardware.

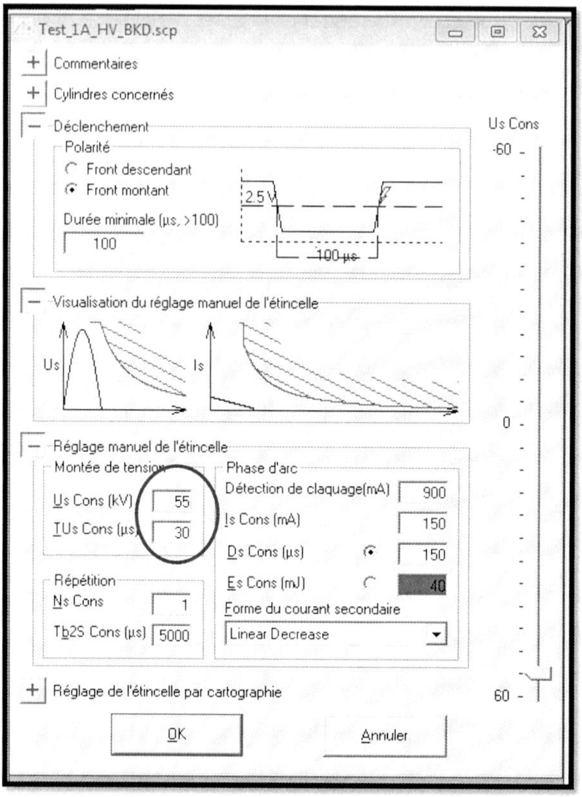

Figure 5: a screenshot of the live SmartCoil user interface when investigating the maximum available output voltage.

The resultant *SmartCoil 2* output characteristic is shown in Figures 6a and 6b, at

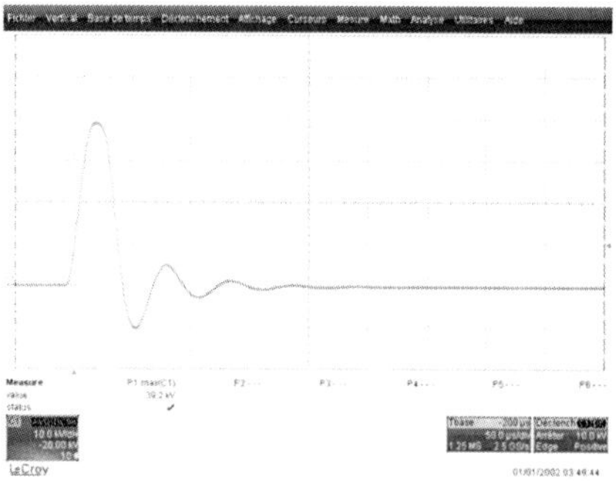

Figure 6a: 10-spark average resultant output voltage at 500V supply bus: +39kV.

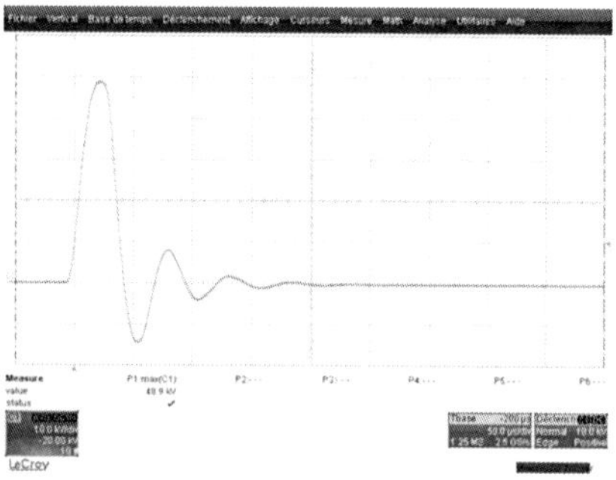

Figure 6b: 10-spark average resultant output voltage at 700V supply bus: +49kV.

500V and 700V respectively. This result showed the sensitivity of the supply bus voltage, and confirmed the capability of the equipment to reach its target of 50kV as detailed in Table 1. As a point of note reflecting the accuracy of the *SmartCoil 2* measures, Figures 7a and 7b display the voltage and current waveforms of the last spark in the sequence of 10 and the captured data respectively. As for the initial version of *SmartCoil* these data are available for user export at any time, in the form of an Excel worksheet.

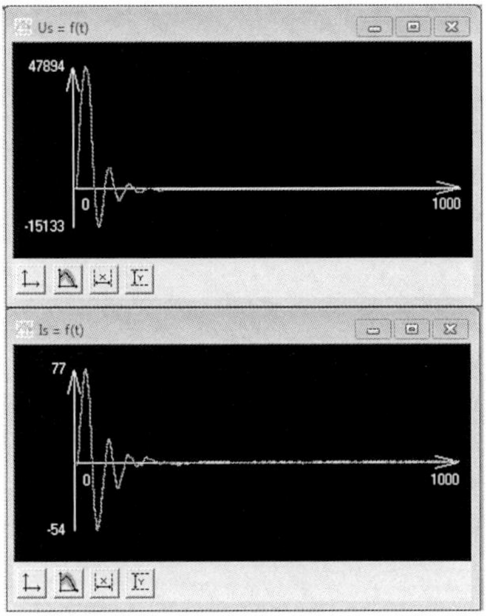

Figure 7a: Voltage (top) and current waveforms displayed in the SmartCoil user interface for the last spark in the sequence of ten discharges. 700V supply bus.

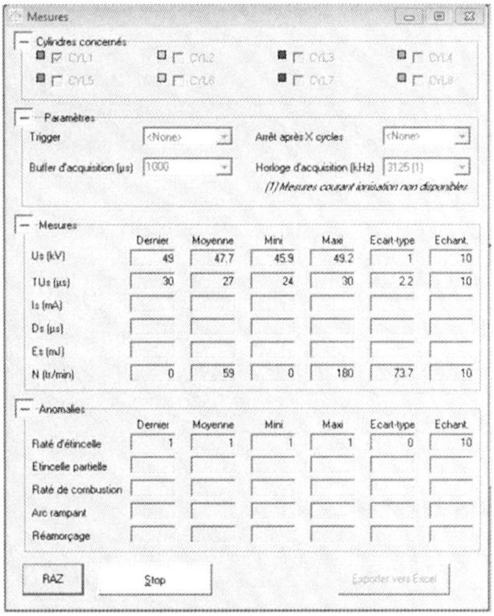

Figure 7b: Statistical data of the ten discharges in sequence. 700V supply bus. The majority of the data fields are blank in this example as *SmartCoil 2* did not detect the presence of a breakdown.

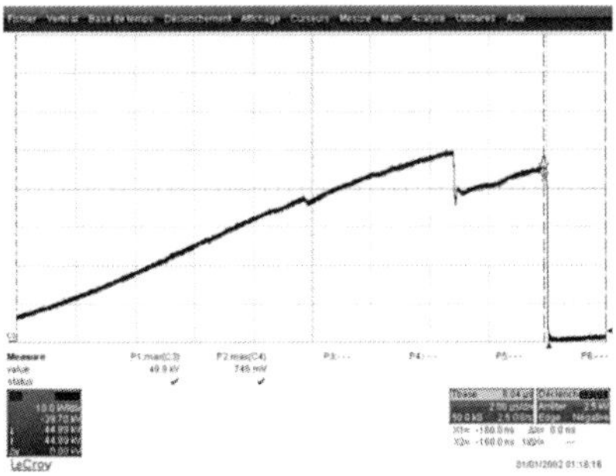

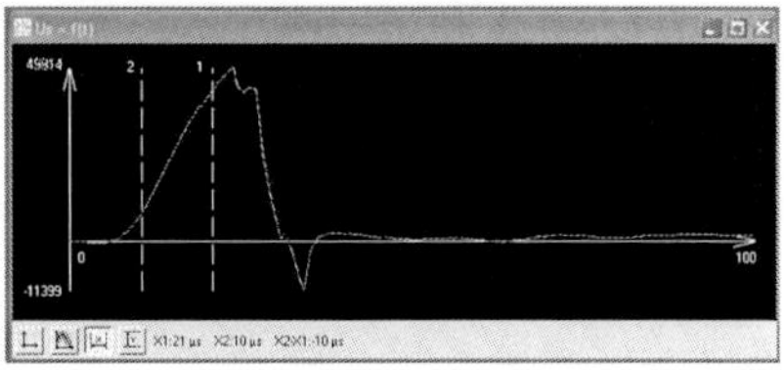

Figure 8a (left) and 8b (above): Voltage waveforms and peak values reported from the oscilloscope and SmartCoil respectively for a test on an open spark gap.

An identical series of tests were undertaken on the open spark gap with the 700V supply bus condition. In this case the gap was progressively opened until a breakdown voltage of at least 50kV was achieved. The data recorded by oscilloscope and *SmartCoil 2* are shown in Figures 8a and 8b. In each case the peak value is noted as +50kV. Both data sets display an interesting 'double-breakdown' almost certainly imposed by the presence of the third electrode shown in Figure 4a. Even though this electrode was not connected to any part of the ignition circuit, it will undoubtedly possess a capacitance relative to the supply and ground, store charge, and distort the electric fields around the main electrodes.

4.2 Rise Time Adjustment

Load box, open spark gap and spark plug tests were undertaken using a similar approach; ten discharges, comparing data from the *SmartCoil 2* and oscilloscope. In this case requested spark characteristics remained at:

- a maximum of +55kV,

- a peak discharge current of 150mA
- a spark duration of 150µs
- the "linear decrease" current profile pre-set, typical of an inductive-type ignition coil.

The experimental variable for each test sequence was the requested rise-time (TUs cons) with values of 10µs, 40µs and 60µs, representing dV/dt slew rates of 5.5kV/µs, 1.4kV/µs and 0.9kV/µs. The supply bus was set to 700V for the duration of the tests and suppressor type ignition cables were employed in all configurations.

At the shortest rise time value shown in Figures 9a (load box), 9b (open spark gap) and 9c (spark plug at 20bar) it was not possible to achieve the desired 55kV despite the 700V bus supply. This represents the ultimate limit of the pulse transformer imposed by its characteristic inductance of 2.2mH. If such a fast rise time were needed in combination with available voltage higher than the achieved figure of +34.5kV, a lower inductance transformer would be needed, and could be built to order. As illustration by Figure 10, a faster pulse transformer with inductance of 1mH results in a significantly quicker rise time, in this case achieving 50kV in less than 4µs with a slew rate of 26kV/µs

For the three loading conditions of Figure 10, a voltage slew of 2.2kV/µs was achieved with the load box; 2.8kV/µs on the open spark gap and 1.8kV/µs on the spark plug. All of which are significantly below the target figure of 5.5kV/µs, confirming the need for a faster pulse transformer at this particular test condition. The middle rise-time condition of 40µs (1.4kV/µs) gave a much more satisfactory result (Figure 12). With the same three load conditions, the requested peak voltage was achieved on the load box with a corresponding slew of 2.0kV/µs. On the open spark gap the gap was a little small, breaking down at +46kV, but offered a slew of 3.3kV/µs. Similarly, on the spark plug again pressurised to 20bar, only +34kV was possible before breakdown yielding a slew rate of 2.3kV/µs.

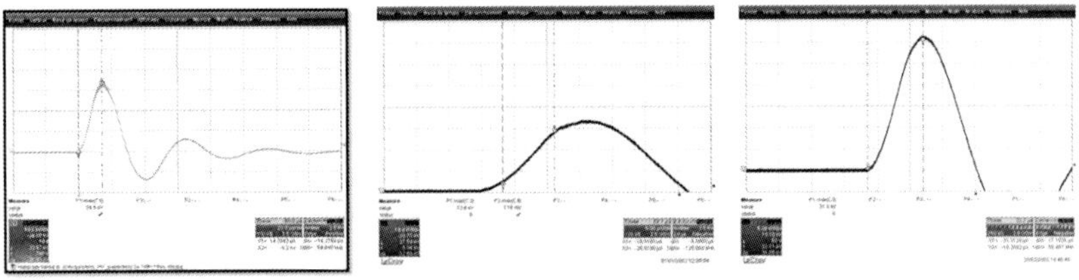

Figure 9a (left), 9b (centre) and 9c: Voltage waveforms and peak values reported from the oscilloscope at the 55kV in 10µs (5.5kV/µs) rise-time condition for the load-box, open spark gap and the spark plug in a pressure chamber at 20bar. All tests at supply bus of 700V.

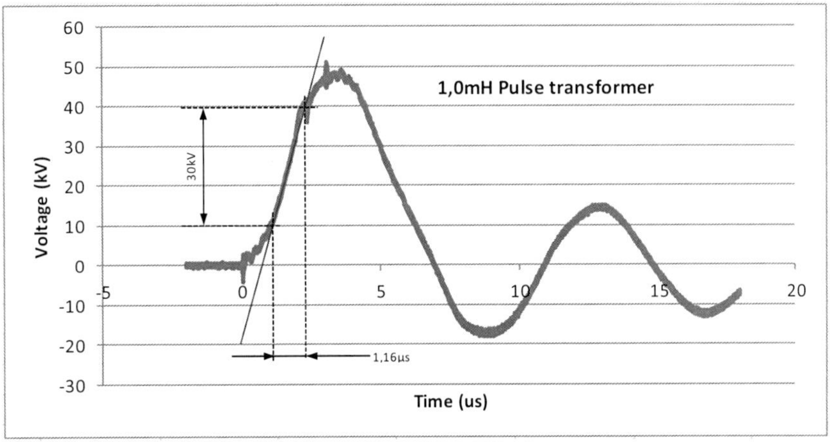

Figure 10: Voltage waveform and slew rate available with a 1mH pulse transformer with a supply bus of 700V.

The data of the slowest rise time condition, 60µs to 55kV (0.9kV/µs), are presented in Figure 12. Here, the same load conditions resulted in a somewhat bizarre voltage characteristic as the *SmartCoil2* attempted to control the voltage rise over an unrealistically long period. Most apparent on the load box (Figure 12a), the consequence of the long requested rise time and control difficulty was only 39kV being achieved, realising an overall slew rate of 0.6kV/µs. The open spark gap case fared much better (+39kV before the initial breakdown, and 0.95kV/µs slew), and likewise the pressurised spark plug with a very clean characteristic (+38kV and 0.85kV/µs).

It should be apparent these data indicate the target rise time was missed by some margin at each load condition, with the exception of a few cases. These data are presented in the first instance to illustrate the often overlooked influence of the ignition system capacitance. Each load condition presents a quite different level of capacitance. The load box will present the lowest characteristic capacitance, whereas the spark plug in the pressure chamber will likely be the highest. Additionally, any variations in the routing or length or type of the ignition cable will all change the system capacitance case to case. Even the use of the high voltage probe will significantly add to the system capacitance and effect the voltage rise time.

Care must be taken to ensure a minimum of changes between tests to avoid problems, although in a real test environment this rarely is of concern with the exceptions of cable position or spark plug capacitance.

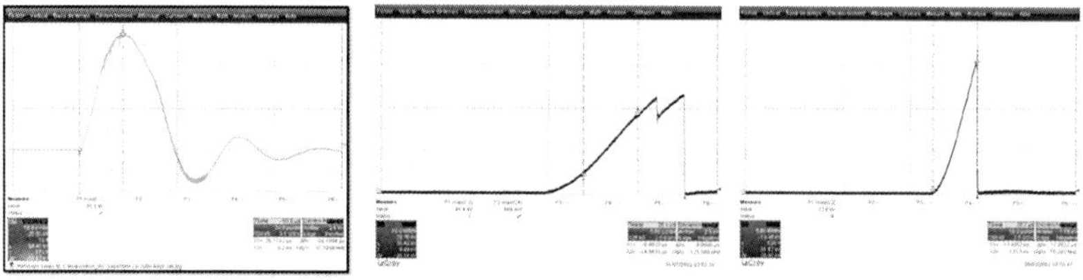

Figure 11a (left), 11b (centre) and 11c: Voltage waveforms and peak values reported from the oscilloscope at the 55kV in 40µs (1.4kV/µs) rise-time condition for the load-box, open spark gap and the spark plug in a pressure chamber at 20bar. All tests at supply bus of 700V.

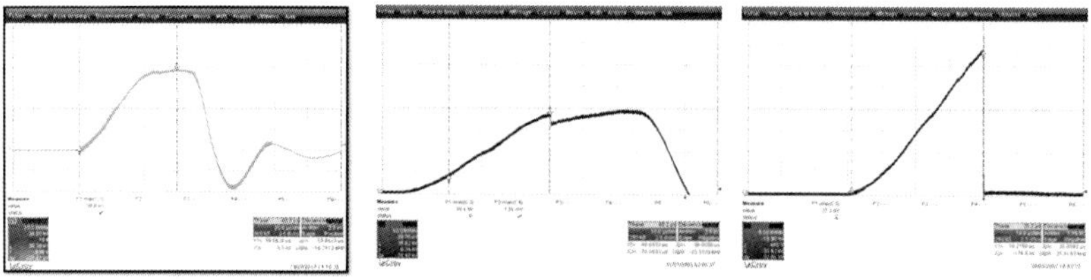

Figure 12a (left), 12b (centre) and 12c: Voltage waveforms and peak values reported from the oscilloscope at the 55kV in 60µs (0.9kV/µs) rise-time condition for the load-box, open spark gap and the spark plug in a pressure chamber at 20bar. All tests at supply bus of 700V.

A feature of SmartCoil 2 designed to aid in compensation of cable effects is a set of calibration variables which allow correct tuning. User accessible, adjustment of these variables ensures the target slew rates are achieved to the best of the ability of the pulse transformer employed. Figure 13 shows a clear example of the accuracy of control once a correct calibration is undertaken. Here the peak value achieved was +49kV (50kV requested) in a rise time of 24µs (25µs requested).

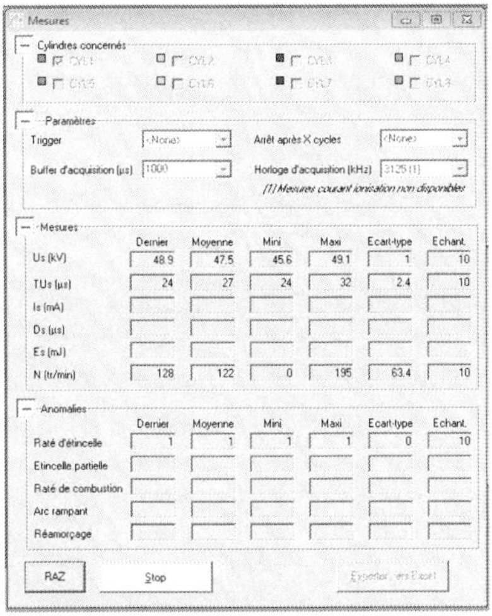

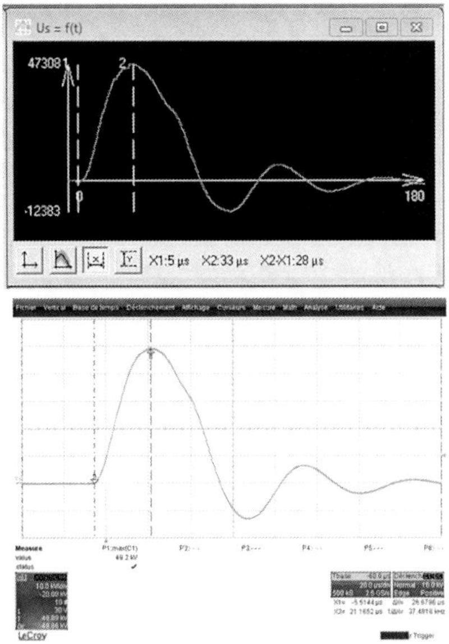

Figure 13: *SmartCoil 2* measures window (above) and the resultant voltage waveforms on the *SmartCoil 2* (top right) and oscilloscope. 700V supply bus, 2.2mH pulse transformer. With a discharge request of 50kV in 25µs, the system output correlated well after calibration.

4.3 Peak Current Adjustment

A strong requirement for SmartCoil 2 was an increased dynamic range of available current whist maintaining the use of the user-definable current profiles as employed in the previous generation of equipment. Ordinarily referred to as the peak current of the glow phase because of the difficulty to measure the current accurately during the breakdown and arc-phases of the discharge, SmartCoil 2 follows the same principles of control as its predecessor. In the case of a linearly decreasing current profile typical of an inductive ignition coil, the control point of peak current is the start of SmartCoil 2 modulation (Figure 14).

As for the original SmartCoil, the delivered current is the product of the requested current profile and the value of requested peak current. A different current profile may present an entirely different discharge characteristic, but if the first value in the user-configurable profile table is 100%, the initial value at the start of the discharge control will always be as requested. To illustrate, Figure 15 shows a pulsed current profile and the resultant discharge on a load box.

The target maximum current of SmartCoil 2 shown in Table 1 is 1A. Such a discharge is shown to be capable from the equipment in Figure 16. All current profiles were found to possible, but switching such current places strong demands on the H-bridge MOSFETS, creating a significant thermal load which must be disappated to avoid damage. Operating reliably at such high current necessitiated the introduction of a two-stage thermal management solution, to be described in a later section.

As part of a specific customer development requiring a peak current up to 2A, two

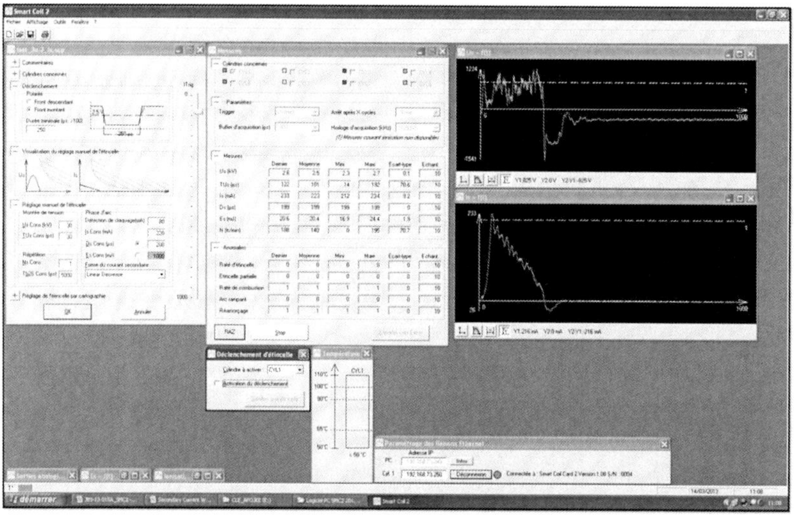

Figure 14: *SmartCoil 2* user interface displaying a typical 'linear decrease' current profile with a peak control value of 220mA. The resultant discharge (on a load box) follows the desired triangular current profile with a peak at 233mA.

single channel SmartCoil 2s were slaved together with paralleled high voltage outlets. In this configuration, peak currents of 1980mA were achieved with spark durations up to 800µs and engine speeds exceeding 13000 rpm. Over 1J of delivered spark energy at each discharge made spark plug electrode durability a significant concern!

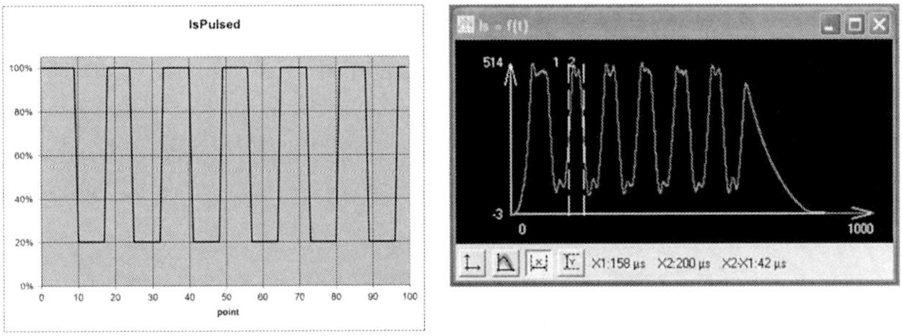

Figure 15: Pulsed current profile (left) and resultant discharge from the *SmartCoil 2* user interface window with a peak current request of 500mA. Note the resultant discharge profile (on a load box) is the product of the requested peak current value and the profile percentage.

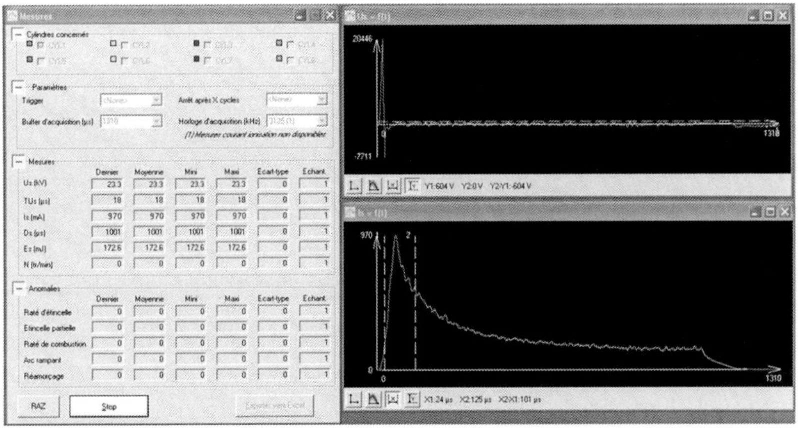

Figure 16: *SmartCoil 2* user interface displaying a quasi-linear current profile with a peak control value of 1000mA, and a spark duration of 1000µs. The resultant single discharge (on a spark plug pressurised to 20bar of air) follows the desired current profile with a peak at 970mA. Note the very low glow-phase voltage (604V) in this case and the remarkably low resultant delivered energy (173mJ).

4.4 Multiple Spark Control

A consequence of the 5MHz DSP control frequency is an increase in the accuracy of spark scheduling, which of course allows the creation of more complex spark discharge waveforms. A further benefit is the ability to tailor multiple discharge events with more control compared to the earlier version of SmartCoil. In this case a multiple discharge event is defined as the deliverance of more than one spark following a single trigger request from the engine control system. The train of discharges is fully configurable as for the previous equipment set. Any number of sparks in the range of 1 to 20 may be requested, and this could be further extended if needed for any particular application.

The characteristics of every spark in the train are independently configurable, and the time between each of the sparks in the train is user definable over a range up to 5ms with 5μs resolution. Sparks may be arranged up to the point of overlapping if required, and spark durations down to 5μs are now possible.
Regulation of the multiple discharges may be affected globally by controls within the normal operator interface which offers a simple repetition of a single spark characteristic at a single defined time between each spark (Figure 17).

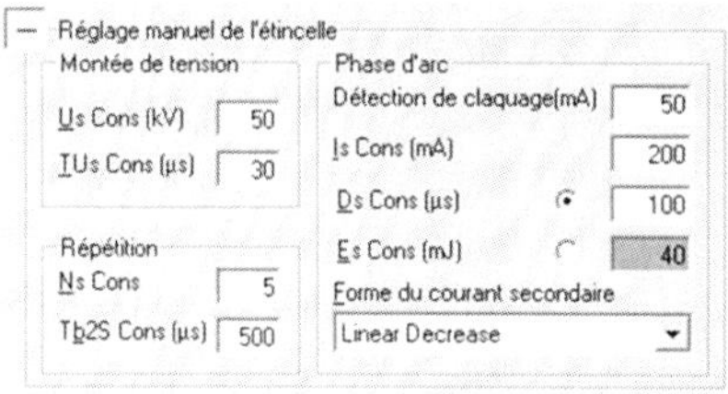

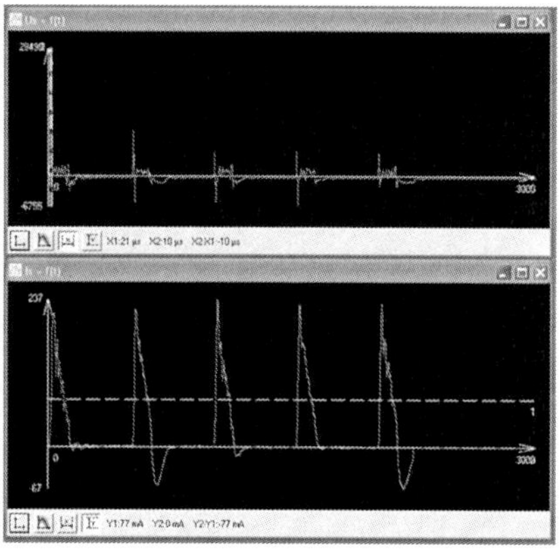

Figure 17: *SmartCoil 2* global controls for multiple discharge. Top figure shows a request for 5 discharges, the breakdown edges spaced 500μs apart, with each spark 100μs in duration and with a peak current of 200mA. The resultant spark waveforms on an open spark gap are shown at the right (voltage top, current bottom).

More complex regulation is possible using an user-defined Excel worksheet macro, termed a MAP. In the example shown in Table 2 and Figue 18 the *SmartCoil 2* mapping is based on spark number and each spark in the train is set a little differently to illustrate control capability. The MAP device is a powerful user tool which may be used for many other purposes in addition to this expanded control for multiple discharge. As these features were available with the earlier equipment set, a full discussion of the use of MAP is outside the scope of the current work. The reader is directed to the support materials for further discussion of this feature [2].

	Rise Time [µs]	Peak Available Voltage [kV]	Peak Current [mA]	Spark Duration [µs]	Spark Energy [mJ]	Number of Sparks	Time between two sparks [µs]	
	Tus	Us	Is	Ds	Es	NS	TB2S	Profile
Spark 1	30	50	600	400	0	1	500	01-Linear Decrease
Spark 2	30	50	400	200	0	1	400	02-IsContinuous
Spark 3	30	50	200	300	0	1	450	02-IsContinuous
Spark 4	30	-50	-250	200	0	1	600	01-Linear Decrease
Spark 5	30	50	250	200	0	1	300	01-Linear Decrease
Spark 6	30	-50	-200	300	0	1	450	02-IsContinuous
Spark 7	30	-50	-400	200	0	1	400	02-IsContinuous
Spark 8	30	-50	-600	400	0	1	500	01-Linear Decrease
		Total train duration :		3600µs				

Table 2: An example worksheet, or MAP, used in this instance for multiple discharges. The characteristics of each spark in a train of eight is defined, together with the requested spacing between each spark. Up to 20 individual sparks may be defined in this way and the entire train will be delivered at a single *SmartCoil 2* input trigger.

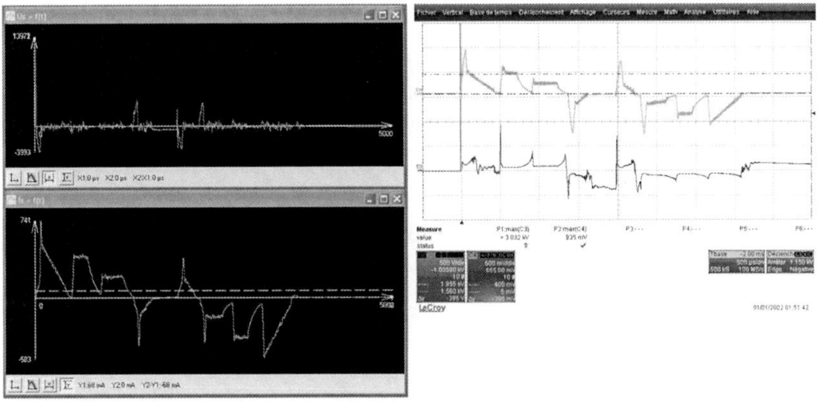

Figure 18: The spark waveforms from the *SmartCoil 2* user interface (left) and an oscilloscope (green trace is current), resulting from the request parameters of Table 2 and a single input trigger. A spark plug pressurised to 10bar air was used as the load.

5 On-board Protection

The hardware of the original *SmartCoil* equipment did not support the facility for on-board monitoring of its function. Other than the obvious control of spark formation and discharge, and the spark function diagnostics such as flagging a partial spark or a complete misfire, there was no internal function 'watchdog'. Later software included a basic temperature monitor for the MOSFET switches, with a progressive shutdown in the case of overheating. This proved to be perfectly adequate for the realitively low power capability of the original *SmartCoil*. With the new *SmartCoil 2* handling significantly higher peak currents, higher voltages and with a higher internal regulation frequency, the consideration of on-board protection became quite important.

Of primary concern was the thermal management of *SmartCoil 2*. Switching high currents at high frequencies, heat extraction from the H-bridge required careful design of an appropriate cooling system. Extensive testing of complex and simple current waveforms at simulated engine speeds of up to 20k rpm equivalent demonstrated a simple air-cooled solution with good heat-sinking and forced-convection was capable. A liquid cooled solution would likely offer better performance at the extremes of the current-duration operating envelope, but only with the penalties of additional bulk and weight. A dedicated thermistor for each MOSFET of the H-bridge was specified to further protect this critical component set. Monitoring software with authority to progressively limit the available current or spark duration as temperatures increase, together with a live temperature display in the user interface ensured the maximum safety.

In-field testing of this solution demonstrated good capability, but occasional failures attributed to thermal problems were still experienced. Work to understand the phenomenon highlighted spurious behaviour and repeated failure of either the MOSFETs or the pulse transformer, often when requesting a single spark by manual trigger! All examinations of the damaged components confirmed the issues were thermal, yet increasing the thermal inertia of the cooling system had little effect.

Math models of all related components were examined more closely and substantially increased in complexity to reflect a more realistic solution. Issues with unregulated switching causing a catastrophic, runaway thermal event within a few hundred microseconds of the start of a spark quickly became apparent. Modifying the control circuitry to supress these resonant problems gave unacceptable performance degradation, so an alternative solution of avoiding operation at any of the troublesome conditions was pursued. Unfortunately this task was somewhat complicated by the need to consider the instantaneous thermal response of the components, together with their inductive and capacitive interactions, as well as the power switching requirements of the requested spark parameters. To this end, a series of control functions and look-up tables was devised to evaluate the safety of a parameter set *before* the *SmartCoil 2* is permitted to generate a spark at the requested parameters. Two models are run in the processing background continuously: one based on the proximity to saturating the pulse transformer, the other on the instantaneous thermal considerations of the MOSFETs and the pulse transformer. If the requested spark parameter set is unsafe by either analysis, the request is rejected and an appropriate user message is displayed. Importantly, even if a parameter set passes this appraisal process, the global thermal monitoring by thermistors described above is still active.

The effectiveness of this on-board protection may be visualised by considering the range of acceptable adjustability for the spark peak current, energy or duration. Figure 19 displays a set of typical safe area of operation for the pulse transformer with respect to its saturation point. These data are plotted for a fixed 1000V glow-phase

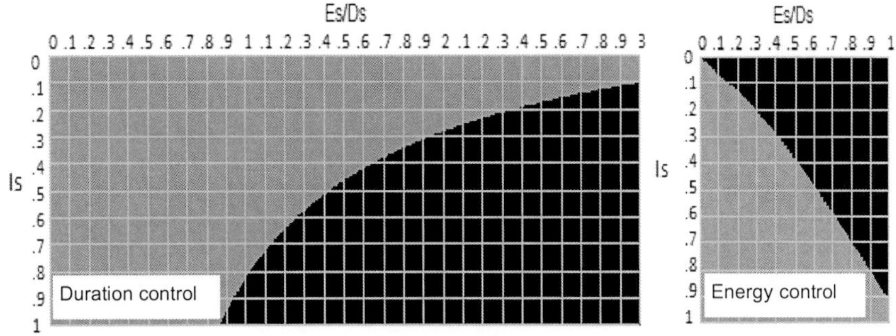

Figure 19: A visualisation of the on-board SATURATION security monitoring calculations of *SmartCoil 2*. Data are plotted at the fixed conditions of a linear decrease current, Vglow of 1000V and spark duration control (left) and energy control (right). Away from this condition the green, safe-operation area changes substantially. *SmartCoil 2* will not allow operation within the black area of the curve.

voltage, for a linear decrease current characteristic and when operating in spark duration control mode (left graph) and energy control (right). Clearly the extent of the safe green operating area substantially changes from one condition to the other despite their ostensible similarity. Other conditions further alter the safe operating regions and illustrate the necessity for continuous on-board monitoring.

A similar visualisation of the instantaneous thermal protection of the MOSFETs and pulse transformer can be seen in Figure 20. Here the safe area of operation is to the left of the limiting curve according to the simulated engine speed. Although the data below 7000rpm are not shown for clarity, the model and security control still operates at these lower speeds. As for the saturation curves, *SmartCoil 2* will not permit operation to the right of the appropriate limiting curve.

If the instantaneous thermal security is tripped during normal operation of the *SmartCoil 2*, the closest possible value to the requested parameter causing the problem will be adopted and a warning flag is noted on the operator interface. As for the saturation security, even if the requested parameter set passes this security appraisal, the global thermal monitoring by thermistors is still active.

Since these security controls were imposed, no further incidences of in-field failure have appeared to date.

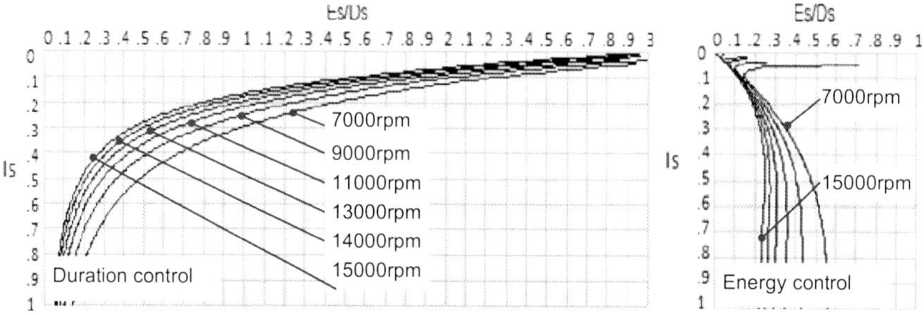

Figure 20: A visualisation of the on-board instantaneous THERMAL security monitoring calculations of *SmartCoil 2*. Data are plotted at the fixed conditions of a linear decrease current, Vglow of 1000V and spark duration control (left) and energy control (right). Safe operation is assured to the left of the limiting curve according to the engine operating speed. Below 7000 rpm restrictions are still apparent, but are not plotted for clarity. Away from this condition the characteristic curves change substantially. *SmartCoil 2* will not allow operation to the right of the limiting curve.

6 Communications

The communications protocol of the original equipment set used RS422. Quoted as being suitable for use in balanced digital multipoint systems, networks employing the standard can be used effectively over long distances and in electrically noisy environments and has found much favour in industrial environments [3]. Data transmission speeds of up to 35Mbit/s over distances of 10m are not uncommon and proved to be completely suitable for the original *SmartCoil*. To negate the need for a suitable communication port on the control PC, a RS422 to USB convertor was specified. Although this was susceptible to physical damage when transporting equipment, and occasionally in use, the data throughput was more than sufficient to ensure the PC screen refresh rate of only 5Hz was accommodated, typically transmitting 1Mbit data packets at each update. Occasional problems were found with noise ingress at the convertor, especially once the higher available voltages were being pursued before the decision to redesign the equipment.

For *SmartCoil 2*, a much higher screen refresh rate was desired to ensure the display within the user interface reflected conditions at the spark plug as accurately as possible. Together with the higher resolution data captured by the *SmartCoil 2*, a higher transmission speed was desired. As Ethernet communications had emerged as the favoured protocol for industrial databus applications, EMI hardened hardware was readily available, there was immediate compatibility with both desktop PC and laptops without additional equipment, and up to 1Gbit/s was very practical, this technology was adopted as standard for *SmartCoil* 2.

A specific EMI-resistant 100M Ethernet communications card by Texas Instruments was specified and integrated onto the main PCB. Extensive testing in very high EMI environments has shown this solution to be perfectly reliable with no failures, despite not adopting the so-called "industrial Ethernet" standards. Connection to the PC is by a minimum 'Cat6' Ethernet cable of any length up to 100m, although nothing above 30m has been tested to date.

Using a standard 100M Ethernet card in the control PC, a screen refresh rate of 22Hz is now comfortably realised with this increased communications bandwidth. As an interesting aside, and noting that the Ethernet system used is ordinarily intended for use for point-to-point communications, the *SmartCoil 2* could be directly connected to the user's network for remote control of the equipment from any site. Remote diagnostics at APOJEE is also possible by this route too, if permitted.

As an associated point of note, despite the significantly higher screen refresh rate achieved, not every spark issued by the equipment to the engine will be captured and displayed. Only really apparent at high engine speeds, this is considered of relatively low importance; the characteristics and all measures of every spark issued are captured and stored in the *SmartCoil 2* data buffer.

An RS422 communications card is retained in the *SmartCoil 2* hardware for back compatibility with existing customers if needed, but this feature is not currently implemented. A further practical application could be communications between a host such as a test-bench supervising tool or data acquisition system.

7 Cable Loss Compensation

As partly described in an earlier section, *SmartCoil 2* is capable of adjusting output and measurements to account for changes to the ignition cable and the spark plug. Although *SmartCoil 2* may be configured for compensation of both cable/spark plug capacitance and resistance, only resistance compensation is included with the standard equipment set and thus represents the limit of the scope of this section of the paper.

As an incremental improvement from the original *SmartCoil*, *SmartCoil 2* has the facility to accept replacement ignition cables, suitably matched to customer requirements. The high voltage terminal mounted on the front cover of the equipment is of a common 'SAE coil post' type for which connectors and cable boots are readily available. An added advantage of this solution is if the cable becomes damaged, it may be easily replaced by the user, whereas with the previous generation this required the equipment to be returned to the supplier.

Any ignition cable type may be adapted for use. If a suppressor type is chosen, there will be considerable loss of energy to the cable impedance, especially at high peak ignition currents. *SmartCoil 2* can compensate for this loss to ensure that the energy arriving at the spark plug is truly represented by the data in the user interface.

To effect a calibration of the chosen ignition cable, *SmartCoil 2* has the facility to account for cable (and spark plug) resistance. Adding a measurement to the 'Cable Losses' tab found in the 'Option' menu and shown in Figure 21 accounts for cable loss accordingly.

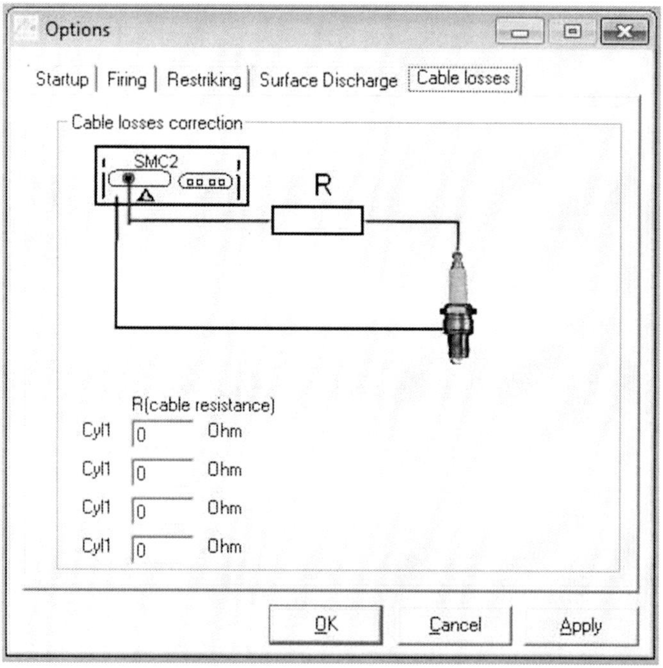

Figure 21: *SmartCoil 2* ignition cable resistance compensation. User interface window allows specification of the ignition cable resistance for energy loss compensation. Loss to the spark plug suppressor may be included in the same manner.

Correction in this manner ensures the delivered energy correlates to the requested energy ± 5%. If the spark plug is a suppressor type, a measurement of the overall cable plus spark plug resistance will ensure the closest approximation to energy at the spark gap.

8 Ion-sensing: Combustion Feedback

Ion sensing is a technique frequently exploited for use as a combustion feedback indicator. The application of a bias potential of some tens or hundreds of Volts across two electrodes suitably mounted within the combustion chamber enables, in its most basic form, an indication of the presence of a flame (Figure 22). Many examples of the technique are to be found in production vehicles from as early as 2007 (BMW M3 V8 engine with "Ion-flow" technology) and, as a great deal of information is available from the ion signal with suitable processing, many further applications could emerge in the near furture [4].

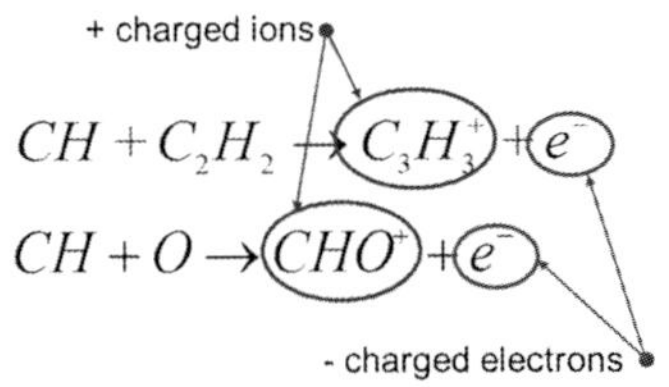

Examples of intermediate dissociation reactions during combustion

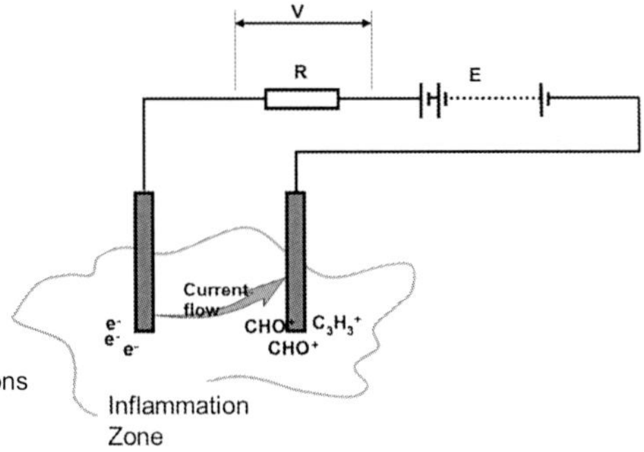

Conceptual representation of ion-movement within the inflammation zone

Figure 22: An overview of the concept of ion-sensing for detecting flame presence. Examples of intermediate combustion reactions show the liberation of free electrons and positively charged ions. In the presence of two electrodes with an applied DC bias voltage, charge movement may be measured as a current flowing in the resultant circuit. Simplistically, the magnitude of the measured "ion current" is proportional to flame intensity.

Using the spark plug as the ion-sensor electrodes is a well known solution, and indeed the original *SmartCoil* included a basic function of ion-sensing to extend it's utility. Following specific customer requests this function was extended on the revised equipment.

Typical bias potentials are in the range of 50V to 400V. With typical automotive ignition hardware the resultant ion-currents are of the order of some hundreds of µA. Many practical circuit designs exist for automotive- (and other) application ion-sensing. Some achieve remarkable performance from very simple concepts, such as providing the bias voltage by charging a capacitive storage circuit during coil discharge. This technique was unfortunately not compatible with the *SmartCoil 2* hardware architecture and carried with it certain inflexibilities. For example if a higher bias voltage were needed for very large gap spark plugs or fuels other than gasoline, and the delivered spark energy were requested to be very small, there was a strong possibility the required bias potential could not be realised. Indeed the only sensible way to implement the technique was considered to be the use of a separate, configurable DC power supply. A 'floating' supply was perfectly feasible, but protecting the supply and the sensitive ion current measurement circuit from the high transient voltages of up to and above 50kV in the spark discharge presented challenges. Incorporating suitable spark gaps with well-controlled breakdown characteristic were not permitted by local regulations and high voltage diodes were considered insufficiently durable.

The chosen solution was to incorporate a suitable MOSFET and simply disconnect the bias supply and ion current measurement circuitry during the period of the discharge. With an ideal transistor, switching would be instantaneous; in reality two main constrains were encountered: high and unpredictable residual charge on the ignition line immediately following the end of the spark, and speed of switching.

Addressing the first of these problems required the inclusion of a 'security time buffer' initially set in firmware to a pessimistic 100µs following engine tests under many spark request conditions. This could be reduced for low energy or short duration sparks, but a user control is not currently implemented to ensure maximum protection. As the MOSFET must be floating, a Li-ion battery with a finite life is used, and this life is a function of switching speed. As such, driving the transistor very hard to effect a very rapid change of state was not preferred. An alternative of modelling the switch opening behaviour and subtracting the ion current characteristic from the final measured data was considered. Using a simple first-order low-pass filter technique with a cut-off frequency of 7kHz, engine testing showed the result to be very effective. This choice of cut-off of course precluded the use of the technique for use as a knock indicator, but the solution was considered acceptable as an initial tool to gain experience of the equipment's

The technique is illustrated on a single spark example in Figure 23, taken from a series of experiments on a single cylinder gasoline engine behaviour in real test conditions.

The total delay following the end of a short, but not unusual spark of 200µs duration in this case was found to be of the order of 450µs. During this period no ion current data are available and the technique is clearly of limited use, especially in the case of high speed engines. However, as the solution offered clear and stable real-time results, efforts were made to find an improved, faster switching MOSFET that would not overly compromise the important battery life.

At the present time, development in this direction has yielded a solution with a greatly improved bandwidth. Targeting a cut-off frequency of at least 20kHz without substantial attenuation is the desired direction for this work. Hardware is currently in prototype form and is soon to be implemented into the *SmartCoil 2* architecture.

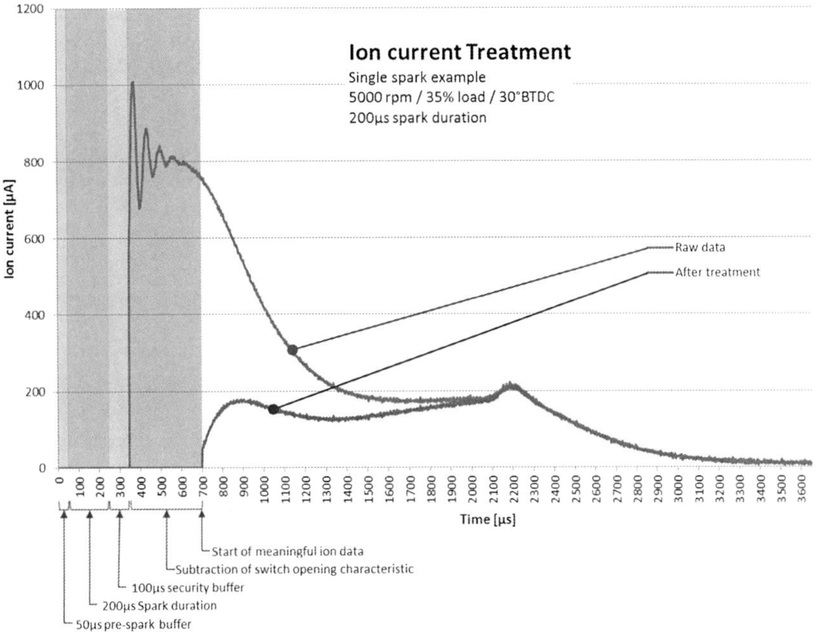

Figure 23: An example ion current treatment applied to a single spark. Data collected from a single cylinder gasoline engine operating around stoichiometric mixture, 5000rpm, 35% throttle opening and 30°BTDC ignition timing. Sensible ion current data are available 450µs after the end of the spark. 7kHz cut-off, low-pass filter technique.

9 AC Discharges

There are few publications presenting alternating-current spark discharge ignition systems in the automotive and stationary gas engine fields, and fewer still which discuss the merits of such an ignition solution. Within the domain of high frequency discharge the story is of course very different, and any relevant journal abounds with pertinent literature [5,6,7]. At least a few of the customers of *SmartCoil* have investigated the merits of positive or negative DC discharge polarity, and often if these studies are combined with multiple discharge experiments, the customer inevitably ques-

tions would it be possible to generate an alternating current system, and would there be similar benefits to that of an HF ignition?
The energy transfer physics of a DC spark discharge are very different to that of a thermal or non-thermal plasma created by an HF ignition system. In consequence, it is very unlikely the two could ever compete on equal footing. However, until regulating bodies force the need for a relatively expensive, step-change improvement available from an HF system, there is definitely a short term need for a bridging technology.

At least one coil manufacturer follows this argument [8], having recently published details of a multiple discharge, alternating polarity ignition system. Reporting an improved ignition robustness to GDI variables, and an extension of the lean limit of operation, together with an improvement of the misfire rate under conditions of very high mixture turbulence, it is clear such a solution would offer this bridge. Unfortunately, few (if any) of the published ignition systems are available to customers, which has further driven the need for this function in *SmartCoil 2*, especially if the usual flexibility of delivery were to be encompassed as part of the package. Targets were set.

The four-MOSFET drive described earlier, with its capability for instantly driving the spark with either polarity, makes the task little more than a software exercise for *SmartCoil 2*. The first example of the control achieved, in this case requesting a slow sinusoidal oscillation of the glow-phase current, is illustrated in Figure 24. Details of the *SmartCoil 2* user interface request and the resultant output by oscilloscope with external probes are shown. No current probe data were available at the oscilloscope, so the user interface data are included for reference. The load was a pressurised spark plug at 10bar. Despite requesting a negative breakdown, immediately followed by a positive glow-phase current, the desired profile is realised with only minor difficulties.

A second example detailed in Figure 25 produces a more sensible characteristic based on a very simple triangular current profile. At this frequency of 5kHz the resultant discharge appears to display multiple breakdown edges in the voltage waveform, albeit at a significantly lower value to the initial breakdown. This phenomenon is frequently observed and often used as a crude flame detector when used with a multiple spark strategy, and as it is heavily dependent on the residual ionisation from the preceding discharge, will likely be affected by the frequency. With a requested peak current of 500mA, combined with a very long spark duration, the delivered spark energy in this case is a remarkable 1.1J.

The requested current waveform, and therefore the frequency and shape of the discharge is fully user configurable as for other control strategies of *SmartCoil 2*.

Work to understand the resultant behaviour of an engine under difficult to ignite conditions when using this ignition solution is on-going and will form the subject of a subsequent paper.

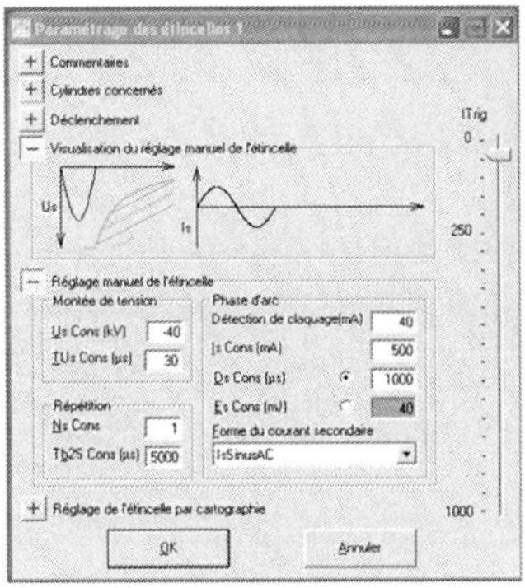

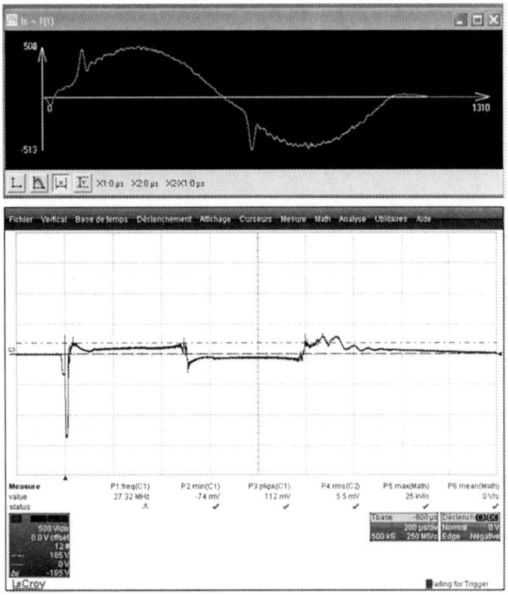

Figure 24: A slow AC waveform generated on a pressurised spark plug load at 10bar. Requested and resultant spark discharge is of sinus form with peak currents of 500mA positive then negative as described in the current profile. Total spark duration is 1000µs. Note the breakdown is requested as negative polarity, and the glow-phase positive immediately after breakdown.

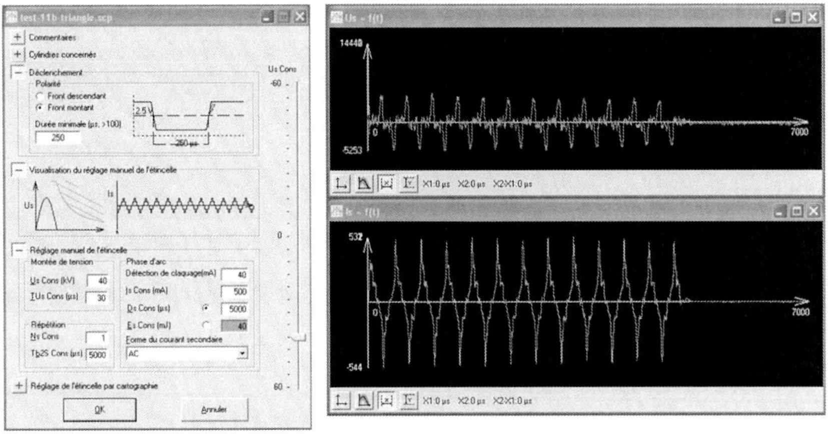

Figure 25: 5KHz triangular current waveform AC discharge generated on a spark plug pressurised to 10bar. Spark duration is requested and delivered at 5ms, peak discharge current at 500mA. The total delivered energy is over 1.1J.

References

[1] F Vangraefschèpe & O Metzelard; *SmartCoil*: advanced ignition and combustion diagnosis; *Sensact-SIA Congress, 04 oct 2007.*

[2] J Darrasse, J Laurence & R Flitton; *SmartCoil* Functionality; Customer presentation; 28 Dec 2012.

[3] RS422; Wikipedia (http://en.wikipedia.org/wiki/RS-422).

[4] G Malaczynski, G Roth & D Johnson; Ion-Sense-Based Real-Time Combustion Sensing for Closed Loop Engine Control; *SAE technical paper 2013-01-0354, 08 April 2013.*

[5] V Heise, P Farah, H Husted & E Wolf; High Frequency Ignition System for Gasoline Direct Injection Engines; *SAE technical paper 2011-01-1223, 12 April 2011.*

[6] A Agneray *et al*; Radio Frequency Ignition System: Breakthrough Technology for the Future Spark Ignition Engine; THE SPARK IGNITION ENGINE OF THE FUTURE, *SIA conference, Strasbourg, 08/09 Dec 2009.*

[7] C Hampe, H Kubach, U Spicher, G Rixecker & S Bohne; Investigations of Ignition Processes Using High Frequency Ignition; *SAE Technical paper 2013-01-1633, 08 April 2013.*

[8] W Piock, P Weyand, E Wolf & V Heise; Ignition Systems for Spray-Guided Stratified Combustion; *SAE Technical paper 2010-01-0598, 12 April 2010.*

5 Ein Ansatz zur Beschreibung der kalorischen Eigenschaften von Abgas und Kraftstoffdampf Approach for Describing the Caloric Characteristics of Exhaust and Fuel Vapor

Eike Wolgast

Abstract

In this paper an approach for approximating the caloric properties of fuel vapor is presented. Therefore the basic components and the results of a fuel analysis "lower heating value" and "C/H ratio" must be known. The method is applied to a molecule with documented properties and the quality of the results are proven. The method is also applied to fuel and diesel fuel and coefficients for these are given.

Furthermore a procedure is shown to calculate the caloric characteristics of exhaust by determining the chemical equilibrium. The numerical method can be used within the calculation for the indicator process so that the specific C/H ration is taken into account.

In a final presentation of thermodynamic calculations, the interaction between the fuel vapor and exhaust caloric characteristics are shown. Thereby the adiabatic flame temperature for different fuels is calculated and their influences are shown. Due to the strongly different heat capacities of fuel vapor and exhaust the lower heating value also depends on temperature. This influence is quantified for diesel fuel. Finally the caloric models are used within the calculation of the indicator process and results for a gasoline and a Diesel engine are shown.

Kurzfassung

In diesem Beitrag wird ein Ansatz vorgestellt, mit dem die kalorische Zustandsgleichung eines Kraftstoffes angenähert werden kann. Hierzu müssen die wesentlichen Basiskomponenten bekannt sein und die Größen Heizwert und C/H-Verhältnis einer Kraftstoffanalyse vorliegen. Das Verfahren wird auf einen Modellmolekülaufbau angewendet, wodurch ihm eine gute Ergebnisgüte bestätigt wird. Weiterhin werden Koeffizienten für Otto- und Dieselkraftstoff angegeben.

Außerdem wird eine Möglichkeit beschrieben, die kalorischen Eigenschaften des Abgases durch die Berechnung eines chemischen Gleichgewichts zu erhalten. Das Lösungsverfahren kann innerhalb der Prozessrechnung umgesetzt werden, so dass das jeweilige C/H-Verhältnis des Kraftstoffes Berücksichtigung findet.

In einer abschließenden Darstellung thermodynamischer Berechnungen wird das Zusammenwirken von Kraftstoff- und Abgaskalorik betrachtet. Dadurch lässt sich die adiabate Flammentemperatur für unterschiedliche Kraftstoffe berechnen und deren Einflüsse zeigen. Aufgrund der stark unterschiedlichen Wärmekapazitäten von Kraftstoffdampf und Abgas weist der Heizwert, zusätzlich zum Luftverhältnis, auch eine Abhängigkeit von der Temperatur auf. Dieser Einfluss wird für einen Kraftstoff exemplarisch quantifiziert. Abschließend werden die Modelle innerhalb der Prozessrechnung eingesetzt und Ergebnisse für einen otto- und einen dieselmotorischen Betriebspunkt vorgestellt.

1. Einleitung

Die kalorischen Eigenschaften des Arbeitsgases bilden innerhalb der 0D-Prozessrechnung ein zentrales Element und eine gute Ergebnisgüte ist nur durch die genaue Abbildung dieser Größen möglich. Je nach Brennverfahren müssen die Komponenten „Luft", „Abgas" und „Kraftstoff" separat voneinander betrachtet werden. Bedingt durch das C/H-Verhältnis des Kraftstoffes und der davon abhängigen CO_2 - und H_2O-Bilanz sind die Eigenschaften des Abgases nicht getrennt von denen des Kraftstoffes zu betrachten.

Im Zuge einer wachsenden Kraftstoffvielfalt mit variierenden C/H- bzw. C/H/O-Verhältnissen muss die Abgaskalorik die Einflüsse der jeweiligen Kraftstoffe abbilden können. Desweiteren müssen die Eigenschaften von komplexen Kohlenwasserstoffgemischen beschrieben werden, deren exakte Zusammensetzung nicht immer bekannt ist.

In diesem Beitrag wird zunächst ein Ansatz vorgestellt, mit dem die kalorische Zustandsgleichung eines Kraftstoffes angenähert werden kann. Hierzu müssen die wesentlichen Basiskomponenten bekannt sein und die Ergebnisse einer Kraftstoffanalyse vorliegen.

Außerdem wird eine Möglichkeit vorgestellt, die kalorischen Eigenschaften des Abgases durch die Berechnung des chemischen Gleichgewichts zu erhalten. Das Lösungsverfahren kann innerhalb der Prozessrechnung umgesetzt werden, so dass das jeweilige C/H-Verhältnis des Kraftstoffes berücksichtigt wird.

2. Kalorische Zustandsgleichung

Der Kraftstoffdampf und das Abgas sind jeweils eine Mischung aus unterschiedlichen Komponenten. Für die Beschreibung der kalorischen Eigenschaften der Mischung müssen zunächst die Eigenschaften der einzelnen Komponenten abgebildet werden.

Eine umfangreiche Zusammenstellung mit aktuellem Datenmaterial ist die Stoffdatenbank von [1], auf die beispielsweise auch in [4] zurückgegriffen wurde. Die kalorischen Größen werden als Polynome mit insgesamt zwei Sätzen von je 7 Koeffizienten ($a_1 ... a_7$) für die Temperaturbereiche 200K...1000K und 1000K...6000K angegeben. Zunächst werden die Gleichungen für Reinstoffe vorgestellt, bevor der Ansatz auf Gemische erweitert wird.

2.1 Eigenschaften der Reinstoffe

In der Thermodynamik ist es üblich extensive Zustandsgrößen entweder durch die Normierung auf die Stoffmenge n oder durch die Normierung auf die Masse m in eine intensive Zustandsgröße zu überführen. Die Molmasse M verknüpft die Masse m mit der Stoffmenge n zu

$$m = M \cdot n$$

Die spezifische Gaskonstante eines Stoffes folgt aus der molaren (universellen) Gaskonstante:

$$R = \frac{R_m}{M}$$

Die temperaturabhängige Wärmekapazität wird in [1] in Form eines Polynoms 4. Grades abgebildet:

$$c_p(T) = R \cdot (a_1 + a_2 T + a_3 T^2 + a_4 T^3 + a_5 T^4)$$

Durch die Integration der vorherigen Gleichung folgt die Enthalpie entsprechend zu:

$$h(T) = R \cdot \left(a_1 T + \frac{a_2}{2} T^2 + \frac{a_3}{3} T^3 + \frac{a_4}{4} T^4 + \frac{a_5}{5} T^5 + a_6\right)$$

In der Integrationskonstante $R \cdot a_6$ wird die Standardbildungsenthalpie des jeweiligen Moleküls berücksichtigt. Mithilfe der Enthalpie folgt die innere Energie zu:

$$u(T) = h(T) - pv$$

Die Entropie eines idealen Gases ist:

$$s(p,T) = \underbrace{s(p_0, T_0) + \int_{T_0}^{T} \frac{c_p(T)}{T} \mathrm{d}T}_{s^0(T)} - R \ln\left(\frac{p}{p_0}\right)$$

und folgt mit dem Bezugsdruck $p_0 = 1$ bar zu:

$$s(p,T) = R\left(a_1 \ln(T) + a_2 T + \frac{a_3}{2} T^2 + \frac{a_4}{3} T^3 + \frac{a_5}{4} T^4 + a_7 - \ln\left(\frac{p}{p_0}\right)\right)$$

Für die in Abschnitt 4 vorgestellte Berechnung des chemischen Gleichgewichts wird die freie Gibbs-Energie benötigt, die als

$$g = h - Ts$$

definiert ist und mit den zuvor dargestellten Gleichungen leicht berechnet werden kann.

2.2 Eigenschaften von Mischungen

Die Zusammensetzung einer Mischung aus N Komponenten wird über die Massenanteile ξ_j oder die Mengenanteile x_i der einzelnen Komponenten beschrieben:

$$\xi_j = \frac{m_j}{\sum_{i=1}^{N} m_i}$$

$$x_j = \frac{n_j}{\sum_{i=1}^{N} n_i}$$

Für die folgenden kalorischen Größen der Mischung ergeben sich die einfachen Mischungsregeln:

$$R = \sum_{i=1}^{N} \xi_i R_i$$

$$h = \sum_{i=1}^{N} \xi_i h_i$$

$$u = \sum_{i=1}^{N} \xi_i u_i$$

Bei der Berechnung der Entropie einer Mischung muss zusätzlich die Mischungsentropie berücksichtigt werden, die die Irreversibilität der Vermischung ausdrückt:

$$s(T,p) = \sum_{i=1}^{N} \xi_i s_i(T,p) - R \sum_{i=1}^{N} x_i \ln(x_i)$$

Daraus folgt die molare Gibbs-Funktion einer Mischung zu:

$$G_m(T,p,x_i) = \sum_{i=1}^{N} x_i \left(H_{m,i} - T \cdot s_{m,i}^0(T)\right) + R_m T \ln\left(\frac{p}{p_0}\right) + R_m T \sum_{i=1}^{N} x_i \ln(x_i)$$

In den nächsten Abschnitten werden zwei Ansätze vorgestellt, mit denen die einzelnen Komponenten und deren Konzentrationen sowohl für den Kraftstoffdampf als auch für das Abgas bestimmt werden können.

3. Bestimmung einer repräsentativen Zusammensetzung des Kraftstoffdampfes

Bei regulären Otto- und Dieselkraftstoffen handelt es sich um Gemische zahlreicher Kohlenwasserstoffverbindungen. Es ist weder möglich, die genaue Zusammensetzung des Kraftstoffes zu ermitteln, noch liegen Stoffdaten aller im Kraftstoff auftretenden Komponenten vor.

Für die Bestimmung der kalorischen Eigenschaften des Gemisches soll daher auf die bekannten Eigenschaften weniger Komponenten zurückgegriffen werden. Die Konzentrationen der Komponenten werden anhand von Kennwerten bestimmt, die Bestandteil einer herkömmlichen Kraftstoffanalyse sind. Die berücksichtigten Werte sind das C/H-Verhältnis und der Heizwert.

Die Vorgehensweise wird zunächst an einem einfachen Molekülaufbau vorgestellt. Hierzu werden die in Abb. 3.1 dargestellten Moleküle betrachtet, deren physikalische Eigenschaften in [9] verzeichnet sind. Die Eigenschaften des Moleküls Butylbenzol sollen aus den Eigenschaften der Komponenten Butan und Benzol berechnet und mit den exakten Werten verglichen werdem.

Für den Heizwert der Mischkomponente gilt allgemein:

$$h_{u,\mathrm{misch}} = \sum_{i=1}^{N} \xi_i \, h_{u,i}$$

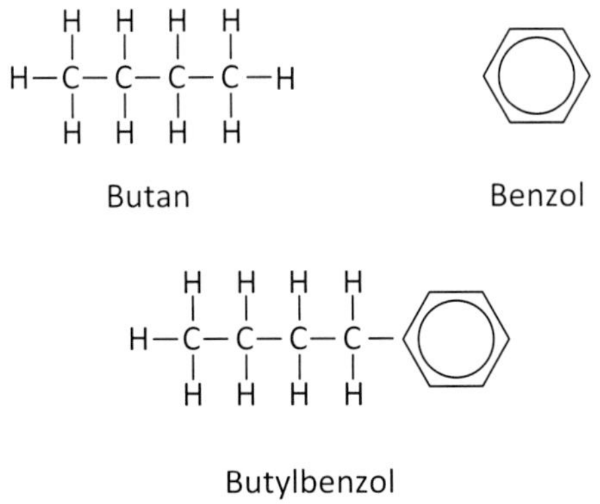

Abb. 3.1: Darstellung der Moleküle Butan, Benzol und Butylbenzol.
Fig. 3.1:Illustration of the molecules butane, benzene and butylbenzene.

Das molare C/H-Verhältnis lässt sich aus der Anzahl $n_{C,i}$ der Kohlenstoff- bzw. aus der Anzahl $n_{H,i}$ der Wasserstoffatome der jeweiligen Komponente i zu

$$\chi_{\text{misch}} = \frac{\sum_{i=1}^{N} x_i \, n_{C,i}}{\sum_{i=1}^{N} x_i \, n_{H,i}}$$

berechnen. Mathematisch wird nun folgende Minimierungsfunktion

$$\min \left\| \begin{pmatrix} \frac{h_{u,misch}}{h_{u,soll}} \\ \frac{\chi_{misch}}{\chi_{soll}} \end{pmatrix} - \begin{pmatrix} 1 \\ 1 \end{pmatrix} \right\|_2$$

unter den Randbedingungen

$$\sum_{i=1}^{N} \xi_i = 1 \qquad \text{und} \qquad \xi_i \leq 1 \ \forall \ i \in N$$

gelöst. Das Ergebnis dieser Rechnung ist in Abb. 3.2 dargestellt. Mit den ermittelten Konzentrationen werden die Vorgabewerte mit sehr geringen Abweichungen getroffen.

Abb. 3.3 vergleicht die approximierte spezifische isobare Wärmekapazität mit den realen Stoffdaten. Die Abweichung beträgt etwa 5% und ist in Anbetracht der getroffenen Vereinfachungen noch als gut zu bezeichnen. Wie sich später zeigt, erhöht sich die Genauigkeit bei einer größeren Anzahl berücksichtigter Basiskomponenten.

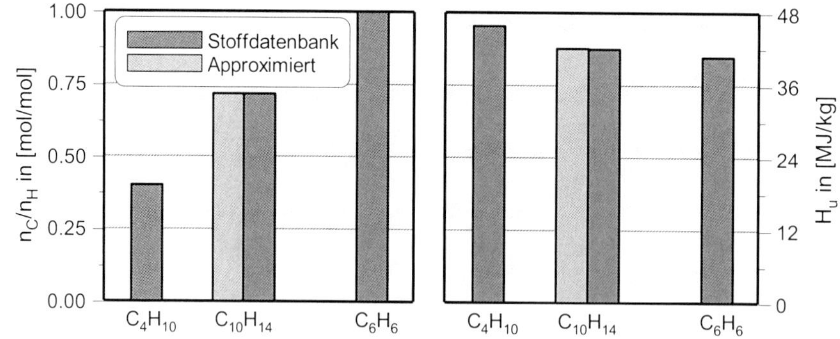

Abb. 3.2: Vergleich der exakten mit den approximierten Vorgabewerten.
Fig. 3.2: Comparison of the exact with the approximated default values.

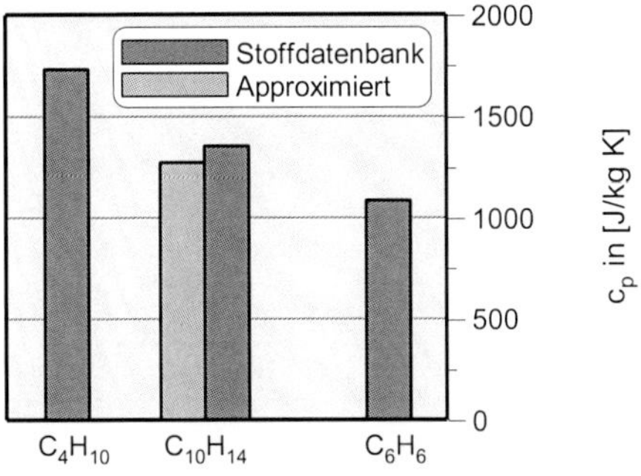

Abb. 3.3: Vergleich der exakten mit der approximierten Wärmekapazität.
Fig. 3.3: Comparison of the exact with the approximated heat capacity.

Um dieses Verfahren auf Kraftstoffe zu übertragen, werden zunächst die wesentlichen Bestandteile ermittelt. Für Dieselkraftstoffe wird in [2] die Zusammensetzung handelsüblicher Dieselkraftstoffe aufgelistet.

Einen großen Anteil bilden die Paraffine, deren Kettenlängenverteilung in Abb. 3.4 für Sommerdiesel gezeigt ist. Daraus wurde ein mittleres Alkan bestimmt, das als eine Basiskomponente dient. Desweiteren bilden Verbindungen aus Mono- und Diaromaten sowie aus Cycloalkanen einen wesentlichen Anteil. Eine Übersicht aller ausgewählten Basiskomponenten zeigt Tab. 3.1.

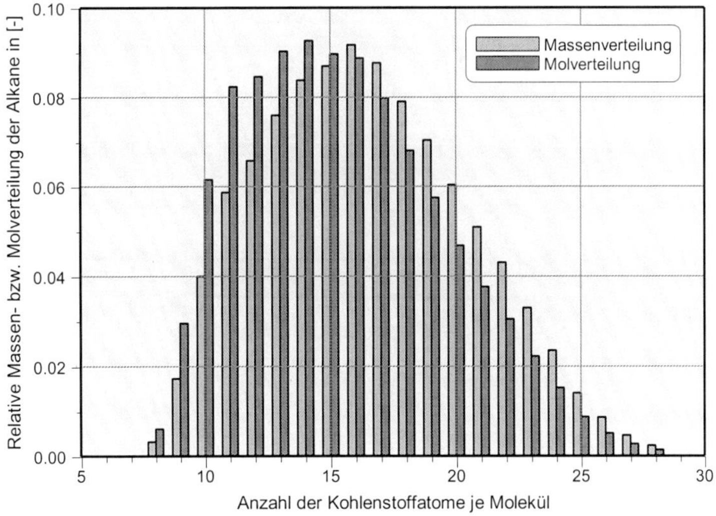

Abb. 3.4: Verteilung der Kettenlängen im Dieselkraftstoff. Nach [2].
Fig. 3.4: Distribution of the alkanes chain length in diesel fuel.

Gruppe	Bezeichnung	Summenformel
Alkane	gemittelt nach Bild 3.3	$C_{15,2}H_{32,3}$
Monoaromaten	Benzol	C_6H_6
Diaromaten	Napthalin	$C_{10}H_8$
Cycloalkane	Cyclooktan	C_8H_{16}

Tabelle 3.1: Darstellung der gewählten Basiskomponenten für Dieselkraftstoff.
Table 3.1:The chosen basic components for diesel fuel.

Die Sollwerte für die Parameter C/H-Verhältnis und Heizwert wurden [8] entnommen, können jedoch auch auf eigene Analysewerte angewendet werden. Die hier verwendeten Werte sind:

$$h_{u,soll} = 42{,}96\, MJ/kg$$
$$\chi_{soll} = 0{,}5471$$

Nach Anwendung der Minimierungsfunktion ergibt sich ein Modellkraftstoff mit der Summenformel $C_{12,43}H_{23,3}$, dessen Koeffizienten in Tab. 3.2 dargestellt sind.

Nach dem gleichen Ansatz wurden auch die Eigenschaften von Ottokraftstoff mit Werten aus [8] ermittelt. Die Ergebnisse dieser Rechnung zeigt Tab. 3.3

Koeffizienten	$200K \leq T \leq 1000K$	$1000K \leq T \leq 6000K$
a_1	1,134E+01	3,148E+01
a_2	2,394E-02	6,071E-02
a_3	2,345E-04	-2,325E-05
a_4	-3,339E-07	4,156E-09
a_5	1,368E-10	-2,803E-13
a_6	-4,670E+04	-5,637E+04
a_7	-8,814E+00	-1,342E+02

Tabelle 3.2: Darstellung der berechneten Koeffizienten für Dieselkraftstoff mit der Summenformel C12,27H20,58.
Table 3.2: The calculated coefficients for diesel fuel with the molecular formula C12,27H20,58.

Koeffizienten	$200K \leq T \leq 1000K$	$1000K \leq T \leq 6000K$
a_1	3,904E+00	1,179E+01
a_2	6,853E-03	2,465E-02
a_3	1,032E-04	-8,620E-06
a_4	-1,432E-07	1,386E-09
a_5	5,840E-11	-8,323E-14
a_6	-2,149E+04	-2,546E+04
a_7	9,386E+00	-4,055E+01

Tabelle 3.3: Darstellung der berechneten Koeffizienten für Ottokraftstoff (ROZ98) mit der Summenformel C5,77H8,53.
Table 3.3: The calculated coefficients for fuel (RON98) with the molecular formula C5,77H8,53.

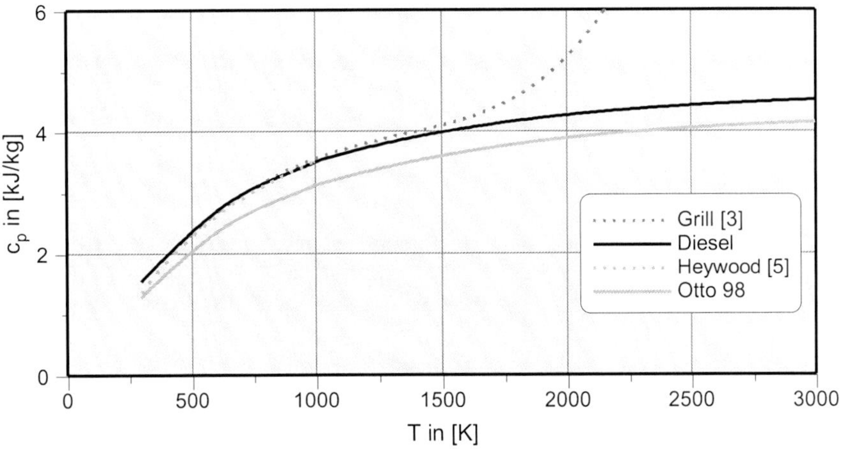

Abb. 3.5: Vergleich der berechneten Wärmekapazität von Dieselkraftstoff mit den Ansätzen nach [3] und [5] und Darstellung der Wärmekapazität für Ottokraftstoff (ROZ98).
Fig. 3.5: Comparison of the calculated heat capacity of diesel fuel with the models of [3] and [5] and presentation of the heat capacity of fuel (RON98).

In der Abb. 3.5 werden die Ergebnisse der spezifischen isobaren Wärmekapazität mit Literaturwerten verglichen. Als Vergleichsgröße dienen [5] und [3]. Der Ansatz nach [5] hat einen Definitionsbereich bis 1000K; derjenige nach [3] bis 3000K.

Alle Verläufe bilden den Bereich bis 1000K nahezu deckungsgleich ab. Für höhere Temperaturen zeigt der hier vorgestellte Ansatz einen degressiven Verlauf, während der Ansatz nach [3] einen progressiven Verlauf aufweist. Der Vergleich mit reinen Kohlenwasserstoffen bestätigt, dass auch diese einen degressiven Verlauf aufweisen. Es ist deshalb anzunehmen, dass die angegebenen Koeffizienten in [3] nur einen Gültigkeitsbereich bis etwa 1000K haben.

Der Verlauf der Wärmekapazität vom Ottokraftstoff liegt aufgrund der kleineren Molekülgröße unterhalb des Verlaufs vom Dieselkraftstoff.

Der vorgestellte Ansatz lässt sich auf beliebige Kraftstoffe anwenden, deren Hauptbestandteile bekannt sind und für die eine Kraftstoffanalyse vorliegt. Wenngleich die Bestimmung der Koeffizienten für einen neuen Kraftstoff mit diesem Verfahren auf den ersten Blick aufwändig erscheint, liegt ein Vorteil darin, dass die molare Masse als Ergebnisgröße erhalten wird. Diese ist für die Berechnung der spezifischen Gaskonstante notwendig und hat so einen direkten Einfluss auf die Ergebnisgüte der Prozessrechnung.

4. Bestimmung der chemischen Gleichgewichtszusammensetzung von Abgas

In diesem Abschnitt wird vorgestellt, wie die Stoffmengenanteile der Komponenten im Abgas bestimmt werden können. Bei Abgas handelt es sich um die Produkte der allgemeinen Verbrennungsgleichung

$$C_xH_y + \lambda \cdot \left(x + \frac{y}{4}\right) \cdot \left(O_2 + \left(\frac{x_{N2}}{x_{O2}}\right) N_2 + \sum_{i=1}^{N} \left(\frac{x_{Ai}}{x_{O2}}\right) A_i\right)$$

Die Komponenten A_i bezeichnen die als inert betrachteten Bestandteile der Luft.

In bekannten Kalorikansätzen wie z.B. [10], [6] oder [4] wird der chemische Gleichgewichtszustand der Produkte berechnet. Grill [4] hat die Berechnung auf die von ihm als wesentlich identifizierten Komponenten reduziert:

$$O_2; H_2O; CO_2; CO; OH; H_2; O; H$$

Stickstoff wird wahlweise als inertes Gas oder reagierendes Gas angesehen. Wenn Stickstoff an der chemischen Reaktion teilnehmen soll, erweitert sich das zuvor genannte System um die Komponenten:

$$N_2; N; NO$$

Die Bedingung für das chemische Gleichgewicht bei einer gegebenen Temperatur und einem gegebenen Druck lassen sich leicht herleiten. Der erste Hauptsatz der Thermodynamik liefert

$$dU = -pdV + \dot{Q}$$

$$\leftrightarrow \; d(U + pv) = dH = \dot{Q}$$

und aus dem zweiten Hauptsatz folgt

$$dS = \frac{\dot{Q}}{T} + \dot{S}_{irr}$$

$$\dot{Q} = TdS - T\dot{S}_{irr}$$

Das Gleichsetzen der beiden Gleichungen ergibt dann:

$$dG = d(H - TS) = -T\dot{S}_{irr} \leq 0$$

Da der Gleichgewichtszustand dadurch gekennzeichnet ist, dass alle Zustandsgrößen einen stationären Wert annehmen, ist dieser entsprechend:

$$dG = 0$$

Weiterhin muss die Elementerhaltung gelten, die durch

$$\sum_{i=1}^{N} a_{ki}\, n_i = b_k \qquad \forall\, k = 1 \dots M$$

ausgedrückt wird. In dieser Gleichung bezeichnet a_{ki} die Anzahl der Moleküle vom Element k in der i-ten Komponente und b_k steht für die Gesamtzahl der Atome des Elementes k.

Da die Lösung des entstehenden Gleichungssystems komplex ist, wurden die Ergebnisse in frühen Ansätzen für einen Modellkraftstoff in einfacher Form angegeben. Zacharias [10] wählte hierfür die Polynomdarstellung und de Jaegher [6] gab die Ergebnisse als Tabellenwerk an.

In [4] erfolgte die Berechnung des chemischen Gleichgewichts innerhalb der Prozessrechnung. Das hat den Vorteil, dass der Einfluss des jeweiligen C/H-Verhältnisses direkt berücksichtigt wird. Zusätzlich bedeutet die Rechnung mit exakten Werten aber auch einen Genauigkeitsgewinn, da entweder die Approximation mit Polynomen oder die Interpolation in Tabellenwerken entfällt.

Die Berechnung der Kalorik muss mindestens jeden Rechenschritt stattfinden und als Ergebnisse werden ebenfalls die partiellen Ableitungen benötigt. Daher kommt der Effizienz des Berechnungsalgorithmus eine zentrale Rolle zu.

In den folgenden Abschnitten wird ein Verfahren vorgestellt, mit dem eine verhältnismäßig einfache Lösung des Gleichungssystems möglich ist. Weiterhin wird gezeigt, wie die partiellen Ableitungen auf analytischem Weg erhalten werden können und so zusätzliche Iterationen unnötig machen.

4.1 Lösung des Gleichungssystems

Eine äquivalente Formulierung für $dG = 0$ ist

$$\min(G(n))$$

mit der Randbedingung:

$$\sum_{i=1}^{N} a_{ki}\, n_i = b_k \qquad \forall\, k = 1 \dots M$$

Ein Verfahren zur Lösung dieses mathematischen Problems ist die Verwendung von Lagrange-Multiplikatoren, wie [7] sie vorschlägt. Damit folgen die zu lösenden Gleichungen zu

$$G_{m,i} - \sum_{k=1}^{M} \lambda_k a_{ki} = 0 \qquad \forall \quad i = 1 \dots N$$

und:

$$b_k - \sum_{i=1}^{N} a_{ki} n_i = 0 \qquad \forall \quad k = 1 \dots M$$

Für das chemische Potential der Komponente i gilt gemäß Abschnitt 2.2:

$$G_{m,i}(T, p, n_i) = \left(H_{m,i} - T \cdot s^0_{m,i}(T)\right) + R_m T \ln\left(\frac{p}{p_0}\right) + R_m T \ln\left(\frac{n_i}{n_{ges}}\right)$$

Die n_i in der zweiten Lagrange-Gleichung lassen sich mit den $G_{m,i}$ durch die erste Lagrange-Gleichung ausdrücken und die Anzahl der zu lösenden Gleichungen reduziert sich auf die Anzahl der Elemente M. Das bedeutet, dass sich die Anzahl der zu lösenden Gleichungen für das System

$$O_2; H_2O; CO_2; CO; OH; H_2; O; H$$

von acht Gleichungen auf drei Gleichungen und für das System

$$O_2; H_2O; CO_2; CO; OH; H_2; O; H; N_2; N; NO$$

von elf Gleichungen auf vier Gleichungen reduzieren lässt. Damit hat die Verwendung dieses Vorgehens die folgenden Vorteile:

- Die Anzahl der Variablen im zu lösenden Gleichungssystem ist gleich der Anzahl der Elemente und damit i.d.R. deutlich geringer als die Anzahl der berücksichtigten Komponenten.

- Mit dem identischen Lösungsalgorithmus können Systeme aus beliebig vielen Komponenten berechnet werden. Wenn die Komponenten aus bereits berücksichtigten Elementen bestehen, erhöht sich die Anzahl der Variablen nicht.

4.2 Bestimmung der Differentiale

In jedem Rechenschritt innerhalb der Prozessrechnung müssen die partiellen Ableitungen der Konzentrationen nach der Temperatur, dem Druck und dem Luftverhältnis ermittelt werden. Dies kann entweder durch Differenzenbildung geschehen, wodurch eine erneute Lösung des zuvor beschriebenen Gleichungssystems notwendig wird, oder auf einem analytischen Weg, der im Folgenden vorgestellt wird.

In [7] werden für den allgemeinen Fall einer partiellen Ableitung nach der Variablen p_k Gleichungen hergeleitet, die hier in Matrixweise angegeben werden:

$$\frac{\partial \boldsymbol{n}}{\partial p_k} = \mathrm{diag}(\boldsymbol{n})\left[\begin{pmatrix} \boldsymbol{A}^T & \begin{matrix} 1 \\ \vdots \\ 1 \end{matrix} \end{pmatrix}\begin{pmatrix} \frac{\partial \psi_1}{\partial p_k} \\ \vdots \\ \frac{\partial \psi_M}{\partial p_k} \\ \frac{\partial \ln(n_t)}{\partial p_k} \end{pmatrix}\right] - \frac{\partial(\mu/R_m T)}{\partial p_k}$$

$$\begin{pmatrix} \boldsymbol{A}\mathrm{diag}(\boldsymbol{n})\boldsymbol{A}^T & \boldsymbol{b} \\ \boldsymbol{b}^T & -n_z \end{pmatrix}\begin{pmatrix} \frac{\partial \psi_1}{\partial p_k} \\ \vdots \\ \frac{\partial \psi_M}{\partial p_k} \\ \frac{\partial \ln(n_t)}{\partial p_k} \end{pmatrix} = \boldsymbol{r}(p_k)$$

In diesen Gleichungen ist $\frac{\partial n}{\partial p_k}$ die Mengenänderung der Komponenten infolge der Änderung der Variable p_k und die Matrix $\boldsymbol{A}$ ist die Formelmatrix aus den Koeffizienten a_{ki}. Für die partielle Ableitung nach der Temperatur folgen die zu bestimmenden Vektoren $\frac{\partial(\mu/R_m T)}{\partial p_k}$ und $\boldsymbol{r}(p_k)$ dann beispielsweise zu:

$$\boldsymbol{r}(T) = -\frac{1}{R_m T^2}\begin{pmatrix} \boldsymbol{A}\mathrm{diag}(\boldsymbol{h})\boldsymbol{n} \\ < \boldsymbol{n}, \boldsymbol{h} > \end{pmatrix}$$

$$\frac{\partial(\mu/R_m T)}{\partial T} = -\frac{1}{R_m T^2}\,\boldsymbol{h}$$

Die Ausdrücke für die weiteren Ableitungen sind [7] zu entnehmen. Durch das Lösen dieser beiden linearen Gleichungssysteme können die partiellen Ableitungen der Stoffmengen analytisch bestimmt werden und eine Berechnung der partiellen Ableitungen der Stoffwerte ist somit leicht möglich.

4.3 Diskussion

Nachfolgend werden Ergebnisse vorgestellt, die mit dem zuvor beschriebenen Lösungsverfahren erhalten wurden. Abb. 3.5 zeigt die Stoffmengenanteile für das CHO-System für zwei Temperaturen in Abhängigkeit des Luftverhältnisses. Es ist zu erkennen, dass die Konzentrationen im mageren Bereich im Wesentlichen den Konzentrationen der vollständigen Verbrennung entsprechen. Im fetten Bereich treten dann zusätzlich die Komponenten H_2 und CO hinzu. Bei der hohen Temperatur sind auch die Konzentrationen der übrigen Komponenten infolge der Dissoziation gestiegen. Die erkennbar steilen Gradienten bei $\lambda = 1$ stellen in diesem Bereich hohe Anforderungen an den Lösungsalgorithmus.

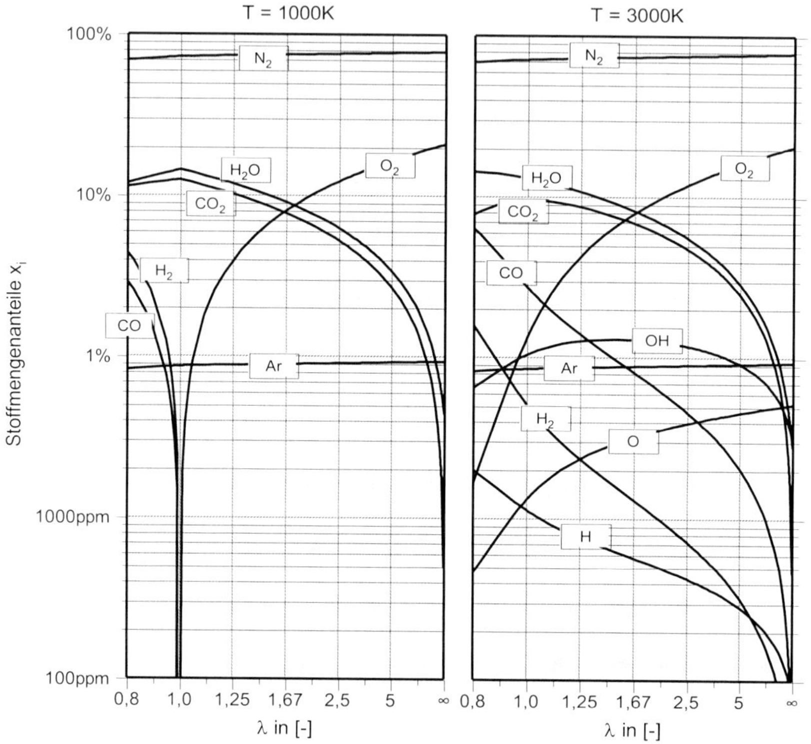

Abb. 3.5: Darstellung der Stoffmengenanteile für das CHO-System in Abhängigkeit des Luftverhältnisses für T=1000K und T=3000K bei p=100 bar.
Fig. 3.5: Mole fractions for the CHO-system against the air/fuel ratio for the temperatures T=1000K and T=3000K at p=100bar.

Das Zusammenwirken von Kraftstoffdampf- und Abgaskalorik zeigt Abb. 3.6. Hier ist die adiabate Flammentemperatur dargestellt, die beim isobaren Verbrennen des Kraftstoffes auftritt. Als Kraftstoffe wurden die reinen Gase Methan und Propan sowie der Dieselkraftstoff aus Abschnitt 3 verwendet. Mit steigendem C/H-Verhältnis sinkt die Flammentemperatur ab. Zwischen Methan und Dieselkraftstoff beträgt der Unterschied etwa $\Delta T = 120K$. Das Maximum der Flammentemperatur liegt jeweils im leicht fetten Bereich.

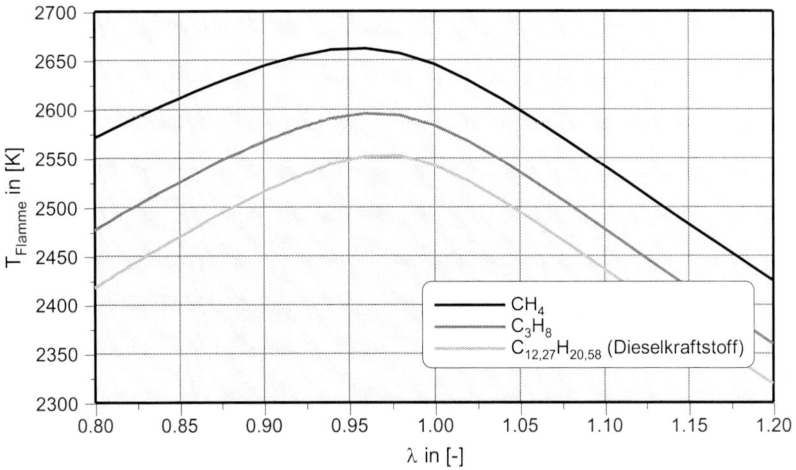

Abb. 3.6: Darstellung der adiabaten Flammtemperatur bei T=300K und p=100bar.
Fig. 3.6: Adiabatic flame temperature against the air/fuel ratio at T=300K and p = 100bar.

Die Bestimmung des Heizwertes erfolgt experimentell bei einer Temperatur $T = 25°C$. In Abb. 3.7 ist dargestellt, wie sich der Heizwert von Dieselkraftstoff in Abhängigkeit vom Luftverhältnis und der Temperatur gemäß den vorgestellten Ansätzen ändert. In der Abbildung ist für geringe Temperaturen deutlich ein Knick bei $\lambda = 1$ zu erkennen. Für fette Gemische bleibt ein Teil der im Kraftstoff chemisch gebundenen Energie im fetten Abgas gebunden (s. Abb. 3.5), so dass der Heizwert hier abnimmt.

Für steigende Temperaturen bis etwa $T = 1500K$ ist im mageren Bereich zunächst ein Ansteigen des Heizwertes zu erkennen. Aufgrund der im Vergleich zur Luft höheren Wärmekapazität des Kraftstoffes steigt die spezifische Enthalpie des Kraftstoffes mit der Temperatur stärker an als die der Luft. Damit transportiert der Kraftstoff eine verhältnismäßig größere Energie, wodurch der Heizwert steigt.

Das geschieht bis zu dem Punkt, an dem die Dissoziation innerhalb des Abgases an Einfluss gewinnt. Danach lässt sich der Kraftstoff auch im mageren Bereich nicht mehr vollständig oxidieren (s. Abb. 3.5), so dass chemische Energie im Abgas gebunden bleibt. Für $T = 3000K$ und $\lambda = 1$ liegt der Heizwert bei ca. 86% des Wertes für $T = 500K$.

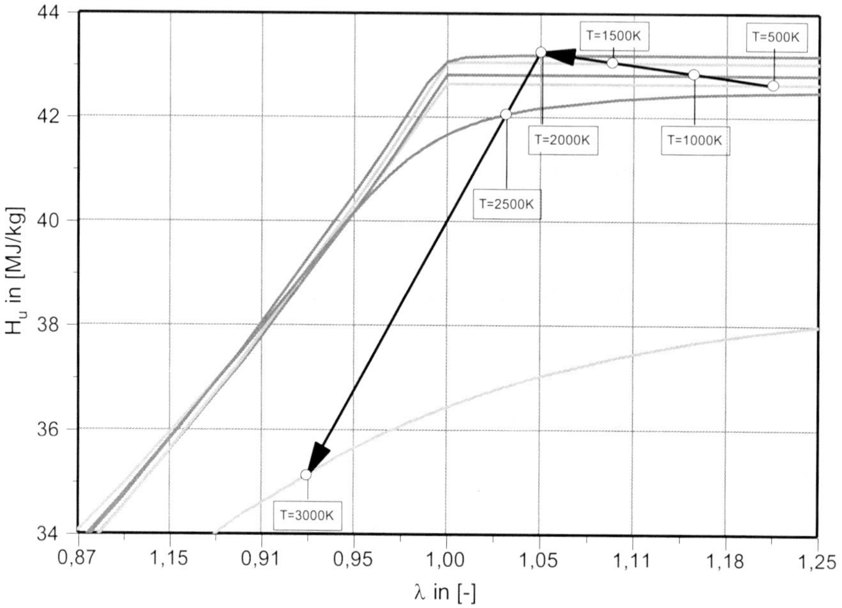

Abb. 3.7: Abhängigkeit des Heizwertes von der Temperatur und dem Luftverhältnis.
Fig. 3.7: The lower heating value against the air/fuel ratio for a variation of temperatures.

Abschließend werden Ergebnisse vorgestellt, bei denen die beiden Kalorikansätze innerhalb der realen Kreisprozessrechnung verwendet wurden. Für das Arbeitsspiel eines Dieselmotors zeigt Abb. 3.8 die Verläufe der Konzentrationen. Der Kraftstoff liegt nur kurz vor dem Verbrennungsbeginn dampfförmig vor und wird dann in CO_2 und H_2O oxidiert. Bei einem Luftverhältnis von $\lambda = 1{,}2$ liegt ein Teil des Sauerstoffs auch nach der Verbrennung in molekularer Form vor.

Ein weiteres Beispiel ist in Abb. 3.9 für einen Ottomotor mit äußerer Gemischbildung gezeigt. Dieser wird in dem dargestellten Betriebspunkt mit $\lambda = 0{,}8$ betrieben. Während der Verdichtung liegt bereits der dampfförmige Kraftstoff vor. Durch die Verbrennung wird dieser dann zu CO_2, H_2O, H_2 und CO oxidiert. Sauerstoff ist nach der Verbrennung aufgrund des fetten Luftverhältnisses nicht mehr vorhanden.

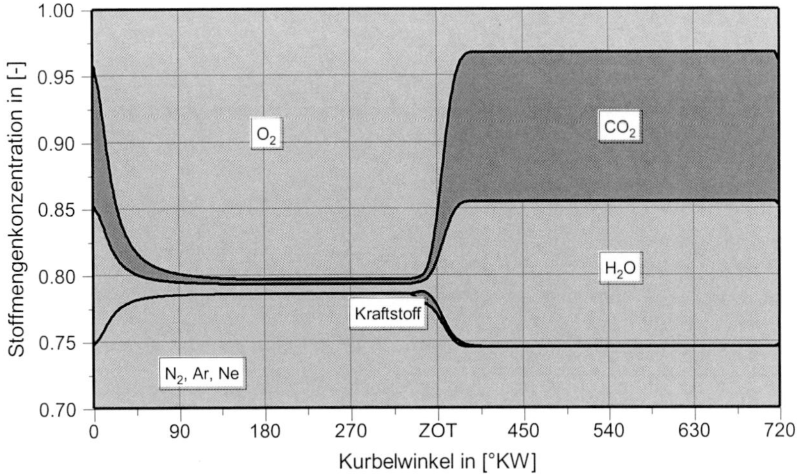

Abb. 3.8: Darstellung der Konzentration innerhalb eines Arbeitsspiels eines Dieselmotors mit $\lambda = 1{,}2$.
Fig. 3.8: Mole fractions of components within the working cycle of an Diesel engine at $\lambda = 1{,}2$.

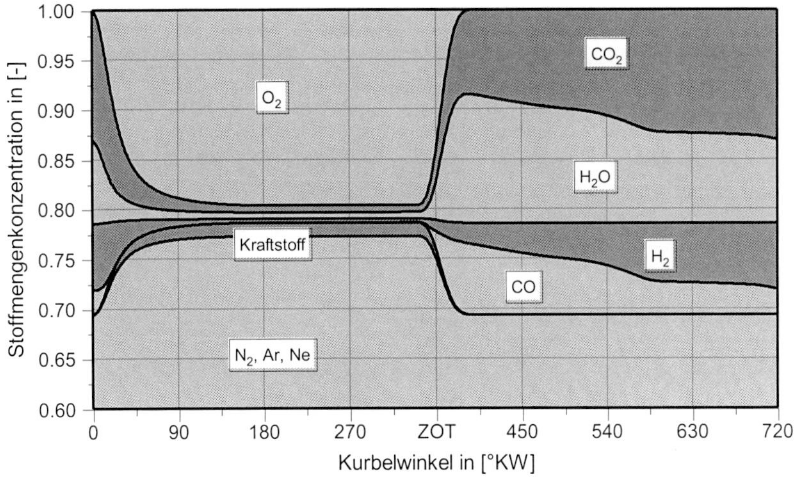

Abb. 3.9: Darstellung der Konzentration innerhalb eines Arbeitsspiels eines Ottomotors mit $\lambda = 0{,}8$.
Fig. 3.9: Mole fractions of components within the working cycle of an Otto engine at $\lambda = 0{,}8$.

5. Zusammenfassung

In diesem Beitrag wurde ein Verfahren vorgestellt, mit dem die kalorische Zustandsgleichung für Kraftstoffe anhand von Analyseergebnissen des betreffenden Kraftstoffes berechnet werden kann. Die Anwendung auf einen Modellkraftstoff konnte dem Verfahren eine gute Ergebnisgüte bestätigen. Das Vorgehen wurde auf handelsüblichen Otto- und Dieselkraftstoff übertragen, so dass die kalorische Zustandsgleichung beider Kraftstoffe für einen weiten Temperaturbereich angegeben werden konnte.

Weiterhin wurde eine Möglichkeit aufgezeigt, das chemische Gleichgewicht der das Abgas bildenden Komponenten zu berechnen. Durch die Reduktion des Gleichungssystems auf wenige Unbekannte ist ein effizienter Einsatz des Algorithmus innerhalb der Prozessrechnung möglich.

Die abschließend dargestellten Rechenergebnisse zeigen das Zusammenwirken von Kraftstoff- und Abgaskalorik. Der Verlauf der adiabaten Flammentemperatur verdeutlicht, dass die Kraftstoffeigenschaften einen direkten Einfluss auf die Verbrennungstemperatur haben. Die Lage der maximalen Verbrennungstemperatur wird maßgeblich durch die kalorischen Eigenschaften des Abgases beeinflusst.

Es wurde ebenfalls gezeigt, dass der Heizwert des Kraftstoffes eine Funktion des Luftverhältnisses und der Temperatur ist. Die vorgestellte Berechnungsmethodik bildet diese Abhängigkeiten ab und ermöglicht eine genaue Berechnung des Brennverlaufs. Die dargestellten Konzentrationsverläufe für einen otto- und einen dieselmotorischen Betriebspunkt verdeutlichen die Abdeckung des gesamte Spektrums verbrennungsmotorischer Luftverhältnisse.

Zusammenfassend betrachtet zeichnen sich die vorgestellten Ansätze durch die Möglichkeit aus, große λ- und Temperaturbereiche abzudecken und für beliebige Kraftstoffe erweitert zu werden. Dadurch erlauben sie eine genaue Beschreibung der kalorischen Eigenschaften des Arbeitsgases innerhalb der 0D-Prozessrechnung und bilden eine mögliche Grundlage für die Analyse und Simulation unterschiedlicher Brennverfahren.

Literatur

[1] Burcat, Alexander; Ruscic, Branko (2005): Third Millennium Ideal Gas and Condensed Phase Thermochemical Database for Combustion with Updates from Active Thermochemical Tables. University of Chicago. Argonne National Laboratory.

[2] Fröhling, Jörg-Christian (2004): Zusammensetzung von Dieselkraftstoffen aus deutschen Raffinerien. Sommerware 2003. Hamburg: DGMK (DGMK-Forschungsbericht, 583-1).

[3] Grill, M.; Schmid, A.; Chiodi, M.; Berner, H.-J; Bargende, M. (2007): Calculating the Properties of User-Defined Working Fluids for Real Working-Process Simulations. Warrendale, PA: SAE International.

[4] Grill, Michael (2006): Objektorientierte Prozessrechnung von Verbrennungsmotoren. Dissertation, Stuttgart.

[5] Heywood, John B. (1988): Internal combustion engine fundamentals. New York [u.a.]: McGraw-Hill.

[6] Jaegher, Peter de (1976): Das thermodynamische Gleichgewicht von Verbrennungsgasen unter Berücksichtigung der Rußbildung. Graz.

[7] Smith, William Robert; Missen, Ronald William (1982): Chemical reaction equilibrium analysis. Theory and algorithms. New York: Wiley (A Wiley-Interscience Publication).

[8] Wenck, Hans; Schnieder, Christa (1993): Chemisch-physikalische Daten von Otto- und Dieselkraftstoffen. DGMK-Projekt 409 ; [Forschungsbericht 409]. Hamburg: DGMK (Berichte / Deutsche Wissenschaftliche Gesellschaft für Erdöl, Erdgas und Kohle e.V).

[9] Yaws, Carl L. (1999): Chemical properties handbook. Physical, thermodynamic, environmental, transport, and health related properties for organic and inorganic chemicals. New York: McGraw-Hill (McGraw-Hill handbooks)

[10] Zacharias, Friedemann (1966): Analytische Darstellung der thermodynamischen Eigenschaften von Verbrennungsgasen. Berlin.

6 Conditional Moment Closure with a Progress Variable Approach

Harry Lehtiniemi, Anders Borg, Fabian Mauss

Abstract

A method has been developed that allows for performing reactive flow simulations using conditional moment closure (CMC) without spatial dimension reduction of the CMC grid. The CMC is performed for a progress variable and the emission scalars, using a progress variable parameterization of the combustion chemistry. The method has been implemented into a CFD software package. The proposed method has been tested for a simple spray bomb case, n-heptane spray injection into a constant volume vessel, and compared with the interactive flamelet model.

1. Introduction

One of the challenges in turbulent combustion modeling is the closure of the chemical source term. The capacity of today's computers is not allowing for performing Direct Numerical Simulations (DNS) resolving all relevant time- and length scales associated with turbulence, spray, and combustion chemistry at an affordable simulation time scale. Therefore, not all time- and length scales are resolved in industrial CFD simulations, and appropriate closures of terms resulting from averaging procedures are required. Here the discussion is restricted to treatment of the reactive scalars and the chemical source term in the context of Reynolds-averaged Navier-Stokes (RANS) simulations.

The problem with the closure of the chemical source term lies in the difficulty to treat the effect that turbulence fluctuations of the reactive scalars and state variables have on the chemical reaction rates. Approximating the chemical source term using cell mean quantities may cause a deviation in ignition, combustion, and emission prediction between experiments and simulations, due to the exponential nature of the reaction rates. Two main modeling approaches have been developed in the past, attempting to overcome this difficulty: models based on a presumed Probability Density Function (pdf), and models based on transported pdf, see e.g. [1]. The CMC and flamelet models belong to the class of presumed pdf models. In a non-premixed combustion setting the presumed pdf formulation is based on having a solution of the first two moments (mean and variance) of a passive scalar, the mixture fraction. The pdf, used when computing the reactive scalars, is usually a beta pdf.

Our purpose is to present a method for performing a conditional moment closure for a progress variable and emission scalars (soot) on the same grid as used by the flow solver. This work is motivated by the need for model development for emerging direct injection combustion concepts where the ignition timing is not solely controlled by start of injection, but also by the amount of dilution in the combustion chamber and reactivity of the fuel. It may be suspected that local turbulence and scalar fluctuations affect the ignition, combustion, and emission formation phenomena under such operating conditions. Further, in order to be industrially applicable, the complexity and the costs of solving the combustion chemistry need to be kept as low as possible. Therefore the method presented herein builds on a progress variable based parameterization of the chemistry, and tabulation of the transient flamelet ignition process [2],[3]. The proposed method, LTIF-CMC (library of transient tabulated flamelets-CMC) has been implemented using user coding into the commercial CFD software package STAR-CD [4], and a first test of the method has been carried out simulating a constant volume spray bomb case. We compare the results obtained with the proposed method, with results obtained using the interactive flamelet method.

We do not intend to give a full background to neither the flamelet model nor the conditional moment closure model. The flamelet model is detailed by Peters in [1],[5], and the development of the conditional moment closure model has been reviewed by Klimenko and Bilger [6], and recently by Kronenburg and Mastorakos [7]. The relation between the conditional moment closure model and the flamelet model was investigated by Klimenko [8]. It is noted, that when applied for non-premixed combustion, both the flamelet model and the CMC model utilize a passive scalar, the mixture fraction – and the scalar dissipation rate – as key elements of the model formulation. Moreover, the unconditional averages of the reactive scalars are computed knowing the mixture fraction pdf in both models.

The interactive flamelet model has been applied in studies of spray combustion previously, e.g. by Pitsch et al. [9] in the single interactive flamelet formulation, and by Magnusson et al. [10] using multiple interactive flamelets. Magnusson et al. highlighted that the number of interactive flamelets required to capture the flame lift-off location depends on the operating condition, and that multiple flamelets are required to obtain realistic results when simulating diesel spray combustion using the flamelet model. Multiple interactive flamelets were first introduced in simulations of e.g. diesel engines by Barths et al. [11], resulting in improved emission predictions.

Also the CMC model has been applied in spray combustion studies previously, e.g. by Kim and Huh [12], who employed a first order 2-D CMC formulation to investigate the effect of droplet sources in the mixture fraction variance equation on autoignition timing; Wright et al. [13] investigated numerical techniques, transport terms, and flame propagation using a first order 2-D CMC formulation. In [14] Wright et al. investigated i.a. the effect of chemistry choice on autoignition timing and the effect of atomization model on autoignition location. Kim and Huh [12] attempted to include the spray terms in the CMC equations while these terms were omitted from both CMC and mixture fraction variance equations in [13] and [14]. Recently, Borghesi et al. [15] investigated rigorously the effect of the spray source term in the mixture fraction variance equation, and Mortensen and Bilger's [16] CMC formulation, which includes spray terms, using first order 2-D CMC. Several n-heptane spray cases with different amount of ambient oxygen concentration were simulated, and it was found that the inclusion of droplet terms mostly affected predictions in locations where evaporation was intense. Very little effect of the spray terms on ignition delay time was found, and the authors reported virtually no effect on flame propagation and anchoring.

All the previously cited studies have been carried out within the Reynolds-Averaged Navier- Stokes (RANS) framework using first order 2-D CMC. Recently, development towards using a Large-Eddy Simulation (LES) approach for CMC with spray was reported by Bottone et al. [17], who employed a first order 1-D CMC formulation to study n-heptane spray autoignition and combustion.

The aforementioned CMC spray simulations all employed first order CMC. De Paola et al. [18] investigated the impact of utilizing a second order CMC formulation on autoignition timing of an n-heptane plume. It was found that the scalar dissipation rate term in the conditional covariance equation is the driving term. In a configuration with rapidly decaying scalar dissipation, the ignition delay time predicted using first order closure differs little from the one predicted with second order closure. The model formulation herein is restricted to first order closure. It has previously been found that the average conditional scalar dissipation rate is indeed decaying in e.g. diesel sprays – although there are local variations. The model proposed here caters for local variations of scalar dissipation.

Soot calculations within the CMC framework have been performed by e.g. Kronenburg et al. [19], Yunardi et al. [20] and Lignell et al. [21]. In those works, some of the discussion concerns differential diffusion effects. In the model proposed here, we follow our work in reference [22] and assume that it is sufficient to account for varying mixture fraction boundaries, and to condition the scalar dissipation rate to the mixture fraction with maximum scalar dissipation. The latter avoids conditioning the scalar dissipation rate to a non-existing mixture fraction, i.e. if the maximum mixture fraction is smaller than the stoichiometric mixture fraction.

We proposed before a soot model, based on a flamelet library of source terms [23], [24]. The work presented here avoids that the mixture fraction dependence of the soot moments needs to be presumed. Instead the development of the profiles for the soot moments is calculated from the CMC equations.

The experimental setup for the test calculations performed here is described in [25],[26].

2. The TIF and LTIF-CMC Models

In this section the applied combustion models are described briefly. The interactive flamelet model implementation, TIF, follows the description in [27]. The LTIF-CMC model which constitutes new development, and the approach for table generation is described in more detail than the well-established interactive flamelet model.

Both TIF and LTIF-CMC rely on transport of mixture fraction and mixture fraction variance in the flow-field. The transport equations are detailed in e.g. [1]. No species are transported in the flow-field. Instead the properties required for calculation of thermodynamics and density in the flow-field are calculated from the TIF or LTIF-CMC solution and the mixture fraction pdf (here a beta pdf defined by the mixture fraction and its variance).

2.1 TIF – Transient Interactive Flamelet Model

In the flamelet model a turbulent flame is viewed as consisting of an ensemble of laminar flamelets. The main feature of the flamelet model is that it allows for a de-coupling of chemistry and flow. A mathematical transform is made from physical space $(\vec{x};t)$ to phase-space $(\xi;\tau)$. By defining the scalar dissipation rate χ:

$$\chi \equiv 2D_{\xi}(\nabla\xi)^2 \tag{1}$$

and performing the flamelet transform, the conservation equations for reactive scalars (chemical species) and enthalpy are expressed in flamelet space, assuming unity Lewis numbers:

$$\rho\frac{\partial Y_i}{\partial\tau} = \frac{\rho\chi}{2}\frac{\partial^2 Y_i}{\partial\xi^2} + \omega_{\mathrm{i}} \tag{2}$$

$$\rho\frac{\partial h}{\partial\tau} = \frac{\rho\chi}{2}\frac{\partial^2 h}{\partial\xi^2} + \frac{dp}{dt} + \dot{q}. \tag{3}$$

The interactive flamelets are solved on-line with the flow. In this work multiple flamelets are used with fuel mass based flamelet splitting, and for each flamelet a probability marker is transported. Since the flamelet splitting is fuel mass based, this transport equation follows a standard passive scalar transport equation with a source term from fuel evaporation. Further details on the TIF model implementation can be found in [27].

2.2 Progress variable and chemistry tabulation

Based on previous findings [2],[3] we base our progress variable on chemical enthalpy (enthalpy of formation). This is a quantity which allows for a single variable description of the autoignition process. It is observed that a transport equation for chemical enthalpy can be formulated in physical space. Assuming unity Lewis numbers, and applying the flamelet transform, the following equation is obtained in mixture fraction space for chemical enthalpy:

$$\rho\frac{\partial h_{298}}{\partial t} = \frac{\rho\chi}{2}\frac{\partial^2 h_{298}}{\partial\eta^2} + \rho\omega_{h_{298}}. \tag{4}$$

We have found [3] that it is necessary to use tables based on transient igniting flamelets in order to accurately capture the effect of scalar dissipation on the ignition process.

The generated tables contain the source term for chemical enthalpy; and NASA polynomial coefficients, mean molecular weight, and emission source terms as function of mixture fraction, enthalpy (sum of chemical and thermal enthalpy), pressure, scalar dissipation rate and the chemical enthalpy itself. Species of interest are also stored in the tables and can be retrieved in a post-process step. Emissions, such as soot and NOx, need to be treated using a source-term approach as the chemistry governing emission formation processes is slow [24]. The skeletal n-heptane mechanism from Zeuch et al. [29] was used for table generation.

2.3 CMC for the progress variable

The transport equation for the conditionally averaged scalars (progress variable, soot moments) reads, omitting spray terms and terms that have a minor contribution when investigating systems with high Reynolds numbers:

$$\frac{\partial Q_i}{\partial t} + \langle \boldsymbol{v}|\eta\rangle \cdot \nabla Q_i = \frac{\langle\chi|\eta\rangle}{2}\frac{\partial^2 Q_i}{\partial \eta^2} + \langle\omega_i|\eta\rangle + e_y \tag{5}$$

where the conditionally averaged scalar Q_i is defined as:

$$\rho_\eta Q_i(\vec{x};t,\eta) = \overline{\langle\rho\psi_i(\vec{x},t)|\xi(\vec{x},t)=\eta\rangle} = \overline{\langle\rho\psi_i|\eta\rangle}. \tag{6}$$

The first term on the R.H.S. of Eq. (5) considers diffusive transport in mixture fraction space. This term is closed assuming an inverse complementary error function dependency of scalar dissipation in mixture fraction space, and conditioning the scalar dissipation on the location of maximum scalar dissipation (ξmax/2), assuming an inverse complementary error function shape of scalar dissipation in mixture fraction space. This model is similar to the amplitude mapping closure model (AMC) [28], which is frequently used in CMC modeling.

The source term (second term on the R.H.S. of Eq. (5)) is closed with a first order closure:

$$\langle\omega_i|\eta\rangle = \omega_i(\mathbf{Q},\eta), \tag{7}$$

where Q for the progress variable source term consists only of the progress variable – chemical enthalpy – itself, while for the source terms for the soot moment source terms Q consists of the progress variable and the soot moments. In a similar manner, for any other emission source term (NOx) the source term is formed based on the progress variable, and the emission scalar. The fluctuation around the conditional mean (third term on the R.H.S. of Eq. (5)) is closed in a simplified manner assuming

$$e_y \approx \nabla \cdot (\langle D_t|\eta\rangle \nabla Q_i), \tag{8}$$

with the conditional turbulent diffusivity taken as

$$\langle D_t|\eta\rangle \approx \frac{\nu_t}{Sc_t} \tag{9}$$

with ν_t computed using the turbulence model.

The conditional velocity, appearing in the second term on the L.H.S., is modeled as:

$$\langle \boldsymbol{v}|\eta\rangle \approx \tilde{\boldsymbol{v}}. \tag{10}$$

This formulation allows for using the built-in transport equations for passive scalars in STAR-CD. Eq. (5) is thus solved in an operating-splitting fashion, where the flow solver handles the transport terms in physical space, and a "flamelet" solver handles the transport in mixture fraction space and the source term. The "flamelet" solver is called at the beginning of each CFD time step for every cell. The "flamelet" solver uses an implicit backward-differencing method where the time step is automatically determined.

3. Test Calculations

Test calculations using the proposed LTIF-CMC model and the established TIF model have been performed. Two n-heptane fuelled spray bomb test cases at 21 % and 12 % (vol.) ambient oxygen reported by Idicheria and Pickett [25] were selected as a first test.

The CFD grid is a 6° sector model, 108 x 54 mm with cyclic boundaries. The mesh is non-uniform, using 5832 cells with a cell edge length of around 0.55 mm close to the injector. The cell edge length is increasing with a growth factor towards the vessel walls. Only one cell layer is used in azimuthal direction and thus the grid is essentially a 2-D grid. Turbulence is modeled with the standard $k - \varepsilon$ turbulence model with its default constants. The used STAR-CD spray sub-models [4] are used with their default STAR-CD constants, and consist of the effective nozzle model; the Reitz atomization model; and the Reitz break-up model. The MARS (Monotone advection and reconstruction) discretization scheme [4] is used for all passive scalars, enthalpy, turbulence, and momentum. No active scalars are transported why user coding for density and enthalpy calculation is used. In the LTIF-CMC calculation the soot particle size distribution is calculated by transporting the conditional averages of the two first moments of the particle size distribution function (PSDF) and the chemical contribution to the soot moment source terms is retrieved from the same table as the progress variable source term. The source term of coagulation is calculated during the execution of the program. In the TIF calculation the moments of the soot particle size distribution function are calculated on-line by the interactive flamelets.

The amount of grid points in mixture fraction space is set to 51. For the LTIF-CMC method this gives 51 transport equations for the progress variable, and 2 x 51 transport equations for the soot moments.

Prior to the LTIF-CMC calculation, transient flamelet tables for the 21 % and 12 % O2 (vol.) conditions reported in [25] were constructed. Based on previous findings, the tables were constructed for five different scalar dissipation rate levels: 0.1, 1, 10, 100 and 1000 s^{-1}. The nominal ambient temperature is 1000 K, and the nominal ambient density 14.8 kg/m3, giving a pressure of 4.2 MPa. The level of 12 % O2 corresponds to a stoichiometric mixture fraction of 0.0361, i.e. approximately 43 % EGR. For the 21 % O2 case the stoichiometric mixture fraction is 0.0622. The fuel is n-heptane, injected at a constant flow rate for approximately 7 ms through a 0.1 mm nozzle hole. A mass based splitting is adopted in the TIF calculations. 20 flamelets are used with each flamelet representing 5 % of the injected mass.

4. Results and Discussion

Table 1 compares the ignition delay time and the lift-off length with the experimentally determined ones.

Table 1: Experimental and simulated ignition delay times and lift-off length (LOL).

		Ign. delay [ms]	LOL [mm]
21 % O_2	Experiment	0.42	17.0
	LTIF-CMC	0.43	17.0
	TIF	0.45	25.0
12 % O_2	Experiment	0.83	29.2
	LTIF-CMC	1.10	32.0
	TIF	1.20	37.5

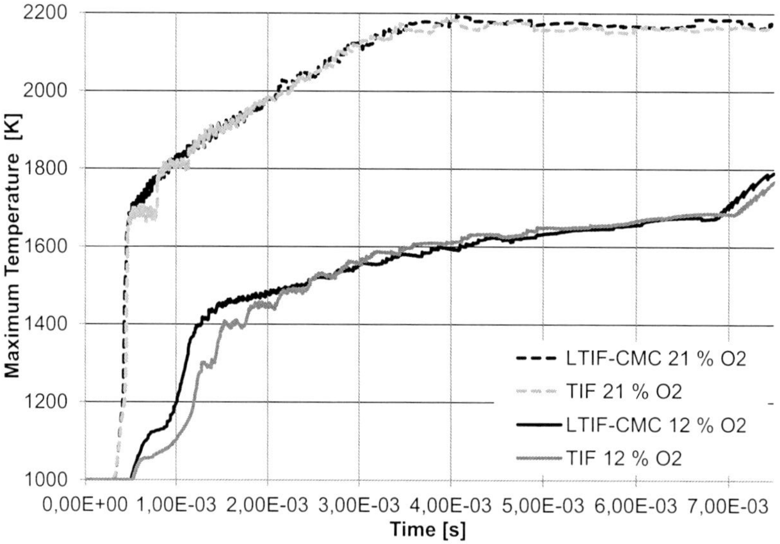

Figure 1: Maximum temperature for 21 % (vol.) ambient oxygen, dashed gray line: TIF, dashed black line: LTIF-CMC; and for 12 % (vol.) ambient oxygen, gray line: TIF, black line: LTIF-CMC.

The experimental ignition delay time was determined through analyzing the pressure trace and applying a speed-of-sound correction to account for the time for the pressure wave to travel from the ignition location to the pressure transducer. For the calculations the location of maximum rate of temperature increase was chosen. Figures 1 and 2 show the maximum calculated temperature in the domain, with the experimental ignition delays denoted by black vertical lines in Fig 2.

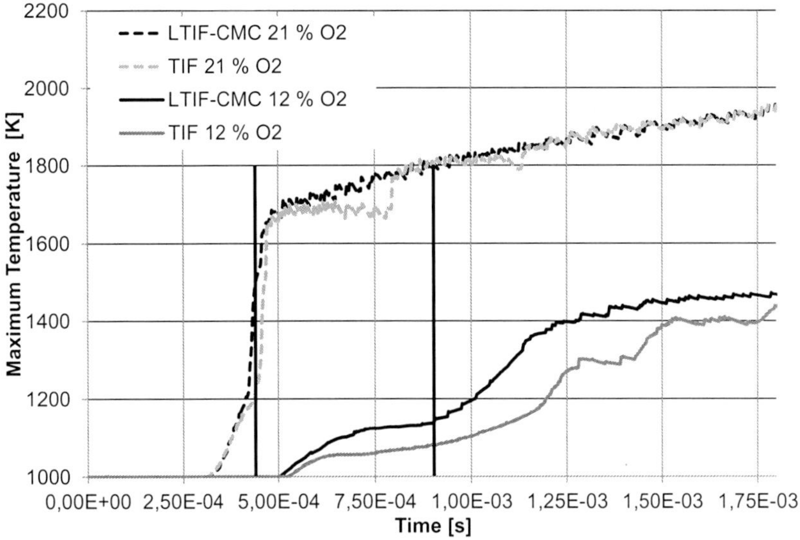

Figure 2: Experimental ignition delay times marked with black vertical lines. Maximum temperature for 21 % (vol.) ambient oxygen, dashed gray line: TIF, dashed black line: LTIF-CMC; and for 12 % (vol.) ambient oxygen, gray line: TIF, black line: LTIF-CMC.

The lift-off length was in the experiments determined through OH* chemiluminescence during a time period of 3 ms – 6 ms ASOI. For the calculated lift-off lengths, the flow-fields at 3.5 ms ASOI from respective simulations were investigated. In the calculations the iso-contour of a OH mass fraction of 2.5e-4 was chosen for the 21 % O2 case as recommended on the ECN website [26]. At 12 % O2 the recommended limit value is higher than the maximum OH mass fraction in the domain. The threshold value for the 21 % O2 case corresponds to around 15 % of the maximum OH mass fraction why the lift-off-length in the 12 % O2 case was based on 15 % of the maximum OH mass fraction in the domain. It is likely that a combustion progress based lift-off threshold is more suitable when comparing lift-off length for different ambient O2 levels.

For the 21 % O2 case the LTIF-CMC and TIF calculations are able to quite reasonably reproduce the ignition delay time while for the 12 % O2 case the ignition delay time is overpredicted. The lift-off length is reasonably predicted by the LTIF-CMC model for both conditions while the TIF simulation overpredicts the lift-off length.

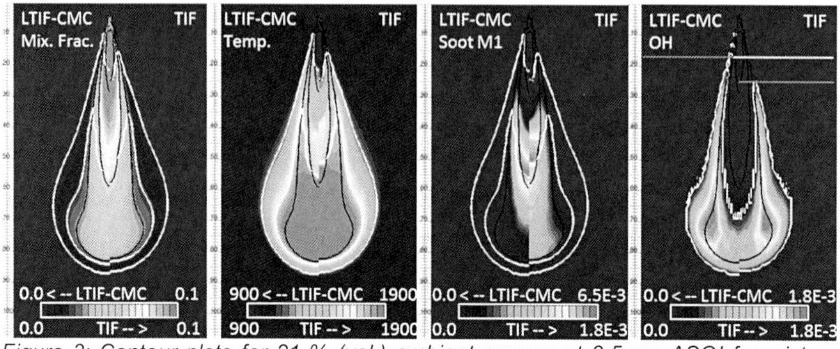

Figure 3: Contour plots for 21 % (vol.) ambient oxygen at 3.5 ms ASOI for mixture fraction, temperature (K), soot moment 1 (mol/kg) and OH mass fraction. The white horizontal line in the OH plot shows the measured lift-off distance and the gray horizontal lines the ones from the simulations. The ruler on the left shows the distance from the nozzle hole in mm

Fig 3 shows the flow-field at 3.5 ms for the 21 % O2 case. The black iso-contours in the mixture fraction, temperature and soot moment 1 (which can be related to soot mass) plots correspond to $2\xi_{st}$, ξ_{st}, and $\xi_{st}/2$ respectively and the white iso-contours to temperature iso-surfaces of 1700 K and 1200 K respectively. For the OH mass fraction field, the black line corresponds to the ξ_{st} iso-surface, and the white line to the OH mass fraction lift-off threshold value.

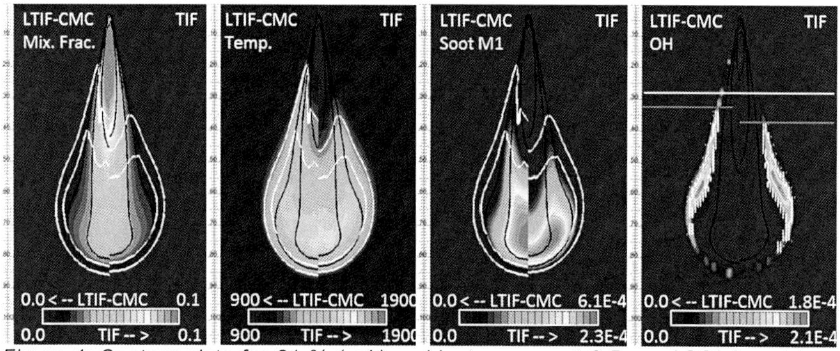

Figure 4: Contour plots for 21 % (vol.) ambient oxygen at 3.5 ms ASOI for mixture fraction, temperature (K), soot moment 1 (mol/kg) and OH mass fraction. The white horizontal line in the OH plot shows the measured lift-off distance and the gray horizontal lines the ones from the simulations. The ruler on the left shows the distance from the nozzle hole in mm.

Fig 4 shows the flow-field at 3.5 ms for the 12 % O2 case. The black iso-contours in the mixture fraction, temperature and soot moment 1 plots correspond to $2\xi_{st}$, ξ_{st}, and $\xi_{st}/2$ respectively and the white iso-contours to temperature iso-surfaces of 1400 K and 1200 K respectively. For the OH mass fraction field, the black line corresponds to the ξ_{st} iso-surface, and the white line to the OH mass fraction lift-off threshold value.

It is noted that the most distinct difference between the LTIF-CMC and TIF calculations are in the prediction of the shape of the soot cloud. The soot cloud in the TIF calculation is more diffused than in the LTIF-CMC calculation. The LTIF-CMC method has a higher spatial resolution than the TIF method and it is likely that this causes the differences between the two methods.

5. Conclusion

A method allowing for CMC calculations on the same grid as the flow calculation through the use of a progress variable and tabulated chemistry (LTIF-CMC) has been developed and presented. The method was implemented in a CFD software, and a comparison between the new LTIF-CMC method and the established TIF method was carried out for a simple spray bomb case.

It was found that the LTIF-CMC method predicted slightly shorter ignition delay than the TIF model. The LTIF-CMC model was able to better predict the lift-off length than the TIF model.

Nomenclature

Symbols

D_t	Eddy diffusivity
D_ξ	Mixture fraction diffusion coefficient
e_y	Fluctuation around the conditional mean
h	Chemico-thermal enthalpy
h_{298}	Chemical enthalpy
k	Turbulent kinetic energy
p	Pressure
$\mathbf{Q}$	Vector of conditionally averaged scalars
Q_i	Conditionally averaged scalar i
q	Volumetric heat loss term
Sc_t	Turbulent Schmidt number
t	Time
$\mathbf{v}$	Velocity vector
$\vec{x}$	Cartesian coordinate vector
Y	Mass fraction
ε	Turbulent kinetic energy dissipation
η	Mixture fraction sample space variable
ν_t	Eddy viscosity
ξ	Mixture fraction
ρ	Density
τ	Flamelet time
χ	Scalar dissipation rate

ψ_i	Scalar *i*
ω	Source term

Subscripts

h_{298}	Chemical enthalpy
i	Scalar index
max	Maximum
st	Stoichiometric

Operators

$\sim$	Favre average
$-$	Reynolds average
$\langle \cdot \| a = b \rangle$	Conditional average

References

[1] N. Peters, Turbulent Combustion. Cambridge University Press, Cambridge, 2000.

[2] H. Lehtiniemi, F. Mauss, M. Balthasar, and I. Magnusson, Combust. Sci. and Tech. 178 (10-11) (2006) 1977-1997.

[3] A. Borg, H. Lehtiniemi, F. Mauss, Poster, Proceedings of ICDERS2011, 23rd International Colloquium on the Dynamics of Explosions and Reactive Systems, UC Irvine, CA, USA, July 24-29, 2011.

[4] CD-adapco group: "STAR-CD 4.16 User Manual", 2011.

[5] N. Peters, Prog. Energy Combust. Sci. 10 (3) (1984) 313-339.

[6] A. Y. Klimenko, R. W. Bilger, Prog. Energy Combust. Sci. 25 (1999) 595-687.

[7] A. Kronenburg , E. Mastorakos, In: T. Echekki and E. Mastorakos (eds.), Turbulent Combustion Modeling. Fluid Mechanics and Its Applications vol. 95. Springer, New York, 2011, p. 91.

[8] A. Y. Klimenko, Combust. Theory Modelling 5 (2001) 275-294.

[9] H. Pitsch, P. Wan, N. Peters: "Numerical investigation of soot formation and oxidation under diesel engine conditions", SAE Technical Paper 952357, 1995.

[10] I. Magnusson, M. Balthasar, T. Hellström, Proceedings of THIESEL 2006, Conference on thermo- and fluid dynamic processes in diesel engines, Valencia, Spain, 2006.

[11] H. Barths, C. Hasse, G. Bikas, N. Peters, Proc. Combust. Inst. 28 (2000) 1161-1168.

[12] W. T. Kim, K. Y. Huh, Proc. Combust. Inst. 29 (2002) 569-567.

[13] Y. M. Wright, G. De Paola, K. Boulouchos, E. Mastorakos, Combust. Flame 143 (2005) 402-419.

[14] Y. M. Wright, O. N. Margari, K. Boulouchos, G. De Paola, E. Mastorakos, Flow Turbulence Combust. 84 (1) (2010) 49-78.

[15] G. Borghesi, E. Mastorakos, C. B. Devaud, R. W. Bilger, Combust. Theory Modelling 15 (5) (2011) 725-752.

[16] M. Mortensen, R. W. Bilger, Combust. Flame 156 (2009) 62-72.

[17] F. Bottone, A. Kronenburg, A. J. Marquis, A. D. Gosman, E. Mastorakos, Proceedings of the European Combustion Meeting, Cardiff, UK, June 2011.

[18] G. De Paola, I. S. Kim, E. Mastorakos, Flow Turbulence Combust. 82 (2009) 455-475.

[19] A. Kronenburg, R. W. Bilger, J. H. Kent, Combust. Flame 121 (1-2) (2000) 24-40.

[20] Yunardi, R. M. Wolley, M. Fairweather, Combust. Flame 152 (3) (2008) 360-376.

[21] D. O. Lignell, J. C. Hewson, J. H. Chen, Proc. Combust. Inst. 32 (2009) 1491-1498.

[22] F. Mauss, K. Netzell, H. Lehtiniemi, Combust. Sci. and Tech. 178 (2006) 1871-1885.

[23] G. Nakov, F. Mauss, P. Wenzel, R. Steiner, C. Krüger, Y. Zhang, R. Rawat, A. Borg, C. Perlman, K. Fröjd, H. Lehtiniemi, SAE International Journal of Engines 2 (2) (2010) 89-104

[24] X.S. Bai, L. Fuchs, M. Balthasar, F. Mauss, Proc. Combust. Inst. 27 (1998) 1623-1630

[25] C. A. Idicheria, L. M. Pickett, SAE Technical Paper 2005-01-3834, 2005.

[26] http://www.sandia.gov/ecn/index.php

[27] H. Lehtiniemi, Y. Zhang, R. Rawat, F. Mauss, SAE Technical Paper 2008-01-0957, 2008.

[28] E. E. O'Brien, T.-L. Jiang, Phys. Fluids A 3 (12) (1991) 3121-3123.

[29] T. Zeuch, G. Moréac, S. S. Ahmed, F. Mauss, Combust. Flame 155 (2008) 651-674. [1] Barthels, A.; Fröschl, J.; Michel, H.U.; Baumgarten, U.: An architecture for power management in automotive systems. In: Architecture of Computing Systems. pp. 63–73, 2012

7 Simulation of Aldehyde Formation in Ethanol Fuelled Spark Ignition Engines

Theles de Oliveira Costa, Paola Helena Barros Zárante,
José Ricardo Sodré

Abstract

This work presents a mathematical model of aldehyde formation in spark ignition engines fueled by ethanol and gasoline–ethanol blends. The formation of exhaust formaldehyde and acetaldehyde from oxidation of methane and ethane, formed as intermediate combustion products, and from unburned ethanol is described. The oxidation chemical reactions rates of unburned hydrocarbons and ethanol were developed based on the theory of Arrhenius. The development of the equations that quantify the oxidation rates was based on the principles of the Zeldovich mechanism for determination of the rate of oxidation of a chemical reaction. The numerical model was validated through experimental data available from a production internal engine, with varying load and crankshaft speed. Formaldehyde and acetaldehyde are presented as a function of engine exhaust gas temperature and crankshaft speed. A good agreement was found between the model and the experimental data for formaldehyde and acetaldehyde exhaust emissions.

1. Introduction

The common regulated pollutants for internal combustion engines are carbon monoxide (CO), hydrocarbons (HC) and nitrogen oxides (NO_X). Particularly, for internal combustion engines that use ethanol as fuel, the control of aldehydes (CHO) is also required. Aldehydes are relatively recent focused as it is the use of alternative fuels such as hydrous ethanol. Exhaust aldehyde emissions show higher concentrations from alcohols compared to gasoline due to the presence of the hydroxyl functional group (OH) in their molecules. Combustion of pure alcohols or in blends with gasoline, if not complete, releases significant exhaust concentrations of unburned aldehydes and alcohols, with toxic characteristics. The knowledge of aldehyde formation process in engines is essential to determine the variation of emission levels as a function of geometric parameters and operating conditions, allowing for correct settings in the engine control system. The development and application of numerical models enable cost reduction in this optimization process.

Aldehydes are extremely reactive organic compounds, characterized by an aldoxyl functional group (*CHO*), also called formyl radical or methanoyl. Their molecules are polar, and do not form aldoxyl hydrogen bonds among themselves but can do it with water molecules. So, aldehydes with up to four carbons in a chain are soluble in water. Aldehydes with one to two carbon atoms are gases at ambient temperature and pressure. The simplest aldehydes are less dense than water.

Among the various types of aldehydes that are found only in gaseous state, methanol, or formaldehyde (CH_2O), and ethanol, or acetaldehyde (C_2H_4O), are considered pollutants from internal combustion engines. Formaldehyde is used in mixture with 60% water to preserve animal and plant tissues in laboratory. It is also used as a disinfectant and in the manufacture of explosives, plastics and resins. Acetaldehyde is used in the manufacturing of medications and insecticides. It is also the main responsible for headache (hangover) caused by some drinks. Engines that use methanol as a fuel produce higher concentrations of formaldehyde, and, for engines using ethanol as fuel, acetaldehyde is predominant. This study presents a numerical model to estimate the concentrations of acetaldehyde and formaldehyde from the oxidation of hydrocarbons and ethanol in internal combustion engines.

2. Theory

The kinetics of a chemical reaction mechanism of aldehyde formation demonstrated by [1-3] shows that the oxidation reaction is a chain of free radicals. The basic principle to model the rate of aldehyde formation from the oxidation of hydrocarbons first assumes that the reaction product is an alcohol that, upon the formation of free radicals, is oxidized to aldehydes.

$$CH_3OH + \tfrac{1}{2}O_2 \rightarrow HCHO + H_2O \tag{1}$$

$$C_2H_5OH + \tfrac{1}{2}O_2 \rightarrow C_2H_4O + H_2O \tag{2}$$

Variations of fuel/air ratio essentially influence oxygen concentration and temperature of the exhaust gas, both potentially important for the reactions of aldehydes. It was observed that around stoichiometric fuel/air ratio at high temperature combustion a minimal amount of aldehyde is produced [4]. The flame speed is maximum under conditions approaching the stoichiometric fuel/air ratio, optimizing combustion and reducing the effects of flame extinction inside the combustion chamber and close to the walls. Aldehyde concentration level increases when the mixture becomes too rich or too lean.

Formaldehyde and acetaldehyde formed as reaction products in the mid phase of ethanol-air combustion are immediately consumed by the flame front in the combustion chamber because of the high temperature in the reaction zone [5]. The aldehydes eliminated by exhaust ducts are formed from post-flame oxidation of the fuel that escapes the combustion process in the chamber. Thus, vehicle exhaust aldehydes are reaction products of oxidation of hydrocarbons and alcohols formed in the combustion chamber, in the region after the flame front, and also in the exhaust pipe, in the presence of oxygen. Formaldehyde is an organic compound which has only one carbon atom in its structure, therefore, the oxidation reaction of hydrocarbon and alcohol that forms this compound requires the reagent to also have a carbon atom in its structure, such as methane (CH_4) and methanol (CH_3OH). Acetaldehyde has two carbon atoms, thus, to form this compound from an oxidation reaction it is necessary that the reagent has two carbon atoms in its structure, as is the case of ethane (C_2H_6) and ethanol (C_2H_5OH).

Aldehydes are formed when the oxidation of hydrocarbons and alcohols is interrupted in the mid phase of the chemical oxidation reaction, primarily due to reduced temperature and oxygen concentration. The alcohols and hydrocarbons found in the exhaust pipe are mainly unburned fuel originated in the combustion chamber. The fact that alcohols and hydrocarbons possess different boiling points causes them to separate from each other. Thus, the chemical reactions of oxidation of these substances which will lead to aldehydes occur separately, however simultaneously. To model the concentration of aldehydes released to the atmosphere from the engine exhaust pipe, the oxidation reactions of these substances are considered separately. The final concentration is the sum of the parts produced by each reaction.

3. Model of formaldehyde formation from methane oxidation

Formaldehyde is formed in the intermediate phase of methane oxidation, and its release depends on interruption of the oxidation process in this phase of the chemical reaction. The first step of the reaction is the oxidation of methane to form methanol, which, in its turn, is oxidized to formaldehyde in the presence of oxygen. Oxidation of the hydrocarbon will occur in the presence of oxygen gas (O_2) produced in the incomplete combustion of the fuel/air mixture and/or oxygen gas remaining in the exhaust pipe from atmospheric air. Methane reacts with oxygen atoms that arise from dissociation of oxygen gas (O_2) or from the reaction between (*H*) and (O_2), which forms (*O*) and (*OH*) radicals. According to [6] the reaction of molecular hydrogen (*H*) with oxygen gas (O_2) is part of the sub-reaction mechanism H_2-O_2 within the hydrocarbon combustion process, regarded as one of the reactions of initiation of such sub-mechanism.

After exposure of methane to nascent oxygen, the oxidation process by hydrogen abstraction from methane molecule is initiated. Chain radicals, alkyls and peroxides are formed, allowing for the development of radical formation rate of formaldehyde. The rate of oxidation is a slow process due to instability of the free radicals formed from the breaking of connections. The diagram in Figure 1 illustrates the exposure of methane to oxygen and the oxidation process to form formaldehyde and water molecules. The methanol formed in the mid phase of methane oxidation to formaldehyde is oxidized instantaneously, as shown by Eqs. (3) and (4).

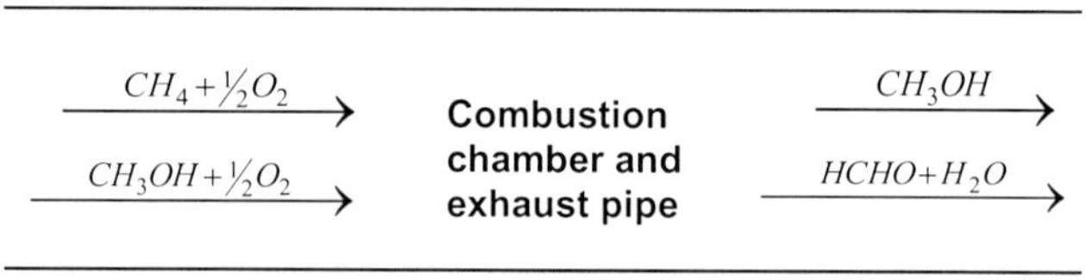

Figure 1: Oxidation of methane to formaldehyde.

$$CH_4 + \tfrac{1}{2}O_2 \rightarrow CH_3OH \quad (3)$$

$$CH_3OH + \tfrac{1}{2}O_2 \rightarrow HCHO + H_2O \quad (4)$$

The basic principle for modeling the chemical equations developed to determine the rate of formation of formaldehyde from methane oxidation can be represented by Eqs. (3) and (4). The first hydrocarbon oxidation reaction product is methanol, which, under a process of formation of free radicals, is oxidized to formaldehyde in the presence of oxygen and adequate temperature conditions, time of exposure and homogeneity. The other combustion products eliminated from the combustion chamber are substances that behave as inert gases for the oxidation of methane and have no influence on the molecular arrangement of the atoms in this oxidation reaction. Therefore, the oxidation of methane can be treated separately.

Methane oxidation is modeled in a similar manner to the Zeldovich mechanism [7,8], which determines the rate of oxidation and formation of nitric oxide (*NO*) and molecular nitrogen (*N*) from oxidation of nitrogen gas (N_2). Thus, the rate of formaldehyde formation from methane oxidation assumes that Eqs. (3) and (4) determines the basic principle. The expression developed by [9] is based on the Arrhenius theory in which chemicals under favorable pressure and temperature conditions are capable of reacting between themselves in an oxidation process leading to new products. The correlation determines the oxidation rate in binary chemical reactions based on the principles of chemical reactivity of break and formation of molecules.

Therefore, the formation rate of formaldehyde (*HCHO*) from methane (CH_4) oxidation takes the form:

$$\frac{d[HCHO]}{dt} = A \cdot T^{n} \cdot \exp\left(\frac{-E_A}{R \cdot T}\right) \cdot \frac{7200}{(R \cdot T)^{1/2}} \cdot \exp\left(\frac{-69.090}{T}\right) \cdot [O_2]^{1/2} \cdot [CH_4] \tag{5}$$

Where A is the pre-exponential factor of Arrhenius ($6{,}46 \times 10^{14}$ $cm^3/gmol.s$) [10], T the temperature (*K*), n is the exponent of the temperature, E_A the activation energy (179,9 *kJ/gmol*) [10] and R the universal gas constant ($8{,}31434 \times 10^{-3}$ $kJ/gmol.K$).

Equation (5) represents the mathematical model here developed to determine the amount of formaldehyde produced from methane oxidation as a function of exposure time, temperature and local concentrations of methane and oxygen.

4. Model of acetaldehyde formation from ethane oxidation

Acetaldehyde formation also occurs in the intermediate phase of oxidation of ethane in the combustion chamber, behind the flame front, and in the exhaust pipe. Its release depends on interruption of the hydrocarbon oxidation process. The first stage is ethane oxidation to form ethanol, which is then oxidized to acetaldehyde in the presence of oxygen. The diagram of Fig. 2 illustrates the exposure of ethane to oxygen and the oxidation process until formation of acetaldehyde and water molecules. Ethanol formed at the intermediate stage of ethane oxidation is instantly oxidized to acetaldehyde, as indicated in Eqs. (6) and (7). Ethane oxidation may be represented by Eqs. (6) and (7), as other compounds coming from the combustion chamber behave as inert gases and are not necessary to be represented in this oxidation reaction.

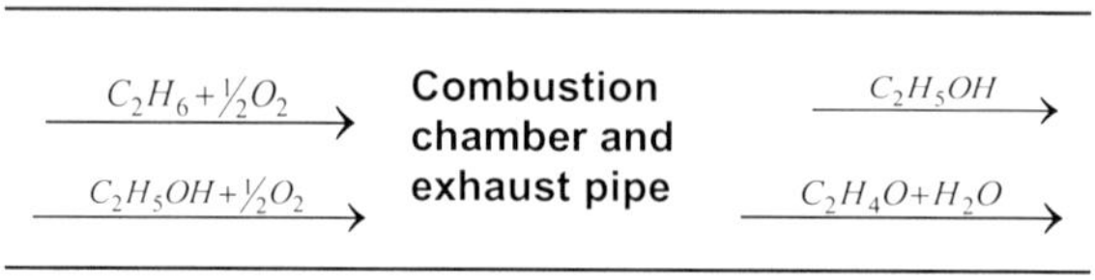

Figure 2: Oxidation of ethanol to acetaldehyde.

$$C_2H_6 + \tfrac{1}{2}O_2 \rightarrow C_2H_5OH \tag{6}$$

$$C_2H_5OH + \tfrac{1}{2}O_2 \rightarrow C_2H_4O + H_2O \tag{7}$$

Following similar development as that made for methane oxidation, the mathematical model that represents the rate of formation of acetaldehyde (*C_2H_4O*) from ethane (C_2H_6) oxidation of is represented by:

$$\frac{d[C_2H_4O]}{dt} = A \cdot T^n \cdot \exp\left(\frac{-E_A}{R \cdot T}\right) \cdot \frac{7200}{(R \cdot T)^{1/2}} \cdot \exp\left(\frac{-69.090}{T}\right) \cdot [O_2]^{1/2} \cdot [C_2H_6] \tag{8}$$

Where constants A and E_A assume the values of $3{,}98 \times 10^{13}$ $cm^3/gmol.s$ and $213{,}0$ $kJ/gmol$, respectively [10]. The unit of measure for acetaldehyde formation rate given by Eq. (8) is $gmol/cm^3.s$.

Equation (8) represents the mathematical modeling proposed in this work to determine the amount of acetaldehyde produced from ethane oxidation according to exposure time, temperature and local concentrations of ethane and oxygen.

5. Model of acetaldehyde formation from ethanol oxidation

The model for acetaldehyde formation from ethanol follows a similar methodology as that used to develop the equations for the rates of formation of formaldehyde and acetaldehyde from methane and ethane, respectively. The formation of acetaldehyde from ethanol occurs in the intermediate stage of post-flame ethanol oxidation in the combustion chamber and in the exhaust pipe. The release of acetaldehyde depends on the interruption of the oxidation process. The first stage is the oxidation of ethanol to acetaldehyde formation and water molecules. Oxidation occurs in the presence of oxygen gas (*O_2*) produced in the incomplete combustion of the fuel-air mixture and/or the oxygen gas contained in the atmospheric air present in the exhaust pipe. The scheme presented in Fig. 3 illustrates the process of ethanol oxidation when exposed to oxygen gas and favorable conditions for the occurrence of the chemical reaction.

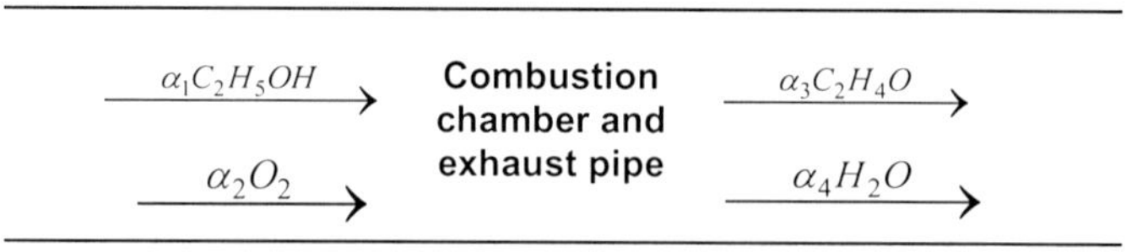

Figure 3: Oxidation of ethanol to acetaldehyde.

The equation of ethanol oxidation, which begins in the region after the flame front in the combustion chamber and propagates along the exhaust pipe can be represented according to:

$$C_2H_5OH + \tfrac{1}{2}O_2 \rightarrow C_2H_4O + H_2O \qquad (9)$$

Through a similar mechanism as that described for methane and ethane oxidation, ethanol oxidation is initiated by developing the rate of formation of the reaction products represented by Eq. (9). Thus, the rate of formation of acetaldehyde (C_2H_4O) from ethanol oxidation is given by:

$$\frac{d[C_2H_4O]}{dt} = A \cdot T^n \cdot \exp\left(\frac{-E_A}{R \cdot T}\right) \cdot \frac{7200}{(R \cdot T)^{1/2}} \cdot \exp\left(\frac{-69.090}{T}\right) \cdot [O_2]^{1/2} \cdot [C_2H_5OH] \qquad (10)$$

Where constants A and E_A assume the values of $1{,}12\times10^{13}$ $cm^3/gmol.s$ and $127{,}3$ $kJ/gmol$, respectively [10]. The unit of measure for acetaldehyde formation rate given by Eq. (10) is $gmol/cm^3.s$.

Equation (10) represents the mathematical model developed in this work to determine the amount of acetaldehyde produced from ethanol oxidation as a function of time of exposure, exhaust temperature and oxygen concentration.

6. Results

The results present the rate of formation of aldehydes by oxidation of methane, ethane and ethanol, calculated from the model developed in this work. The data obtained from the model oxidation rate equations in function of temperature were calibrated by experimental results from the tests performed by [11] to measure the concentration of aldehydes in engines operating with ethanol or gasoline-ethanol blends. Figure 4 illustrates the variation of the molar fraction of formaldehyde from the oxidation of methane as a function of exhaust gas temperature. Figure 5 shows the variation of acetaldehyde concentration from ethane oxidation as a function of exhaust temperature. Figure 6 presents the variation of acetaldehyde concentration from ethanol oxidation as a function of exhaust gas temperature, and Fig. 7 shows the variation of total acetaldehyde concentration with exhaust gas temperature.

Figure 5 show that the amount of acetaldehyde formed from ethane oxidation is very small in comparison with the amount that comes from ethanol oxidation (Fig 6). The total acetaldehyde produced is the sum of the parts produced from oxidation of ethane and ethanol (Fig. 7). The overall amount of acetaldehyde resulting from ethanol combustion (Fig. 7) is around 30 times higher than the concentration of formaldehyde produced from methane oxidation (Fig. 4). This result comes from the fact that acetaldehyde formation is the first step of ethanol oxidation reaction (Eq. (9)), while acetaldehyde formation from ethane oxidation (Eqs. (6) and (7)) and formaldehyde formation from methane oxidation (Eqs. (3) and (4)) require more steps. The results showed that the increase of exhaust gas temperature intensifies hydrocarbons and ethanol oxidation to produce aldehydes, as also has been observed by other authors [12].

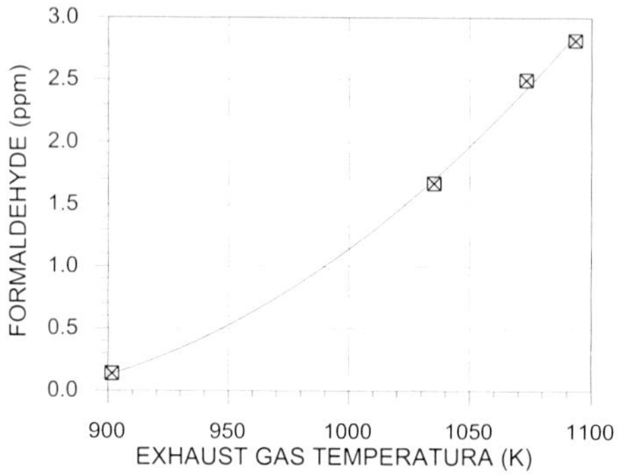

Figure 4: Variation of formaldehyde formed from methane oxidation with exhaust gas temperature.

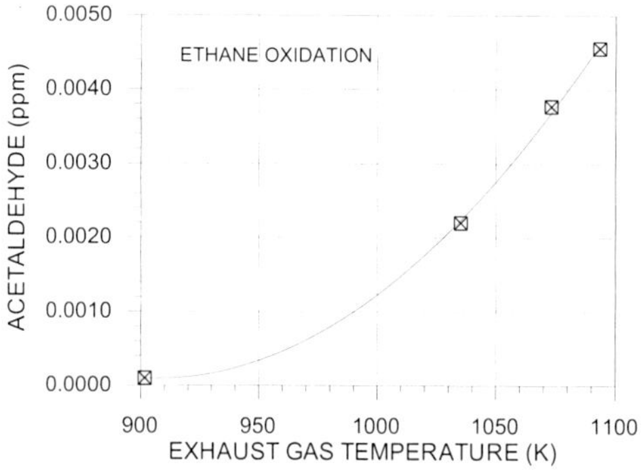

Figure 5: Variation of acetaldehyde formed from ethane oxidation with exhaust gas temperature.

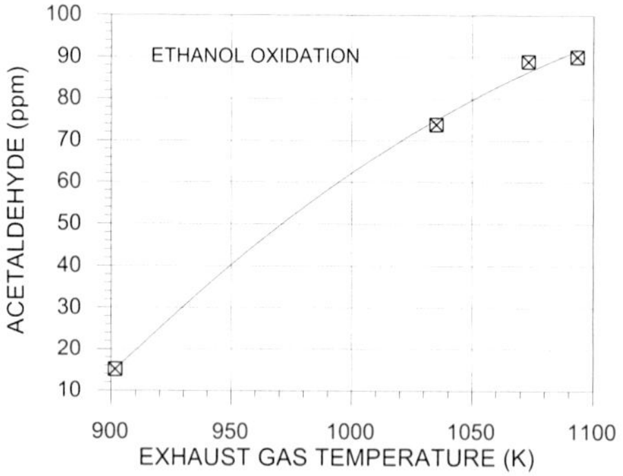

Figure 6: Variation of acetaldehyde formed from ethanol oxidation with exhaust gas temperature.

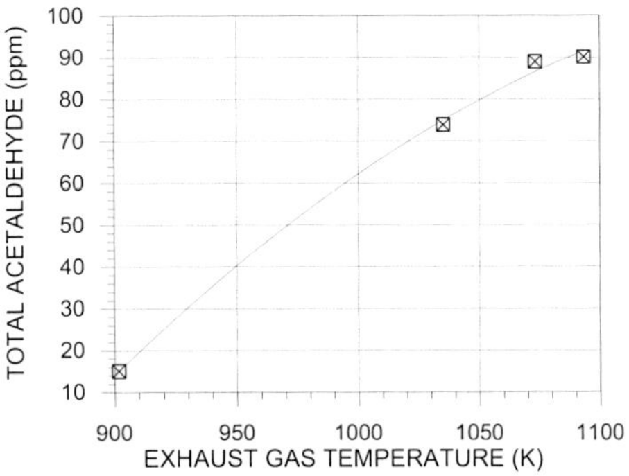

Figure 7: Variation of total acetaldehyde with exhaust gas temperature.

Normalization of aldehyde limits allowed refers to the total aldehydes in vehicle exhaust (formaldehyde plus acetaldehyde). Figure 8 indicates the total amount of aldehydes given by the sum of acetaldehyde and formaldehyde as a function of exhaust gas temperature. A comparison of Figs. 5 to 8 make it clear that total exhaust aldehyde concentration from the ethanol fuelled engine is dictated by acetaldehyde formation, especially from unburned ethanol oxidation.

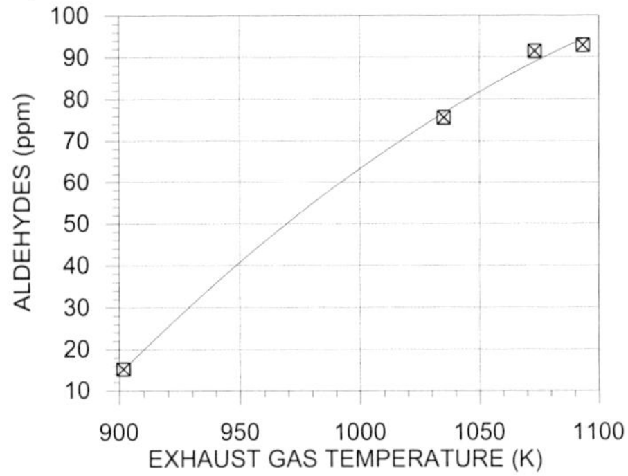

Figure 8: Variation of total aldehydes with exhaust gas the temperature.

Figure 9 shows the relationship between formaldehyde and methane concentration in the exhaust gas. Figure 10 displays the variation of acetaldehyde with unburned ethanol present in the exhaust. The concentrations of exhaust methane and ethanol used in the numerical simulation are those obtained experimentally elsewhere [11]. It is observed in Fig. 9 that the concentration of formaldehyde is increased with increasing methane concentration in the exhaust. However, the rate of increase of formaldehyde formation is decreased with increasing concentration of methane in the exhaust gas. This result shows that the formation of formaldehyde is more influenced by increasing exhaust gas temperature (Fig. 4) than by increased methane concentration (Fig. 9).

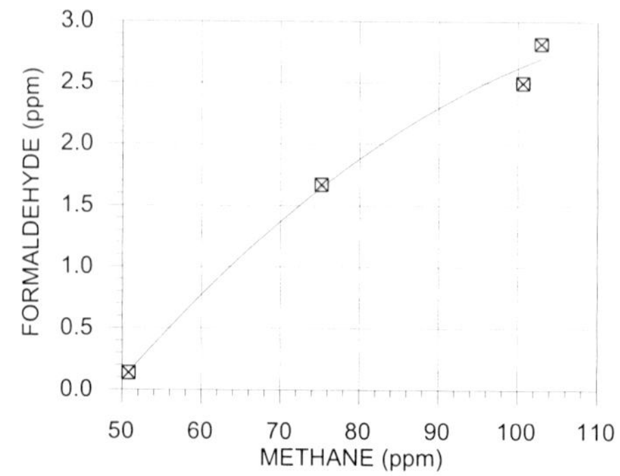

Figure 9: Relationship between exhaust formaldehyde and methane concentrations.

Similarly, Fig. 10 shows that acetaldehyde concentration is increased with increasing unburned ethanol concentration in the exhaust gas. However, the rate of formation of acetaldehyde is decreased with increasing ethanol concentration. Very high concentrations of ethanol in the exhaust gas (above around 7500 ppm) seems no longer modify acetaldehyde concentration. A comparison of Fig. 10 with Fig. 7 leads to the conclusion that increasing temperature is more influent on aldehyde formation rate than increasing ethanol concentration for high presence of ethanol in the exhaust gas.

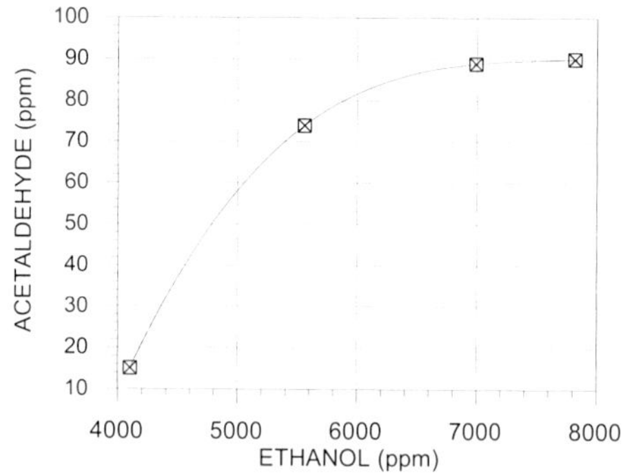

Figure 10: Relationship between exhaust acetaldehyde and unburned ethanol concentrations.

7. Conclusions

The results here presented lead to the following conclusions:

- The mathematical model here presented is able to calculate exhaust aldehyde concentration produced from oxidation of hydrocarbons and alcohols.
- In order to reduce aldehyde formation levels when using ethanol, it is necessary to optimize the fuel conversion process in the combustion chamber to inhibit unburned ethanol formation.
- The influence of exhaust temperature and the concentrations of methane and ethane on aldehyde formation were confirmed by the model.
- The results of the model represent an estimative of aldehyde concentration - formaldehyde and acetaldehyde - produced from oxidation of methane, ethane and unburned ethanol in engine exhaust gas.
- It has been demonstrated the intrinsic relationship between exhaust temperature, time of exposure to oxidation reactions and exhaust concentrations of methane, ethane and ethanol on aldehyde formation.
- Acetaldehyde is the predominant component of exhaust aldehydes from an ethanol fuelled spark ignition engine.
- Unburned ethanol is the compound that produces the highest concentration of acetaldehyde
- In order to reduce aldehyde formation it is necessary to optimize the process of fuel conversion in the combustion chamber to inhibit unburned ethanol formation.

Rerences

[1] Browning, L.H.; Pefley, R.K.: Kinetic wall quenching of methanol flames with applications to spark ingnition engines. In:. Spring Meeting Central State Sect. On., Paper Nº CSS/CI-79-22, The Combustion Institute, Columbus, In, 1979.

[2] Browning, L.H.; Pefley, R.K.: An analytical study of aldehyde formation during the exhaust stroke of a methanol-fueled S.I. engine. In: Proceedings of the IV International Symposium of Alcohol Fuel Technology, Vol. II, Brazil, 1980.

[3] Ito, K.; Yano, T.: Methanol and formaldehyde kinetics in the exhaust system of a methanol fueled spark ignition engine. In: Proceedings of the IV International Symposium on Alcohol Fuel Technology, Vol. II, Brazil, 1980.

[4] Ayyasamy, R.; Nagalingam, B.; Ganasan, V.; Gopalakrishnan, K.V.; Murthy, B.S.: Formation and control of aldehydes in alcohol fueled engines. In: SAE Technical Paper Series, Warrendale, PA, USA. SAE Paper Nº 811220, 1981.

[5] Sodré, J.R.; Yates, D.A.: An improved model for spark ignition engine exhaust hydrocarbons. In: International Congress & Exposition, 02, 1997, Detroit, MI, USA. SAE Technical Paper Series, Warrendale, PA, USA. SAE 971011, General Emissions, 1997.

[6] Westbrook, C.K.; Dryer, F.L.: Chemical kinetic modeling of hydrocarbon combustion. In: Progress in Energy and Combustion Science, v.10, pp.1-57, 1984.

[7] Zeldovich, Y.B.; Sadovnikov, P.Ya.; Frank-Kamenetskii, D.A.: Oxidation of nitrogen in combustion. In: Academy of Sciences of USSR, Institute of Chemical Physics, Moscow, Leningrad, 1947.

[8] Lavoie, G.A.: Correlations of combustion data for S.I. engine calculations. Laminar flame speed, quench distance and global reaction rates. In: SAE Transactions, SAE 780229, pp. 1015-1033, 1979.

[9] Glarborg, P.: NO_X chemistry in pulse combustion. In: Proc. of the Workshop in Pulsating Combustion and Its Applications, Keynote Lecture C, Lund Institute of Technology, Sweden, 1993.

[10] Hunter, T.B.; Litzinger, T.A.; Wang, H.; Frenklach, M.: Ethane oxidation at elevated pressures in the intermediate temperature regime: Experiments and modeling. In: Department of Mechanical Engineering, The Pennsylvania State University Park, PA 16802, 1995.

[11] Zárante, P.H.B.: Aldehyde analysis by gas chromatography in the exhaust of an internal combustion engine. In: M.Sc. Dissertation, Post-Graduate Program in Mechanical Engineering, Pontifical Catholic University of Minas Gerais, Belo Horizonte, MG, Brazil, 2007.

[12] Ito, K.; Yano, T.: Methanol and formaldehyde kinetics in the exhaust system of a methanol fueled spark ignition engine. In: Proceedings of the IV International Symposium on Alcohol Fuel Technology, Vol. II, Brazil, 1980.

8 Aspects of Diesel Engine In-Cylinder Processes Simulation Using 0D Stochastic Reactor Model

Michał Pasternak, Fabian Mauss

Abstract

Determining the mixing time history within an engine is a central problem of the engineering process employing the zero-dimensional (0D) direct injection stochastic reactor model (DI-SRM) for simulating Diesel engine combustion and pollutants formation. The mixing time decides on the quality of simulating the flow and chemistry interaction. It covers 3D effects that cannot be predicted by a 0D model. In a previous work we introduced an extended heat release analysis for determining the mixing time history. This analysis utilizes a pre-assumed mimic-function that follows general trends of the mixing time found in CFD calculations. In this work the concept has been further extended to simulate the effects of double fuel injection. Two models of different complexity for the mimic-function have been proposed. It has been found that both models lead to results of high accuracy. The simpler from the both concepts is computationally efficient. Both concepts further extend the capabilities of the DI-SRM for simulating performance and exhaust emissions in Diesel engines. In general it is demonstrated that the DI-SRM can be useful in various aspects of engine development where the demand for low cost of CPU and details of kinetics effects are important.

Kurzfassung

Die Modellierung der Mischungszeit spielt eine zentrale Rolle bei der Simulation der Verbrennung und Schadstoffbildung in Dieselmotoren mit Hilfe des null dimensionalen (0D) stochastischen Reaktormodells mit Direkteinspritzung (DI-SRM). Die Mischungszeit beeinflusst die Qualität der Simulation der Interaktion zwischen Strömung und Chemie; die Mischungszeit bildet die 3D Effekte ab, die durch ein 0D Modell nicht erfasst werden. In einer früheren Arbeit wurde eine ausführliche Heizverlaufanalyse zur Bestimmung des Mischungszeitverlaufes vorgestellt. Darin wird eine Abbildungsfunktion verwendet, die den Trends der Mischungszeit der CFD Simulation folgt. In dieser Arbeit wird das Konzept auf Betriebspunkte mit Doppeleinspritzung erweitert. Dabei werden zwei unterschiedlich komplexe Ansätze für die Abbildungsfunktion vorgestellt. Die Untersuchungen zeigen, dass eine vergleichbar hohe Rechengenauigkeit mit beiden Ansätzen erzielt werden kann. Zugleich ist die methodisch einfachere Variante rechentechnisch effizienter. Die beiden Konzepte erweitern die Möglichkeiten des DI-SRM zur Berechnung von motorischen Kenngrößen und Schadstoffemissionen. Außerdem ist festzuhalten, dass das DI-SRM im Motorentwicklungsprozess nützlich ist, wenn sowohl niedrige Rechenzeiten als auch eine detaillierte Reaktionskinetik gefordert werden.

1. Introduction

Demands on clean and fuel efficient technologies for internal combustion (IC) engines require particular attention on combustion and emission formation. These processes are with increasing frequency analysed and optimised through numerical simulations (see, e.g. Ref. [1-3]).

Among the available methods various forms of zero-dimensional (0D) models are utilized. Thanks to low CPU cost the 0D models are suitable for various types of parametric studies. In particular they are suited for simulating engine processes within constrains of full cycle engine performance studies. These in turn support optimization of the entire engine systems including turbocharging or exhaust aftertreatment (see, e.g. review in [4]). Consequently the 0D models may be used as engine submodels within vehicle simulation tools.

Among the challenges in numerical simulations of Diesel engine in-cylinder processes are the accurate predictions of the rate of heat release (ROHR) and exhaust emissions. Fulfilling these demands by 0D models is exceedingly difficult. Diesel combustion includes local processes, i.e. mixture formation, turbulence chemistry interaction during ignition, combustion and pollutants formation. Spatial information is necessary to simulate these processes. However, 0D models do not account for space and it is difficult to capture the effects of local inhomogeneities in the cylinder, which are known to be one of the main features affecting formation of Diesel engine exhaust emissions. The surrogate fuel models are also of increasing importance. They should mimic the properties of real Diesel fuels to ensure an adequate sensitivity on engine operating parameter such as amount of exhaust gas recirculation (EGR), start of injection (SOI), intake temperature and pressure. These are decisive for the overall heat release characteristics, autoignition timing and emission formation.

In this work we present a 0D probability density function (PDF) based direct injection stochastic reactor model (DI-SRM) that overcomes some of the modelling difficulties within the 0D modelling framework. A PDF describes the mixing process in the cylinder and allows considering effects resulting from the interaction of turbulence and chemistry. A representative mixing time is derived from either experiments or 3D CFD calculations. We showed in prior publications [5-8] that mixing times evaluated from a detailed heat release analysis agree with numerically calculated mixing times for single injection engine cases. Modern Diesel engines apply however multiple injection strategies and we need to enhance the method for mixing time modelling to consider these cases.

This work introduces two concepts of modelling the mixing time for Diesel engines operated with double fuel injection. Such a strategy is commonly used in Diesel engines for passenger cars. Simulations focus is on predicting Diesel engine ROHR and exhaust emissions. In the first part of the paper the DI-SRM engine model is presented. After that the general concept of engine simulation process employing the DI-SRM is outlined. Next, modelling of the mixing time and its role in engine simulations is discussed. Subsequently two modelling concepts of the mixing time for engines operated with double fuel injection are presented and simulation results are discussed.

2. PDF Based DI-SRM for Diesel Engines

The DI-SRM is the numerical model used in this work. It belongs to the DARS (Digital Analysis of Reaction Systems) package [9]. DARS is a general purpose modelling environment to study chemical processes in engineering applications. The basic functionality of the DI-SRM has already been presented elsewhere (see, e.g. [5-8, 10]. Below, for reader's convenience and paper consistency the basic description of the DI-SRM is given. It has been elaborated from the mentioned references that include more complete description.

The DI-SRM belongs to a Probability Density Function (PDF) approach for simulating turbulent flows with reactions (see, e.g. [11]). In the DI-SRM the gas inside the cylinder is considered as an ensemble of particles, which can react, mix and exchange heat with the walls. Each particle has a chemical composition $Y_i(t)$ a temperature T(t) and represents a specific mass of the gas; thus each particle represents a point in the gas-phase space for species mass fraction and temperature. These scalars determine the composition of the gas mixture and are considered as random variables. They can vary within the cylinder and are described with probabilities that are calculated from the Mass Density Function (MDF). The MDF in turn can be considered as mass based discretised PDF. The time evolution of the MDF (expressed as $F_\phi(\psi,t)$, with ψ being a realization of the random variables of the scalars ϕ) can be given as:

$$\frac{\partial}{\partial t}F_\phi(\psi;t)+\frac{\partial}{\partial\psi_i}(Q_i(\psi)F_\phi(\psi;t))=\frac{\partial}{\partial\psi_i}\left[\left\langle\frac{1}{\rho}\frac{\partial J_j^i}{\partial x_j}\middle|\psi\right\rangle F_\phi\ \psi;t\ \right]. \tag{1}$$

The first term on the left hand side (lhs) in Eq. (1) represents the time evolution of the MDF. The term Q_i is in general a source/sink operator that depends on phenomena under consideration. For the direct injection (DI) Diesel engine it represents the change of the MDF due to 1) chemical reactions, 2) convective heat loss, 3) volume changes due to piston motion, and 4) fuel injection. These terms are calculated based on the species and energy conservation equations expressed as:

$$Q_i=\frac{M_i}{\rho}\omega_i+\frac{\dot m_f}{m}\ Y_{i,f}-Y_i\ ,\ i=1,\dots,S\ , \tag{2}$$

$$Q_{S+1}=\frac{1}{\rho c_p}\frac{dp}{dt}+\frac{h_g A}{m c_p}(T-T_w)-\frac{1}{c_p}\sum_{i=1}^{S}h_i\frac{M_i}{\rho}\sum_{j=1}^{R}\nu_{i,j}r_j+\frac{1}{\rho c_p}\frac{\dot m_f}{m}\sum_{i=1}^{S}Y_{i,f}\ h_{i,f}-h_i\ , \tag{3}$$

where M_i denotes molar mass, ρ is the density, T is the mean temperature of the gas, T_w is the cylinder wall temperature, c_p is the specific heat capacity at constant pressure, $\nu_{i,j}$ is the net stoichiometric coefficient, r_j is the reaction rate, h_g is Woschni's heat transfer coefficient, A is the heat transfer area, h_i enthalpy of ith species, p is the pressure, R and S stand for the number of reactions and species respectively. The right hand side (rhs) term of Eq. (1) represents time evolution of the MDF in composition and temperature space due to molecular diffusion; ρ is the density and J is the diffusive flux vector. The rhs term is modelled using particle-interaction mixing model that was originally proposed in [12]. The mixing time is a main input parameter to this model (more in Sects. 3.2 and 4.1).

3. Engine Simulation Process using the DI-SRM

3.1 Engineering Process Concept

The process of Diesel engine simulations employing the DI-SRM is divided into three main steps; System Analysis, Model Calibration and Application (Fig. 1). In System Analysis, the overall engine operating characteristic, i.e. EGR rates, injection strategy (single, multiple, etc.), and combustion modes are analyzed and the main objectives for simulations are defined. The obtained information is an input to Model Calibration and is obtained from the heat release analysis.

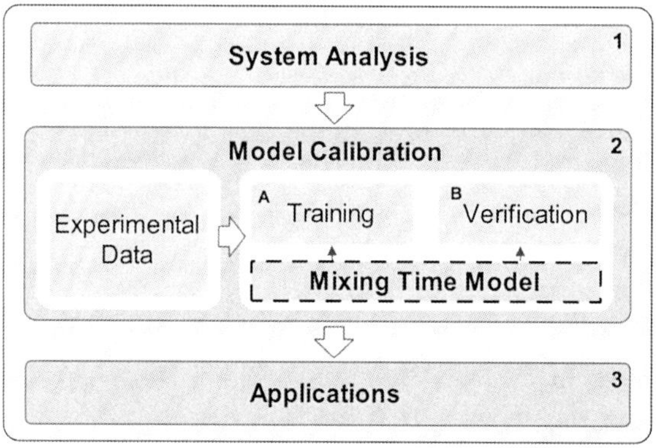

Fig. 1: Overall concept of the simulation process employing the DI-SRM

Calibration that can be understood as an extended heat release analysis is performed using experimental data or 3D CFD calculations as references; usually the in-cylinder pressure and exhaust emissions. The output of the process is a representative mixing time history of the engine. The calibration process consists of training and verification phases. During the training phase the model parameters for the mixing time history are determined such that the targets of the engine simulation match the reference experimental or numerical data at the chosen training conditions. The model parameters are not constant and their dependency on engine parameter must be determined. The calibration process is finalized by verifying model performance against the experimental data at conditions that were not used during the training phase. Model applications close the presented simulation process. Performance and emission mapping are typical applications of the model. The DI-SRM can also be used to calculate and understand performance and emission formation during transient engine operation.

3.2 The Role of Mixing Time

The turbulent representative mixing time is the main model parameter for the DI-SRM. Other parameters determine the numerical accuracy. These are simulation time step size, number of stochastic particles, stochastic heat transfer coefficient or number of consecutive engine cycles and can be well estimated prior to simulations.

This simplification has been partially discussed in [6]. The mixing time decides on turbulent time scales occurring inside the combustion chamber. It affects the frequency of the mixing between the stochastic particles at each time during the engine cycle. The mixing frequency influences the level of inhomogeneities (temperature and composition) that occurs in the in-cylinder mixture. These inhomogeneities in turn decide on the calculated engine performance and exhaust emissions.

In the simulation concept presented in Fig. 1 the history of the mixing time must be known prior to simulations. It could be evaluated based on the experimental work or calculated by 3D CFD models. Due high cost, both of these approaches are rather impractical if many operating points are to be investigated as it frequently occurs in 0D simulations. Furthermore, in our recent work [14] it is demonstrated that it is possible to parameterize the mixing time against known engine operating conditions such speed, mass of injected fuel and start of fuel injection (SOI). In consequence the concept presented in Fig. 1 can be applied to simulate engine performance parameters and exhaust emissions over the broad range of operating conditions that differ by speeds and loads. This capability moves the overall method towards a predictive method.

To effectively implement the process shown in Fig. 1 the model for the mixing time must be sufficiently flexible to cover different engine operating modes. Mostly it concerns the fuel injection strategy due to its close relation to modelling of the mixing process in Diesel engines (more in Ref. [13-14]). In general the mixing time model should be applicable to systems with single and multiple fuel injections. The previously developed (see, e.g. [5-7, 13] mixing time model has been so far verified for engines operated with single fuel injection. In this work we demonstrate its extension and application to double fuel injection.

4. Mixing Time Modelling for Diesel Engines

4.1 Baseline Model – Single Fuel Injection

The concept of modelling the mixing time for Diesel engines in the form as applied in this work has been first introduced in [5] and further applied in [6-7]. A thorough description of this method, including assumptions, performance, verification, etc. is given in [13]. For paper readability we present the most important features of the model with relevance to the applications in this work.

In our previous investigations (see also [6, 13]) we found that the mixing time history occurring during the closed part of engine cycle can be approximated in four phases. This concept was verified under engine conditions with single point fuel injection. The mixing time history (denoted in the later part of the paper, simply as τ) is modelled by a combination of linear and exponential functions. These functions split the process into four phases denoted as τ_0, τ_1, τ_2 and τ_3 (Fig. 2). The mixing time and the phases can be adjusted in terms of the slope, value, duration and anchorage on a crank angle (CA) basis. This leads to nine, freely adjustable user constants (see ref. [13] for further detail). However, the number of sensitive constants that must be adjusted is reduced to just a few as presented in Sec 6.1.

The mixing time history presented in Fig. 2 covers the closed part of engine cycle. In addition to the model constants defined in the figure, there is a parameter $t_{1/2}$ that in practise determines the slope of τ_2. It is modelled as an exponential decay in the form $\tau_{31}-\tau_{31}\cdot\exp(-B\cdot t)$ where τ_{31} determines the anchorage of the profile (it depends on the value of $\tau_{1,1}$ and $\tau_{1,2}$), t is the time and B is a constant that decides about slope of the profile. This exponential decay is typical for dissipation processes. The constant B is expressed as $\ln(2)/t_{1/2}$, where $t_{1/2}$ denotes the half time of the exponential decay phase.

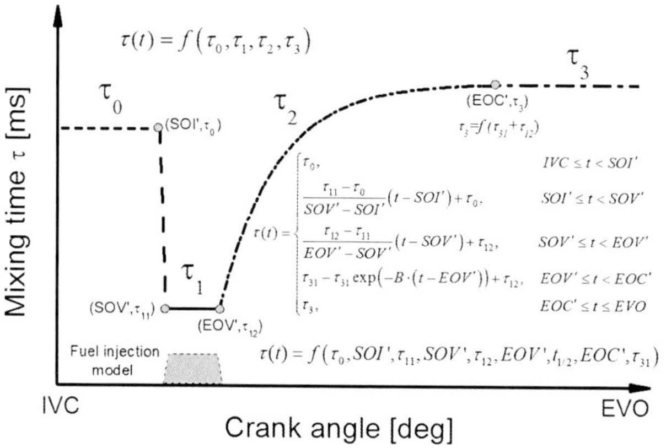

Fig. 2: Overall concept of modeling the mixing time for engines operated with single point fuel injection. (Adopted from Ref. [13])

The phase with τ_0 corresponds to the period before fuel injection. The phase with τ_1 describes the mixing intensity after fuel injection and during the initial fuel vaporization process. This is the most sensitive part of the cycle that corresponds to the spray formation and combustible mixture preparation. The start of the phase τ_1 is a further model parameter. It corresponds to the CA with start of vaporization (SOV') (the superscript prime for all parameters, denotes their approximate character). The duration of the phase τ_1 is equal to the duration of fuel injection. This simplification follows our previously verified assumptions [5-6] for vaporization modelling; it is assumed that the vaporization is mixing controlled and it occurs with the same rate (thus also the duration) as the fuel injection process. But the anchorage of the profile (SOV') remains a model parameter (more in [5-6, 13]). SOV' is calibrated such that the vaporization process is correctly captured on the ROHR history. The phase τ_2 corresponds to the combustion phase. The beginning of τ_2 covers partially turbulent premixed combustion. The phase describes the exponential decay of the dissipating scalar mixture fraction gradient. The mixing process occurs as the turbulent diffusion combustion proceeds towards exhaust valve opening (EVO). Finally the phase with τ_3 addresses the mixing intensity during the last part of the cycle. The main combustion and emission formation processes has ended at this time.

4.2 Double Fuel Injection

In following analysis we discuss Diesel engine modelling with DI-SRM operated with double fuel injection. The fuel enters the cylinder through pilot and main injection as shown schematically in Fig. 3. We concentrate on injection strategies with short time gaps between both injections. Furthermore, the mass of injected fuel during the pilot injection is significantly lower than during main injection. Such strategies are employed for noise reduction from the engine.

The approximation for the mixing time history follows the ideas developed for single fuel injection systems (Sec. 4.1, Fig. 2). The profile derived for single injections is duplicated and the two minima in mixing time correspond to the pilot and main injection and perform in similar manner as the single τ profile. The scaling in mixing time between the two minima accounts for differences in injection duration, rates, etc.. These trends agree with the mixing time histories obtained from 3D CFD calculations. One exemplary comparison for a single fuel injection is presented in Sec. 6.2.

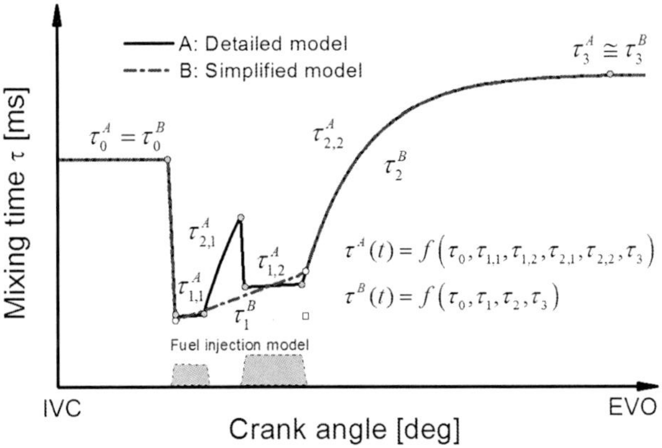

Fig. 3: Concepts of the mixing time models for double fuel injection strategies

The mixing time history for double injection as explained above is discussed first in this work and referenced as model A. It is schematically shown in Fig 3 (solid, black line). Model concept A is general. It can also be applied to injection systems were the pilot and main injection occur with substantial delay. The model is not limited to double fuel injection operating modes. By further reproducing the mixing time profile, it becomes possible to cover multiple injection events.

The disadvantage of the model A is the computational costs for the calibration process. Duplicating the baseline mixing time profile to capture double fuel injection increases the number of calibrated sub-functions τ (see Fig. 3) from four to six. Hence, in the most general case, the total number of model constants increases from nine for single fuel injection (Fig. 2) to fifteen for double fuel injection. Even if simplifications for reducing the number of constants (see also Sec. 6.1) are applied six modelling constants must be specified (details in [13]).

To limit the number of calibration constants in model concept A, a simplified approach (model B) is introduced. The concept of this model is shown schematically in Fig. 3 as dash–dotted line. For model B the mixing time in regimes τ_0 and τ_3 is modelled the same as in model A. The main difference between concepts A and B is mixing time during fuel injection and vaporization. Model concept B assumes that the mixing time can be approximated by only one linear function (τ_1) that covers both, the pilot and the main injection events. The arguments (CAD) of the function τ_1 correspond to the total duration of the injection process. The slope of the function τ_1 is expected to represent the mean value of the mixing time profiles that are obtained by two functions in concept A. In other words it is assumed that the decay in mixing time after pilot injection does not influence the overall combustion process. The main effect of the pilot injection is explained by the pre-ignition of the small amount of fuel in the pilot injection. This smoothens the combustion of the main injection. It is believed that the simplification does not affect the quality of the DI-SRM if the pilot and main injection events take place in rapid succession. By suitable adjustment of the slope of τ_1 it is still possible to consider different mixing times for the pilot and main injection. Usually the pilot injection is very short and involves a small fraction of the total mass of the injected fuel. Thus at sufficiently high temperature the fuel vaporizes quickly and mixes with the other in-cylinder gases. The short time needed for these processes may cause that the exponential decay of the mixing time is not sensitive for the combustion process.

5. Calculation Test Case

5.1 Test Engine and Experimental Data

The exemplary test results are achieved for a direct injection (DI) Diesel engine. The engine has a bore of 81 mm, 95.5 mm stroke and a connecting rod of 144 mm. Two engine operating points (OP) are considered. These have been extracted from our earlier works [6, 15]. The operating conditions are summarised in Table 1.

Table 1: Engine operating points

Operating Point (OP)	OP1	OP2
Engine speed [1/min]	2000	1500
Mass of injected fuel [mg]	18.0	42.0
Start of injection [^{0} ATDC]	-2.0	-10.1
Lambda [-]	1.80	1.45
Fuel	n-heptane	Diesel

OP1 is a single injection operating point while for OP2 the engine was operated with double fuel injection. OP1 is used as baseline case to demonstrate the capabilities of the DI-SRM in simulating Diesel combustion. OP2 is used to verify the two proposed concepts for modelling the mixing time for engines operated with double fuel injection.

5.2 Chemical Reaction Model

A reaction mechanism for n-heptane has been applied to simulate both operating points in Table 1; for OP2, n-heptane has been used as a surrogate for real Diesel fuel. The development of the mechanism and its performance was reported in Ref. [16]. The mechanism consists of 121 species and 973 reactions, including backward reactions. The mechanism was thoroughly validated against a variety of experiments and operating conditions. It has also been successfully used in our previous engine simulations (e.g., [7-8)].

6. Exemplary Simulation Results

In the following text we present first an auto-calibration method for determining the mixing time history. The auto-calibration process is an extended heat release analyses, which considers exhaust gas emissions. After that the results from the DI-SRM are verified against the results from 3D CFD simulations. Finally the two modelling concepts of the mixing time for engines operated with double fuel injection are applied and simulation results are discussed.

6.1 Extended Heat Release Analysis for Mixing Time Evaluation

To determine the mixing time an extended heat release analysis is applied. The method is similar to the one presented in Ref. [6]. Different from regular analysis, our method is based on detailed kinetic mechanisms and it considers the inhomogeneities in the cylinder and the mixing process. Below we first present results for OP1 in Table 1. The engine experiments were performed with n-heptane as fuel. Hence the model fuel does not need to be discussed. This allows thorough verification of the process. Possible effects resulting from differences between the real Diesel fuel and its surrogate model are diminished.

The optimum mixing time history is derived from the in-cylinder pressure trace and exhaust emissions by the help of an optimization tool employing a genetic algorithm (GA). Before this process is started we perform a regular heat release analysis to estimate the initial temperature, internal EGR and the trapped mass. The mixing time profile is then varied until the difference between calculated ROHR and exhaust emissions is minimized. This is a reverse engineering process of reconstructing the mixing processes in the engine, which result in the given ROHR and exhaust emissions.

The results presented in this section have been derived by the simplified setup for the mimic-function for the mixing time that is also discussed in more details in Refs. [6] and [13]. The τ_0 was kept constant and set equal to τ_3. The τ_3 in turn was assumed to be the same as the final value of the mixing time that was obtained while calibrating the phase τ_2, i.e. the parameter $t_{1/2}$ (see Sec. 4.1). Thanks to this simplification the complete model was calibrated by determining only the value of τ_1 (constant over the injection duration), the parameter $t_{1/2}$ and the parameter τ_{31} (see Fig. 2).

The progress of the calibration process (solid lines) for the mixing time history is demonstrated in Fig. 4a together with the final optimum profile (dash dotted line). In Fig 4b, 5a and 5b results obtained with the final τ history are presented. The model results for the in-cylinder pressure and ROHR and also for NO_x and unburned hydrocarbons (HC) are in very good agreement with the reference experimental data. The high accuracy of the method goes together with low computational cost and low effort from the user side that is due to the application of the automated, GA based procedure (see also Sec. 6.5).

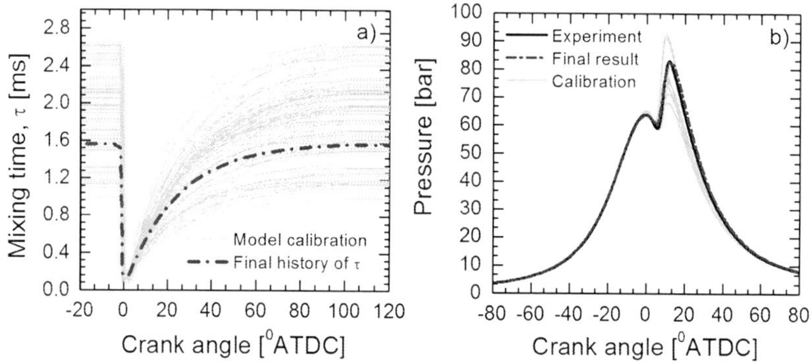

Fig. 4: DI-SRM calibration using the GA optimizer applied for determining the mixing time history. Calibration process (a) and model results for the in-cylinder pressure (b)

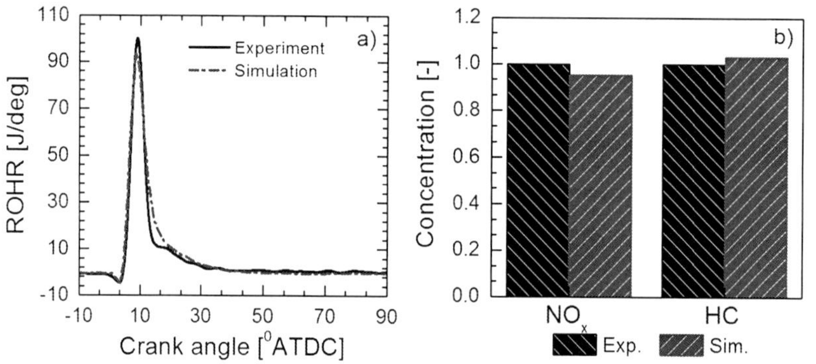

Fig. 5: Simulated and experimental results for the ROHR (a) and exhaust emissions (b). (Results normalized to the experimental values)

6.2 Verification of the Modelled Mixing Time

The results from the previous section show that it is possible to calibrate the complete DI-SRM based engine model by optimization of the mixing time history. The mixing time used in the DI-SRM is not only a model parameter (see Sec. 2 and 3.2) but has also physical explanation.

In this section we present a comparison between the mixing time scales obtained from our model with the mixing time scales obtained from 3D CFD calculations for the same engine. The presented result has been extracted from our earlier work [18].

In Fig. 6a the calculated by the DI-SRM and 3D CFD in-cylinder pressure histories are compared with the experimental pressure history. In general there is a good agreement between these three histories. The pressure gradient, the maximum pressure peak as well as its location on CA basis are correctly simulated by the DI-SRM when compared to the experimental and also CFD results.

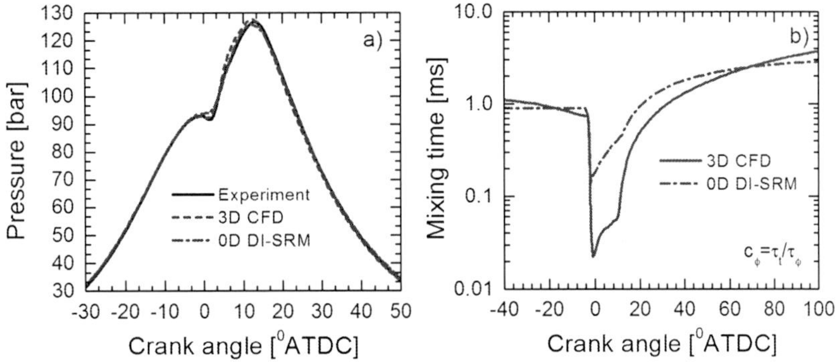

Fig. 6: Calculated by the DI-SRM in-cylinder pressure compared to the 3D CFD results and experimental data (a). Optimized mixing time history for the DI-SRM against the mixing time scales from the 3D CFD (b). (Results retrieved from Ref. [18])

An agreement between the in-cylinder pressures calculated by the 3D CFD and DI-SRM allows comparing the mixing time histories gained from our model with the history obtained from the 3D CFD model. This, in logarithmic scale, is shown in Fig. 6b. The trends of the profiles are similar to each other. This shows that our general functional approach meets the physics in the engine. The observed difference between them is attributed to their slightly different meanings. The CFD based mixing time history denotes the turbulent mixing time (τ_t) induced by the velocity field. It was calculated based on the k-ε turbulence model (see, e.g. [17]) as the ratio of the turbulent kinetic energy (k) and its dissipation (ε) over the combustion chamber. In contrast, the mixing time profile for the DI-SRM (τ_ϕ) represents the turbulent molecular mixing induced by the scalars. These two time scales are related by the mixing time constant $c_\phi=\tau_t/\tau_\phi$. For the presented engine operating point the mixing time constant c_ϕ varies between 0.14 and 1.30. Such values are within ranges reported in other studies (see, e.g. [11]) employing the PDF methods to turbulent reactive flows. In overall thus the modeled mixing time for the DI-SRM represents plausible history.

We further note that our method considers mainly the mixing process under stoichiometric conditions since the chemical reactions occur mostly under stoichiometric conditions. This should compare to a mixing time in CFD conditioned to the stoichiometric mixture fraction. Finally the early and the late phase of the combustion process is less sensitive to the pressure history. During these phases we find c_ϕ values smaller than 1.0.

6.3 Model Results for Engines Operated with Double Fuel Injection

Figures 7 and 8 compare simulation results with the experimental data for OP2 from Table 1. Simulated results were obtained with the proposed general mixing time models A and B. The mixing time histories for the DI-SRM were obtained by following the method outlined in Sec. 6.1. For this paper the model calibration was targeted on matching the in-cylinder pressure and ROHR. In particular, evaluations were focused on verifying whether the proposed mixing time model can capture the ROHR for dual injection cases. The engine exhaust emissions were not used as targets during calibration; they are thus predicted from the calibrated model. This simplified the analysis by reducing the number of targets. Simulations were performed with high numerical accuracy using 1000 particles and a time step 0.5 CAD for the operator splitting method employed by the PDF solver. Model parameters such as in-cylinder pressure, ROHR or exhaust emission are average values computed from 15 consecutive cycles. This setup ensures stable average values, i.e. they are reproducible with high accuracy (standard deviation below 0.5% for maximum pressure peak and below 6% for NO_x, CO and HC emission) despite the stochastic processes such as mixing, heat transfers to the wall or also fuel vapor mixing with the in-cylinder gases.

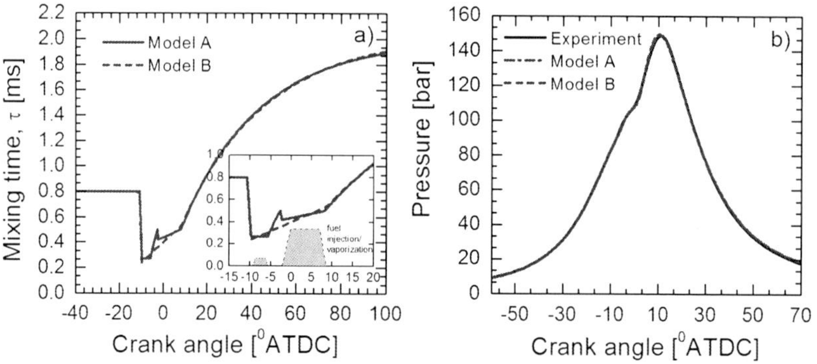

Fig. 7: Mixing time histories for the DI-SRM obtained with models A and B (a) and the corresponding in-cylinder pressure histories (b)

In Fig. 7a and 7b the mixing time histories and respective in-cylinder pressures are presented. The traces for the mixing time correspond to the concepts presented in Sec. 4.2. The most visible differences between the mixing time models A and B are the phases during and in between the injections. In this regime the mixing time profile from model B approaches a mean value of the more complex profile from the model A (see also Sec 4.2). The difference between the mixing time profiles is considered as rather small. For the considered operating point this is attributed to the rather small distance between pilot and main fuel injection (3.3 CAD) and small fraction of the fuel injected during the pilot injection (~2.5 mg). Both mixing time histories have led to similar histories of the in-cylinder pressure (Fig. 7b). Furthermore, the simulated profiles match the experimental data with high accuracy. Similarly good agreement is observed for the ROHR in Fig. 8a. It should be noted that the first peak of the ROHR due to fuel pilot injection (between -9 and -1 CAD) is well captured by both models.

In comparison to the results obtained for OP1, lower accuracy has been obtained in predicting the exhaust emissions for OP2. The simulated NO_x matches the experimental values with acceptable accuracy. The slight over-prediction can be a consequence of slightly higher peak of the simulated ROHR. The simulated HC and CO under-predict the experimental values. This is attributed mainly to the differences between the real Diesel fuel that was used in the experiments and the usage of n-heptane as surrogate fuel. The latter argument is the reason why emissions were not target of the optimization process.

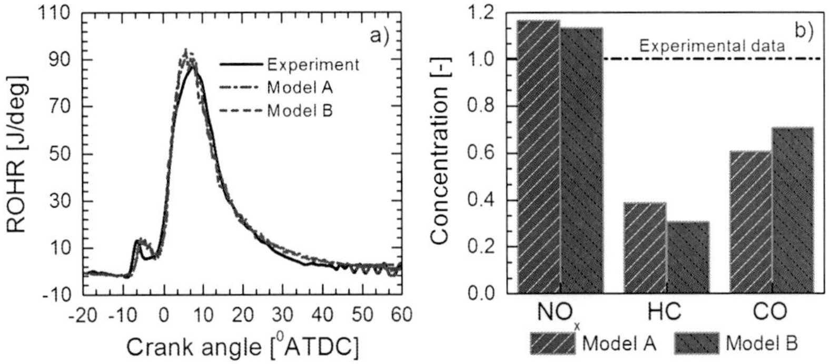

Fig. 8: Simulated and experimental results for ROHR (a) and exhaust emissions (b). (Simulated emission results normalized to the experimental values)

Both models predict NO_x with similar accuracy. The relative difference is approximately 2.5%. This value is within the range of model accuracy due to stochastic processes. For HC and CO larger relative differences are observed, respectively 20 and 14%. These values exceed the accuracy range (6%) due to stochastic processes. Therefore it is reasonable to assume that this additional difference is caused by the used histories of the mixing time that may affect the local in-cylinder conditions (fuel equivalence ratio, temperature). The higher sensitivity of HC and CO on the mixing time history agrees with findings from our previous work; depending on the operating condition, for an accurate determination of the mixing time, the HC concentration should be given as a reference target during calibration (see, e.g. [6]). In overall, for the considered operating point, both models are considered to simulate engine exhaust emissions with similar accuracy.

6.4 Local In-Cylinder Conditions: ϕ-T Maps

The results presented in previous section demonstrate the global performance of the DI-SRM. In addition to the mean values, DI-SRM offers the possibility to study the development of the probability density function during the engine cycle. In this work we use this tool to compare local differences in the engine, caused by the different mixing time model strategies. The PDFs are visualized in ϕ-T diagrams.

The ϕ-T maps are an intuitively accessible diagnostic tool. They are frequently utilized for the analysis of emission formation in Diesel engines (see, e.g. [19-20]). They can help identifying operating conditions that promote low-emission engine operation, in particular soot and NO_x.

The usage of ϕ-T maps obtained from 0D DI-SRM was presented in [8]. In DI-SRM values of ϕ and T of each particle determine the particles properties (see also Sec. 2). Analyzing the entire ensemble of particles allows determining distributions of a given property. This, in statistical sense, can be used to represent localness of engine in-cylinder processes in the gas-phase space at any desired CA.

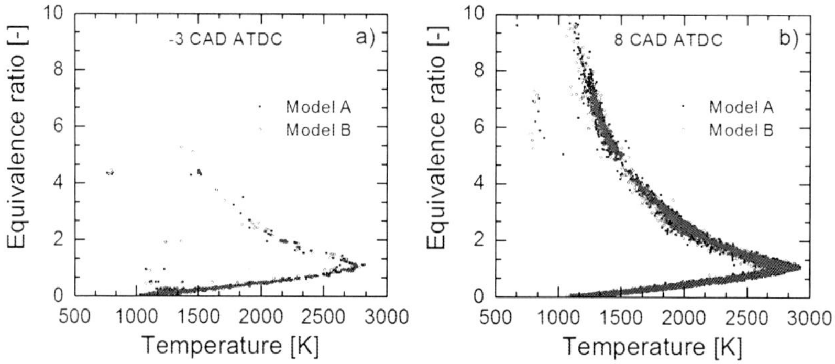

Fig. 9: Simulated ϕ-T maps using the mixing time models A and B at CAD=-3 ATDC (a) and CAD=8 ATDC (b)

The ϕ-T maps for two crank angles degrees are presented in Fig. 9; CAD = -3 and CAD = 8 ATDC. CAD = -3 has been selected since it is the crank angle with the greatest difference between the mixing time histories A and B (Fig. 7a). The CAD = 8 ATDC corresponds to the end of the intensive mixing phase τ_1 (see also Fig.2 and Fig. 3).

In general, particle properties from both models agree for most data. However, small discrepancies are visible under very rich conditions and temperatures between 1100 and 1250 K at CAD = 8 (Fig. 9b). Less particles and relatively smaller discrepancies between them are seen for CAD = -3 ATDC (Fig. 9a). At this CAD a small amount of fuel (from the pilot injection) is still available for the mixing process. Consequently, most of the particles are already mixed with air. It is difficult to quantify the influence of the different mixing time histories at this CAD since the discrepancies between particle-based results from both models are fine. The effects of the stochastic mixing process, heat transfer and fuel injection seem equally contributing to the properties of the particles at that given CAD. This is confirmed by the histories of the joint PDF for equivalence ratio and temperature (Fig. 10). This presentation allows a better quantitative comparison of the results. Only a fine difference between both calculations can be found.

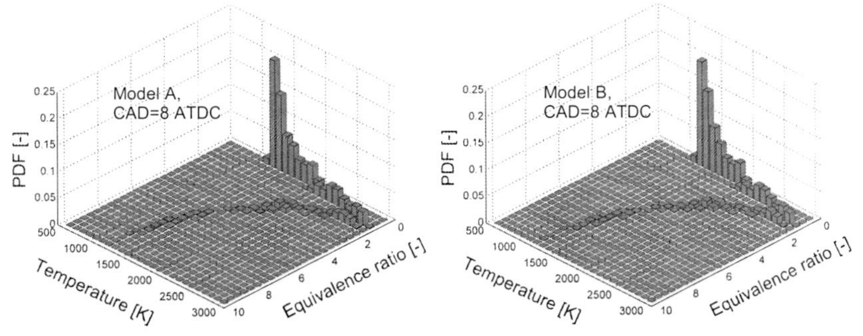

Fig. 10: Joint PDF for equivalence ratio and temperature from DI-SRM simulations at CAD=8 ATDC and using mixing time models A and B

The particle-based analysis leads to the conclusion that the simplification made for model A around the intensive mixing phase τ_1 does not negatively affects the local conditions (ϕ, T and consequently species mass fractions).

6.5 Computational Cost

The computational cost for the DI-SRM is independent on the model for the mixing time history. However, the complexity of the mimic-function for the mixing time history influences the computational costs for the extended heat release analysis. The most sensitive parameter for the computational cost is the detail of the chemical kinetic reaction mechanism. Parameter estimation can be performed in 2-4 hours for reaction mechanisms with 30 species while 10-20 hours are needed if mechanisms with 120 species are utilized. Calculations are performed parallel on 4 nodes with 8 CPU each. The calculation of a single engine cycle needs 8 CPU seconds for the 30 species mechanism and 35 seconds for the 121 species mechanism.

7. Summary

This paper reports on the utilization of the 0D DI-SRM to simulate combustion and emission formation in Diesel engines. The presented investigations contribute to the engineering process that is being built around the DI-SRM. The process is targeted on the development of a CPU efficient simulation platform for investigating various aspects of engine processes where chemical kinetics effects are important. It is therefore applicable to investigating the fuel effects on Diesel combustion, emission formation or exhaust aftertreatment processes. It can also be applied to predict steady state engine performance characteristics including exhaust emissions.

The mixing time is a main parameter for the DI-SRM and it acknowledges for the turbulence-chemistry interaction. It covers all necessary information resulting from 3D effects, i.e. engine geometry, in-cylinder flow or spray.

In our previous work we proposed a concept of modelling the mixing time history that considers the different phases – flow before injection, injection, scalar dissipation of mixture fraction and flow during expansion. The model parameters are gained from an extended heat release analysis, which considers the in-cylinder pressure trace, together with the engine-out emissions. In this work we examined the possibility to use that model concept to operating conditions with double fuel injection. Two concepts that differ in the complexity of the mimic-function for the mixing time history have been introduced. In contrast to the complex model, the simpler approach models the mixing time history without separate consideration for the fuel pilot and main injection events. It is considered as "mean value model" with regards to the complex model.

Both models were applied to the operating condition with rather short distance between the pilot and main injection event (3.3 CAD). Both led to high accuracy results for the in-cylinder pressure and the rate of heat release. Both models predict accurately the ROHR due to pilot and main injection. Also the simulated NO_x matches well with experimental data with slight tendency for over-prediction. The lower accuracy in simulating engine exhaust HC and CO is a result of the simple surrogate model (100% n-heptane) for Diesel fuel.

Results of the DI-SRM have been compared in ϕ-T diagrams. It has been found that the differences between both mixing time concepts occurring at CAD corresponding to fuel injection and vaporization do not have negative influence on the locally calculated parameters such as equivalence ratio, temperature and consequently on species mass fraction.

In general both concepts lead to a comparable model performance. Since the complex model doubles the computational effort for the heat release analysis we recommend the simpler concept for engineering analysis.

References

[1] Heywood, J.B.: Internal Combustion Engine Fundamentals, McGraw-Hill, New York, 1988

[2] Stiesch, G.: Modelling Engine Spray and Combustion Processes. Springer-Verlag, Berlin, 2003

[3] Rychter, T.; Teodorczyk, A.: Modelowanie Matematczne Roboczego Cyklu Silnika Tłokowego. PWN Warszawa, 1990

[4] Chow, A.; Wyszynski, M.L.: Thermodynamic Modelling of Complete Engine Systems - a Review. Proc Inst Mech Engrs Vol213 Part D (D03198 1999), 1999

[5] Pasternak, M.; Mauss, F.; Lange, F.: Time Dependent Based Mixing Time Modelling for Diesel Engine Combustion Simulations, In: Proceedings of the 23rd International Colloquium on the Dynamics of Explosions and Reactive Systems (ICDERS), Irvine, USA, 2011

[6] Pasternak, M.; Mauss, F.; Janiga, G.; Thévenin, D.: Self-Calibrated Model for Diesel Engine Simulations. SAE Paper 2012-01-1072, 2012

[7] Pasternak, M.; Mauss, F.; Matrisciano, A.; Seidel, L.: Simulation of Diesel Surrogate Fuels Performance Under Engine Conditions Using 0D Engine - Fuel Test Bench. In: Proceedings of the Eight International Conference on Modeling and Diagnostics for Advanced Engine Systems (COMODIA), Fukuoka, Japan, 2012

[8] Pasternak, M.; Mauss, F.: Simulation of Fuel Effects under Diesel-Engine Conditions using 0D-Fuel-Test Bench. Berichte zur Energie- und Verfahrenstechnik (BEV), Schriftenreihe Heft 13.1, Leipertz, A. (Ed.), p. 337, 2013

[9] DARS (Version 2.0) LOGE AB http://www.loge.se, http://www.diganars.com/

[10] Tunér, M.; Pasternak, M.; Mauss, F.; Bensler, H.: A PDF-Based Model for Full Cycle Simulations of Direct Injected Engines. SAE Paper 2008-01-1606, 2008

[11] Pope, S.B.: Pdf Methods for Turbulent Reactive Flows. Progress in Energy and Combustion Science, 11(2): p. 119-192, 1985

[12] Curl, R.L.: Dispersed Phase Mixing: 1. Theory and Effects in Simple Reactors. Aiche Journal 9, 175-181, 1963

[13] Pasternak, M.; Mauss, F.: Modeling Mean Representative Mixing Time for Diesel Engine Combustion Simulations. (Manuscript in preparation), 2013

[14] Pasternak, M.; Mauss, F.: Parameterized Mixing Time for Diesel Engine Modeling with Stochastic Reactors (Manuscript in preparation), 2013

[15] Pasternak, M.; Mauss, F.; Bensler, H.: Diesel Engine Cycle Simulations with a Reduced Set of Modeling Parameters Based on Detailed Kinetic. SAE Paper 2009-01-0676, 2009

[16] Zeuch, T.: Moreac, G.; Ahmed, S.S.; Mauss, F.: Combust. Flame pp. 651–674, 2008

[17] Peters, N.: Turbulent Combustion. Cambridge University Press, 2000

[18] Pasternak, M.; Mauss, F.; Lehtiniemi, H.; Perlman, C.: Aspects of 0D and 3D Modeling of Soot Formation for Diesel Engines, Accepted for the Proceedings of the 24th International Colloquium on the Dynamics of Explosions and Reactive Systems (ICDERS), Taipei, Taiwan, 2013

[19] Kim, S.K.; Wakisaka, T.; Aoyagi, Y.: International Journal of Engine Research 2007 8: 147, 2007

[20] Kitamura, T.; Ito, T.; Senda, J.; Fujimoto, H.: International Journal of Engine Research 2002 3: 223, 2002

9 Simulation of Emissions from a Hydrogen Fuelled Diesel Engine

Vinícius Tadeu dos Passos Almeida,
Luiz Augusto de Noronha Mendes, José Ricardo Sodré

Abstract

The use of hydrogen as a complementary fuel to diesel oil and its effects on engine performance and exhaust concentration of pollutant components from a diesel engine is investigated. A numerical simulation was performed to evaluate fuel consumption and carbon monoxide (CO), carbon dioxide (CO_2), oxides of nitrogen (NO_X) and particulate matter (PM) emissions. The AVL BOOST® software was used in the simulation, using as input data the engine geometric details and the physical-chemical properties of the fuels. The program was calibrated by experimental data available from a production, four-cylinder diesel engine operating at 1800 rev/min, variable load from 0 kW to 40 kW and hydrogen/diesel oil mass ratio of 0%, 5%, 10%, 15% and 20%. The results from the simulation show that an increase on hydrogen fraction in the fuel causes considerable reductions of specific fuel consumption and CO, CO_2, NO_X and PM emissions, especially at high loads.

1. Introduction

Hydrogen has recently received attention as an alternative fuel for diesel engines, as it can increase fuel conversion efficiency and be beneficial for reduced pollutant emissions formation. In addition, hydrogen may also play an important role on the reduction of global warming gases. Hydrogen is a stable, non-corrosive element. It is widely available on the planet, and it can be derived from many different compounds, including water. The net calorific value per unit mass of hydrogen is approximately three times greater than common fossil fuels, and its combustion products are clean, mainly producing water vapor [1].

On the other hand, there are some drawbacks regarding the use of hydrogen as engine fuel. It has a low net calorific value per unit volume, with direct impacts on engine volumetric efficiency if it is injected in the intake system. The low density of hydrogen combined with its high diffusivity requires careful storage. As hydrogen combustion differs from that of diesel oil, optimization of a diesel engine operating with hydrogen may require modifications on compression ratio, injection timing and cooling system, with impacts on end-user costs [2].

Figure 1 illustrates possible combinations of the use of hydrogen in an internal combustion engine, including the type of injection, injection rate and storage. When applied to spark ignition engines, hydrogen can entirely replace gasoline [3]. However, it requires a new design of spark plugs, for better combustion efficiency [4]. In compression-ignition engines, the use of hydrogen is a viable alternative when combined with a pilot diesel fuel to help mixture auto-ignition in the combustion chamber, since the ignition temperature of pure hydrogen is high (see Table 1) and it will not ignite alone. For both engine types, hydrogen can be injected in the intake port or directly injected in the combustion chamber. In direct injection systems, a new technology of injectors shall be developed, which are different from gasoline or diesel injectors [5].

When combined with another fuel, hydrogen can be a good alternative to improve ignition control in homogeneous charge compression ignition (HCCI) engines [6]. In this case, the fuel is mixed with air during the intake process and there is no need of a spark plug. In contrast, the rapid flame propagation of hydrogen (see Table 1) can result in backfire if it is ignited by a hot spot in the cylinder during the intake process [7]. This phenomenon is more likely to happen when hydrogen is injected in the intake system [7-9]. The high flame propagation speed of hydrogen allows for more homogeneous and complete burning, when compared to diesel oil [7,9].

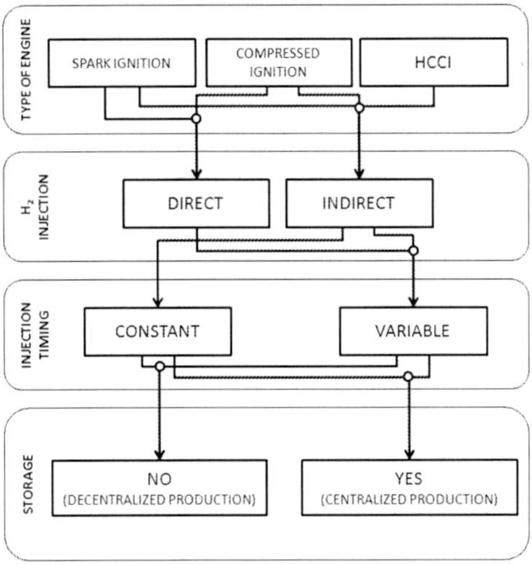

Figure 1: Possible arrangements for the use of hydrogen in an internal combustion engine.

Table 1: Physical-chemical properties of hydrogen, diesel oil and gasoline.

PROPERTIES	HYDROGEN	DIESEL OIL	GASOLINE
Self-ignition temperature (K)	858	530	603-873
Minimum ignition energy (mJ)	0.02	-	0.25
Stoichiometric air/fuel ratio	34.3	14.5	14.7-15.1
Density @ 1,013 bar I(kg/m^3)	0.0838	833-881	742
Low heating value (MJ/kg)	119.6	43.3	44.2
Low heating value (MJ/m^3)	9.97	36.9	32.8
Flame speed (m/s)	2.65-3.25	0.30	-

2. Literature Review

In order to reduce prototyping costs, development time and increase the accuracy of the results, engine simulation has been expanded to meet multi-fuel applications. With these motivations, Masood at al. [10] evaluated the effects on combustion and emissions from mixing hydrogen with diesel oil in different proportions and using different hydrogen injection systems. Simulations were performed using computational fluid dynamics (CFD) software FLUENT ®, and the results from the simulation were compared with experimental results. The turbulent time scale was based on the thermo chemical model "Eddy Break Up" with modification of a constant due to the great thermal-chemical difference that exists between hydrogen and diesel oil. For the experiments it was used a single-cylinder engine equipped with a diesel oil direct injection system. It was found that small changes in the simulation model produced results within an acceptable range. However, there were other parameters that could be modified in order to obtain more accurate values. The thermal efficiency achieved by the engine when hydrogen was used was about 19% higher when compared to diesel oil. However, NO_X emissions were 33% higher with the use of hydrogen.

Masood and Isharat [11] determined numerically the mole fraction of each of the exhaust gas components produced by an engine operating with hydrogen and diesel oil simultaneously. The model was based on the theory of stoichiometric combustion to calculate the mole fractions of the exhaust gas from the fuel mixture supplied to the engine. Thermodynamic data from JANAF table was used for the calculation of the equilibrium constants. The software was validated experimentally and the calculations are valid for any diesel oil/hydrogen ratio, except for low and high percentages of hydrogen.

A computer simulation model was developed by Ma et al. [12] to predict the performance of a vehicle using only hydrogen as fuel. Optimal values for engine parameters such as compression ratio and ignition advance were demonstrated. For that purpose, it was used the "filling and emptying" method, where the dynamic effects are expressed in terms of mathematical representation according to their properties. It was found that hydrogen-fuelled engines must work with lean mixtures in order to optimize its thermal efficiency. The hydrogen-powered engine has showed thermal efficiency in the range of 35-50%.

Wen et al. [13] performed a numerical study of spontaneous ignition of hydrogen through a pressurized pipe. It was used the principle of simulation of high turbulence implicit of fifth order in a non-oscillatory weighted regime. The research has shown that the process of finite rupture of the initial layer plays an important role in the spontaneous ignition. The process rupture induces to a turbulent mixing in the contact area, contributing first to the start of ignition inside the tube and then to partially develop a premixed flame. It was found that a slower time of rupture and a lower outlet pressure will increase the ignition delay time, reducing the risk of spontaneous ignition.

Saravanan and Nagarajan [14] conducted an experimental investigation of the effects of adding hydrogen through the intake manifold of a single-cylinder, stationary diesel engine, using hydrogen as a replacement to diesel oil. In order to determine the optimum hydrogen flow at different engine operation regimes, the engine was operated with 100% of diesel oil at a standard condition of power and torque. Then, diesel oil was replaced by mass concentrations of 10%, 30%, 50%, 70%, 80% and 90% of hydrogen. Engine thermal efficiency was increased by 29.1% for operation with 90% of hydrogen, but detonation occurred when higher loads were imposed to the engine. The concentration of NO_X, HC and particulate material were reduced for the whole range of hydrogen substitution, for any operational condition of the engine.

Adnan et al. [7] conducted an experimental investigation of the effects of adding hydrogen to a diesel engine without modifications. In this study, hydrogen was injected into the intake manifold, sending a constant mass of hydrogen to the engine. Data such as pressure inside the combustion chamber, emissions of NO_X, CO, O_2 and temperature of the exhaust gases were collected for engine speeds of 1000, 1500, 2000, 2500 and 3000 rpm. It was observed that the angle at which peak pressure occurs in the combustion chamber tends to move to the right when adding hydrogen to the engine. It was also noticed that the maximum combustion chamber pressure was increased by adding hydrogen for all engine speeds investigated. There was also an increase on power delivered, mean effective pressure and exhaust gas temperature. It was observed that the emissions of NO_X and CO increased with the addition of hydrogen, while O_2 concentration in the exhaust gas was decreased.

3. Methodology

A numerical simulation was carried out to observe the influence of the addition of hydrogen fuel on exhaust CO, CO_2, NO_X and PM emissions from a diesel engine. For the simulation it was used the AVL BOOST ® software, which is a virtual simulation tool integrated with advanced models for predicting engine performance and emissions accurately. The software was loaded with data from a diesel engine, model MWM D229/4. The simulation took into consideration constant engine speed of 1800 rev/min and variable load from 0 kW to 37.5 kW. Engine details are shown by Table 2. The fuel blends used in the simulation were pure diesel oil (H0), 5% hydrogen plus 95% diesel oil (H5), 10% hydrogen plus 90% diesel oil (H10), 15% hydrogen plus 85% diesel oil (H15), and 20% hydrogen plus 80% diesel oil (H20) on energy basis. Figure 2 illustrates the model used for simulation, where 1...21 refer to the pipe systems, C1...C4 are the engine cylinders, E1 represents the engine, J1...J3 are the pipe junctions, I1 is the hydrogen injector, MP1...MP18 are the measurement points, PL1...PL6 are plenum sections, and SB1 and SB2 are the system boundaries.

It was considered that diesel oil was injected directly in the combustion chamber and hydrogen was provided through the inlet manifold by a specific injector. The thermodynamic properties of each fuel used in the simulation are given as database in the software. The values of fuel and air mass were taken from experimental data [16]. The combustion model used was the "Vibe 2 Zone". This model divides the cylinder gas into two zones, a burned zone and an unburned zone, and it solves the temperature zone singularly, using the First Law of Thermodynamics in both cases. The values of the combustion model parameters were observed during the simulation and they were adjusted based on the experimental data.

Table 2: Diesel engine details.

PARAMETER	VALUE
Number of cylinders	4
Bore × stroke	0.102 m × 0.120 m
Total displacement	3.922×10^{-3} m^3
Compression ratio	17:1
Nominal power	44 kW
Speed	1800 rev/min
Coolant water temperature	80-95 °C
Lubricating oil temperature	90-110 °C

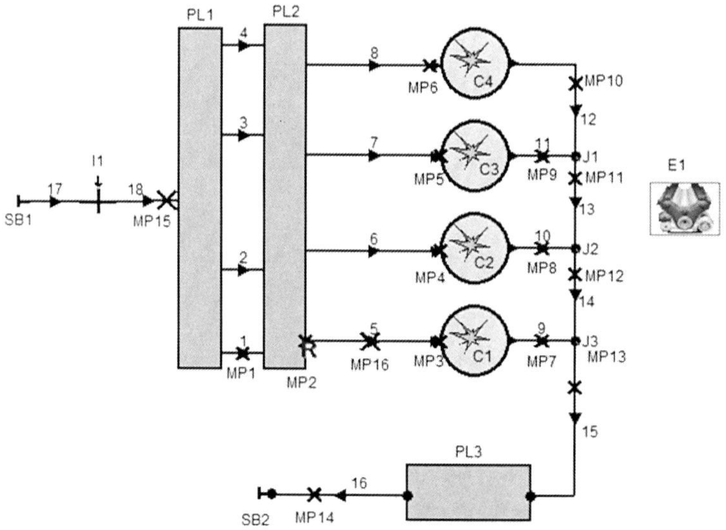

Figure 2: Schematics of the model used in the simulation.

4. Results

For all tested fuels fuel consumption is increased for higher loads to supply the increased power demand from the engine (Fig. 3). Increased hydrogen concentration in the fuel causes decreased fuel consumption. That is because hydrogen has a higher heating value per unit mass than diesel oil, thus decreasing the fuel amount required per unit power produced by the engine (see Table 1). Moreover, the faster flame speed of hydrogen (Table 1) reduces combustion duration, thus increasing fuel conversion efficiency as most of heat loss through the combustion chamber walls occurs during the combustion process. Higher decrease of fuel consumption by the use of hydrogen is observed at higher engine loads.

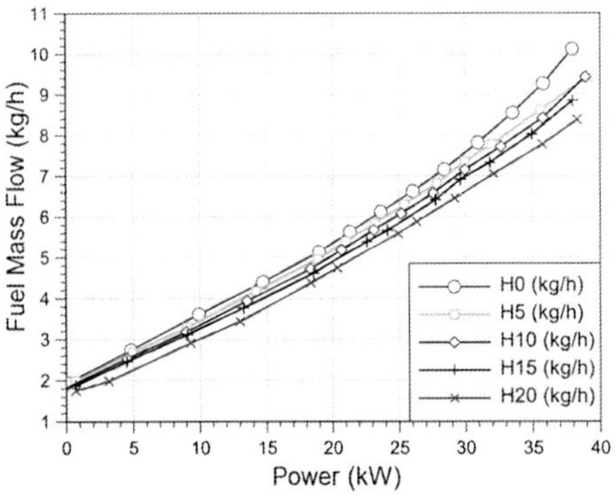

Figure 3: Fuel consumption with engine load.

Figure 4 shows that CO emissions are increased with engine load for all fuels, as a result of mixture enrichment to attend load demand. The concentration of CO varies with the amount of the carbonaceous fuel injected and the temperature reached during the combustion process in the combustion chamber. Increasing hydrogen content in the fuel decreases CO emissions, as it does not have the presence of carbon in its molecule. The differences on CO emissions of hydrogen blends in comparison with diesel oil are observed mainly for higher loads. It was observed that, with the use of H0 at 37,5 kW of load, CO emission was very high due to decreased concentration of oxygen at this condition.

Figure 5 shows that CO_2 emissions are also increased with increasing load. As diesel engines normally operate with lean mixtures, mixture enrichment as a response to load demand causes the mixture strength approach the stoichiometric condition, where CO_2 formation is higher. The absence of carbon in hydrogen molecule also causes decreased CO_2 formation for the hydrogen blends, in comparison with diesel oil. As it happened to CO formation (Fig. 4), major reductions on CO_2 formation by the hydrogen blends are found for higher loads.

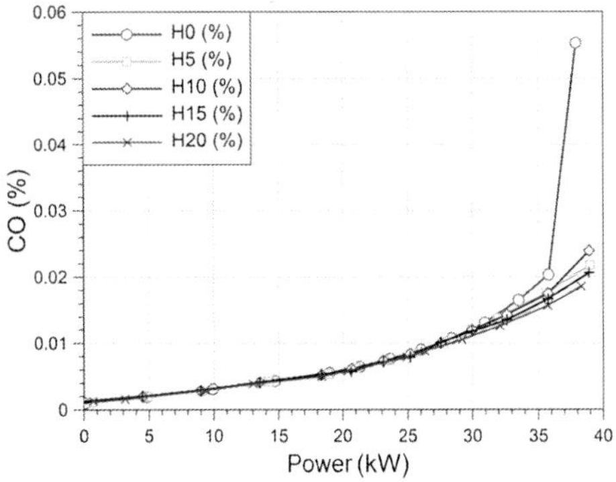

Figure 4: Variation of carbon monoxide emissions with engine load.

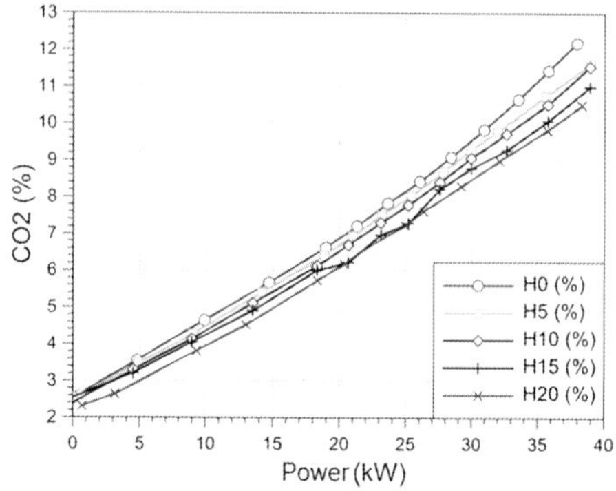

Figure 5: Variation of carbon dioxide emissions with engine load.

Increasing NO_X levels are observed with increasing load in Figure 6, as mixture enrichment to attend load demand increases combustion temperature. As hydrogen concentration in the fuel is increased NO_X emissions are increased, especially with increasing load. The NO_X model provides NO_X calculation varying mainly with combustion chamber temperature and O_2 concentration. The literature shows NO_X emissions reduction for fuel blends containing more than 30% of hydrogen in diesel oil on energy basis [3]. For blends with lower hydrogen concentration it is expected that NO_X emissions will be increased.

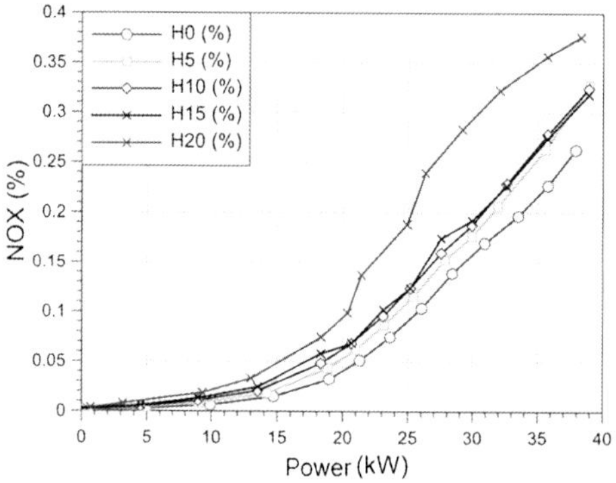

Figure 6: Variation of oxides of nitrogen emissions with engine load.

Particulate matter emissions show decreased concentration with increasing hydrogen content in the fuel, mainly for higher engine loads (Fig. 7). Figure 8 details PM emissions. This behavior observed is due to the absence of carbon in hydrogen molecule and more efficient combustion of hydrogen in comparison with diesel oil due to the faster hydrogen flame speed (see Table 1). All fuels shows similar behavior, with minimum PM production being noticed at no load power or at about 50% of the nominal engine power. Major reductions on PM emissions through the use of hydrogen are observed at high engine loads.

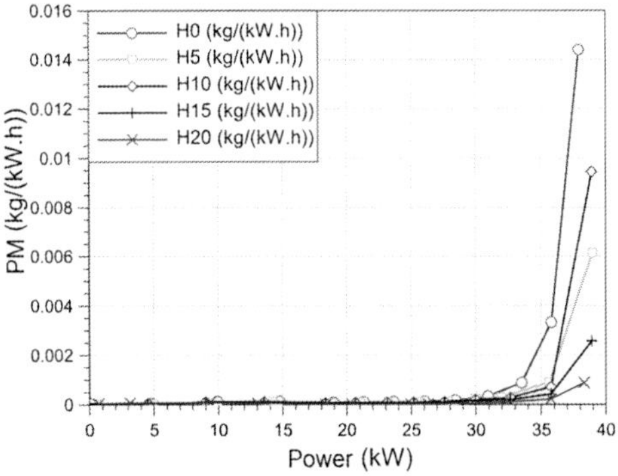

Figure 7: Variation of particulate matter emissions with engine load.

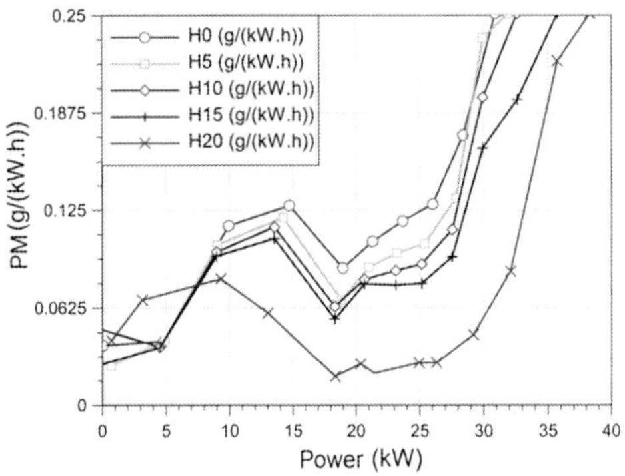

Figure 8: Variation of particulate matter emissions with engine load, with zoom in low engine loads.

5. Conclusions

From the results of a dedicated computer simulation model, the use of hydrogen in a diesel engine contributes to considerable reductions of fuel consumption and CO, CO_2 and PM emissions. Major benefits are observed at increased load power. Hydrogen properties, such as faster flame speed and higher heating value per unit mass than diesel oil, are attributed as the main responsible to the improvements obtained. NO_X emissions were increased, mainly due to high combustion chamber temperature being attained with the use of hydrogen. These results indicate that application of hydrogen as a partial substitute to diesel oil can, thus, be used as a strategy to control pollutant emissions and global warming gases. However, the model still requires an investigation on hydrocarbon (HC) emissions.

Acknowledgments

The authors thank ANEEL R&D Program CEMIG GT-292 research project, FPT Industrial, and AVL for the financial support to this research.

References

[1] Sobrino, F.; Monroy, C; Pérez, J.: Critical analysis on hydrogen as an alternative to fossil fuels and biofuels for vehicles in Europe. In: Renewable and Sustainable Energy Reviews, v. 14, pp. 772–780, 2010.

[2] Miyamoto, T.; Hasegawa, H.; Mikami, M.; Kojima, N.; Kabashima, H.; Urata, Y.: Effect of hydrogen addition to intake gas on combustion and exhaust emission characteristics of a diesel engine. In: International Journal of Hydrogen Energy, v. 36, pp. 13138–13149, 2011.

[3] Sopena, C.; Diéguez, P.M.; Sáinz, D.; Urroz, J.C.; Guelbenzu, E.; Gandía, L.M.: Conversion of a commercial spark ignition engine to run on hydrogen: Performance comparison using hydrogen and gasoline. In: International Journal of Hydrogen Energy, v. 35, pp. 1420–1429, 2010.

[4] Boretti, A.: Advances in hydrogen compression ignition internal combustion engines. In: International J. Hydrogen Energy, v. 36, pp. 12601–12606, 2011.

[5] Soberanis, M.; Fernandez, A.: A review on the technical adaptations for internal combustion engines to operate with gas/hydrogen mixtures. In: International Journal of Hydrogen Energy, v. 35, pp. 12134–12140, 2010.

[6] Wong, Y.K.; Karim, G.A.: An analytical examination of the effects of hydrogen addition on cyclic variations in homogeneously charged compression-ignition engines. In: International J. of Hydrogen Energy, v. 25, pp. 1217–1224, 2000.

[7] Adnan, R.; Masjuki, H.H.; and Mahlia, T.M.I.: An experimental investigation of unmodified DI diesel engine with hydrogen addition. In: 3rd International Conference on Energy and Environment, Malaysia, 2009.

[8] Saravanan, N.; and Negarajan, B.: Performance and emission study in manifold hydrogen injection with diesel as an ignition source for different start of injection. In: Renewable Energy, v. 34, pp. 328–334, 2009.

[9] Saravanan, N.; Negarajan, B.: An experimental investigation of hydrogen-enriched air induction in a diesel engine system. In: International Journal of Hydrogen Energy, v. 33, pp. 1769–1775, 2008.

[10] Masood, M.; Ishrat, M.M.; Reddy, A.S.: Computational combustion and emission analysis of hydrogen–diesel blends with experimental verification. In: International Journal of Hydrogen Energy, v. 32, pp. 2539–2547, 2007.

[11] Masood, M.; Ishrat, M.M.: Computer simulation of hydrogen–diesel dual fuel exhaust gas emissions with experimental verification. In: Fuel, v. 87, 1372–1378, 2008.

[12] Ma, J.; Su, Y.; Zhou, Y.; Zhang, Z.: Simulation and prediction on the performance of a vehicle's hydrogen engine. In: International Journal of Hydrogen Energy, v. 28, pp. 77–83, 2003.

[13] Wen, J.X.; Xu, B.P.; Tam, V.H.Y.: Computer simulation of hydrogen–diesel dual fuel exhaust gas emissions with experimental verification. In: Combustion and Flame, v. 156, pp. 2173–2189, 2009.

[14] Saravanan, N.; Nagarajan, B.: Experimental investigation in optimizing the hydrogen fuel on a hydrogen diesel dual-fuel engine. In: Energy & Fuels, v. 23, pp. 2646–2657, 2009.

10 Predicting the Trade-off between Turbine Inlet Temperature and Engine Fuel Economy in a Turbocharged Gasoline Engine

Huayin Tang, Richard Burke, Sam Akehurst, Chris Brace, Les Smith, Geoff Capon, Stephen Garrett, Kai Zhang, Ganesan Subramanian

Abstract

As a proven method of improving the efficiency of internal combustion engines (ICE), turbocharging has been widely used on engines in passenger cars. However, turbine inlet temperature, which may cause turbocharger failures if it exceeds certain limit, is one of the key mechanical constrains on turbocharged engines. The failure can be avoided by using more costly materials or by using fuel enrichment strategy, which reduces the exhaust gas temperature (EGT) on gasoline engines but increases the engine fuel consumption. Therefore, in order to optimise material cost and performance of a turbocharged ICE, it is important to understand the effect of the fuel enrichment strategy on the entire system. This is of renewed relevance in the modern era of engine downsizing for improved fuel economy.

Experimental work has been undertaken to analyse the effect of the air-fuel-ratio (AFR) on the turbine inlet temperature and combustion process. By enriching the mixture from Lambda 1 to Lambda 0.9, the knock-limited spark timing can be advanced by 2.25 and 1.5°CA at two test points respectively, resulted in 36.2% and 41.9% BSFC impact being compensated by advancing the spark timing in the extra operating window. Therefore, the resulted trade-off between BSFC and turbine inlet temperature at the two test points were 21.5 g/kWh and 22.6 g/kWh increase in BSFC for a 50°C decrease in turbine inlet temperature. It was also found that, using an empirical modal generated from steady state test data, the entire NEDC test can be operated below a turbine inlet temperature limit of 850°C with pre-catalyst Lambda target 1. For steady state operation, the average increase in the EGT-limited engine load for a 25°C rise in turbine inlet temperature limit was 1.22 bar BMEP.

With the rising level of downsizing, the thermal load on ICE has been increased. In addition, off-cycle fuel consumption is also important in real world fuel economy. Therefore, in order to optimise the requirement of fuel enrichment on a fuel efficient and cost efficient engine, the requirement of improving the turbocharger materials and other ICE technologies is increased. Furthermore, the performance benefit offered by variable geometry turbine (VGT) turbocharger is also affected by the level of fuel enrichment required on downsized gasoline engine.

1. Introduction

Turbocharging the ICE is one of the primary routes towards downsizing [1], which can improve the engines fuel efficiency by using a smaller engine working at higher specific engine load and higher efficiency [2, 3]. It has been widely used by car manufacturers to meet the requirements of lower CO_2 emissions and fuel consumption. However, thermal load on turbochargers on downsized engines has been increased because of high exhaust gas temperatures [4]. High exhaust gas temperature may cause material cracking and hence turbocharger failure if it exceeds certain level [4], especially on gasoline engines on which the exhaust gas temperature can be over 200°C higher than that on Diesel engines [5, 6]. In addition, the use of VGT on gasoline engines is also limited by the high exhaust gas temperature due to the tendency to thermal expansion leading to jamming of the mechanism, causing failure under this condition [5, 7].

Fuel enrichment strategy is normally used on turbocharged gasoline engines to reduce the exhaust gas temperature [8]. Although a wasteful approach to turbine inlet temperature control, this offers an inexpensive approach that is only used away from homologation drive cycle points. By injecting excess fuel into the cylinder, the heat capacity of the mixture is increased, and the exhaust gas temperature is reduced although the fuel consumption is increased. Nevertheless, the combustion process is also affected. As a result, the increase in fuel consumption and the decrease in turbine inlet temperature are not directly proportional to the level of fuel enrichment. Therefore, it is important to investigate the trade-off between BSFC and turbine inlet temperature.

Many authors [9,10,11] have showed that the 10-90% burn duration can be reduced by fuel enrichment on gasoline engines. Guezennec and Hamama [9] found 8.5% reduction in 0-98% burn duration and 13% reduction in 10-90% burn duration by reducing Lambda from 1.06 to 0.93 at constant engine speed and maximum brake torque (MBT) spark timing, although the MBT spark timing was advanced by 4.1°CA. In addition, all the combustion phases, including 0-2%, 2-10%, 10-90% and 90-98% burn duration, were shortened when Lambda was reduced. Lindstrom et al. [10] also demonstrated approximately 29% reduction in total burn duration and approximately 18% increase in Wiebe exponent, which is used to represent the shape of heat release curve in Wiebe function, by enriching the mixture from Lambda 1.15 to 0.85. It was explained that the reason for the faster heat release process at lower Lambda was that the rich mixtures increased the laminar burning velocity which shortened the burn duration.

Not only the combustion burn duration, but also the knock limit is affected by fuelling strategy. John et al [12] stated that knock is a limiting factor for turbocharged gasoline engine operating at high load. The high charge temperature at high engine load causes the increased chemical reaction rates for auto-ignition, which is more severe at low engine speed where the cycle time is increased, and the increased reaction rates can lead to knock and potential engine damage. Therefore, the increased laminar burning velocity due to the fuel enrichment may allow the knock-limited spark timing to be more advanced to extend the spark timing window, improve the engine fuel consumption, and further reduce the turbine inlet temperature.

On the other hand, as the fuel consumption in real world driving is important, the operating region that is not covered in the NEDC or other test cycles is also challenging for turbocharged gasoline engines. Jerzy et al [13] reported that the averaged CO_2 emission of a test car in on-road driving was higher than that in NEDC test, partly due to the larger engine operating region. Vojtisek-Lom et al [14] also stated that higher real world fuel consumption is partly caused by the fuel enrichment at high load and highly transient operation.

Thus, it is important to analyse the relationship between fuel consumption and turbine inlet temperature. Experimental work has been carried out in a collaborative research project "TurboCentre", in which the aim is to investigate performance of various turbocharging systems and the entire ICE system. This paper is focused on the trade-off between fuel consumption and turbine inlet temperature limit, which is important to design and calibration of turbocharged gasoline engines.

2. Experimental approach

Two experiments were performed on a 2.0L turbocharged gasoline engine. Both of them were tested on a dynamic engine test bed in the University of Bath.

In the first experiment, a Lambda target and spark timing sweep test was carried out under steady state conditions at two engine operating points, 1600 rpm 200 Nm, and 2800 rpm 150 Nm, respectively. The Lambda and spark timing settings in each test are shown in Figure 1. The valve timing was maintained at constant. Production ECU strategies for throttle position and boost pressure control were applied, while the pedal position was fixed at each one of the two test points, to achieve a stable torque level. As a result, the engine torque variation was within ±3.6% and ±2.3% at the two test points, respectively. The original lambda target at the two engine operating strategy was 1, and it was reduced to 0.9 at both two test points. Due to the engine safety consideration, Lambda target 1.07 was only tested at test point 2. The spark timing was varied from the most retarded setting, which was limited by turbine inlet temperature, to the most advanced setting, which was limited by the engine knock protection in ECU strategy. Lambda target 1, spark timing -1.5°CA ATDC in test 1 and Lambda target 1, spark timing -16.5°CA ATDC in test 2 were repeated in the end of the entire test. The mass air flow variation was within 0.6% and 0.2% at the two test points, respectively. Therefore, the repeatability of the test is acceptable.

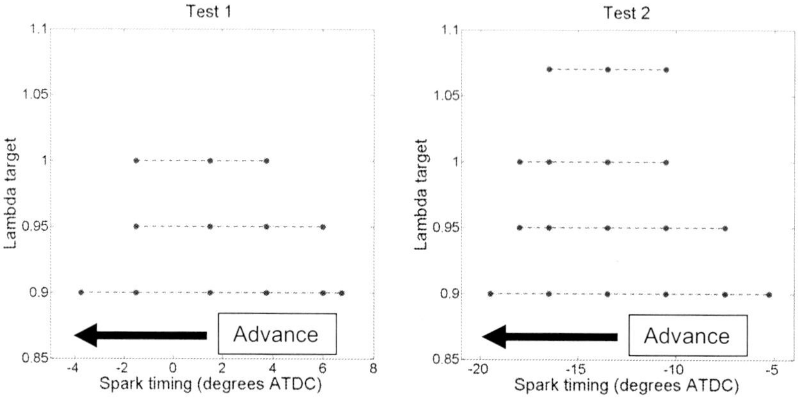

Figure 1: Test plan of the spark timing and target Lambda sweep test

In the second experiment, which contained 45 steady state test points, the engine with the production ECU strategy was mapped in the engine speed range of 1000 rpm – 5800 rpm and engine load range of 20% - 100%. The 100% load test points were tested with 100% pedal position, and the part load test points were tested while the pedal position control was set to close loop torque control mode. The engine was settled for five minutes before recording at each test point.

In both of the two experiments, slow measurements for pressures, temperatures, flow, torque were recorded at 1Hz for 100 seconds. Fast measurements of cylinder pressures, port pressures and temperatures, exhaust port and pre-catalyst Lambda, injection pressures, turbocharger speed as well as pressures and temperatures at turbine and compressor inlet and outlet, etc. were recorded at every 1°CA for 300 engine cycles at each test point.

3. Results and Discussion

3.1 Effect of fuel enrichment on fuel consumption

In order to investigate the trade-off between the temperature limit and the fuel consumption, the spark timing and Lambda target were varied at two engine running conditions in experiment 1.

Firstly, the net heat release duration calculated from the in-cylinder pressure measurement reduced with the reducing Lambda, shown in Figure 2. The average reduction in net heat release 10-90% duration was 1.90 and 2.76°CA per 0.1 Lambda decrease at two test points respectively, equivalent to 7.3% and 8.7% reduction per 0.1 Lambda decrease. This is similar to the results showed by Lindstrom et al [10], and it is explained that it was caused by the increased laminar burning velocity due to the rich mixture.

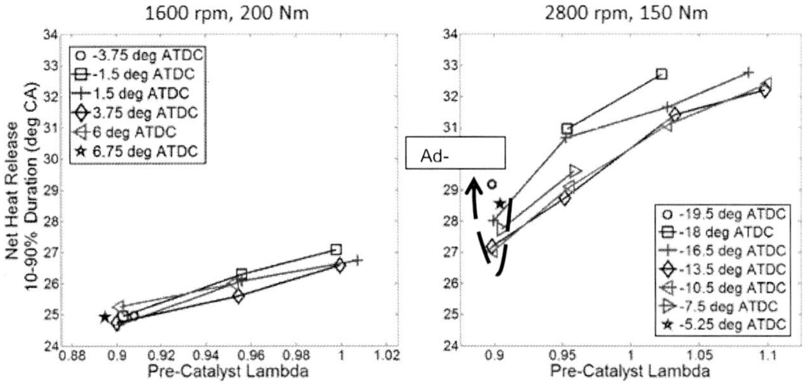

Figure 2: Net heat release 10%-90% duration at various target Lambda settings

It is shown that the effect of advancing the spark timing on the burn duration was relatively small at test point 1. On the other hand, the effect was stronger at test point 2, and the fastest burn duration at Lambda target 0.9 occurred at medium spark timing. The same trend can be observed at Lambda target 0.95 at test point 2. One possible reason was that the ratio of exhaust to inlet manifold pressure, which can affect the residual gas fraction and hence combustion duration [15], was generally increased by advancing the spark timing, shown in Figure 3, as the throttle opening was reduced to maintain the engine torque. As a result, the potential of reducing the burn duration by advancing spark timing, which has been observed by other authors [10,16], may be offset by the increase in the ratio of exhaust to inlet manifold pressure. However, this offset is expected to be smaller if the boost pressure target was reduced, instead of closing the throttle, to maintain engine torque level.

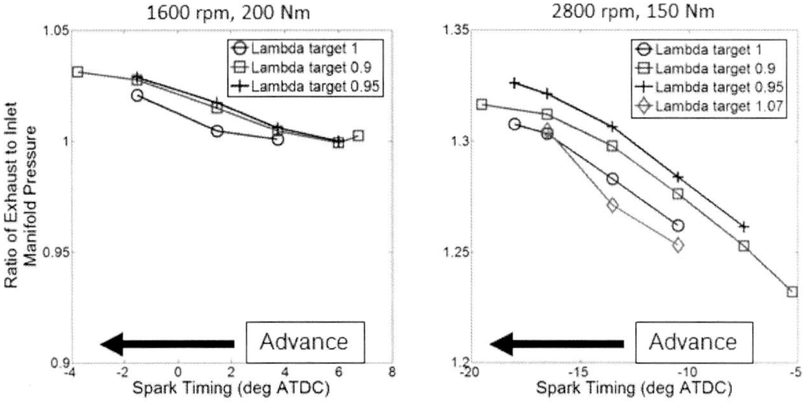

Figure 3 Effect of Spark Timing on Ratio of Exhaust to Inlet Manifold Pressure

The fitted net heat release curves of different target Lambda settings at spark timing 16.5°CA BTDC in test 2 are shown in Figure 4. Other heat release curves are not shown since the trend in all the comparisons are the similar. It is illustrated that the heat release phase was shortened by injecting excessive fuel.

In Figure 5, the BSFC at different spark timing and pre-catalyst Lambda is plotted against equivalence ratio, which is proportional to the fuelling amount provided that the mass air flow is maintained at constant level. It is shown that the relationship between BSFC and equivalence ratio at same spark timing was relatively linear in test 1. This is because the engine load was maintained by the ECU, which controlled the throttle and waste-gate, therefore the variation in BSFC is mainly depend on the variation in fuelling amount and hence equivalence. The non-linear relationship at test point 2 is because of the leaner combustion, and the optimum BSFC occurred close to Lambda 1. Either enriching or enleaning the air-fuel mixture increased the fuel consumption.

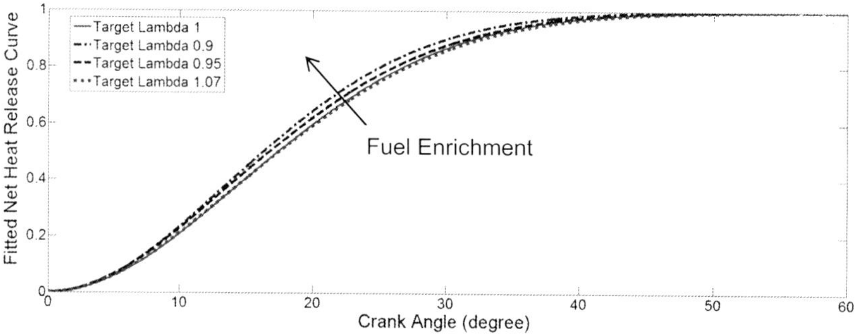

Figure 4: Fitted net heat release at various Lambda target settings

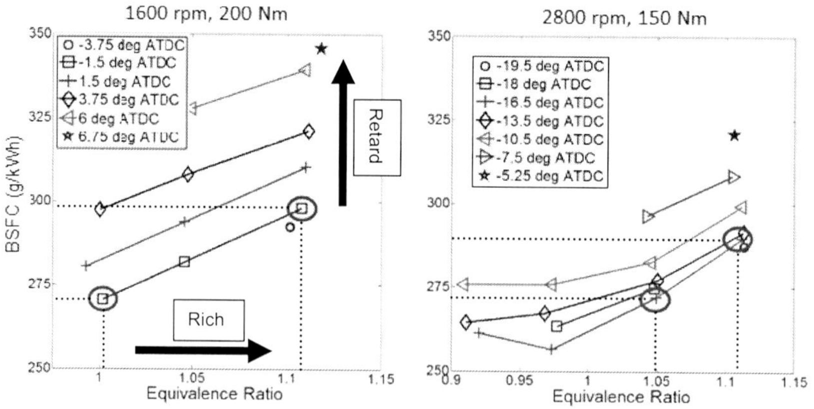

Figure 5: BSFC at various equivalence ratio

To analyse the effect of fuel enrichment, the average impact on the engine fuel consumption was calculated using the data in the fuel enrichment region highlighted Figure 5. At the corresponding spark timing, the average BSFC impact at two test points were 25.9 g/kWh and 28.4 g/kWh for 0.1 increase in equivalence ratio, which was equivalent to 28.8 g/kWh and 33.1 g/kWh for a 0.1 decrease in Lambda.

In Figure 6, the BSFC is plotted against the turbine inlet temperature. For the same operating points compared previously, the average BSFC impact was 33.7 g/kWh and 38.9 g/kWh for a 50°C decrease in turbine inlet temperature, respectively.

It is worth noting that, compared to fuel enrichment, enleaning the air-fuel mixture offered a smaller BSFC penalty for a unit decrease in turbine inlet temperature. This was because as much of fuel as possible was burned under weak mixture, and this offered both excellent combustion efficiency and low EGT [15]. However, enleaning the mixture is not a preferred method to reduce EGT at high load, as the engine torque is also reduced significantly. In this experiment, the reduced torque was compensated by opening throttle and increasing mass air flow. This could not be achieved at full load. Therefore, only fuel enrichment is analysed in this paper.

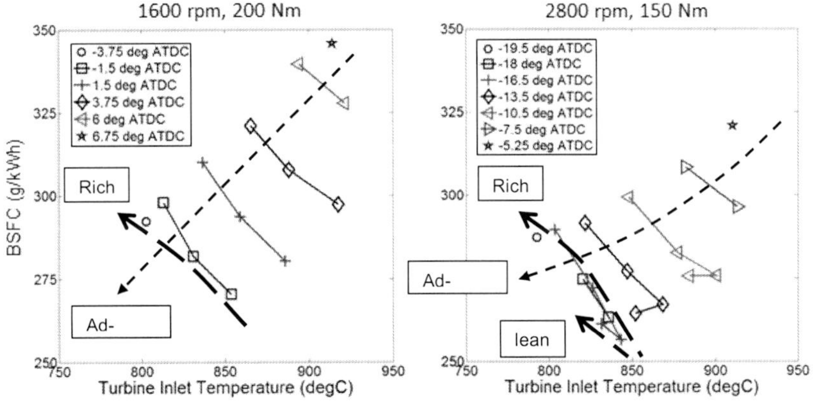

Figure 6: BSFC and turbine inlet temperature at various operating conditions

In addition, it should be noted that, by enriching the mixture from Lambda 1 to Lambda 0.9, the knock-limited spark timing can be advanced by 2.25 and 1.5°CA at two test points respectively. This was particularly beneficial because this reduced both the BSFC and the turbine inlet temperature at the two test points. It offered the opportunity to reduce the fuel consumption impact due to fuel enrichment.

Therefore, the resulted trade-off between BSFC and turbine inlet temperature in the two tests were 21.5 g/kWh and 22.6 g/kWh increase in BSFC for a 50°C decrease in turbine inlet temperature, respectively. This was a result of 36.2% and 41.9% BSFC increase being compensated by advancing the spark timing in the extra operating window.

3.2 Stoichiometric operation and turbine inlet temperature limit

The trade-off between the engine fuel consumption and the turbine inlet temperature limit has been discussed previously. On the other hand, the stoichiometric operating region in which the fuel enrichment is not required to protect the exhaust system is also important.

Measurement data from experiment 2 was used to investigate the effect of varying the turbine inlet temperature limit on the requirement of fuel enrichment. In order to obtain this relationship, a quadratic response model for turbine inlet temperature was generated based on the test data, including engine speed, torque and turbine inlet temperature, of the 23 operating points at which the pre-catalyst Lambda target was 1. Another 3 stoichiometric operating points were used for validation of the response.

The summary statistics for the response model are listed in Table 1. The R^2 and RMSE are both excellent, and the Predicted Residual Error Sum of Squares (PRESS) statistics are very close to their non-PRESS equivalents. The validation RMSE is also similar to RMSE, and the normalised validation RMSE is acceptable. Therefore, the accuracy and the predictive ability of the model are both acceptable, and the model was not over-fitted.

RMSE (°C)	Press RMSE (°C)	R^2	Press R^2	Validation RMSE (°C)	Normalised validation RMSE
6.847	8.543	0.998	0.996	10.208	5.32%

Table 1: Summary statistics for the turbine inlet temperature response model

The model was then used to predict the EGT-limited engine load, above which fuel enrichment strategy was required to reduce turbine inlet temperature, shown in Figure 7. The change in achievable engine load with stoichiometric combustion was relatively linear in this operating region. The average increase in the constrained engine load for a 25°C rise in turbine inlet temperature limit was 1.22 bar BMEP.

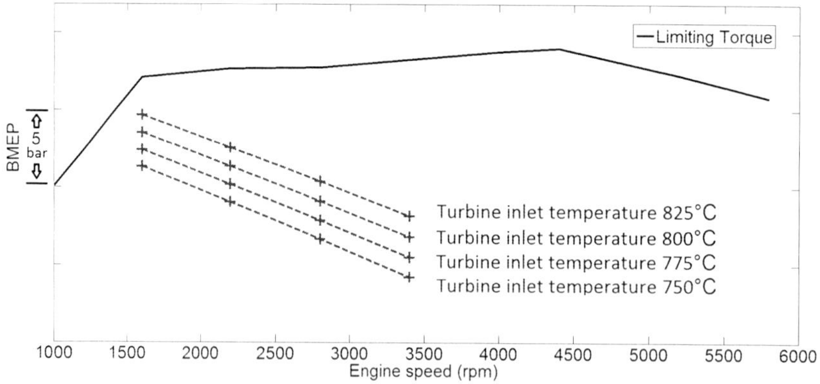

Figure 7: Constrained engine load with stoichiometric combustion for different turbine inlet temperature limits

In Figure 8, measured engine speed and torque from a NEDC test in which the data was recorded at 10Hz is also plotted. It is shown that the entire NEDC test can be operated with Lambda target 1 if the turbine inlet temperature limit was above 850°C. It should be noted that this response model was generated from the steady state test data, while the NEDC test points were mostly under transient conditions. Thus, the thermal inertia of the exhaust system and the thermal couple was not considered. As a result, peak turbine inlet temperature in NEDC test predicted by the fitted response model was 45.3°C higher than that measured in NEDC test. In addition, the ECU transient load control strategy was not taken into account in this prediction. Therefore, the Lambda target may be lower than 1 when the torque target in ECU was higher than the measured torque.

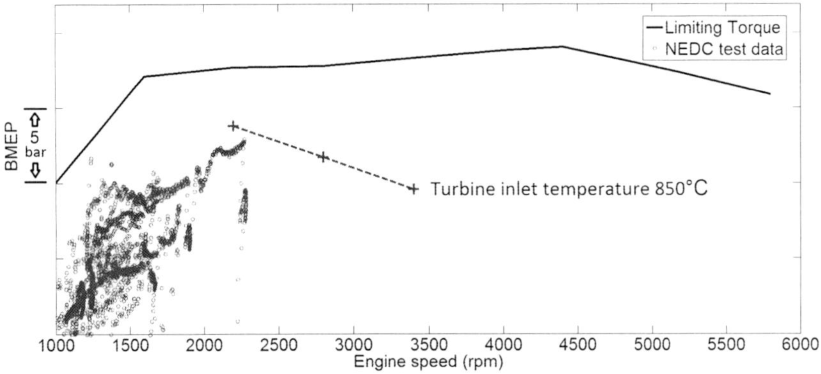

Figure 8: Engine operating points in NEDC test

It is shown that, with the same level of ICE technology, the exhaust gas temperature increased with the increasing engine load. Thus, the fuel enrichment may still be required in real world driving, where the engine speed and load can exceed the NEDC operating region. Therefore, to reduce the real world emission, stoichiometric combustion is required in a larger engine operating region.

In order to optimise the requirement of fuel enrichment on highly downsized gasoline engine, the turbocharger design as well as other ICE technologies on fuelling system, scavenging system, exhausts gas recirculation system and water cooled exhaust manifold, etc. may need to be considered in a systematic way.

Giles et al [17] showed that the maximum engine torque was predicted at the maximum valve overlap condition, which may reduce the EGT, on a highly downsized engine which equipped with two-stage cam profile switching and continuously variable valve timing on both inlet and exhaust cam shafts. In addition, the port fuel injection and 200 bar spray guided direct injection system for improved mixture preparation can improve the knock resistance, which allowed the spark timing to be further advanced to improve the BSFC and to reduce the EGT. Salamon et al [18] also demonstrated that the use of cooled EGR reduced EGT and offered more freedom for knock-limited spark timing window on this highly downsized gasoline engine. It was also showed, from the simulation study, that an increase in heat rejection at water cooled exhaust manifold can largely reduce the EGT, although the achievable engine toque may be reduced.

On the other hand, the use of VGT on gasoline engine, which has the potential of improving the both the transient response and low end torque on turbocharged gasoline engines [19], may have a more stringent requirement for low EGT and hence fuel enrichment, due to the complexity of the mechanism [20]. Therefore, the trade-off between BSFC and turbine inlet temperature is also crucial to the benefit of using VGT on gasoline engines.

As a result, in order to achieve both low fuel consumption and cost-effectiveness, which are both important to customers, the turbine inlet temperature and the level of fuel enrichment are key parameters in engine design.

4. Conclusion

Turbochargers have been widely used to improve ICE's fuel consumption and emission. With the increasing thermal load, the turbine inlet temperature limit has become one of the key constrains on turbocharged gasoline engines. Because the combustion process is also affected by fuel enrichment, the increase in engine fuel consumption and the decrease in turbine inlet temperature are not directly proportional to the level of fuel enrichment. Therefore, it is important to investigate the trade-off between BSFC and turbine inlet temperature.

According to the experimental data, the trade-off between BSFC and turbine inlet temperature at two engine operating points were 21.5 g/kWh and 22.6 g/kWh increase in BSFC for a 50°C decrease in turbine inlet temperature. This was a result of 36.2% and 41.9% BSFC increase being compensated by utilising the extra knock-limited spark timing window.

An empirical modal, which was generated from steady state test data, was used to predict the EGT-limited engine load under pre-catalyst Lambda target 1. The average increase in the EGT-limited engine load was 1.22 bar BMEP for a 25°C increase in turbine inlet temperature limit. It was also found that the entire NEDC test may be operated below turbine inlet temperature limit 850°C with pre-catalyst Lambda target 1.

With the increasing level of downsizing, the EGT is further increased if the level of ICE technology is maintained. Therefore, in order to optimise the requirement of fuel enrichment on highly downsized gasoline engine, the turbocharger material as well as other ICE technologies on fuelling system, scavenging system, exhausts gas recirculation (EGR) system and water cooled exhaust manifold, etc. may need to be considered. In addition, the overall benefit of using of VGT, which may require lower EGT, on gasoline engines also depends on the trade-off between BSFC and turbine inlet temperature.

5. Acknowledgement

The result shown in this paper is from a collaborative research project, TurboCentre, between the University of Bath, Jaguar Land Rover Limited, Ford Motor Company Ltd and Cummins Turbo Technologies Ltd. The project was funded by EPSRC and project partners. The experimental work was carried out in the Powertrain & Vehicle Research Centre in the University of Bath.

The authors thank all the organizations in this project for permission to publish this paper.

6. References

[1] Guzzella, L., Wenger, U. and Martin, G., 2000, "IC-Engine Downsizing and Pressure-Wave Supercharging for Fuel Economy," SAE Paper No. 2000-01-1019

[2] Leduc, P., Dubar, B., Ranini, A., Monnier, G., 2003, "Downsizing of Gasoline Engine: an Efficient Way to Reduce CO2 Emissions," Oil & Gas Science and Technology - Rev. IFP, Vol. 58(1), pp. 115-127

[3] Colin, G., Chamaillard, Y. and Bellicaud, B., 2011, "Robust Control for the Air Path of a Downsized Engine," Proceedings of the Institution of Mechanical Engineers, Part D: Journal of Automobile Engineering, Vol. 225(7), pp. 930-943

[4] Hosny, D., 2002, "Turbine Housing Design Optimization and Qualification Rig for High Temperatures," SAE Paper No. 2002-01-0851

[5] Andersen, J., Karlsson, E. and Gawell, A., 2006, "Variable Turbine Geometry on SI Engines," SAE Paper No. 2006-01-0020

[6] Okazaki, Y., Matsudaira, N. and Hishikawa, A., 1986, "A Case of Variable Geometry Turbocharger Development," The Third International Conference on Turbocharging and Turbochargers, London, England. pp. 191-196

[7] Ito, N., Ohta, T., Kono, R., Arikawa, S., Matsumoto, T., 2007, "Development of a 4-Cylinder Gasoline Engine with a Variable Flow Turbo-charger," SAE Paper No. 2007-01-0263

[8] Grandin, B. and Ångström, H.-E., 1999, "Replacing Fuel Enrichment in a Turbo Charged SI Engine: Lean Burn or Cooled EGR," SAE Paper No. 1999-01-3505

[9] Guezennec, Y. G. and Hamama, W., 1999, "Two-Zone Heat Release Analysis of Combustion Data and Calibration of Heat Transfer Correlation in an I. C. Engine," SAE Paper No. 1999-01-0218

[10] Lindström, F., Ångström, H.-E., Kalghatgi, G., et al., 2005, "An Empirical SI Combustion Model Using Laminar Burning Velocity Correlations," SAE Paper No. 2005-01-2106

[11] Hires, S., Tabaczynski, R. and Novak, J., 1978, "The Prediction of Ignition Delay and Combustion Intervals for a Homogeneous Charge, Spark Ignition Engine," SAE Paper No. 780232

[12] Kirwan, J. E., Shost, M., Roth, G., Zizelman, J., 2010, "3-Cylinder Turbocharged Gasoline Direct Injection: A High Value Solution for Low CO2 and NOx Emissions," SAE Paper No. 2010-01-0590

[13] Merkisz, J., Fuc, P., Lijewski, P., Bielaczyc, P., 2010, "The Comparison of the Emissions from Light Duty Vehicle in On-road and NEDC Tests," SAE Paper No. 2010-01-1298

[14] Vojtisek-Lom, M., Fenkl, M., Dufek, M., Mareš, J., 2009, "Off-cycle, Real-World Emissions of Modern Light Duty Diesel Vehicles," SAE Paper No. 2009-24-0148
[15] Stone, R., 1999, "Introduction to Internal Combustion Engines", 3rd ed. London: Macmillan Press Ltd. ISBN 0-333-74013-0
[16] Bonatesta, F., Shayler, P. J., 2008, "Factors Influencing the Burn Rate Characteristics of a Spark Ignition Engine with Variable Valve Timing," Proceedings of the Institution of Mechanical Engineers, Part D: Journal of Automobile Engineering, Vol. 222(11), pp. 2147-2158
[17] Giles, K., Lewis, A., Akehurst, S., Brace, C., Luard, N., 2012, "The Effect of Advanced Combustion Control Features on the Performance of a Highly Downsized Gasoline Engine," FISITA 2012 World Automotive Congress, Beijing, China
[18] Salamon, C., McAllister, M., Robinson, R., Richardson, S., Martinez-Botas, R., Romagnoli, A., Copeland, C., Turner, J., 2012, "Improving Fuel Economy by 35% through combined Turbo and Supercharging on a Spark Ignition Engine," 21st Aachen Colloquium Automobile and Engine Technology 2012, Aachen
[19] Gabriel, H., Jacob, S., Munkel, U., Rodenhauser, H., Schmalzl, H. P., 2007, "The Turbocharger with Variable Turbine Geometry for Gasoline Engines," MTZ, Vol. 68(2), pp. 96-103
[20] Hawley, J. G., Wallace, F. J., Cox, A., Horrocks, R.W., Bird, G. L., 1999, "Variable geometry turbocharging for lower emissions and improved torque characteristics," Proceedings of the Institution of Mechanical Engineers, Part D: Journal of Automobile Engineering, Vol. 213, pp. 145-159

11 Studies on Using Intake Valve Lift Strategies for Generating Turbulence

Andreas Benz, Michael Riess, Marc Sens, Marcus Wöbke

Abstract

Homogeneous stoichiometric SI engine combustion is influenced most persistently by global charge motion and the turbulence it produces around the spark plug. This is particularly true when the natural in-cylinder flow field is adversely affected by shifts in timing for intake-valve closing. This article examines these phenomena and their influence on combustion on the basis of engine tests and CFD simulations. Also discussed are measures employing optimized valvetrain strategies to mitigate the trade-off between achieving good gas exchange behavior while still maintaining fast combustion.

1. Motivation and Objective

In the light of future exhaust emission legislation and additional demand by the European Parliament to reduce CO_2 emissions from the entire vehicle fleet to 95g/km as from 2020, the further implementation of valvetrain variabilities is a promising trend in SI engine development towards meeting the targets set for fuel emission reduction while retaining cost-effective and robust exhaust gas aftertreatment.

Beyond cam phasing, continuously varying intake valve lift provides further potential for dethrottling the engine at part load. Literature makes particular reference to the Miller cycle [2, 3], which is characterized by early intake valve closure. Particularly at low load, however, there is insufficient charge motion as a result of valve closure well before BDC. In the later course of compression and combustion, this leads to a relatively low level of turbulence and consequently to poor high-pressure efficiency.
This paper sets out to describe the trade-off between reduced valvetrain-induced charge motion and dethrottling with Miller timings both in numerical terms as well as in engine tests. This provides the point of departure for discussing measures based exclusively on the valvetrain to mitigate this trade-off.

2. Methodology and Test Engine

Engine testing is performed using IAV's own four-valve single-cylinder research engine with a high degree of variabilities. Constructed in cooperation with INA Schaeffler, the cylinder head contains a fully variable electrohydraulic valvetrain based on the *UniAir* operating principle [1].

IAV Single-Cylinder Research Engine

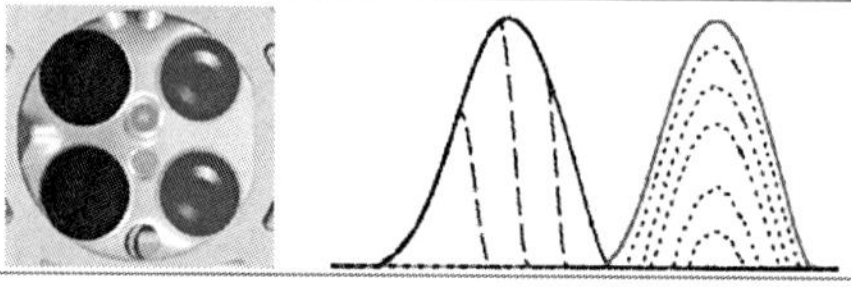

Bore	[mm]	77			
Stroke	[mm]	85.8			
Valves	[-]	4			
Compression Ratio	[-]	10.5:1			
Conrod Length	[mm]	147			
Maximum Valvelift Intake / Exhaust	[mm]	10/10			
Cam Phasing Intake / Exhaust	°CA	70/60			
Intake/Exhaust closure (IV late, EV early)	°CA a. GTDC	256/-8	Valve Diameter Intake / Exhaust	[mm]	28.8/26.2
Intake Spread (GTDC - max)	°CA	132	Maximum Intake Width (0.2 – 0.2)	°CA	263
Exhaust Spread (GTDC - max)	°CA	135	Maximum Exhaust Width Vollhub (0.2 – 0.2)	°CA	285

Figure 1: Test engine

All valves are equipped with appropriate actuators as a means of examining valve-selective strategies for generating charge motion. The engine's geometric data and other variabilities are shown in *Figure 1*.

To gain a deeper understanding of the flow processes taking place inside the engine, 3D CFD flow simulations are conducted with changing boundary conditions on the basis of the test results and then interpreted accordingly.

The model of the single-cylinder engine consists of 750,000 cells. Integrated in it are all of the engine's fluid-contacting surfaces. The average cell size is 1mm. Two peripheral layers are calibrated with a height of 0.3mm and growth rate of 50%. The computations are carried out for all cases examined at an interval of 560°CA, from gas-exchange BDC to firing TDC +20°CA with a time increment of 0.1°CA. The turbulence model used is the High Reynolds k-epsilon model with standard factors and Angelberger wall function. The boundary conditions applied consist of the pressure curves measured on the engine test bench (intake / exhaust port and cylinder pressure) as well as the initial conditions of cylinder charge. The temperature curves are computed from the pressure curve measured on the engine test bench using a zero-dimensional thermodynamics analysis tool. The level of residues exhibits convergence for all cases simulated.

Engine testing was mainly performed at the engine speed of 2000rpm and 2.8bar indicated mean effective pressure (IMEP), with all engine parameters not specified remaining constant while varying valve lift strategies.

Ignition timing was adjusted for all measurements according to a constant 50% fuel mass conversion rate at 8°CA after firing TDC.

As the central injector position with symmetrical spray formation offers significantly greater potential for stabilizing combustion under poor charge motion conditions than the injector positioned at the side, all tests were carried out with centered injector.

3. Valve Lift Strategies in the Gas Exchange vs. Charge Motion Trade-Off

3.1 Miller vs. Atkinson Cycle

Figure 2 shows the valve lift curves and pressure characteristics for the Miller (IVC=88°CA before gas exchange BDC) and Atkinson (IVC=75°CA after gas exchange BDC) valve lift strategies examined at the beginning and found to be promising, and for the reference case with intake valve closure at bottom dead center at the 2000rpm / 2.8bar IMEP operating point.

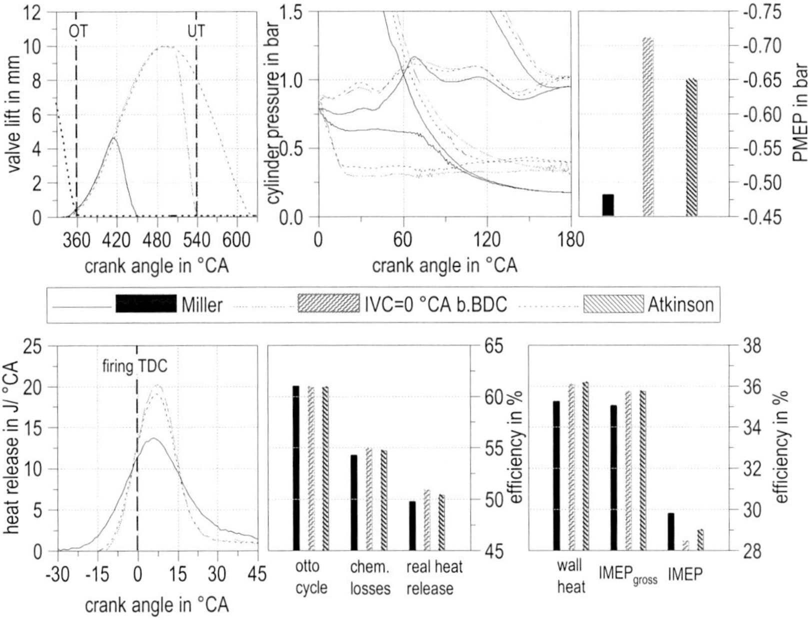

Figure 2: Miller, Atkinson and reference results at 2000rpm / 2.8bar IMEP

The pumping mean effective pressure (PMEP) can be drastically reduced with Miller timing, especially in comparison with late intake valve closure. Heat release development for the Miller strategy, in contrast, is shown to be less favorable with significant heat release before firing TDC and an altogether very long combustion duration. A significant decline in high-pressure efficiency resulting from higher chemical losses and an adverse course of combustion limit the potential efficiency advantage of the Miller timing.

The test bench results presented in *Figure 2* provided the basis for conducting CFD computations for interpreting and comparing the results obtained from the engine in relation to the degree of charge motion and level of turbulent kinetic energy (TKE) prevailing at ignition timing.

Figure 3 shows global charge motion, expressed in the form of volume tumble, and development of local turbulent kinetic energy (local: a sphere with a radius of 4 mm enveloping the mass electrode) for the relevant timings.

As to be expected, global charge motion for late intake valve closure exhibits more or less the same trend as the reference case which only continues with slightly less intensity from BDC onwards. It is known from literature [2] that tumble flow decays almost entirely into turbulence by the onset of combustion. This behavior is also manifest in the evaluations shown in *Figure 3*. As a result, minor differences in the level of tumble flow after gas exchange only produce relatively minor differences in TKE as well.

For Miller timing, in contrast, it is mainly the significantly reduced maximum level of valve lift that is responsible for intake flow not completely covering the upper part of the valve stem, creating only low-intensity tumble flow in the combustion chamber. This then reduces TKE accordingly at ignition timing.

The right-hand part of *Figure 3* shows the correlation between CFD-computed TKE and the result of thermodynamic testing.

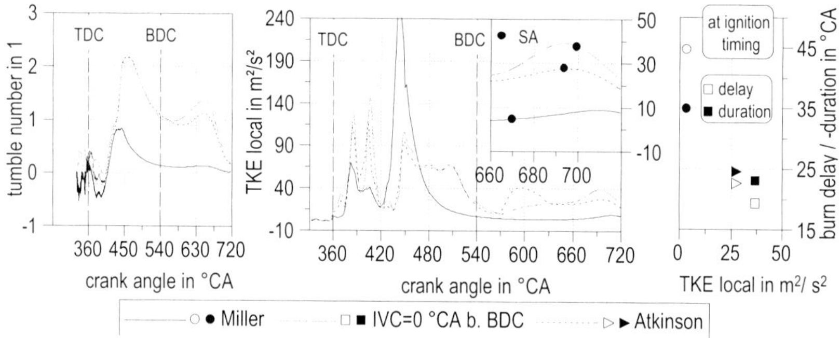

Figure 3: Charge motion and turbulence at 2000rpm / 2.8bar IMEP

To begin with, turbulence at the point of ignition is seen to show a clear correlation with the results from pressure development analysis. It is also evident that the delay in combustion (defined as crank angle difference between ignition timing and 10% fuel mass conversion) responds more sensitively to a reduction in turbulence than overall combustion time.

This means that all further valve lift variants must aim to generate the highest possible level of TKE for the shorter inflammation phase. Global combustion chamber flow should additionally be induced that is also maintained after ignition and during combustion as a means of further maximizing the effective rate of combustion.

3.2. Asynchronous Valve Actuation vs. Combustion Chamber Masking

It is known from earlier works [2, 3] that swirl motion in particular is considered to be a sustained form of flow that increases the velocity of flame front propagation and is capable of shortening combustion duration.

Referred to as phasing, asynchronous intake valve actuation shown in Figure 4 has the purpose of generating charge motion directed around the cylinder's longitudinal axis. The other results presented in Figure 4 demonstrate it is precisely this pronounced swirl motion that can only have any positive effect on the inflammation phase (and thus on high-pressure efficiency) in combination with a measure that generates additional turbulence – in this case a combustion chamber mask. The influence of combustion chamber masking, however, was only examined from a numerical aspect.

Combustion chamber masking significantly intensifies turbulent kinetic energy (TKE). The diagram at ignition timing is based on the theoretical assumption that ignition timing remains constant for the masked and unmasked strategies. This assumption, however, does not hold true in the engine process as improved TKE and greater charge motion shorten the delay in combustion, making it possible to retard ignition timing.

The diagram for TKE at a timing of 20°CA before firing TDC is far more suitable for comparing the variants under study. Although combustion chamber masking greatly contributes to increasing turbulent kinetic energy, the level of the reference strategy without masking is not reached. The influence of valve phasing is negligibly small.

Figure 5 shows combustion chamber masking for the two intake ports, configured in the form of a circle segment (180°) with a height of 2mm. The pressure and temperature boundary conditions used for CFD simulation of the masked variant were the same as those underlying the engine tests already conducted for the non-masked variant.

The angular offset of masking at the second intake valve (Figure 5, left, below) has the purpose of generating swirl motion on synchronously opening the valves.

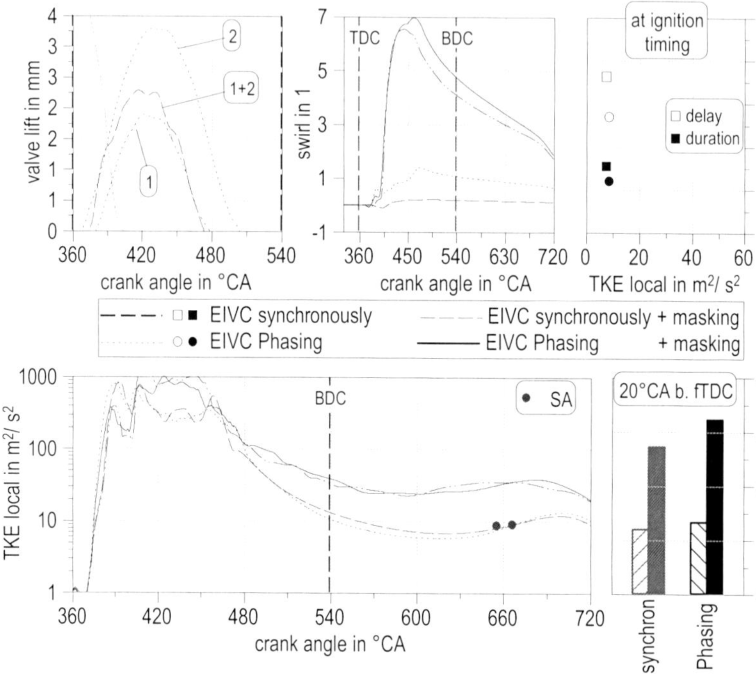

Figure 4: Influence of phasing and masking on charge motion and TKE at 2000rpm / 2.8bar IMEP

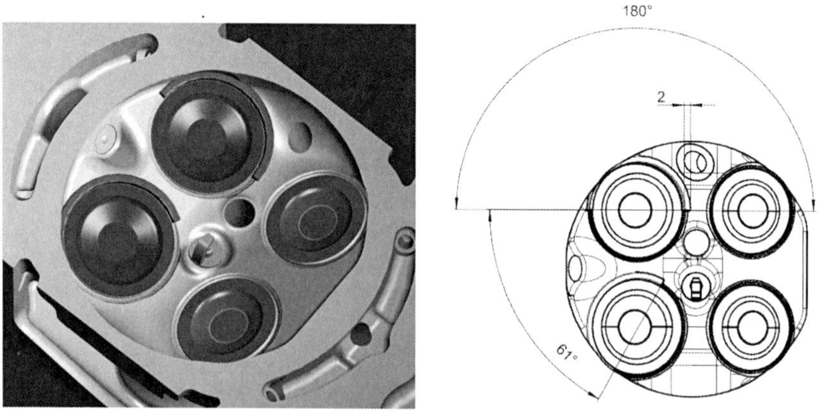

Figure 5: Combustion chamber masking

Figure 6 illustrates the significant influence of combustion chamber masking on swirl motion at the moment of ignition. Flow velocity is shown in a combustion-chamber cross section through the spark plug at 60° CA before firing TDC.

Comparing a phased early intake valve closure (EIVC) with a synchronously EIVC strategy shows the moderate influence of valve phasing on increasing flow velocity. However, the swirl motion generated by the EIVC phasing strategy is clear to see. Masking produces an increase in flow velocity around the vertical cylinder axis by up to 300%.

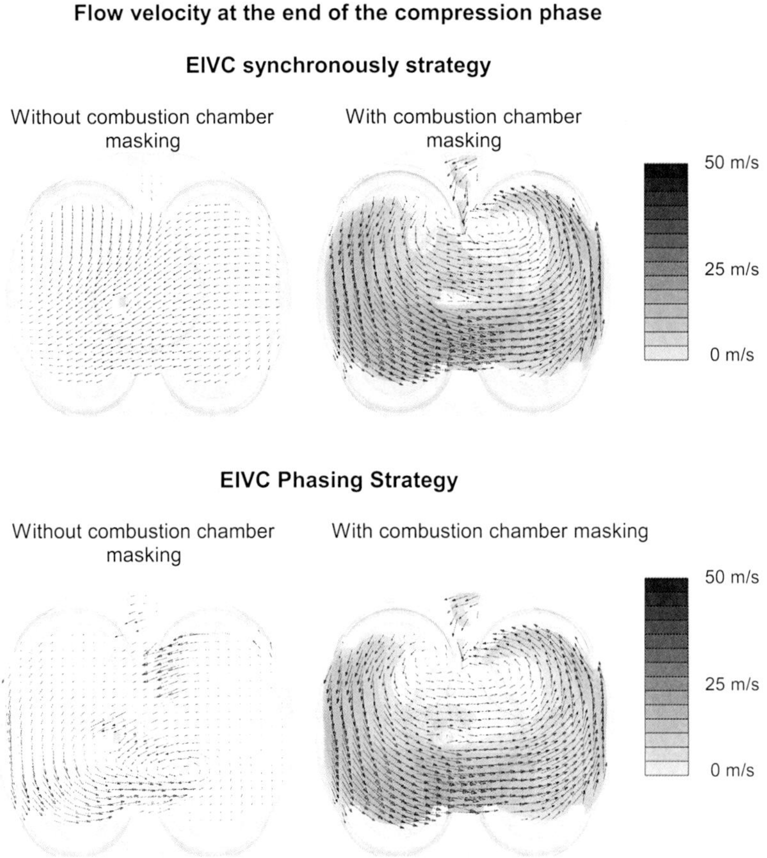

Figure 6: Flow velocity in relation to masking and phasing

3.3 Combined Mode

Figure 7 shows an optimized valvetrain strategy, referred to as the combined mode, involving short and substantially delayed lift on the part of the second intake valve. Even without modifying combustion chamber layout, this significantly reduces burn duration and burn delay, altogether providing the best compromise in respect of reducing gas exchanges losses while at the same time ensuring running smoothness and enhancing indicated specific fuel consumption.

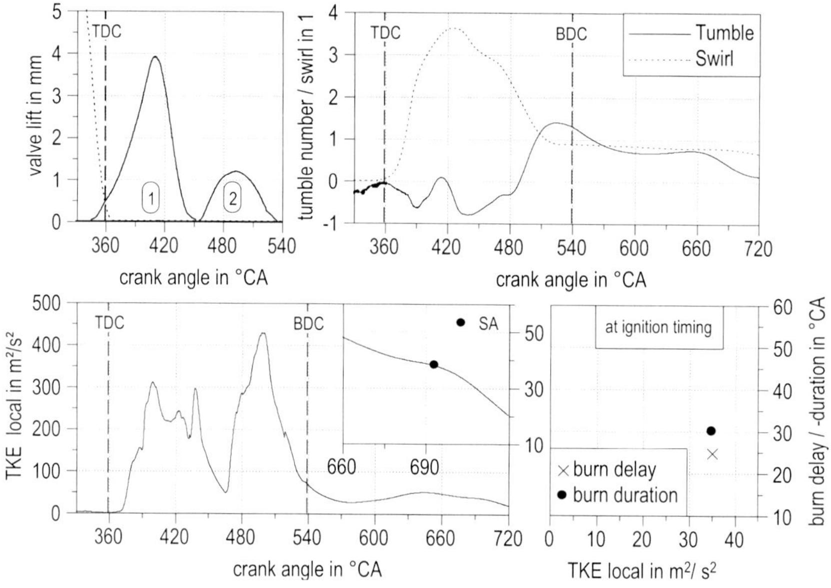

Figure 7: Influence of combined mode on TKE and combustion at 2000rpm / 2.8bar IMEP

The shorter opening times and reduced valve lifts in the combined mode make it possible to increase the intake manifold pressure to 1000mbar while reducing the pumping mean effective pressure by ΔPMEP=0.19bar.

During intake flow, the combined mode generates a higher level of TKE than the reference strategy does with intake valve closing at bottom dead center. The requisite cylinder mass flows through a smaller effective cross section area in a shorter time, resulting in higher flow velocities in the valve gap. In conjunction with lower flow coefficients with reduced valve lift, these cause greater flow losses that intensify turbulence through shearing stresses. Flow losses shifts from the throttle valve in the intake manifold to the valve gap.

At ignition timing, turbulent kinetic energy in the combined mode reaches the level of the reference case with intake valve closing at BDC, moderately extending combustion duration and burn delay. Yet the minimal extension in the combustion delay infers pronounced charge motion at the point of ignition.

While the first valve opens, asynchronous valve actuation in the combined mode generates several changes in tumble flow orientation, making it impossible for a stable flow field to build up in any energy-efficient manner. Opening the second intake valve results in renewed reversal in tumble flow orientation to correlate with increasing turbulent kinetic energy during gas exchange. The cause is rooted in the disintegration of directed flow from shearing stresses and thus in friction losses. The combined mode also generates pronounced swirl motion that is preserved beyond ignition and helps to reduce the slowdown on the second phase of combustion. The formation of swirl motion is extensively influenced by the opening duration and lift function of the first intake valve.

Figure 8 compares and summarizes the relevant engine parameters from the lift curves already discussed. It can be seen that the combined mode unites the advantages of dethrottling provided by the Miller cycle with combustion stability (expressed by the variation coefficient of indicated mean effective pressure) from intake valve closure at bottom dead center. Above and beyond cutting fuel consumption, the combined mode's excellent running smoothness permits further reductions in gas exchange losses by increasing valve overlap from late closure of the outlet valves.

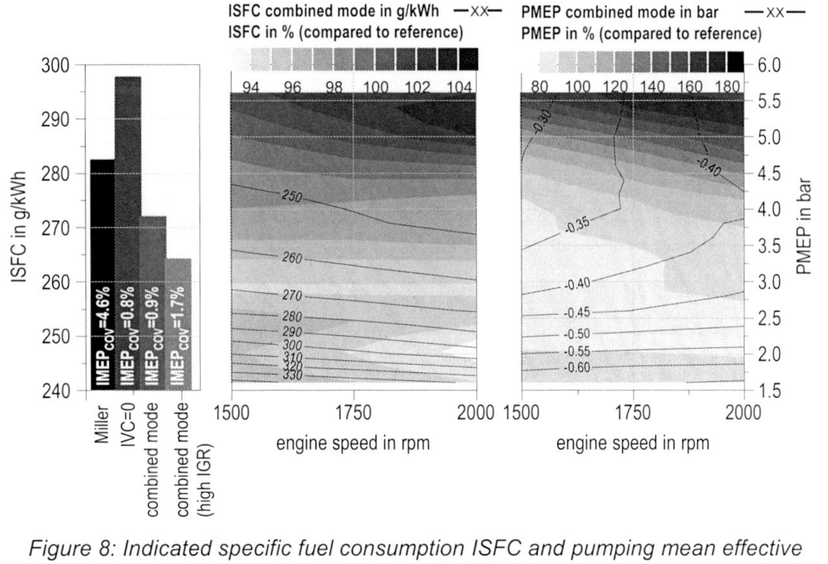

Figure 8: Indicated specific fuel consumption ISFC and pumping mean effective pressure PMEP

Consequently, dilution with hot residual gas opens the option of further dethrottling the combined mode and therefore of reducing indicated specific fuel consumption (ISFC) to 264g/kWh.

The pumping losses losses can be further reduced as a result of a higher internal mass of residual gas and lower flow losses at the valve gaps. At constant intake manifold pressure, the combined mode's greater extent of valve lift and associated greater effective flow cross sections with higher residual-gas components produce a reduction in the flow-mechanical losses at the valve gap.

The higher component of inert gas increases combustion duration and the first phase of heat release up to a fuel mass conversion rate of 50%. No influence on the second combustion phase can be observed on account of swirl motion induced.

All studies on intake-valve-based flow optimization discussed so far were conducted at the 2000rpm / 2.8bar IMEP operating point. It is presumed that optimizing configuration of the combined mode for other operating points will make it necessary to change the split between valve lifts 1 and 2 and also alter their phasing. The right-hand part of *Figure 9* nevertheless shows a map that compares the combined mode (after adjusting valve lifts but keeping them constant across the map) with the results of pure intake and exhaust cam phasing involving full lift on the intake side.

Both strategies were optimized for minimum fuel consumption through cam phasing at COV_{IMEP} < 4%. The combined mode can be seen to produce far better fuel consumption in the lower map range. The point of reversal depends on engine speed and falls in relation to load as engine speed increases. In the combined mode above 2.5bar IMEP, load is controlled by the camshaft phasers at an intake manifold pressure of 980mbar. Below this engine load, valve overlap is also restricted by the engine running stability limit in the combined mode, making it necessary to use the throttle valve in the intake manifold for controlling load.

4. Summary and Outlook

This paper discusses a potential and promising approach of using selective valve actuation to mitigate charge motion and turbulent kinetic energy losses resulting from early intake valve closure timing and to improve fuel consumption drawback by enhancing inflammation and combustion conditions.

For all cases examined it was possible to show that a clear correlation exists between results based on CFD computations, such as global charge motion or TKE, and test-related parameters, like combustion duration or burn delay. Fuel consumption could also be reduced by 12% over the reference with intake valve closure at bottom dead center at iso-COV_{IMEP} (~0.85%). Moreover, additional engine smoothness gained in the combined mode from higher turbulence can be used for extending dethrottling by admitting residual gas on the exhaust side as a way of further minimizing fuel consumption.

Selectively actuating the intake valves in the combined mode generates higher turbulence at the ignition point than the combustion chamber masking measure. At the lower end of the operating map's load range, constant valve lift curves improve fuel consumption for the combined mode by more than 5% compared with the conventional approach of throttling based on intake and exhaust cam phasers. In further studies, it is planned to conduct gas exchange simulations in the combined mode using a purely cam-based system to investigate the influence of mechanically achievable valve lift curves on the combustion efficiency and the specific fuel consumption. Should these results promise success, it is planned to set up a multi-cylinder engine with the Slidecam switch-over system developed by IAV and examine the combined mode as a valve-lift switching option on a series production engine.

References

[1] Haas, M.; Rauch, M.: Elektrohydraulischer Vollvariabler Ventiltrieb. In: MTZ 71 (2010), No. 3, p. 160-165

[2] Wurms, R.: Einfluss einlassseitig erzeugter Ladungsbewegung auf das Betriebsverhalten von Vierventil-Ottomotoren. Aachen, University, Dissertation, 1994

[3] Witt, A.: Analyse der thermodynamischen Verluste eines Ottomotors unter den Randbedingungen variabler Steuerzeiten. Graz, University of Technology, Dissertation, 1999

12 Ultra-Downsizing of Internal Combustion Engines

Victor Gheorghiu

Abstract

The downsizing of Internal Combustion Engines (ICE) is already recognized as a very suitable method for the concurrent enhancement of Indicated Fuel Conversion Efficiency (IFCE) and the lowering of CO_2 and NO_x emissions [1], [2]. In this report, ultra-downsizing is introduced as an even higher stage of development of ICE. Ultra-downsizing will be implemented here by means of real Atkinson cycles using asymmetrical crank mechanisms, combined with multi-stage high-pressure turbocharging and very intensive intercooling. This will allow an increase of ICE performance while keeping the thermal and mechanical strain strength of engine components within the current usual limits.

1. Introduction

The scarcity of oil and gas reserves and the global warming phenomenon both urge the automotive industry towards a decrease in fuel consumption and thus a reduction in CO_2 emissions. These factors will also determine the future R&D trends for ICE.
Downsizing of ICE means simultaneous decreasing the displaced volume (usually by reducing the number of cylinders) and increasing the Indicated Mean Pressure (IMEP) by means of turbocharging [1], [2]. This allows the preservation of power and torque performance while decreasing the engine size. As a result, a) the mechanical and thermal losses are reduced, b) the engine becomes lighter, leading to a drop in the overall weight of the vehicle, and c) the engine operates more within its optimum fuel consumption zone. The advantages offered by a) and b) hold true even for ICE used in hybrid propulsion systems, while the advantage c) is already a feature of full-hybrid vehicles.
The level of downsizing determines the strength of the thermal and mechanical strains of engine components. In order to avoid exceeding the usual limits, either the boost pressure or the Volumetric Compression Ratio (VCR) must be reduced accordingly. As a consequence, the whole potential of downsizing is not achieved and the IFCE and IMEP remain at a low level.
The current ICEs have classical (symmetrical) crank mechanisms (i.e. all strokes of equal length) and follow the Seiliger cycles. Atkinson cycles have been used so far mostly with these symmetrical crank mechanisms, where the intake valves are closed very late in the cycle [3] [4]. Thus, a part of the charge sucked into the cylinder is pushed back to the intake pipes, and the effective compression stroke is decreased. This implementation of *Quasi-Atkinson cycle* shows no noticeable improvements of the IFCE (see [3] to [6] for more details).

The Ultra-Downsizing (UD) is defined as a total concept consisting of several objectives and the measures required for its successful implementation. The main objectives of UD are increase the efficiency and the effective mean pressure, while reducing the emissions - particularly CO_2 and NO_x - in compliance with the usual thermal and mechanical strain limits of the engine components.

The required measures for implementing of UD are processual, structural (constructive) and operational.

The *processual measures* include:

- the implementation of the *real Atkinson cycle*,
- the attempt to reach the maximum recovery of the exhaust gas enthalpy by using an optimized partition between the internal (inside the cylinder) and external (inside the turbocharger) compression (of the fresh charge) and expansion (of the exhaust gas),
- the optimization of the heat release and of the gas exchange processes etc.

The *structural measures* include:

- the use of an *asymmetric crank mechanism* with a (much) shorter compression stroke compared to expansion stroke,
- the variability of the compression and expansion ratios,
- the use of very high-pressure turbocharging with very intensive cooling of the fresh charge before it is sucked into cylinder etc.

The *operational measures* include:

- maintaining the stoichiometric mixture in SI engines and the decrease of the AFR with respect of soot limits in CI engines at every engine operating points (EOP), which would enable the use of either a 3-way catalytic converter for NO_x reduction or a less frequent regeneration of the NO_x storage catalytic converter,
- the continuous adjustment of the compression ratio to the available boost pressure for performing the load control without throttling and/or leaning and stratifying of the mixture,
- shutting down the thermodynamic cylinder by shutting off the fuel supply and by significantly reducing the compression ratio etc.

2. Implementation of Quasi-Atkinson cycle on ICEs with classical (symmetrical) crank mechanism

2.1 Known implementations of the Quasi-Atkinson cycle

2.1.1 Aspirated engines

The market share of hybrid vehicles, most of them using Spark Ignition (SI) engines, has been steadily increasing over the past years. For example Toyota uses in its Prius II and III a SI engine which tries to achieve a higher IFCE by using a Quasi-Atkinson cycle. In this implementation of the Atkinson cycle the intake valve is kept open for a large part of the compression stroke and the volumetric compression ratio is enhanced. Consequently, in the initial stage of the compression stroke (when the piston begins to ascend), some of the air that had entered the cylinder is returned to the intake manifold, in effect delaying the start of compression. In this way, the expansion ratio is increased without increasing the effective compression ratio. Sophisticated variable valve timing is used to carefully adjust the intake valve timing to op-

erating conditions in order to reach maximum efficiency. Many variants of this implementation of the Atkinson cycle were evaluated in detail in [4]. In order to eliminate the influence of the heat exchange between the compared variants, which is difficult to control, the cylinder is henceforth basically treated as adiabatic.
Fig. 1 presents the IFCE above the Crank Angle (CA) for this Quasi-Atkinson cycle implementation (dashed curve) and for the Seiliger cycle. The Quasi-Atkinson cycle is derived from the Seiliger cycle by means of a 100°CA delaying of the intake valve closing ("ic") and by increasing the VCR by 90%.

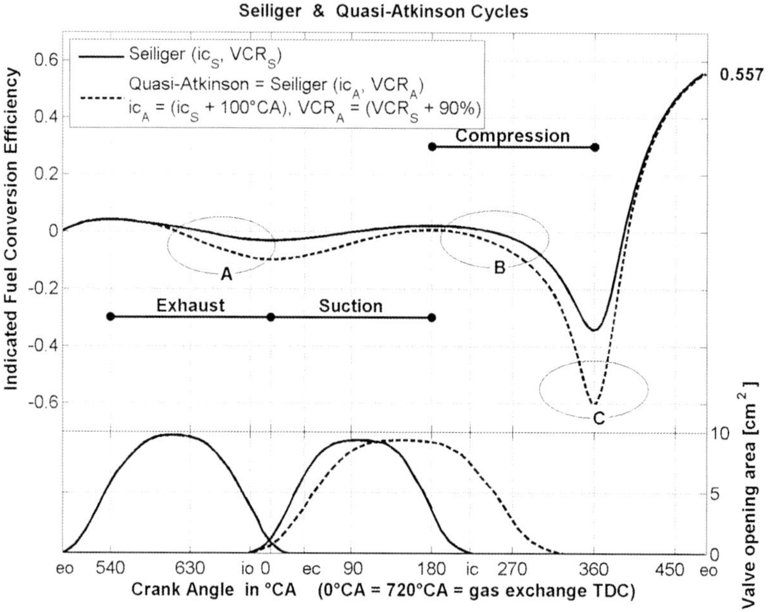

Fig. 1: Indicated Fuel Conversion Efficiency, Crank Angle (IFCE,CA) - Diagram

The pushing out of residual gases during the exhaust stroke consumes more piston work in the Quasi-Atkinson cycle (see A areas in Fig. 1) because of the lower pressure at the exhaust valve opening (see exhaust valve opening "eo" positions in Fig. 2) and consequently of the sluggish cylinder emptying process. The oscillating air stream from and to the intake manifold through the intake valve port (see B area in Fig. 3), reduces considerably the IFCE (see B areas in Fig. 1) of the cycle. Although the compression work in this Quasi-Atkinson cycle implementation is greater (because of the 90% increase of the VCR; see C area of Fig. 1), the increased VCR shows a very positive effect during the expansion stroke so that, finally, the IFCE level of the Seiliger cycle is reached.
One can conclude that the IFCE gain of this kind of Atkinson cycle implementation is modest and largely dependent on the fine tuning of all parameters (valve timing etc.). In addition the specific power of the engine is low because of the lower retained mass of fresh change in cylinder before compression (see Fig. 3).

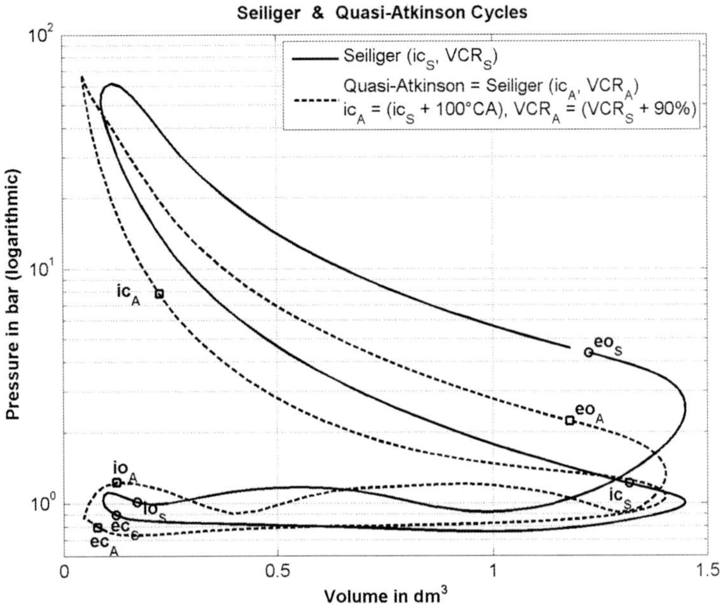

Fig. 2: Pressure (logarithmic), Volume (log(p),V) - Diagram

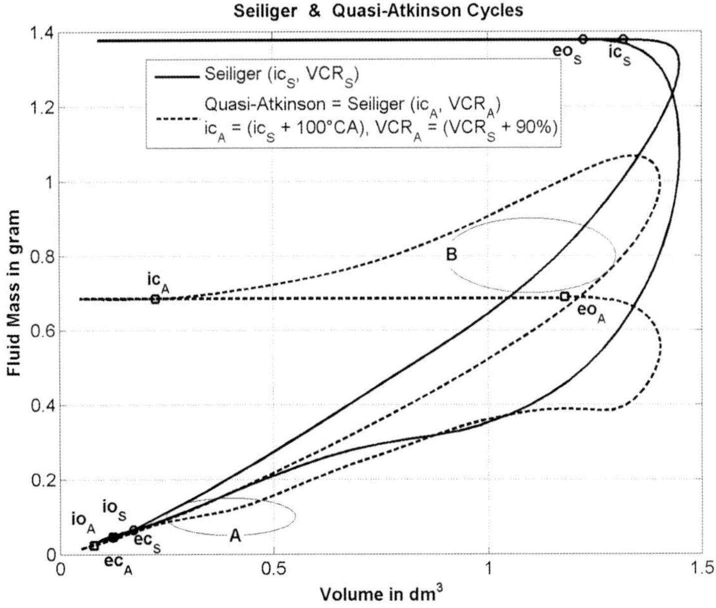

Fig. 3: Fluid Mass, Volume (m,V) - Diagram

This means that a relatively large (due to the large displacement) and therefore heavy engine is needed to power the vehicle. The most IFCE improvement in the case of Prius II and III is obtained by means of sifting the EOP in areas with maximal IFCE. For these reasons, this implementation of the Atkinson cycle is suitable only for hybrid vehicles, where the engine - because it is not directly linked mechanically to the wheels - works only in its best operating range.

2.1.2 Turbocharged engines

First, we analyze the commonly used practice of concomitant suction delaying and the increase in boost pressure. The number of parameters influencing the turbo-charged engines becomes much higher compared to the aspirated engines. As a consequence, the effort to achieve the combinations of parameters which maximize the IFCE (η_i in the table from Fig. 5) of such engine cycles becomes much bigger. The simulation tool used here is the BOOST®, from AVL Co.

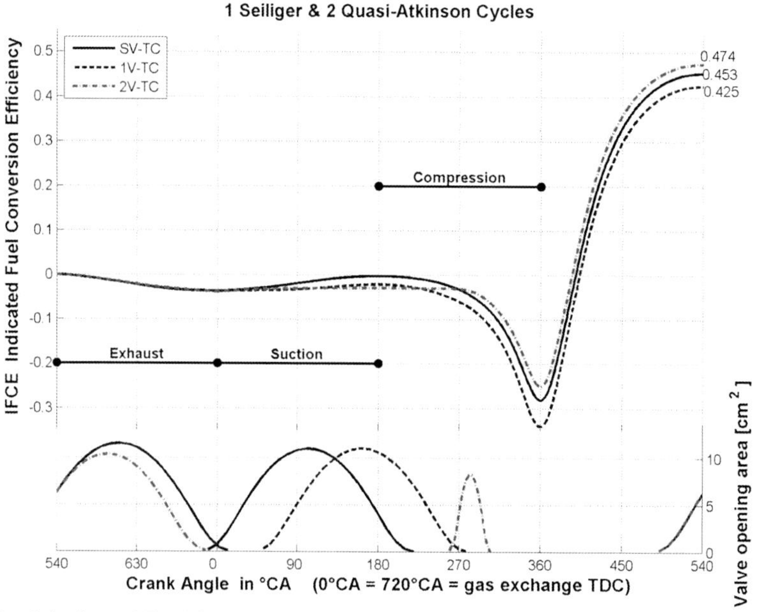

Fig. 4: Indicated Fuel Conversion Efficiency, Crank Angle (IFCE,CA) - Diagram

The simulation results for the Quasi-Atkinson cycle implementation (labeled here as 1V-TC), where the intake valve closing is 60°CA delayed, are presented in Fig. 4 to Fig. 7. Due to the delay in suction, the gas exchange processes are very different from the standard version of the Seiliger cycle (labeled here as SV-TC). The boost pressure (p_C) is increased to achieve nearly the same filling rate of the cylinder (m_a) (see Fig. 7) and thus the same IMEP (p_i in the table from Fig. 5).

In the Quasi-Atkinson cycle implementation labeled 2V-TC, the suction is much more delayed and a very high charge pressure (of more than 16 bars) is taken into consideration. Due to the delayed suction less mass is aspirated into cylinder (see Fig. 7).

For improving the indicated IFCE of this cycle, the VCR is increased by 22% compared to the Seiliger cycle (SV-TC). Special characteristics of the 2V-TC Quasi-Atkinson cycle implementation are: a) the rest gases are expanded during the suction stroke and then compressed, as in the Miller cycle [3], [7] and b) the suction of fresh charge starts first, after the full completion of the suction in Seiliger cycle, and takes a very short time. Unfortunately, in order to achieve the same maximum values of pressure and temperature on both cycles at virtually the same IMEP, the AFR (λ in the table from Fig. 5) must be adapted in this case. The placement of the combustion phase in the cycle is identical to the Seiliger cycle. The simultaneous matching of all the parameters (i.e. maximum values of pressure and temperature, IMEP and AFR) is very difficult and time-consuming to achieve. The difference between the AFR values of both cycles is quite low and for this reason the EOP can be deemed to correspond to full load in both cycles. The fresh charge mass retained in cylinder is much lower in the 2V-TC Quasi-Atkinson cycle (see Fig. 7). During exhaust stroke, there are no major differences in IFCE between the cycles (see Fig. 4).

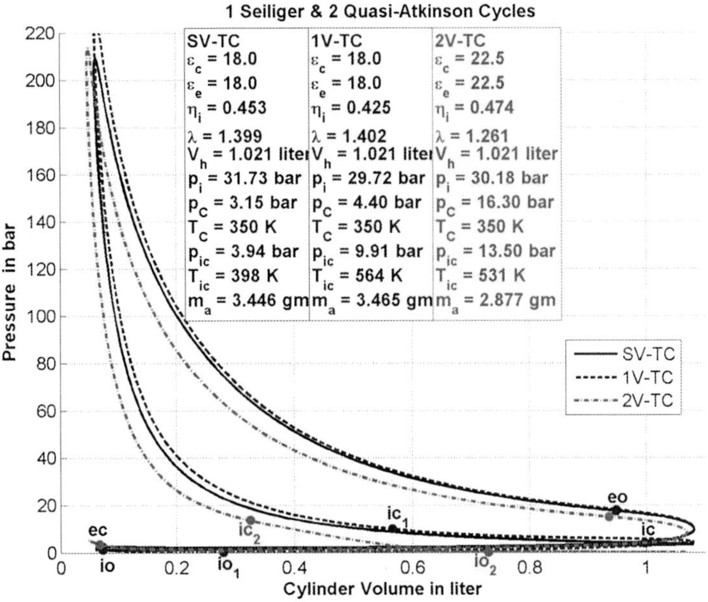

Fig. 5: Pressure, Volume (p,V) - Diagram

The major impact of the decrease in compression work in the Quasi-Atkinson cycle can be seen clearly after the closing of the intake valve (see Fig. 4). In short, although the boost pressure in the 2V-TC Quasi-Atkinson cycle implementation is more than five times higher at virtually the same IMEP, only a minor improvement of the IFCE can be detected. For this reason, the implementation of such Quasi-Atkinson cycles does not represent a suitable solution. Therefore, a new approach is needed to implement a real Atkinson cycle.

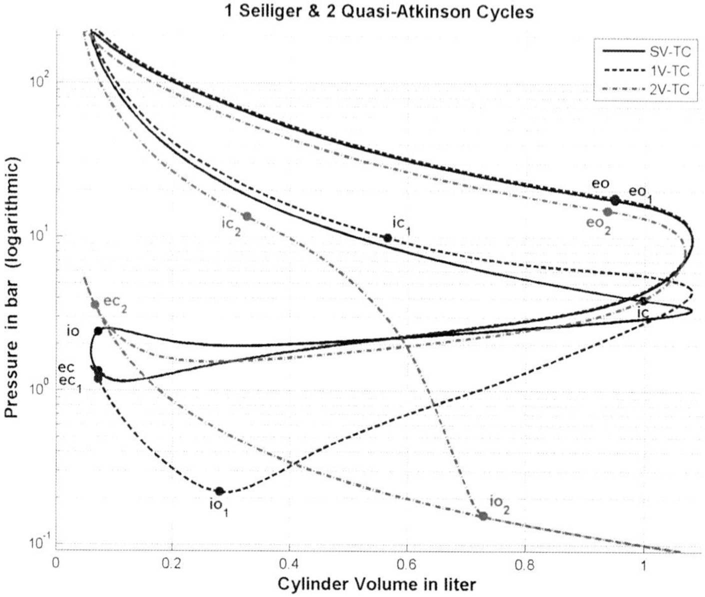

Fig. 6: Pressure (logarithmic), Volume (log(p),V) - Diagram

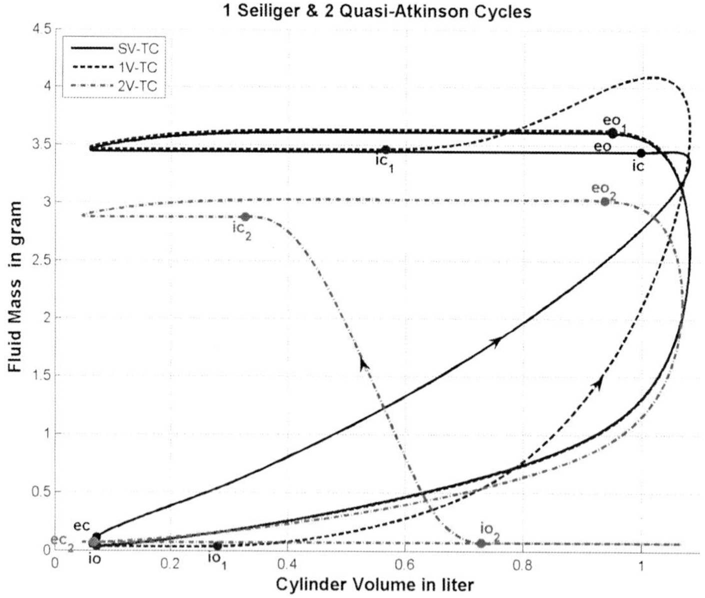

Fig. 7: Fluid Mass, Volume (m,V) - Diagram

3. Implementation of the Real-Atkinson cycle on ICEs with asymmetrical crank mechanisms

In order to realize a strict Atkinson cycle - i.e. shortened compression and extended expansion - a special crankshaft drive is proposed, which permits geometrically different strokes for compression and expansion (see Fig. 8 for aspirated engines [4], respectively 12A and 12B for supercharged engines [5], [6]). The design of this crankshaft drive is not the subject of this investigation (because it is still in the application stage of the patenting process) and it is therefore not described here. Its mechanical efficiency is estimated to be more than 96%. Many other crank mechanisms with asymmetrical strokes are in the application stage or have already been patented.

3.1. Aspirated ICEs

The aim here is merely to estimate the potential for increasing the IFCE if the crankshaft drive from Fig. 8 is used. In other words, this strict implementation of the Atkinson cycle, labeled further on as Real-Atkinson, investigates the extent to which losses caused by the suction and partial expulsion of the fresh charge reduce the IFCE.

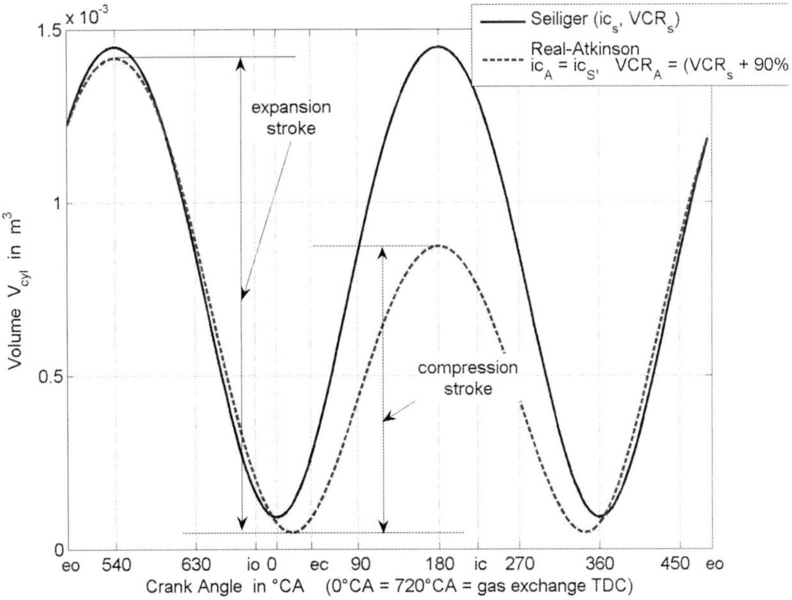

Fig. 8: Volume, Crank Angle (V,CA) - Diagram

As before, a comparison is made with the Seiliger cycle from Fig. 1 to 3. As the angle positions of the top dead centre are slightly shifted compared to the SV in this modified crankshaft drive, the closing angle of the exhaust valve in the 3V is also 20°CA delayed in order to avoid causing a large counter pressure during the valve overlap

time. The p,V-diagram is shown in Fig. 9, in which both the different compression and expansion strokes and also the increased compression ratio can clearly be recognized for the modified crankshaft drive.
An analysis of the IFCE-CA-diagram from Fig. 10 reveals that the IFCE is higher in the Real-Atkinson than in the Seiliger and Quasi-Atkinson cycles (see Fig. 1). The only factor which could have contributed to this is the elimination of the back and forth streaming through the intake valve (compare B areas in Fig. 1 and 10, since no other changes or parameter optimizations were made. The curve from Fig. 11 confirms that the entire aspirated gas mass of the Real-Atkinson cycle remains in the cylinder for combustion. Although the compression stroke is much shorter than in the Seiliger and Quasi-Atkinson cycles and the intake valve is open for a shorter time, the mass sucked in the Real-Atkinson cycle is roughly 6% greater than in the Quasi-Atkinson cycle (compare Fig. 3 and 11).
An analysis of the curves from Fig. 10 shows the same situation as in Fig. 1, where more piston work is needed in the Quasi-Atkinson and Real-Atkinson cycles for emptying the cylinder in comparison to the Seiliger cycle (see A areas in both figures). After the intake valve closes and the compression starts, the IFCE drops again sharply in the case of the Real-Atkinson cycle as a result of the increased VCR, but less sharply than in the case of the Quasi-Atkinson cycle (compare C areas in both figures) because of the elimination of back streaming through the intake valve (see B areas in both figures). A 15% increase of the IFCE is therefore achieved after compression and expansion in the Real-Atkinson cycle, compared to the Seiliger and Quasi-Atkinson cycles.

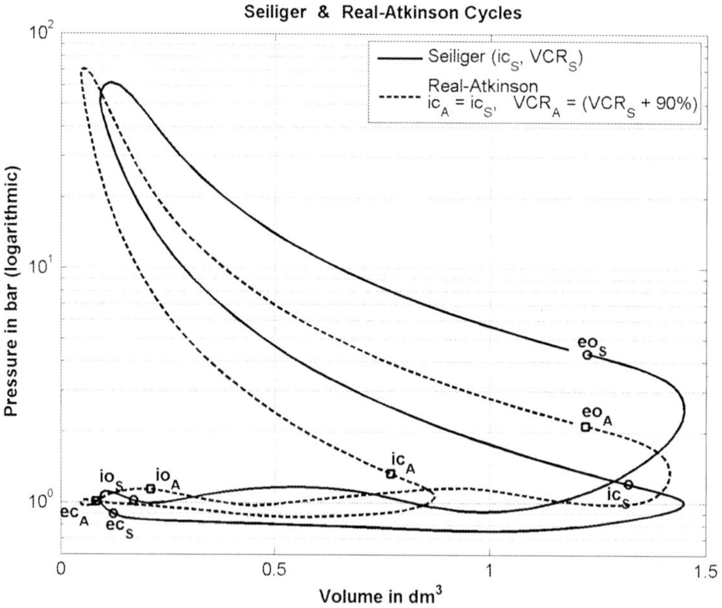

Fig. 9: Pressure (logarithmic), Volume (log(p),V) - Diagram

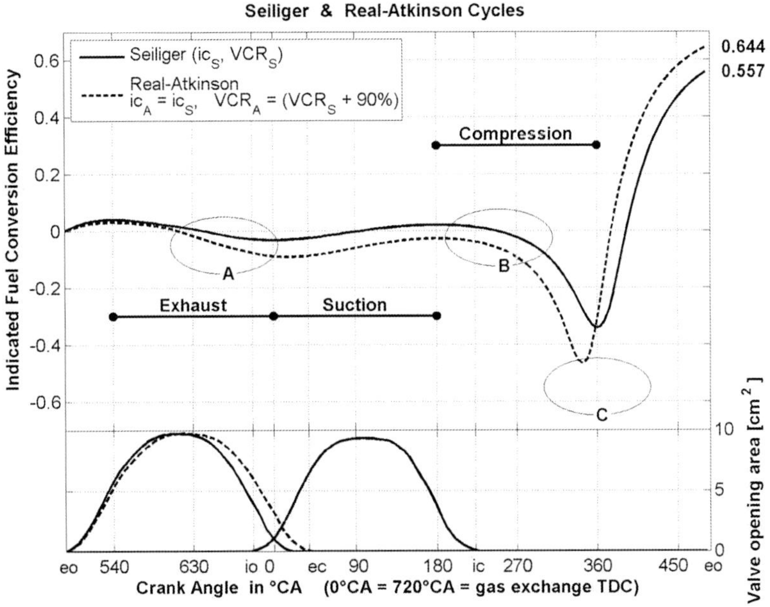

Fig. 10: Indicated Fuel Conversion Efficiency, Crank Angle (IFCE,CA) - Diagram

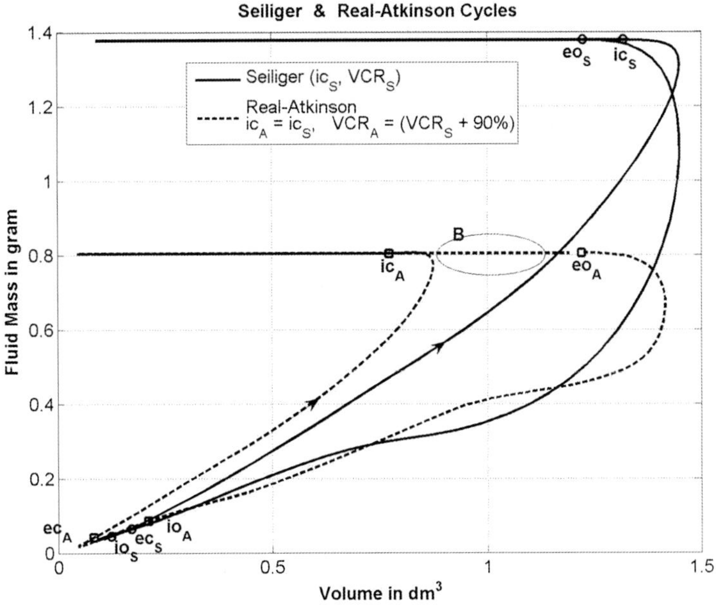

Fig. 11: Fluid Mass, Volume (m,V) - Diagram

3.2. Turbocharged engines

As before [4], [5], [6], the simulation tool used for turbocharged engines is the BOOST® tool, from AVL Co. The power balance of turbochargers determines the actual boost pressure level of the engine. The turbochargers (TC) are modeled for these investigations in a simple manner. It describes the expansion process in the turbines (Tx) by means of their discharge coefficients while the air compression within compressors occurs up to a maximum pressure ratio which depends on the available turbine output. To be able to simulate cycles with very high boost pressures as well, three intercooled TCs are placed in line (three-stage turbocharging, see Fig. 12). When the boost pressure required for preserving the pressure limit on the cycle is low, the superfluous TCs are kept for simplicity and comparability in use (i.e. are not bypassed). In this case the expansion and compression ratios of the turbines and compressors tend gradually toward 1, i.e. these TCs switch off themselves thermodynamically.

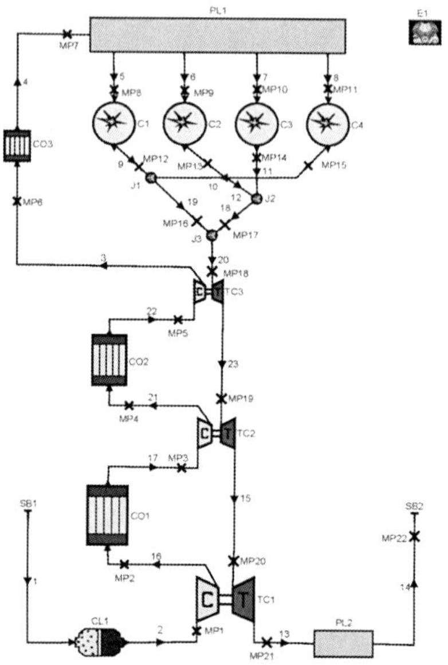

Fig. 12 BOOST model of a four cylinder turbocharged engine
Simple number denotes pipes, **Cx** = cylinder, **COx** = cooler, **TCx** = turbochargers, **PLx** = plenum, **Jx** = junctions, **CLx** = cleaner, **SBx** = system boundaries, **Ex** = engine and **MPx** = measuring points

The asymmetrical crank mechanism used here can realize the classical piston displacements for the Seiliger as well as for the Real-Atkinson cycles with various asymmetries between the compression and expansion strokes (see. Fig. 13A) and enable the variation of the VCR (see Fig. 13B).

The limitation of the maximum pressure during the cycle determines the VCR - boost pressure pair of parameters. If a relatively high boost pressure is desired, the VCR must be reduced accordingly in order to accomplish the maximum pressure limitation of the cycle. This will also decrease the IFCE since it is determined primarily by the VCR. Furthermore, the expansion in the cylinder occurs largely incompletely and the exhaust gases exit the cylinder with a still too high specific enthalpy, which decreases the IFCE even further. However, the expansion of exhaust gases in the turbines with its high specific enthalpy can be used only in part to drive the compressors and, therefore, to enhance the boost pressure because it exceeds the upper pressure limit of the cycle.

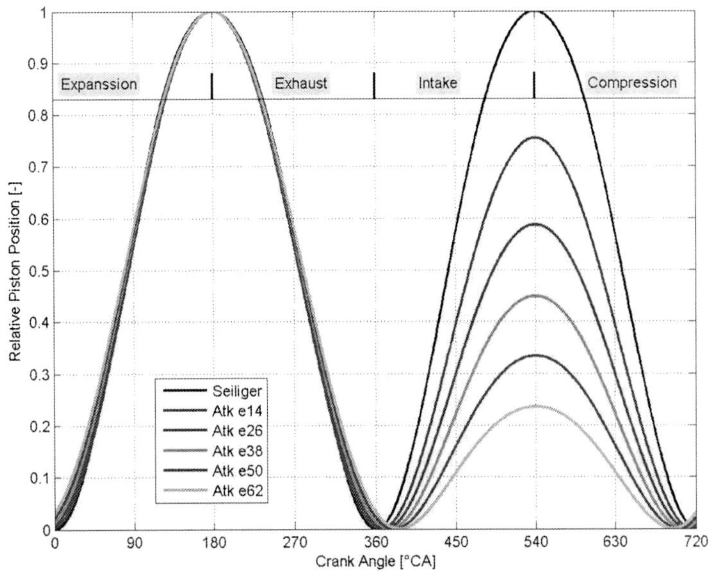

Fig. 13A Relative Piston Position, Crank Angle - Diagram used in the IC A

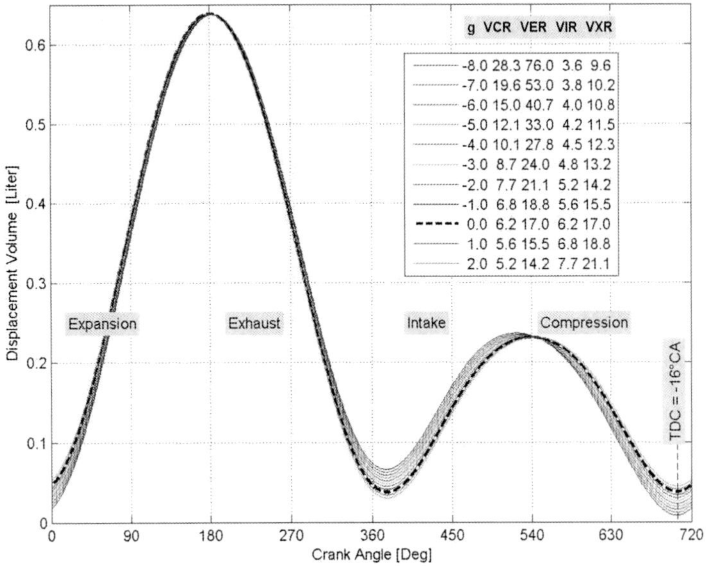

Fig. 13B Displacement Volume, Crank Angle - Diagram used in the IC B

The following facts can be used to summarize the current situation:
To raise the IFCE, most of the working gas expansion should occur within the cylinder. If, however, the expansion process occurs entirely within the cylinder (ideally, a full expansion occurs up to the ambient pressure), no additional boost pressure can be generated.
In order to increase the expansion part within the cylinder, the crank mechanism must provide a higher Volumetric Expansion Ratio (VER), which makes a long expansion stroke (and, therefore, an engine with a long piston displacement) necessary. However, that leads to a high IFCE but quite low indicated specific power (kW/L) and IMEP of the engine.
In order to simultaneously increase the IFCE and the IMEP, the engine must be turbocharged and the ratio between the expansions within the cylinder and within the turbines (i.e. between the internal and external expansions) must be optimized. To be able to optimize this ratio (i.e. between internal and external expansions) regardless of VCR, an asymmetrical crank mechanism is required in order to implement real Atkinson cycles.
The simulations are carried out in the following two investigation cases (**IC**) with the purpose of looking for the optimum ratio between the internal and external expansions, which leads simultaneously to maximizing the IFCE and enabling sufficiently high values of IMEP:
In the **IC A**, the simulated variants are based on a steady VER and a varied VCR. This means that the identical expansion and exhaust strokes are kept unchanged while the identical intake and compression strokes are varied significantly - by means of varying the eccentric radiuses "exx" (see legend of Fig. 13A) of the crank mechanism - in order to allow the modification of the ratio between internal and external expansion.
In the **IC B**, the simulated variants are based on a steady eccentric radius (e32) where VER, VCR, Volumetric Intake Ratio (VIR) and Volumetric Exhaust Ratio (VXR) are varied simultaneously by means of the parameter "g" (see the legend of Fig. 13B).
Most parameters of the BOOST model are selected for a hypothetical engine and are kept unchanged for all simulations. This includes parameters such as all geometrical dimensions (with the exception of the crank mechanism), valve timing, wall temperatures (300 K) and heat transfer coefficients (Re-analogy) of the pipes, as well as the efficiencies and pressure losses of the intercoolers (target efficiency = 0.75, target pressure drop = 5 kPa) and friction coefficients in the pipes (0.019). Likewise, the efficiency of the turbochargers (compressor efficiency = 0.75, turbocharger overall efficiency = 0.5), as well as the blow by gap size of the cylinder, frictional characteristic curve of the engine and AFR - the combustion parameter (see Table 1A) - are also included. A simple Vibe function is selected in order to model the combustion process. The different positions of the TDC in the Atkinson and Seiliger cycles (see Fig. 13A) are compensated by choosing a suitable start of combustion (SOC), so that combustion begins uniformly in all cycles at 15°CA before TDC.
The Table 1A shows the VER (volumetric expansion ratio), VCR (volumetric compression ratio), μ_{Tx} (turbine discharge coefficients), n (engine speed), AFR (air-fuel ratio), SOC (start of combustion), CD (combustion duration), m_{Vibe} (exponent of Vibe function for the cylinder heat release modeling), IFCE (indicated fuel conversion efficiency), IMEP (indicated mean pressure), max(p) and max(T) (maximum pressure and temperature during the cycle), p_{MP8} and T_{MP8} (mean boost pressure and temper-

ature; i.e. at the measuring point MP8, see Fig. 12) and p_{MP12} and T_{MP12} (mean exhaust back pressure and temperature; i.e. at MP12, see Fig. 12) for cylinder 1.

Cycle	VER	VCR	μ_{T1}	μ_{T2}	μ_{T3}	n	AFR	SOC	CD	m_{Vibe}
	-	-	-	-	-	rpm	kg/kg	°CA	°CA	-
Atk e14	27,0	20,6	0,480	0,258	0,161	3000	14,6	-21	86	1,5
Atk e26	27,0	16,2	0,430	0,231	0,144	3000	14,6	-24	86	1,5
Atk e38	27,0	12,7	0,335	0,180	0,112	3000	14,6	-30	86	1,5
Atk e50	27,0	9,7	0,256	0,138	0,086	3000	14,6	-36	86	1,5
Atk e62	27,0	7,1	0,199	0,106	0,067	3000	14,6	-42	86	1,5
Seiliger	7,0	7,0	0,330	0,177	0,111	3000	14,6	-15	86	1,5
Seiliger	15,0	15,0	0,620	0,333	0,208	3000	14,6	-15	86	1,5

Cycle	VER	VCR	IFCE	IMEP	max(p)	max(T)	p_{MP8}	T_{MP8}	p_{MP12}	T_{MP12}
	-	-	-	bar	bar	K	bar	K	bar	K
Atk e14	27,0	20,6	0,419	25,7	231	2209	3,02	336	2,79	867
Atk e26	27,0	16,2	0,423	28,2	234	2197	4,08	343	3,78	877
Atk e38	27,0	12,7	0,423	27,9	237	2182	5,13	346	4,79	877
Atk e50	27,0	9,7	0,413	26,7	235	2167	6,55	348	6,16	913
Atk e62	27,0	7,1	0,391	24,6	229	2152	8,78	356	8,07	915
Seiliger	7,0	7,0	0,301	57,9	232	2292	12,48	450	15,85	1396
Seiliger	15,0	15,0	0,383	42,1	232	2344	4,62	361	4,62	1127

Table 1A Parameter (top) and Performance (bottom) for IC A (comma means decimal point!)

The various parameters from Table 1A for the IC A and from Fig. 20B for the IC B are selected for the purpose of obtaining roughly the same maximum cylinder pressure max(p) ≈ 230 bar in all cycles (see Fig. 15A). In order to reach this state, the discharge coefficients of the three turbines (μ_{T1}, μ_{T2} and μ_{T3}) are varied according to a) the influence of the back pressure behind the cylinder (e.g. at the measuring point MP12 for cylinder 1; see Fig. 12) and of b) the boost pressure (e.g. at MP8 for cylinder 1). In order to reach approximately the same expansion rate in all three turbines, their discharge coefficients are set at the same level and compensated with the cross sections ratios of the turbine output pipes. Hence, only the discharge coefficient of the third turbine μ_{T3} is adapted for each cycle to meet the cylinder peak pressure limit, since this sets the level of the other two discharge coefficients μ_{T2} and μ_{T1} (see Table 1A and 20B).

3.2.1 Simulation results and trends for the IC A

All Atkinson cycles show better IFCE values than the Seiliger cycles (see Fig. 14A). However, the Seiliger cycles reach higher IMEP values because of the longer intake stroke and, therefore, the larger gas mass sucked in (see Fig. 19A). Furthermore, higher boost pressures p_{MP8} are required in both the Atkinson and Seiliger cycles in order to hold the parameter max(p) steady when the VCR is reduced (see Table 1A). The comparison of the Atk e62 (with VCR = 7.1) and Seiliger (with VCR = 7) cycles shows that a) the Atkinson cycle has a 30% higher IFCE and reaches 58% less IMEP and b) the Seiliger cycle needs a 30% higher boost pressure (p_{MP8} in Table 1A) and must overcome a 50% higher cylinder back pressure - i.e. before T3 (p_{MP12} in Table 1A). Moreover, the comparison of the Atk e38 & e26 (with VCR = 12.7 respective = 16.2) and Seiliger (with VCR = 15) cycles shows that the Atkinson cycles have a 10% higher IFCE (although the maximum cylinder temperature max(T) is ca. 160 K, i.e. 7% lower) and a 34% lower IMEP. The highest IFCE value for the Atkinson cycles is not reached in the variant with the highest VCR, but in the variant where the VCR is about 50% of the VER. Consequently, the optimum variant features an intake stroke equal to approx. 50% of the expansion stroke.

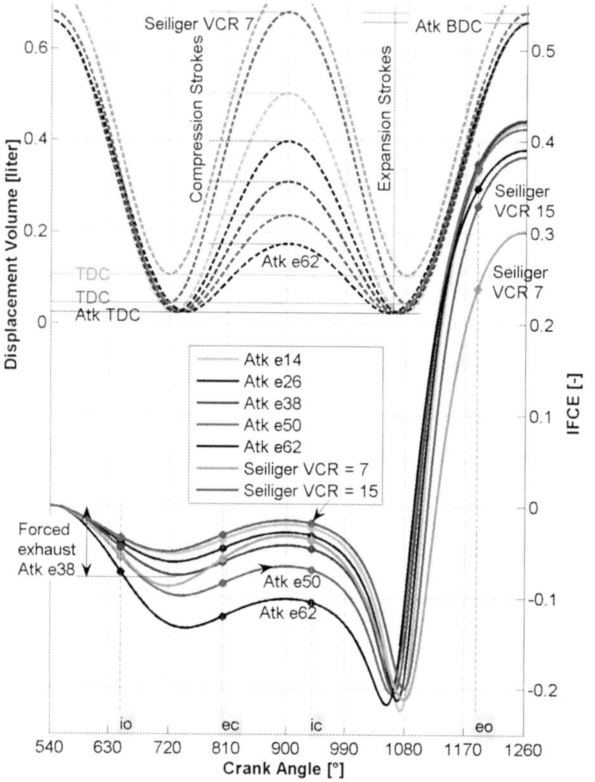

Fig. 14A: Indicated Fuel Conversion Efficiency, Crank Angle (IFCE,CA) - Diagram (top curves with right axis) and Displacement Volume, Crank Angle (V,CA)-Diagram (bottom curves with left axis)

Some diagrams are introduced and analyzed below in order to determine the cause of these trends. The pressure-volume (p,V) diagram of all cycles is presented in Fig. 15A and the pressure-specific volume (p,v) diagram of the intake and the exhaust gas paths of each Seiliger and Atkinson cycle are presented in Fig. 16A. It can be inferred from Table 1A, as well as recognized in Fig. 15A and 16A, that the Seiliger cycle where the VCR = 7 needs the highest boost pressure to reach the desired max(p) ≈ 230 bar (because of its low VCR). The consequences are an extremely high back pressure p_{MP12} (see Fig. 16A) and falling ISFC because of the very intensive exhaust work required to push the exhaust gases out of the cylinder (see in Fig. 15A the curve up to exhaust valve closing "ec" point). Therefore, this cycle occurs exclusively in the pressure range above 10 bar. For the Atkinson cycle Atk e38, this situation is reversed (see Table 1A and Fig. 15A and 16A for comparison). This cycle occurs exclusively in the pressure range above 5 bar.

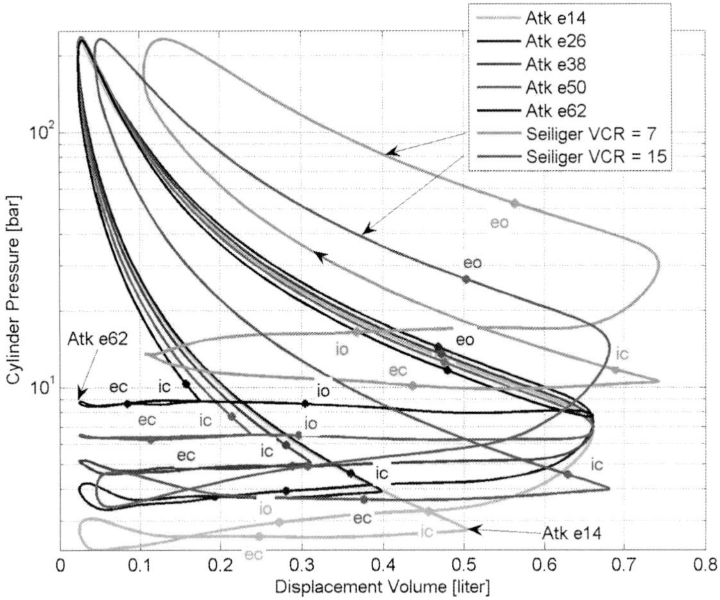

Fig. 15A: Pressure (logarithmic), Volume (log(p),V) - Diagram

The differences between both cycles can be clearly seen in the intake and exhaust gas paths. Fig. 16A and 17A show the three-stage compression of the air and all the states after passing through each compressor and intercooler (with the associated pressure losses). Fig. 16A and 18A show the three-stage expansion of the exhaust gases in the turbines. Fig. 18A shows, that the discharge coefficients are properly adapted between the turbines because the expansion occurs almost linearly in all three stages.

The air compression and the exhaust gas expansion for the cycle Atk e38 occur mostly in TC3 (see Fig. 16A and 17A) because the exhaust gas pressure at the MP18 point (i.e. before T3, see Fig. 16A and 18A) is too low (see also Table 1A) to be able to adequately drive T2 and T1. Consequently, the exhaust gases compress partly in T2 and T1 instead of expanding (see MP19 to MP21 in Fig. 16A). No modification of the IFCE sequence between variants is obtained by deleting TC1 from the BOOST model (i.e. there is no need to remove the unnecessary TC in these simulations).

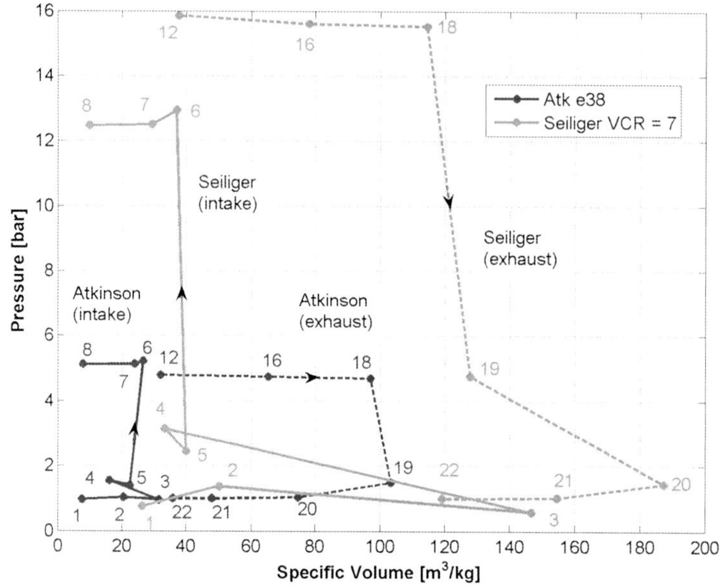

Fig. 16A: Pressure, Specific Volume (p,v) - Diagram

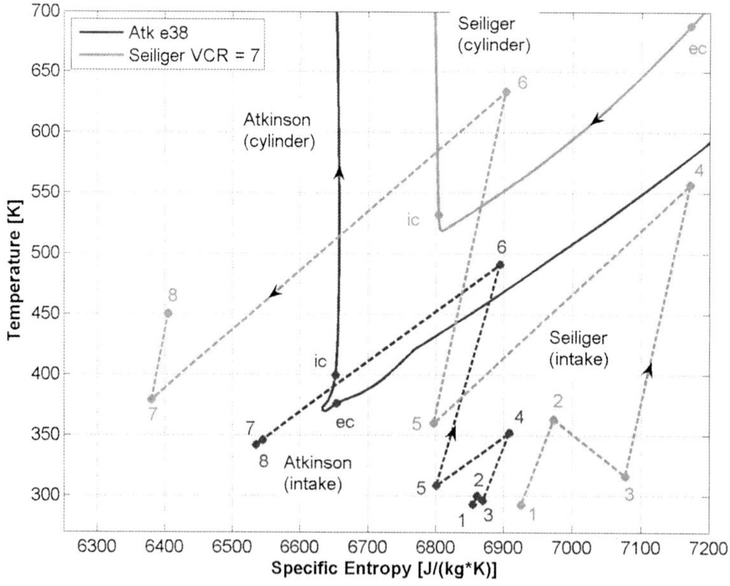

Fig. 17A: Temperature, Specific Entropy (T,s) - Diagram in Cylinder & Intake Path

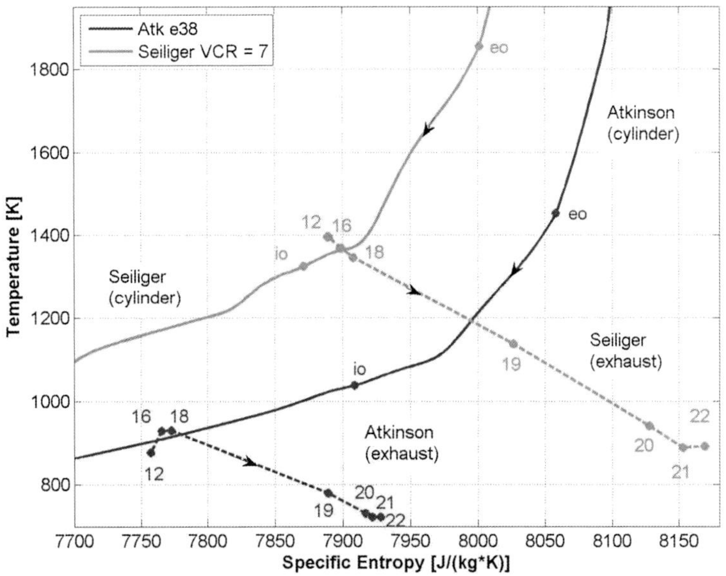

Fig. 18A: Temperature, Specific Entropy (T,s) - Diagram in Cylinder & Exhaust Path

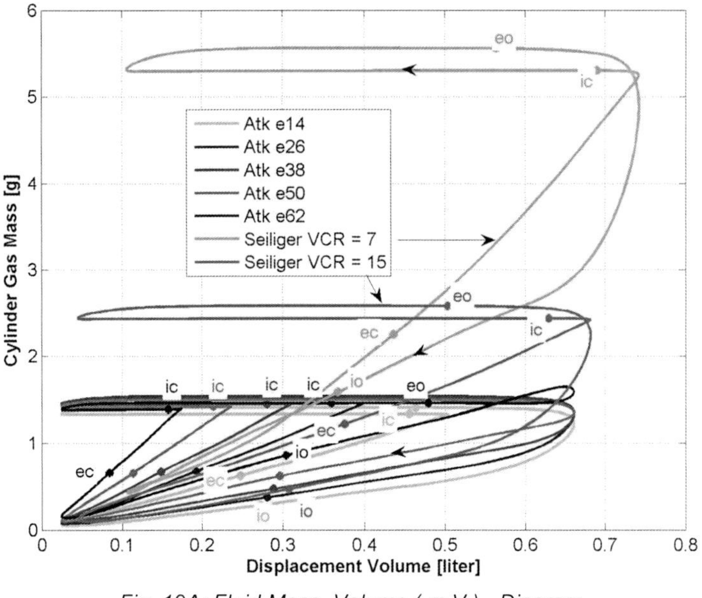

Fig. 19A: Fluid Mass, Volume (m,V) - Diagram

In all Atkinson cycles, the sucked intake gas mass changes minimally (see the red circle area on the left side of Fig. 19A), i.e. IMEP follows preponderantly IFCE variation and is, for the most part, independent of the boost pressure (p_{MP8}) variation.

3.2.2 Simulation results and trends for the IC B

A number of trends become clear after analyzing the parameter and performances presented in Fig. 20B.

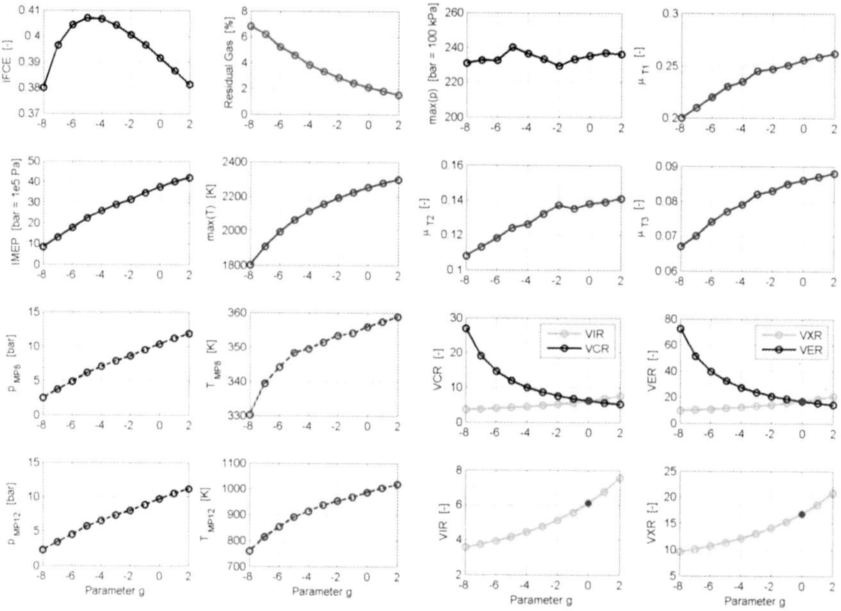

*Fig. 20B Parameters (left) and Performance (right) for the **IC B** over Parameter "g"*

This type of crank mechanism – which permits the VCR variation (in this case via parameter "g") – enables the implementation of Real-Atkinson cycles for part and full-load operating points (OPs), where the IMEP varies between 8.5 and 42 bar, even with the stoichiometric AFR and without throttling. Moreover, the IFCE in all these OPs only varies within a 6% band (related to its maximum value, see also Fig. 20B and 21B). In all these OPs, the maximum cylinder pressure remains at approx. 230 bar and the maximum cylinder temperature varies between 1800 and 2300 K (see Fig. 20B and 22B). The optimization of the heat release could significantly reduce the maximum cylinder temperature. In variant "g+2" (see legend), the maximum boost pressure (p_{PM8}) reaches nearly 12 bar, while the boost temperature (T_{PM8}) does not exceed 360 K (see Fig. 20B). In this case, the cylinder is filled to maximum (see Fig. 23B). As a result of the extended expansion within the cylinder (see Fig. 11B) the exhaust gas temperatures before turbine T3 (T_{MP12}) only reach a maximum of 1000 K. This means that the turbine wheel does not need to be protected (e.g. by making the mixture leaner) against a higher gas temperature, but, at the same time, a higher exhaust gas pressure is required before T3 (p_{MP12}) in order to achieve the desired boost pressure (p_{MP8}).

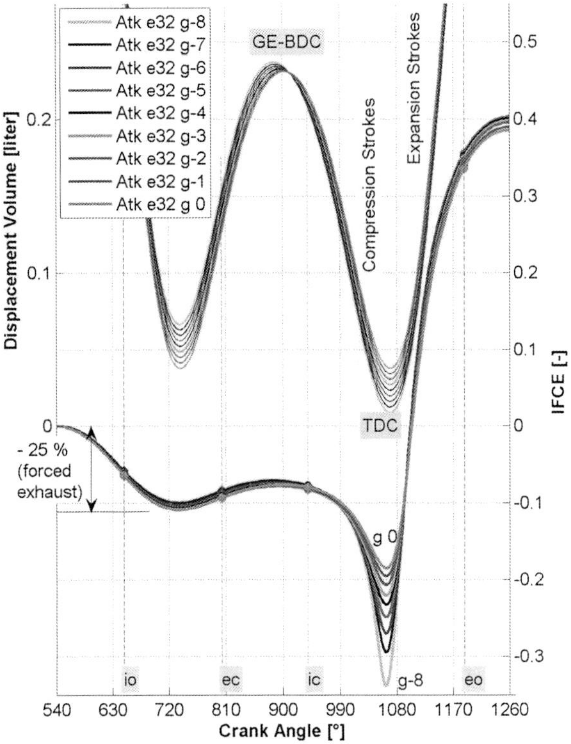

Fig. 21B: Indicated Fuel Conversion Efficiency, Crank Angle (IFCE,CA) - Diagram (top curves with right axis) and Displacement Volume, Crank Angle (V,CA)-Diagram (bottom curves with left axis)

The required higher exhaust gas pressure before T3 (p_{MP12}) (i.e. the cylinder back pressure) significantly diminishes the IFCE (i.e. by approx. 25%, see IFCE variation in Fig. 12B between 540°CA and the "ec" position). The load independence of these IFCE losses is quite unexpected, but if the difference between the cylinder pressure at "eo" and the back pressure (p_{MP12}) in Fig. 13B is noted, the positive effect of the exhaust gases released from the cylinder (i.e. of the free exhaust) becomes evident. An additional optimization of the valve timing can considerably reduce the back pressure and, therefore, these IFCE losses. The residual gas concentration decreases, while the VXR and boost pressure increase (see Fig. 20B). The increase in the VXR makes the cylinder exhaust more complete and the increase in boost pressure favors the scavenging of residual gases from the cylinder. The IMEP enhancement – from 8.5 to 42 bar, while AFR remains unchanged (here stoichiometric) and IFCE only varies within a 6% band – is the result of more gas mass aspirated into the cylinder (see Fig. 23B).

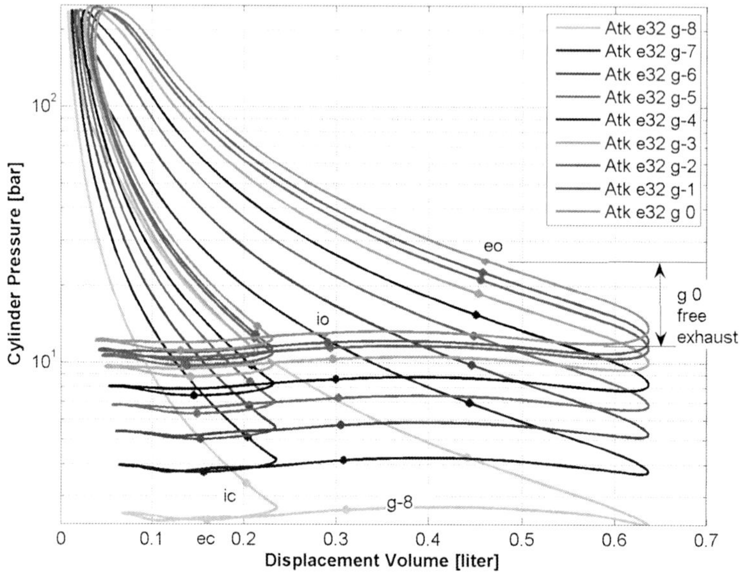

Fig. 22B: Pressure (logarithmic), Volume (log(p),V) - Diagram

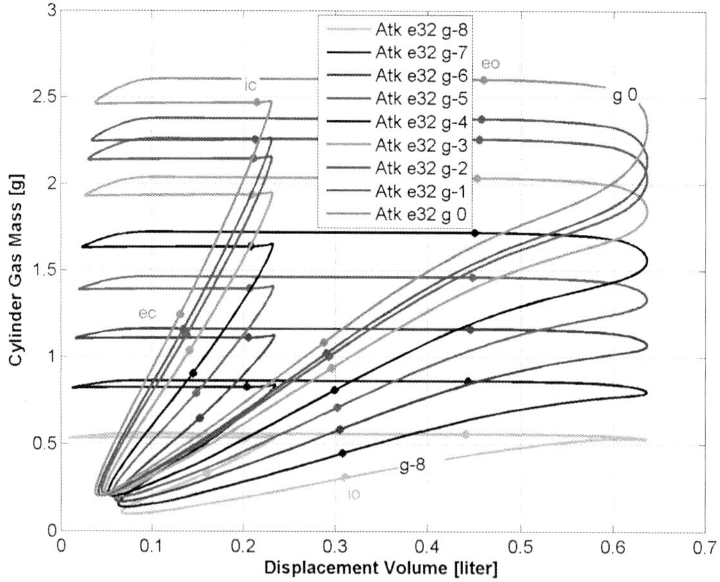

Fig. 23B: Fluid Mass, Volume (m,V) - Diagram

3.3. Evaluation of the highest IFCE values of the Seiliger and Atkinson cycles

3.3.1 The V,p,T ideal model for the open Seiliger and Atkinson cycles

Because in the case of the supercharged ICE, the number of parameters which influence the IFCE and BMEP is very high, the ask of achieving combinations of parameters which maximize the performances of the real (by BOOST) ICE cycle becomes very difficult. For these reasons, ideal models of the V,p,T-Seiliger and -Real-Atkinson cycles have been developed (see [4], [5], [6] and Appendix).
Modeling by means of V,p,T-cycles has the advantage of allowing users to generate ideal ICE cycles which model more closely the real cycles than the classic ideal V- and V,p-cycles by observing their mechanical (pressure) and thermal limits. A simple V-cycle (Otto cycle), where the heat is released only in an isochoric manner (i.e. by constant volume), generates unrealistically high levels of maximum pressure and temperature during the cycle. The attempt to limit the maximum pressure level leads to the classic V,p-cycle [7], [8], where the heat is released in an isochoric and isobaric (constant pressure) manner. The V,p-cycles (i.e. classic Seiliger cycles) leads, for example, to very high temperature levels in the case of fully loaded supercharged engines. These levels are completely unrealistic.

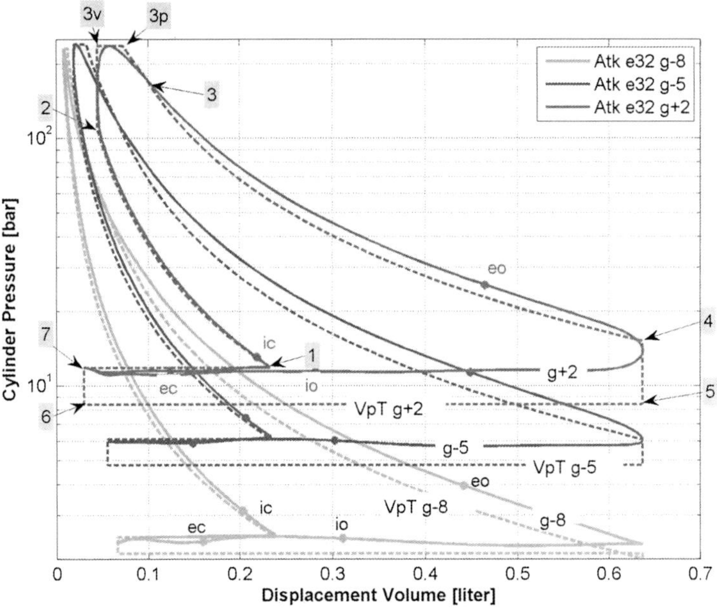

Fig. 24. Pressure (logarithmic), Volume (p,V) -Diagram for Boost (with Valves Timing) and V,p,T (dashed curves) for three Values of Parameter "g"

In the ideal V,p,T-cycle, the heat is partially released isochorically on the 2 – 3v change of states, isobarically on 3v – 3p and isothermally on 3p – 3 (see states noted in Fig. 24). The amounts of heat released isochorically and isobarically depend on the targets for maximum pressure and temperature of the cycle. The theoretical background of this ideal open cycle (i.e. with gas exchange) is presented in detail in the Appendix.

In the ideal V,p,T model, the thermal properties of the working fluid (κ_c for the unburned and κ_e for the burned parts) are kept constant throughout the cycle. The entire fuel mass is added to the cylinder gas mass in the "3v" state of the cycle (see Fig. 24). The mass contribution of the exhaust rest gas part is also taken into consideration. The available heat (from fuel combustion) decreases by the amount of heat transferred to cylinder wall. In this case, the compression, combustion and expansion can be treated adiabatically. The backpressure behind the cylinder p_T (equivalent of the p_{MP12} from the BOOST model) is computed by means of energy balance at the turbocharger.
In order to be able to compare the simulation results, the following parameter are carried over from the BOOST to the V,p,T-model: p_C, T_C, p_{max}, T_{max}, m_1, m_f, κ_c, κ_e, Q_{wall} (see Appendix for their meaning).

The diagrams of cylinder pressure over displacement volume from Fig. 24 show a relatively good concordance for the high pressure part of the cycles. The heat release and heat transfer to cylinder wall are responsible for most of the differences. The V,p,T model features an optimal heat release, i.e. the maximum achievable isochorically and isobarically parts for reaching the target values for maximum pressure and temperature of the cycle. The gas exchange and turbocharging processes used in the V,p,T model are also optimal. The parameter and performances of the BOOST and V,p,T cycle simulations are shown in Fig. 25.

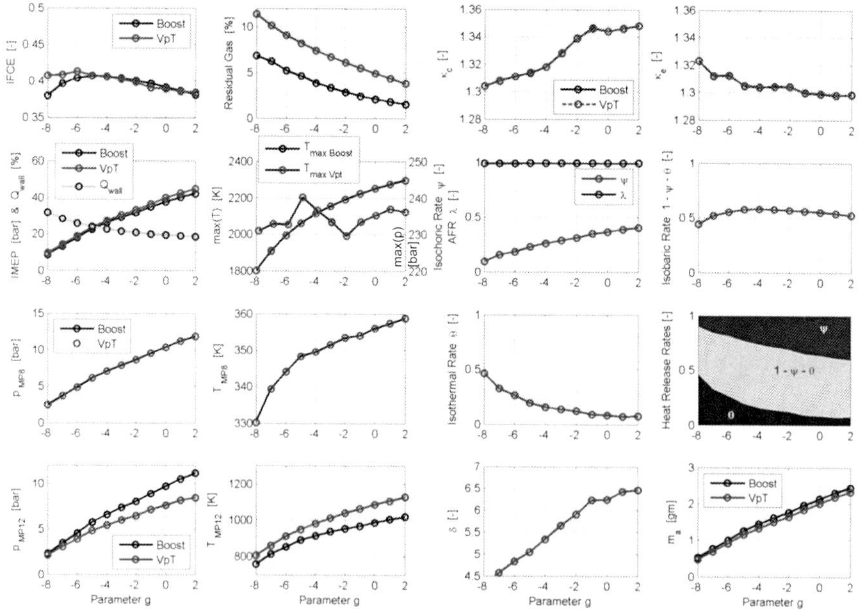

*Fig. 25 Parameter (left) and Performance (right) for **IC B** over Parameter "g"*

The IFCE values of the V,p,T model follow the upward movement of the VCR and VER values (the VCR and VER values of each "g" position of the crank shaft are presented in the legend of Fig. 13B) mainly because of the optimized heat release. The areas of ψ, 1-ψ-θ and θ from the diagram of the heat release rates, located on the right side of Fig. 25, explain this tendency.
The residual gas mass (i.e. rest exhaust gas rate per cycle) seen in the V,p,T simulation is the result of this ideal model. However, when initializing the V,p,T simulations, the model uses the values from BOOST simulations (i.e. as start values for a few iterations). The differences between the pressure and temperature behind the cylinder (i.e. in MP12 of the BOOST model, see Fig. 12) show the maximum potential of turbocharging in these operating points. The maximum cylinder pressure and temperature are kept identical in the BOOST and V,p,T simulations.

3.3.2 Comparison between the performances of the Seiliger and Real-Atkinson cycles by means of the V,p,T-model

The V,p,T model is used to simulate both cycles while preserving the same settings for:

- VCR ε_c,
- AFR λ,
- heat release rates (i.e. isochoric ψ, isobaric 1-ψ-θ and isothermal θ),
- heat transfer rate to the cylinder wall ξ_{wall},
- pressure at the end of compression p_2,
- boost pressure p_C and boost temperature T_C,
- free exhaust ratio $\phi_{ex} = p_4 / p_5$,
- overall turbocharger efficiency η_{TC}
- maximal cylinder displacement etc.

In this way, the big effort of optimizing all the BOOST model parameters (such as heat release, valves timing etc.) can be avoided and an accurate comparison between the performances of the Seiliger and Real-Atkinson cycles is enabled.

The asymmetrical crank mechanism used for these investigations enables the simultaneous variation of the volumetric ratios and (more reduced) of the piston strokes from Fig. 26. The maximum cylinder displacement remains nearly unchanged, when the VCR are varying between 5.1 and 18.1 (see Fig. 27).
The following figures present the simulation results for three values of the VCR for both the Seiliger and the Real-Atkinson cycles. The maximum pressure and temperature values of the cycles are not kept identical (see Fig. 28 to 30). In Fig 28, one can see that the free exhaust ratios ϕ_{ex} were kept identical. By keeping the exhaust ratios identical in all simulations, we can assure similar conditions for the cylinder exhaust and, thus, for the levels of the cylinder back pressure and temperature (i.e. equivalent to p_{MP12} and T_{MP12} from the BOOST model, see Fig. 12). The aspirated gas mass of the Seiliger cycle is nearly two times bigger as in the Atkinson cycles (see Fig. 31). As expected, the efficiency (i.e. IFCE) of the Seiliger cycle is lower than that of the Atkinson cycles because of the truncated expansion. The analysis of the T,s-diagrams from Fig. 32 give a rough graphical estimation, while Fig. 33 provides the required evidence.

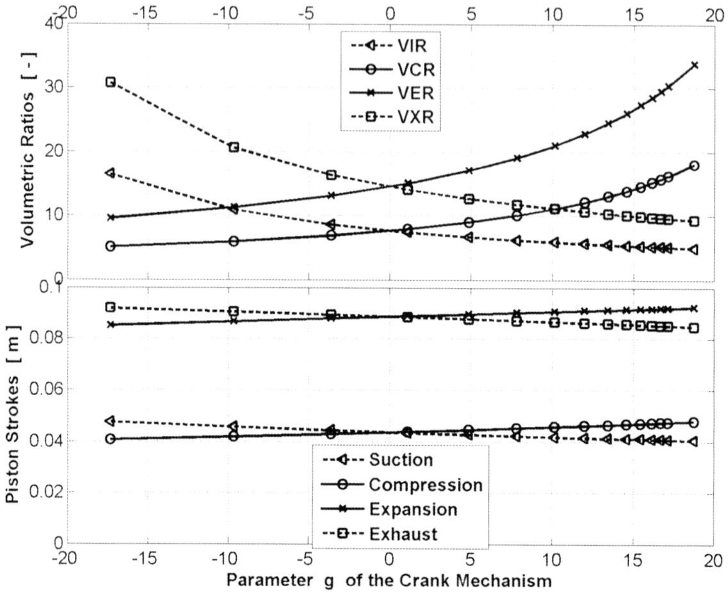

Fig. 26: Volumetric Ratios and Piston Strokes over Parameter "g"

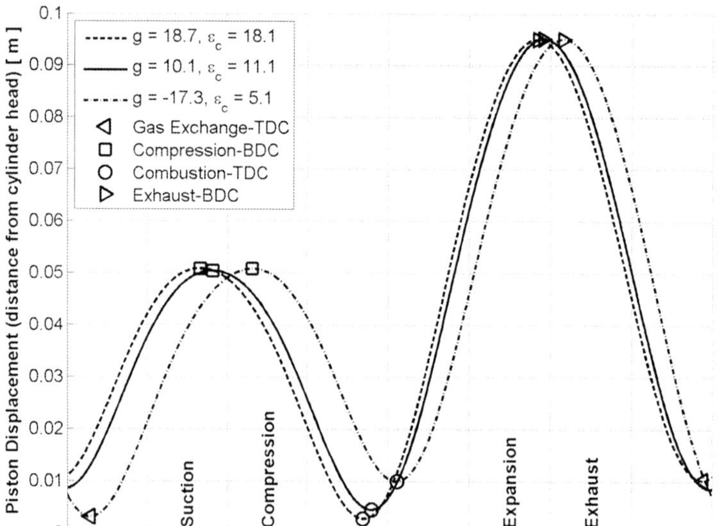

Fig. 27: Piston Displacement, Crank Angle -Diagram for three Values of "g"

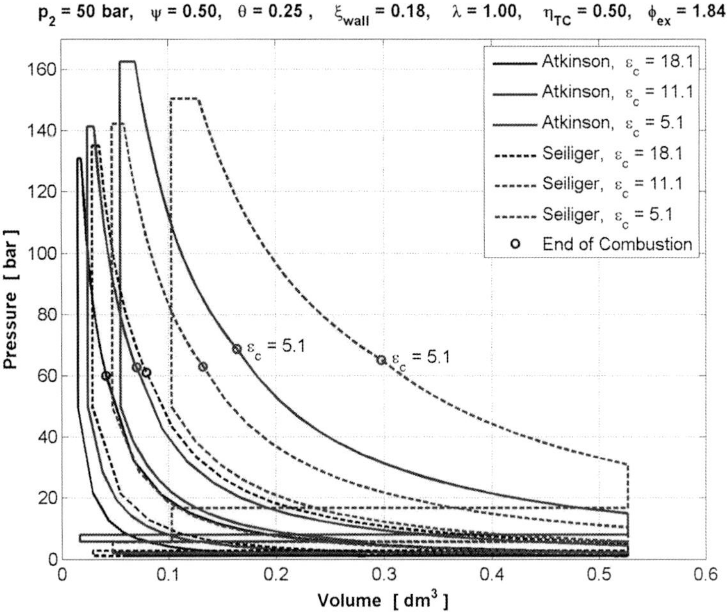

Fig. 28: Pressure, Volume (p,V) -Diagram regarding the VCR (ε_c) Variation

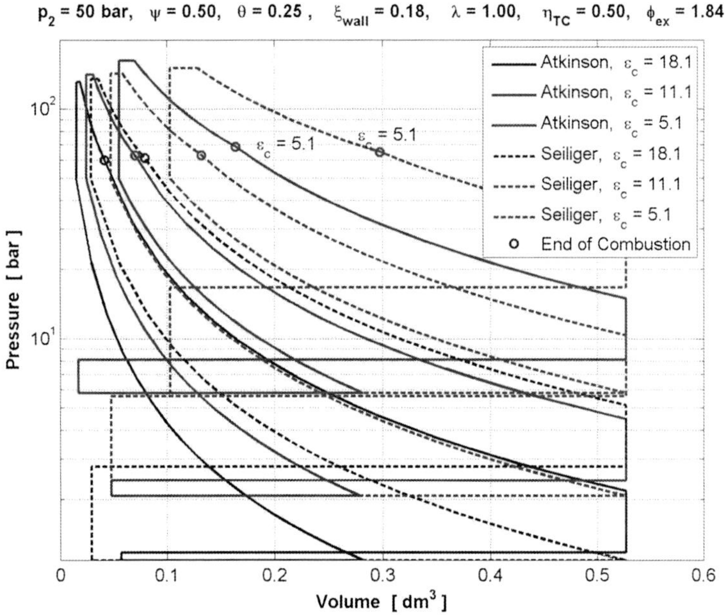

Fig. 29: Pressure (logarithmic), Volume - Diagram regarding the VCR (ε_c) Variation

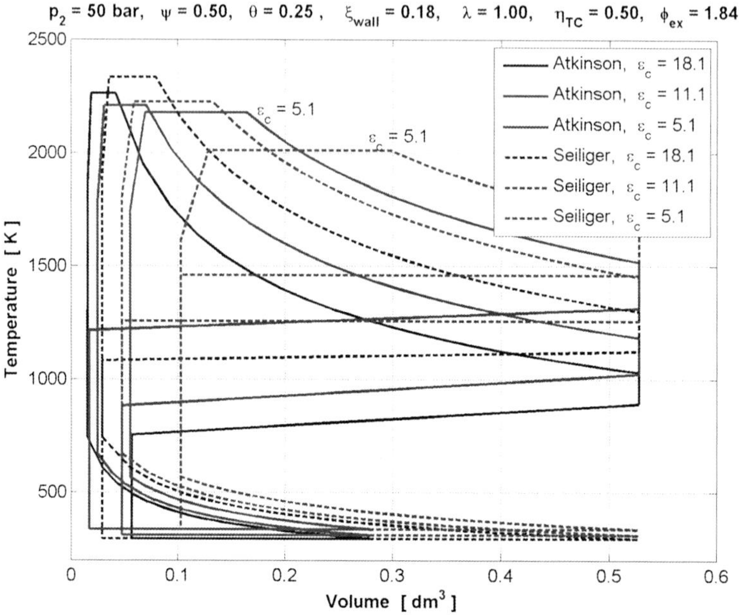

Fig. 30: Temperature, Volume (T,V) - Diagram regarding the VCR (ε_c) Variation

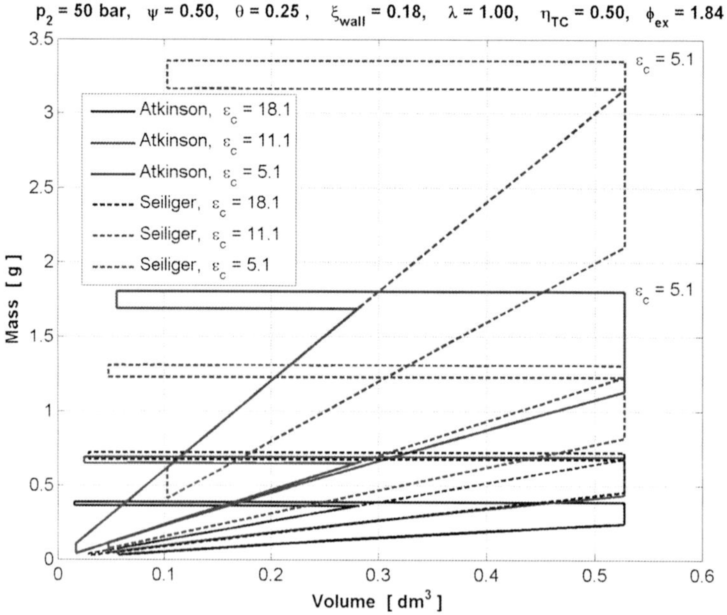

Fig. 31: Gas Mass, Volume (T,V) - Diagram regarding the VCR (ε_c) Variation

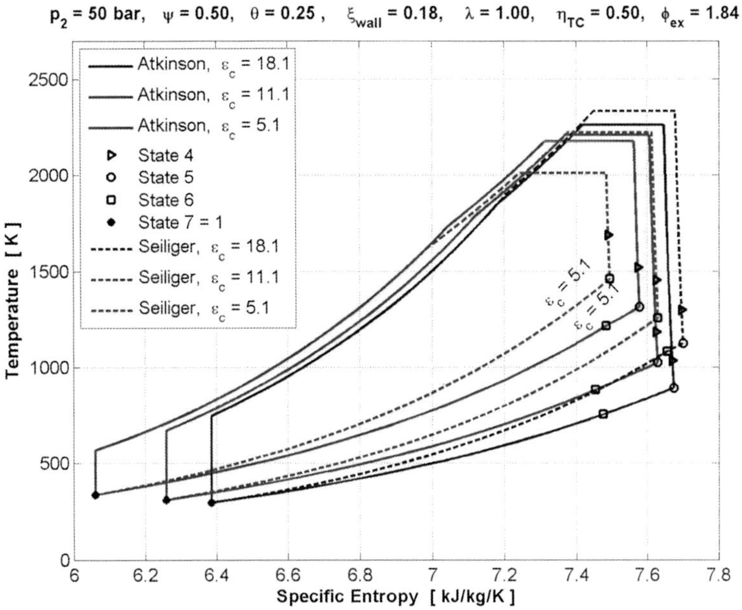

Fig. 32: Temperature, Specific Entropy (T,s) - Diagram regarding the VCR Variation

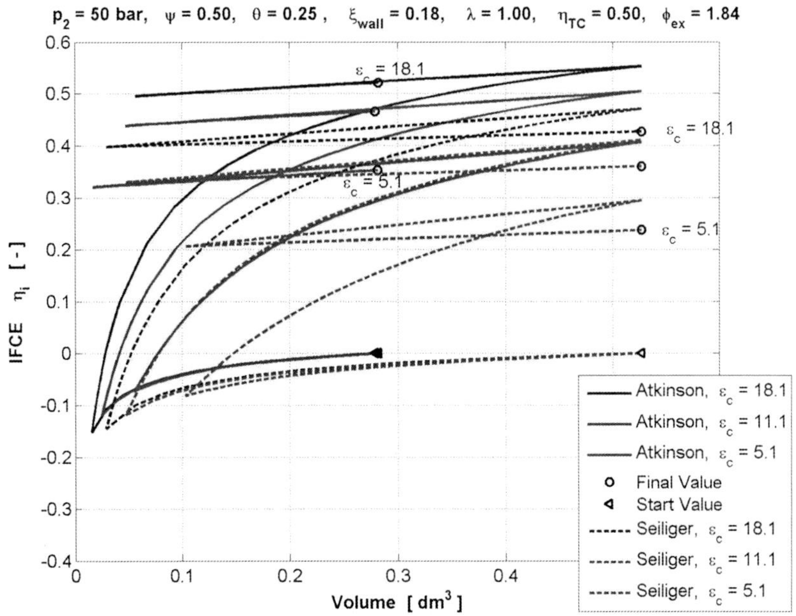

Fig. 33: IFCE, Volume (η_i,V) - Diagram regarding the VCR (ε_c) Variation

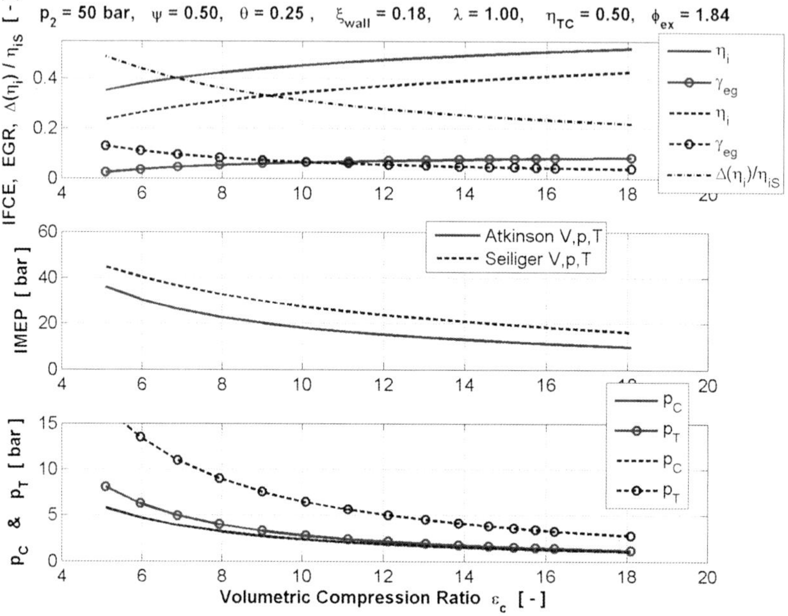

Fig. 34: Performances of the Atkinson and Seiliger Cycles regarding the VCR Variation

The performances of both cycles over the full variation range of VCR values are shown in Fig. 34. The boost pressure (p_C) and temperature are kept identical in both cycles (see below the diagram of Fig 33). The cylinder back pressure (p_T) values are different because of the different gas mass to be exhausted in both cycles (see Fig. 31).

The IFCE improvement of the Real-Atkinson cycle when compared to the Seiliger cycle (i.e. $\Delta(\eta i)/\eta_{iS}$, see top diagram of Fig. 34) reaches more than 20% at all operating points and it increases by higher IMEP values.

The exhaust rest gas per cycle (EGR, see top diagram of Fig. 34) is decreased in the Atkinson cycle by increasing of the IMEP (see the middle diagram of Fig. 34). In this case, the available cylinder volume for the intake of fresh charge is bigger. On the other hand, the intake stroke increases with the reduction of the VCR (see Fig. 26 and 27). In conclusion both of these facts compensate partially by full load the shortened intake stroke of the Atkinson cycle. Accordingly, the IMEP reduction seen in the Atkinson cycle compared to the Seiliger cycle is not very significant (see the middle diagram of Fig. 34).

3.4. Strategies for Load Control

By using such an asymmetrical crank mechanism with a variable VCR, it is possible to achieve the Real-Atkinson cycles of turbocharged engines for part- and full loads even without the AFR variation (e.g. with stoichiometric) of AFR, the throttling or the excessive EGR (exhaust gas recirculation). If the asymmetrical crank mechanism also enable the VCR variation for each cylinder separately, it is possible selectively to deactivate one or more cylinders by reducing the VCR and shut off of the fueling.

4. Conclusion

The implementation of the Real-Atkinson cycles for turbocharged engines using asymmetrical crank mechanisms offers the following advantages: a) relatively high IMEP, b) higher IFCE, leading to fewer CO_2 emissions and c) lower temperatures during the combustion stage, leading to fewer NO_x emissions.

In order to achieve this, the engine requires (in addition to variable valves timing etc.) the use of turbocharger systems with at least two stages, which must be adapted accordingly and controlled with the help of bypasses to maximize their performance. As a result, their optimization is very time consuming.

The comparisons between the V,p,T- and BOOST simulations shown in this paper indicate that this ideal V,p,T model can simulate a real model (in this case BOOST) relatively accurately and can predict correctly the upper limit of the cycle performances under the given engine operating conditions.

References

[1] Weinowski, R., Sehr A., Wedowski, S., Heuer, S., Hamm, T., Tiemann, C., Future downsizing of S.I. engines - potentials and limits of 2- and 3-cylinder concepts, Vienna Motor Symposium 2009

[2] Korte, V., Lumsden, G., Fraser, N., Hall, J., 30% higher efficiency at 50% less displacement, MTZ 2010

[3] Schutting, E, Neureiter, A, Fuchs, Ch., Schwarzenberger, T, Klell, M, Eichlseder, H, Kammerdiener, T, Miller- and Atkinson-Cycle for Supercharged Diesel Engines, MTZ 06 / 2007 (German)

[4] Gheorghiu, V.: CO2-Emission Reduction by Means of Enhancing the Thermal Conversion Efficiency of ICE Cycles, SAE International Powertrains, Fuels & Lubricants Congress, 2010, Rio de Janeiro, Brazil

[5] Gheorghiu, V.: Ultra-Downsizing of Internal Combustion Engines: Simultaneous Increasing of Thermal Conversion Efficiency and Power while Reducing Emissions, HEFAT Conference on Heat Transfer, Fluid Mechanics and Thermodynamics, 2011, Mauritius

[6] Gheorghiu, V.: Simultaneous Increasing of Thermal Conversion Efficiency and BMEP while Reducing Emissions, HEFAT Conference on Heat Transfer, Fluid Mechanics and Thermodynamics, 2012, Malta

[7] Heywood, JB, Internal Combustion Engine Fundamentals, MacGraw-Hill Book Company, 1988

[8] Pischinger, A., Kraβnig, G., Taucar, G., & Sams, Th., Thermodynamic of Internal Combustion Engines (German), Springer-Verlag, Wien New York, 1989

Appendix

Symbol	Meaning	Units
$\varepsilon_c = \frac{V_1}{V_2} = \frac{V_{in}}{V_c}$	volumetric compression ratio	-
$\varepsilon_e = \frac{V_5}{V_2} = \frac{V_e}{V_c}$	volumetric expansion ratio	-
$\varepsilon_i = \frac{V_1}{V_7} = \frac{V_{in}}{V_{out}}$	volumetric intake ratio	-
$\varepsilon_x = \frac{V_5}{V_6} = \frac{V_e}{V_{out}}$	volumetric exhaust ratio	-
$V_c = V_2 = V_{3v}$	cylinder volume at end of compression	m^3
$V_e = V_4 = V_5 = V_{max}$	cylinder volume at end of expansion	m^3
$V_{out} = V_6 = V_7$	cylinder volume at end of emptying	m^3
$V_{disp} = V_{max} \cdot \left(1 - \min\left(\frac{1}{\varepsilon_e}, \frac{1}{\varepsilon_x}\right)\right)$	cylinder displacement	m^3
$p_{max} = p_{3v} = p_{3p}$	maximal pressure on cycle	Pa
$T_{max} = T_{3p} = T_3$	maximal temperature on cycle	K
$p_1 = p_C$	cylinder pressure in state 1	Pa
$T_1 = T_C$	cylinder temperature in state 1	K
$m_1 = \frac{p_1 \cdot V_1}{m_1 \cdot T_1}$	cylinder gas mass in state 1	kg
$V_1 = V_{max} \cdot \frac{\varepsilon_c}{\varepsilon_e}$	cylinder volume in state 1	m^3
$m_a = m_1 \cdot \frac{\varepsilon_x - 1}{\varepsilon_x}$	aspirated charge mass per cycle	kg
$m_{max} = m_1 + m_f$	maximal gas mas on cycle	kg
$m_f = \frac{m_1 \cdot (1 - \gamma)}{\lambda \cdot L_{st}}$	fuel mass per cycle	kg
γ	exhaust rest gase rate per cycle	-
λ	air-exces ratio (AFR)	-
L_{st}	stoichiometric air requirement ratio	$\frac{kg}{kg}$
κ_c, κ_e	isentropic exponents and	-
$c°_{p.c}, c°_{v.c}$ $c°_{p.e}, c°_{v.e}$	isobaric (p) & isochoric (v) specific heat capacities on compression (c) resp. expansion (e)	$\frac{J}{kg \cdot K}$
R	ideal gas constant	$\frac{J}{kg \cdot K}$
H_u, H_{vap}	fuel lower heating & vaporisation heat values	$\frac{J}{kg}$
$Q_{rel} = m_f \cdot H_u$	cylinder released heat	J
η_b	released fuel energy completeness	-
Q_{wall}	heat transfer to cylinder wall	J

Abbreviations

AFR	Air-Fuel Ratio
BMEP	Break Mean Pressure
CA	Crank Angle
EOP	Engine Operating Point
ICE	Internal Combustion Engine
IFCE	Indicated Fuel Conversion Efficiency
IMEP	Indicated Mean Pressure
MPx	Measuring Point x in BOOST model
SOC	Start of Combustion
TC	Turbocharger
Tx	Turbine x (here x = 1..3)
VCR	Volumetric Compression Ratio
VER	Volumetric Expansion Ratio
VIR	Volumetric Intake Ratio
VXR	Volumetric Exhaust Ratio
V,p,T	Model of an ideal cycle where the heat is partially released isochorically, isobarically and isothermally
eo	Exhaust Valve Opening
ec	Exhaust Valve Closing
io	Intake Valve Opening
ic	Intake Valve Closing
μ_{Tx}	Discharge Coefficient of Turbine x

Symbol	Meaning	Units
$Q_{disp} = Q_{rel} \cdot \eta_b + Q_{wall}$	disposable heat on cycle	J
p_C	charge pressure after cooler	Pa
T_C	charge temperature after cooler	K
p_T	pressure before turbine	Pa
T_T	temperature before turbine	K
p_u	ambient pressure	Pa
$\delta = \dfrac{Q_{disp}}{m_{max} \cdot c^{\circ}_{v.c} \cdot T_1}$	relative released heat as measure of engine load	-
$Q_{disp.v}$	isochoric part of Q_{disp}	J
$\psi = \dfrac{Q_{disp.v}}{Q_{disp}}$	isochoric released heat fraction	-
$Q_{disp.t}$	isothermal part of Q_{disp}	J
$\theta = \dfrac{Q_{disp.t}}{Q_{disp}}$	isothermal released heat fraction	-
$1 - \psi - \theta = \dfrac{Q_{disp.p}}{Q_{disp}}$	isobaric released heat fraction	-
$\phi_{ex} = \dfrac{p_4}{p_5}$	pressure ratio for free exhaust	-
$Q_{disp.p}$	isobaric part of Q_{disp}	J
$\eta_i = \dfrac{-W_{cycle}}{Q_{rel}}$	indicated fuel conversion efficiency IFCE	-
W_{cycle}	work on the all cycle	J
$p_i = \dfrac{-W_{cycle}}{V_{disp}}$	indicated mean pressure IMEP	Pa
$\eta_{sC}, \eta_{sT}, \eta_{TC}$	isentropic efficiency of compressor, turbine and turbocharger	-
W_{TTu}	turbine work between p_T and p_u	J
W_{CuC}	compressor work between p_u and p_C	J

Formula for the ideal V,p,T-model

$$m_2 = m_1 \qquad p_2 = p_1 \cdot \varepsilon_c^{\kappa_c} \qquad V_2 = \frac{V_1}{\varepsilon_c} \qquad T_2 = T_1 \cdot \varepsilon_c^{\kappa_c - 1}$$

$$m_{3v} = m_{max} = m_1 \cdot \left(1 + \frac{1-\gamma}{\lambda \cdot L_{st}} \cdot \frac{\varepsilon_x - 1}{\varepsilon_x} \right)$$

$$p_{3v} = p_{max} \qquad V_{3v} = V_2 \qquad T_{3v} = \frac{m_1}{m_{max}} \cdot \frac{p_{max}}{p_C} \cdot \frac{T_1}{\varepsilon_c}$$

$$\theta = 1 - \psi - \frac{\kappa_e \cdot (\kappa_c - 1)}{(\kappa_e - 1) \cdot \delta} \cdot \left(\frac{T_{max}}{T_1} - \frac{m_1}{m_{max}} \cdot \frac{p_{max}}{p_C} \cdot \frac{1}{\varepsilon_c} \right)$$

$$m_{3p} = m_{max} \qquad V_{3p} = V_{3v} \cdot \frac{T_{max}}{T_{3v}} \qquad T_{3p} = T_3 = T_{max}$$

Formula for the ideal V,p,T-model

$$V_4 = V_{max} \qquad p_4 = p_3 \cdot \left(\frac{V_3}{V_4}\right)^{\kappa_e} \qquad T_4 = T_3 \cdot \left(\frac{V_3}{V_4}\right)^{\kappa_e - 1}$$

$$p_5 = \frac{p_4}{\phi_{ex}} \qquad \text{where e.g.} \qquad \phi_{ex} = \left(\frac{2}{1+\kappa_e}\right)^{\frac{\kappa_e}{\kappa_e - 1}}$$

$$W_{CuC} = c^\circ_{p.c} \cdot \frac{m_a \cdot T_u}{\eta_{sC}} \cdot \left[\left(\frac{p_C}{p_u}\right)^{\frac{\kappa_c - 1}{\kappa_c}} - 1\right]$$

$$W_{TTu} = \eta_{sT} \cdot (m_a + m_f) \cdot c^\circ_{p\,e} \cdot T_T \cdot \left[1 - \left(\frac{p_u}{p_T}\right)^{\frac{\kappa_e - 1}{\kappa_e}}\right]$$

$$W_{CuC} = W_{TTu} \qquad k_1 = \eta_{TC} \cdot \frac{1 - \gamma + \lambda \cdot L_{st}}{\lambda \cdot L_{st}} \cdot \frac{\kappa_e}{\kappa_e - 1} \cdot \frac{\kappa_c - 1}{\kappa_c} \cdot \frac{1}{T_u}$$

$$p_C = p_u \cdot \left[1 + k_1 \cdot T_4 \cdot \left[\left(\frac{p_5}{p_4}\right)^{\frac{\kappa_e - 1}{\kappa_e}} - \left(\frac{p_u}{p_4}\right)^{\frac{\kappa_e - 1}{\kappa_e}}\right]\right]^{\frac{\kappa_c}{\kappa_c - 1}}$$

$$T_5 = T_4 \cdot \left(\frac{p_5}{p_4}\right)^{\frac{\kappa_e - 1}{\kappa_e}} \qquad V_5 = V_{max} \qquad p_5 = p_T \qquad T_T = T_5 \qquad m_5 = \frac{p_5 \cdot V_5}{R \cdot T_5}$$

$$p_6 = p_5 \qquad V_6 = \frac{V_{max}}{\varepsilon_x} \qquad T_6 = (2 \cdot T_5 - T_4) \cdot k_{T6}$$

$$m_6 = \frac{p_6 \cdot V_6}{R \cdot T_6}$$

$$W_{cycle} = \frac{p_C \cdot V_{max}}{\kappa_c - 1} \cdot \frac{\varepsilon_c}{\varepsilon_e} \cdot \left(\varepsilon_c^{\kappa_c - 1} - 1\right) + \frac{p_{max} \cdot V_{max}}{\varepsilon_e} \ldots$$
$$+ (-m_{max}) \cdot R \cdot T_{max} - \theta \cdot \delta \cdot \frac{m_{max} \cdot R \cdot T_1}{\kappa_c - 1} \ldots$$
$$+ \frac{m_{max} \cdot R \cdot T_{max}}{\kappa_e - 1} \cdot \left[\left(\frac{V_3}{V_{max}}\right)^{\kappa_e - 1} - 1\right] \ldots$$
$$+ p_T \cdot V_{max} \cdot \frac{\varepsilon_x - 1}{\varepsilon_x} - p_C \cdot V_{max} \cdot \left(\frac{\varepsilon_c}{\varepsilon_e} - \frac{1}{\varepsilon_x}\right)$$

$$k_{T6} = \frac{\text{area}(T, s) \cdot m_{max}}{W_{cycle}} \qquad \gamma = \frac{m_6}{m_1} \qquad \text{iterative}$$

13 Numerische Untersuchungen eines alternativen Brennverfahrens für gemischansaugende stationär betriebene Erdgasmotoren

Denis Neher, Maurice Kettner, Fino Scholl, Markus Klaissle, Danny Schwarz

Abstract

Electrical power and efficiency are decisive factors to minimise payoff time of co-generation units and thus increase their profitability. The expected tightening of emission standards, however, demands new approaches in engine development to maintain operation of stationary reciprocating gas engines profitable. In the case of small scale cogeneration engines, low-NO_x operation and high engine efficiency are achieved through lean burn operation. While further mixture dilution enables future emission standards to be met, it results in poor combustion phasing, reducing engine efficiency as well as engine power.

In this paper, a combustion process is presented that improves the trade-off between engine efficiency, NO_x emissions and engine power for naturally aspirated gas engines. It combines well-established measures, including lean burn operation, Miller/Atkinson cycle and exhaust gas recirculation (EGR). The investigations were carried out numerically using a 1-D model of a single cylinder cogeneration engine.

Miller and Atkinson cycles were applied by advanced or retarded inlet valve closing timings. The effective compression ratio was kept constant with respect to series operation by adjusting the clearance volume. Despite the fact that the increased ratio between expansion and compression stroke results in higher thermal efficiency, cylinder charge is reduced. Engine power decreases, reducing brake efficiency since absolute friction remains constant. Nevertheless, enriching the mixture along with feeding back exhaust gas can compensate losses in engine power, while low combustion temperature and NO_x emissions are maintained. Through the investigated combustion process brake specific fuel consumption was decreased by 1 % compared to the series engine configuration.

Kurzfassung

Elektrische Leistung und elektrischer Wirkungsgrad bilden die maßgebenden Größen zur Minimierung der Amortisationszeit und daher zur Erhöhung der Wirtschaftlichkeit von Blockheizkraftwerken (BHKW). Die zu erwartende Verschärfung der Emissionsgesetzgebung verlangt jedoch nach neuen Ansätzen in der Brennverfahrensentwicklung, um die Rentabilität aufrecht zu erhalten. Im kleineren Leistungsbereich werden derzeit hohe Wirkungsgrade und niedrige NO_x-Emissionen durch gemischansaugende magerbetriebene Erdgasmotoren erreicht. Allerdings sind der Gemischverdünnung Grenzen gesetzt, die sich durch eine verspätete Verbrennungsschwerpunktlage begründen lassen. Zwar können dadurch sehr geringe NO_x-Emissionen gewährleistet werden, allerdings ergeben sich Wirkungsgrad- und Leistungsverluste.

Im Rahmen dieser Arbeit wird ein Brennverfahren vorgestellt, das eine Entschärfung des Zielkonflikts zwischen motorischen Wirkungsgrad, NO_x-Emissionen und Motorleistung bei gemischansaugenden Erdgasmotoren ermöglicht. Es vereint etablierte Einzelmaßnahmen wie homogenen Magerbetrieb, Miller/Atkinson-Steuerzeiten und Abgasrückführung. Die numerischen Untersuchungen erfolgten unter Verwendung eines detaillierten 1D-Modells eines Klein-BHKW.

Miller und Atkinson-Zyklus wurden durch ein verfrühtes bzw. ein verspätetes Einlassschließen realisiert. Das effektive Verdichtungsverhältnis wurde dabei über Reduzierung des Kompressionsvolumens konstant gehalten. Der verhältnismäßig erhöhte Expansionshub bewirkt eine Wirkungsgradsteigerung, der jedoch Verluste im Liefergrad und infolgedessen in der Motorleistung gegenüberstehen. Aufgrund der anteilig höheren Reibungsverluste wird der effektive Wirkungsgrad verschlechtert. Die Rückführung von Abgas ermöglicht einen Motorbetrieb bei niedrigerem Luftverhältnis ohne Erhöhung der NO_x-Emissionen. Dem Leistungsabfall wird entgegengewirkt, wodurch der effektive Kraftstoffverbrauch gegenüber der Serie um 1 % gesenkt werden kann.

1. Einleitung

Das in 2012 novellierte Kraft-Wärme-Kopplungsgesetz erhöht den Anreiz, den Stromanteil aus Kraft-Wärme-Kopplungs-Anlagen bis zum Jahr 2020 auf 25 % zu erhöhen. Allein bei erdgasbetriebenen Blockheizkraftwerken (BHKW) ist im Leistungsbereich unter 50 kW_{el} von einem Anstieg der jährlichen Stromerzeugung von 0,9 TWh/a in 2008 auf 9,1 TWh/a in 2020 zu rechnen [1]. Neben der Anlagenwirtschaftlichkeit steht der Ausstoß an Stickoxiden im Fokus der Entwicklung von Erdgasmotoren. Derzeitige NO_x-Grenzwerte sind nur für Anlagen mit einer Feuerungsleistung von 1 MW gültig, allerdings orientieren sich auch Hersteller im kleineren Leistungssegment an den von der TA-Luft vorgeschriebenen 500 mg/m_N^3 [2]. Ferner ist bedingt durch die steigende Anzahl an Klein-BHKW die zeitnahe Einführung einer gesetzlichen Reglementierung der Stickoxide zu erwarten.

Zur Erreichung aktueller Grenzwerte bei gleichzeitig hohen Wirkungsgraden erfolgt der Motorbetrieb überwiegend mit homogen magerem Luftgemisch. Zwar können zukünftige Werte der Emissionsgesetzgebung durch zusätzliche Gemischverdünnung voraussichtlich eingehalten werden, allerdings ziehen diese Wirkungsgradeinbußen mit sich. Die Begründung liegt in der zeitlich verschleppten Verbrennung und der damit verbundenen Entfernung vom idealen Otto-Prozess [3]. Beim gemischansaugenden Motor wirkt sich der geringere Kraftstoffanteil zudem reduzierend auf die Motorleistung aus. Die anteiligen Reibungsverluste werden erhöht und steigern den effektiven Kraftstoffverbrauch. Der Zusammenhang zwischen NO_x-Emissionen und Motorleistung bzw. -wirkungsgrad geht aus Figure 1 hervor.

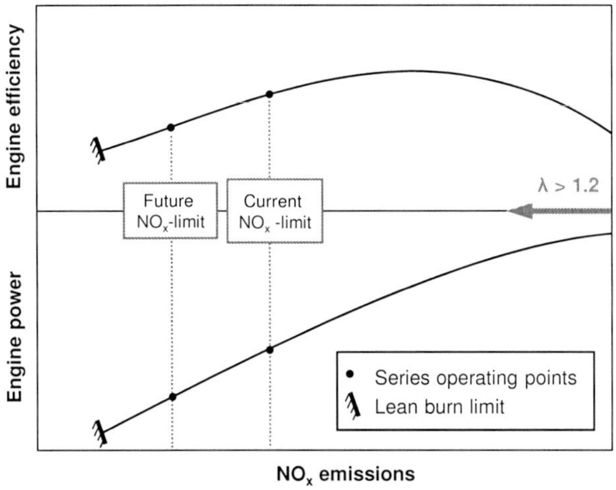

Figure 1: Trade-off between engine efficiency, NO_x emissions and engine power (schematically)

Zur Entschärfung des Zielkonflikts zwischen den dargestellten Größen wurden numerische Untersuchungen zu einem neuartigen Brennverfahren für stationär betriebene gemischansaugende Erdgasmotoren durchgeführt. Es vereint folgende in der Motorentechnik bewährte Einzelmaßnahmen: Miller/Atkinson-Steuerzeiten, Abgasrückführung und homogener Magerbetrieb.

2. Miller/Atkinson-Steuerzeiten und Abgasrückführung

Der Erhöhung des Verdichtungsverhältnisses als wirkungsgradsteigernde Maßnahme werden durch die „klopfende" Verbrennung Grenzen gesetzt. Die Vergrößerung des Expansionshubs gegenüber dem Kompressionshub ermöglicht dagegen einen Wirkungsgradvorteil ohne die Klopfneigung zu steigern. Eine solche Motorkonfiguration kann durch Verändern des Schließzeitpunkts des Einlassventils (IVC) realisiert werden. Die sich dabei ergebenden Füllungsverluste werden i.d.R. durch Ladedruckanhebung mittels Abgasturbolader kompensiert. Dieser ermöglicht eine Vorverlagerung eines Teils der Kompression in den Einlassbereich [4]. Zylinderfüllung sowie effektives Verdichtungsverhältnis können somit erhalten bleiben. Bei dem hier verwendeten Saugmotor sollen die Leistungseinbußen jedoch durch eine Abgasrückführung bei gleichzeitig reduziertem Luftverhältnis kompensiert werden, ohne die Stickoxide zu erhöhen.

2.1 Miller/Atkinson-Zyklus

Das Potenzial zur Erhöhung des inneren Wirkungsgrads durch eine verlängerte Expansion wurde in zahlreichen Arbeiten aufgezeigt [5, 6, 7, 8, 9]. Die Grundidee geht auf ein Patent von James Atkinson zurück. Der darin vorgestellte Arbeitsprozess ermöglicht durch eine spezielle Ausführung des Kurbeltriebs ein im Verhältnis zum Kompressionshub längeren Expansionshub [10] und wird nach seinem Erfinder als Atkinson-Zyklus bezeichnet. Das Kraftstoff-Luftgemisch expandiert auf ein niedrigeres Druckniveau sodass ein größerer Anteil an freigesetzter Wärmemenge in mechanische Arbeit überführt werden kann. Bei konstant bleibender Kompressionsarbeit erhöht sich dadurch der motorische Wirkungsgrad.

Eine verhältnismäßig verlängerte Expansion kann ebenfalls über veränderte Steuerzeiten des Einlassventils umgesetzt werden. Allerdings ist die Bezeichnung für frühes bzw. spätes Einlassschließen in der Literatur nicht konsistent [4, 5, 6]. Im Rahmen dieser Arbeit wird ein verfrühtes Einlassschließen als Miller- und ein verspätetes Einlassschließen als Atkinson- Verfahren bezeichnet. Beide Maßnahmen wirken sich reduzierend auf Liefergrad und effektives Verdichtungsverhältnis aus. Letzterem kann jedoch durch eine Verkleinerung des Kompressionsvolumens entgegengewirkt werden.

In Figure 2 sind der ideale Kreisprozess des Miller/Atkinson- sowie des Otto-Brennverfahrens schematisch gegenübergestellt. In vielen Arbeiten ist die Expansion beim idealen Atkinson-Zyklus auf Umgebungsdruck dargestellt. Bei den vorgestellten Untersuchungen endet die Expansion jedoch oberhalb des Umgebungsdrucks (in Anlehnung an [4, 11]).

Beim idealen Gleichraumprozess erfolgen Kompression und Expansion über den Hub von unterem bis oberem Totpunkt (BDC bis TDC) und umgekehrt. Demzufolge bildet die Zylindergeometrie die maßgebende Größe für das Kompressionsverhältnis $r_{c\,Otto}$ und Expansionsverhältnis $r_{e\,Otto}$. Die Werte beider Größen sind identisch, sodass diese auch einheitlich als geometrisches Kompressions- bzw. Expansionsverhältnis $r_{geo\,Otto}$ bezeichnet werden können. Es berechnet sich aus den Zylindervolumina im unteren und oberen Totpunkt (V_{BDC} und V_{TDC}):

$$r_{c\,Otto} = r_{e\,Otto} = r_{geo\,Otto} = \frac{V_{BDC}}{V_{TDC}} \tag{1}$$

Beim idealen Miller/Atkinson-(M/A)-Zyklus erfolgt die Verdichtung erst ab Einlassschließen IVC. Zur Einhaltung eines konstanten Kompressionsverhältnisses wird das Kompressionsvolumen V_{TDC}, beispielsweise durch Auffüllen der Kolbenmulde, verkleinert (s. Figure 2). Folglich wird es als $V_{TDC\,M/A}$ bezeichnet. Das Kompressionsverhältnis $r_{c\,M/A}$ berechnet sich nach Gl. (2):

$$r_{c\,M/A} = \frac{V_{IVC\,M/A}}{V_{TDC\,M/A}} \tag{2}$$

Der Betrag des Volumens im unteren Totpunkt V_{BDC} ändert sich analog V_{TDC} und ergibt sich zu $V_{BDC\,M/A}$. Das Expansionsverhältnis $r_{e\,M/A}$ wird vergrößert und lässt sich gemäß Gl. (3) formulieren.

$$r_{e\,M/A} = \frac{V_{BDC\,M/A}}{V_{TDC\,M/A}} = r_{geo\,M/A} \quad (3)$$

Aufgrund des konstanten Kompressionsverhältnisses $r_{c\,M/A}$ wird das Verhältnis von Expansion zu Kompression (expansion compression ratio – ECR) vergrößert. Das Expansions-Kompressions-Verhältnis ist ein charakteristischer Parameter des M/A-Verfahrens [8, 12] und ist wie folgt definiert:

$$ECR_{ideal} = \frac{r_{e\,M/A}}{r_{c\,M/A}} = \frac{r_{geo\,M/A}}{r_{c\,M/A}} \quad (4)$$

Während ECR_{ideal} beim idealen Otto-Zyklus einen Wert von 1 annimmt, ist dieser im Falle von Miller oder Atkinson größer 1.

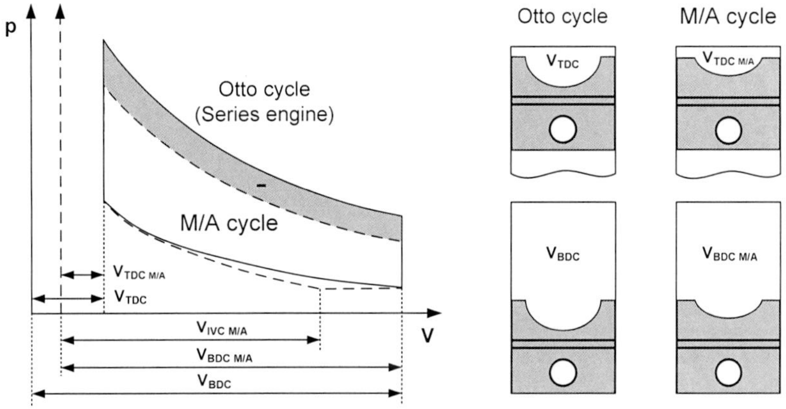

Figure 2: p-V diagram and piston position at BDC and TDC of air-standard Otto and Miller/Atkinson (M/A) cycle (schematically)

Durch verfrühtes Einlassschließen (Miller) wird die zur Verfügung stehende Zeit zur Gemischansaugung verkürzt, wobei ein verspätetes Einlassschließen (Atkinson) ein Rückströmen des Gemischs in den Einlasskanal bewirkt. Beide Effekte verschlechtern die Zylinderfüllung und reduzieren die Motorleistung.

2.2 Abgasrückführung (AGR)

Abgasrückführung (AGR) findet häufig bei Benzin- und Dieselmotoren als NO_x-reduzierende Maßnahme Verwendung. Auch bei Gasmotoren wurde die emissionssenkende Wirkung durch Beimengung von Abgas mehrfach aufgezeigt [13, 14, 15]. Der Einfluss der AGR auf die Stickoxidbildung wird im Nachfolgenden am Beispiel der Gleichraumverbrennung verdeutlicht. Die dabei freigesetzte Wärmemenge Q ist eine Funktion der Zylindermasse m, der spezifischen Wärmekapazität c_v (bei konstantem Volumen) und dem sich durch die Verbrennung ergebenden Temperaturanstieg ΔT (s. Gl. (5)).

$$Q = m \cdot c_V \cdot \Delta T \tag{5}$$

Aus Gl. (5) geht hervor, dass die spezifische Wärmekapazität einen signifikanten Einfluss auf die Verbrennungstemperatur hat. Aufgrund des hohen Wasser- und Kohlendioxidanteils weist Abgas eine deutlich höhere spezifische Wärmekapazität als Luft auf [13]. Wird die überschüssige Luft des Kraftstoff-Luftgemischs durch Abgas ersetzt, kann die absolute Wärmekapazität erhöht werden. Die verbrennungsbedingte Temperaturerhöhung wird verringert und die Bildung von Stickoxiden dadurch reduziert.

Das rückgeführte Abgas verkleinert den Isentropenexponenten, sodass bei Heranziehen des Gleichraumprozesses der innere Wirkungsgrad verschlechtert wird. Untersuchungen von Tschalamoff [16, 17] zeigten dagegen ein großes Potenzial der AGR, den Wirkungsgrad bei einem mittelschnelllaufenden Gasmotor zu erhöhen. Der verlangsamten Verbrennung wurde durch ein niedrigeres Luftverhältnis bzw. eine Zündzeitpunktanpassung entgegengewirkt. Durch Letzteres konnte bei einer Rückführrate kleiner 30 % ein Wirkungsgradvorteil von 1,5 % bei konstanten NO_x-Emissionen erzielt werden. Dies ist vermutlich auf einen verbesserten Gütegrad zurückzuführen.

2.3 Erwartete Wechselwirkung zwischen M/A-Steuerzeiten und AGR

Veränderte Steuerzeiten nach Miller/Atkinson ermöglichen durch eine erweiterte Expansion eine Verbesserung des inneren Wirkungsgrads. Diesen stehen jedoch Nachteile in Zylinderfüllung gegenüber. Die entstehenden Leistungsverluste sollen beim homogenen Magerbetrieb durch Gemischanreicherung und AGR kompensiert werden. Bei gleichbleibenden NO_x-Emissionen wird das Luftverhältnis verringert und/oder der Zündzeitpunkt vorverlegt. Zwar verringert sich aufgrund der höheren spezifischen Wärmekapazität der indizierte Wirkungsgrad, es wird nichtdestotrotz erwartet, dass die Vorteile der Einzelmaßnahmen deren Nachteile überwiegen. Bei konstanten NO_x-Emissionen und gleicher Motorleistung ist mit einer Erhöhung des effektiven Wirkungsgrads zu rechnen.

3. Numerisches Motormodell

Die numerischen Untersuchungen wurden mit der Motorprozesssimulationssoftware AVL Boost durchgeführt. Als Versuchsträger diente ein mit Messtechnik ausgestatteter Einzylinder-Erdgasmotors eines Klein-BHKW. Dieser wurde als detailliertes 1D-CFD-Modell abgebildet. Die technischen Daten des Prüfträgers sind in Tabelle 1 aufgelistet.

Das 1D-Modell wurde für den Serienbetriebspunkt mit umfangreichen Messdaten von Motorversuchen abgestimmt und in weiteren Betriebspunkten validiert. Die Bestimmung der Durchflusszahlen der Ein- und Auslasskanäle erfolgte an einem Blasprüfstand. Zur Einstellung bestimmter NO_x-Werte wurde das Motormodell um einen PI-Regler erweitert. Über Anpassen der AGR-Rate konnte der festgelegte Zielwert eingestellt werden.

Tabelle 1: Technische Daten des Versuchsträgers

Motortyp	SenerTec Dachs G5.5
Kraftstoff	Erdgas
Zylinder	1
Nenndrehzahl	2450 1/min
Verdichtungsverhältnis (geometrisch)	13,2:1
Hub	91 mm
Bohrung	90 mm
Hubvolumen	578 cm^3
Ventile	2

Die Vorgehensweise bei der Prüfträgermodellierung ist in Figure 3 dargestellt. Daraus gehen der Versuchsmotor, das 1D-Modell sowie der gemessene und berechnete Ansaugdruckverlauf des Serienbetriebspunkts hervor. Ferner kann die prozentuale Abweichung zwischen simulierten und gemessenen Werten von indiziertem Mitteldruck IMEP, indiziertem Kraftstoffverbrauch ISFC, NO_x-Emissionen in ppm und Gemischmassenstrom $\dot{m}$ entnommen werden.

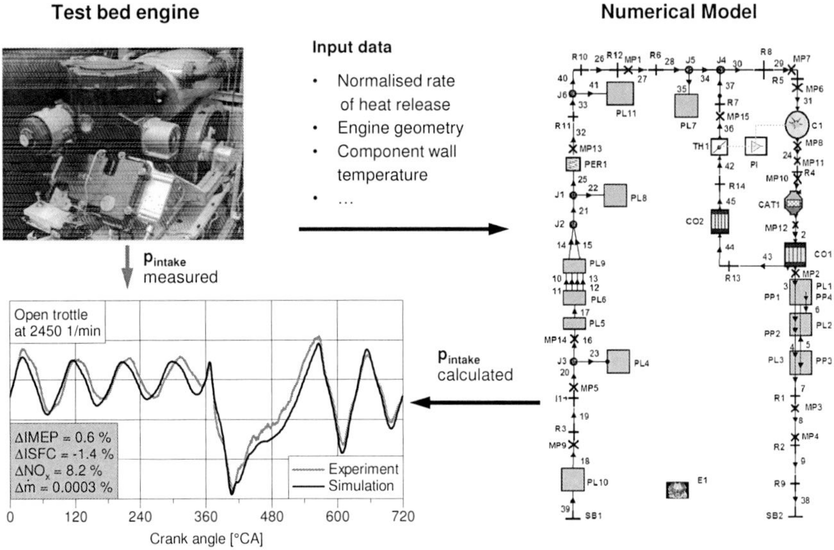

Figure 3: Buildup process of the 1D-model of the cogeneration engine

Figure 3 verdeutlicht, dass motorische Kenngrößen und Verläufe thermodynamischer Größen mit dem 1D-Modell für den Referenzbetriebspunkt gut nachgebildet werden können. Hierzu wurden diverse Annahmen getroffen, die auch zur Simulation von Betriebspunkten die von der Serie abweichen, beispielsweise durch veränderte Steuerzeiten oder ein abweichendes Luftverhältnis, zugrunde gelegt wurden:

- Die Verbrennung erfolgt durch einen vorgegebenen normierten Brennverlauf, der unverändert bleibt.
- Der zeitlich veränderliche Wärmeübergangskoeffizient wird nach einem Ansatz von Woschni berechnet [18].
- Die Temperaturniveaus aller Komponenten (einschließlich Brennraumwand) bleiben unverändert.
- Reibmitteldruck und Ventilspiel sind als konstant angenommen, trotz deren Abhängigkeit von der Brennraumtemperatur.

Die Verbrennung wurde über einen normierten Zwei-Zonen-Brennverlauf vorgegeben, der aus einem gemessenen Zylinderdruckverlauf des Serienbetriebspunkts bestimmt wurde. Das Zwei-Zonen-Modell unterteilt das Zylindervolumen in verbrannte und unverbrannte Zone und ermöglicht die Berechnung der NO-Emissionen. Das NO-Berechnungsmodell basiert auf der Arbeit von Pattas und Häfner [19] und verwendet einen erweiterten Zeldovich-Mechanismus, der sechs Reaktionsgleichungen r_i ($i = 1 \ldots 6$) berücksichtigt. Dabei wird angenommen, dass die NO-Bildung im Gasvolumen hinter der Flammfront stattfindet. Die NO-Bildungsrate berechnet sich nach der Differentialgleichung (6). Die Faktoren K_2 und K_4 beinhalten die Reaktionsraten r_1 bis r_3 bzw. r_4 bis r_6, wobei α das Verhältnis von vorhandener NO-Konzentration zur Konzentration unter Gleichgewichtsbedingungen widergibt.

$$\frac{d(NO)}{dt} = 2 \cdot \left(1-\alpha^2\right)\left[\frac{r_1}{1+\alpha \cdot K_2} + \frac{r_4}{1+K_4}\right] \qquad mit:\ K_2 = \frac{r_1}{r_2+r_3};\ K_4 = \frac{r_4}{r_5+r_6} \tag{6}$$

Für eine detaillierte Beschreibung des NO-Modells wird an dieser Stelle auf [19] verwiesen.

Das NO-Modell wurde mithilfe verschiedener gemessener Betriebspunkte abgestimmt. Diese unterschieden sich in Schwerpunktlage, Luftverhältnis und Mitteldruck.

4. Numerische Untersuchungen

Die numerischen Untersuchungen erfolgten im ungedrosselten Betrieb bei einer Seriendrehzahl von 2450 1/min. Ziel war die Potenzialbestimmung zur Verbesserung des effektiven Wirkungsgrads bei der Serie entsprechenden NO_x-Emissionen und Motorleistung.

Zunächst wurde der Zeitpunkt des Einlassschließens gemäß M/A-Steuerzeiten bei konstantem Serienluftverhältnis von $\lambda = 1{,}57$ variiert. Anschließend erfolgte die Rückführung von gekühltem Abgas. Aufgrund des vordefinierten normierten Brennverlaufs blieb die Verbrennungsschwerpunktlage konstant. Dies kann vereinfacht einer Zündzeitpunktanpassung, wie es in den Arbeiten von Tschalamoff erfolgte [16,

17], gleichgesetzt werden. Das Luftverhältnis wurde schrittweise reduziert und nach Betriebspunkten mit konstantem Mitteldruck (gemäß der Serie) gefiltert. Dadurch konnte der Einfluss der Reibung auf den effektiven Wirkungsgrad konfigurationsübergreifend konstant gehalten werden.

4.1 Veränderung der Steuerzeiten

Die M/A-Steuerzeiten wurden durch Modifizieren des Einlassschließens realisiert (s. Figure 4). Dabei blieben Einlassöffnen sowie maximaler Ventilhub erhalten. Dies hat einen veränderten Gradienten der Ventilerhebungskurve zur Folge, was sich auf die Ventiltriebkinematik auswirkt. Bei Miller-Steuerzeiten erhöht sich die erforderliche Ventilbeschleunigung, die durch die Ventilfeder aufgebracht wird. Die maximale Ventilfederkraft bildet daher den begrenzenden Faktor beim Vorverlegen des Einlassschließens, weshalb deutlich weniger Miller- als Atkinson-Varianten untersucht wurden.

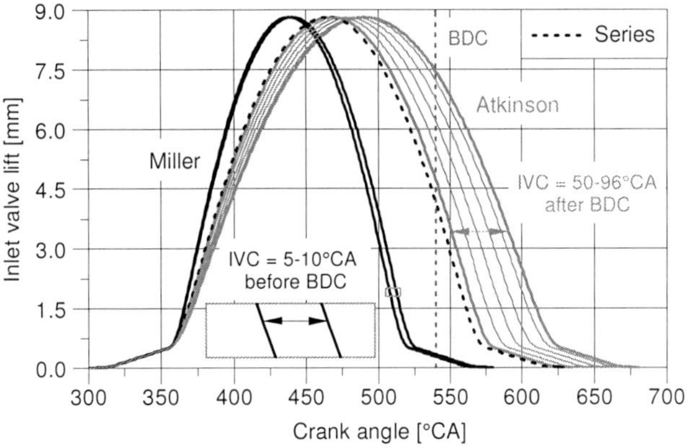

Figure 4: Inlet valve lift curve of series engine, Miller and Atkinson configurations

Im weiteren Verlauf dieser Arbeit werden Motorkonfigurationen entsprechend dem Einlassschluss deklariert: Ein Einlassschließen 50°CA nach unterem Totpunkt wird demnach als Atkinson 50°, 10°CA vor dem unteren Totpunkt als Miller 10° bezeichnet.

4.1.1 Bestimmung des effektiven Verdichtungsverhältnisses unter Berücksichtigung gasdynamischer Effekte

Die Umsetzung des M/A-Verfahrens bringt Nachteile im Liefergrad mit sich und verringert das effektive Verdichtungsverhältnis. Letzterem kann durch Erhöhung des geometrischen Kompressionsverhältnisses entgegengewirkt werden. Dadurch kann das effektive Kompressionsverhältnis konstant gehalten werden, während sich das Expansionsverhältnis vergrößert. Bei gleicher Klopfneigung ergibt sich ein höherer

Wirkungsgrad. Das geometrische effektive Verdichtungsverhältnis $r_{eff\,geo}$ kann (vgl. Gl. (2)) als Verhältnis zwischen Zylindervolumen bei Einlassschließen (V_{IVC}) und im oberen Totpunkt (V_{TDC}) formuliert werden [20]:

$$r_{eff\,geo} = \frac{V_{IVC}}{V_{TDC}} \tag{7}$$

Es beschreibt das Verhältnis zweier geometrischer Größen und vernachlässigt die Einflüsse der Gasdynamik [20]. Allerdings wirken sich gerade gasdynamische Effekte maßgeblich auf das effektive Kompressionsverhältnis aus: Entgegen des idealen Otto-Kreisprozesses wird der höchste Liefergrad bei Einlassschließen IVC nach dem unterem Totpunkt TDC erzielt. Die Begründung liegt in der Trägheit der Gassäule im Einlassbereich, die zum sogenannten Nachladeeffekt führt (Ram effect). Dabei erfolgt ein Einströmen des Kraftstoff-Luftgemischs über den Ansaughub hinaus, sodass der Ansaugvorgang erst während des Kompressionshubs endet [12].

Der Nachladeeffekt kann anhand eines vergrößerten Ausschnitts des p-V-Diagramms zu Beginn des Kompressionshubs veranschaulicht werden (s. Figure 5). Das nach dem unteren Totpunkt einströmende Gemisch bewirkt eine Erhöhung des Zylinderinnendrucks, der die Druckerhöhung allein bedingt durch die Kompression übersteigt. Dies kann durch die Erweiterung des simulierten Druckverlaufs um eine polytrope Expansion, ausgehend von Einlassschließen IVC, verdeutlicht werden.

Die polytrope Zustandsänderung ermöglicht die Bestimmung eines (fiktiven) Zylindervolumens im unteren Totpunkt, das erforderlich wäre, um den gleichen Zylinderdruck bei Einlassschließen p_{IVC} ohne Nachladeeffekt zu erzielen. Das berechnete Volumen findet sich bei Umgebungsdruck p_{amb} wieder. Es wird als Volumen im effektiven unteren Totpunkt $V_{BDC\,eff}$ bezeichnet und folgt aus Gl. (8).

$$V_{BDC\,eff} = V_{IVC} \left(\frac{p_{IVC}}{p_{amb}} \right)^{\frac{1}{n}} \tag{8}$$

Die Veränderung des Polytropenexponenten n über der Kolbenlage wurde zwischen Einlassschließen IVC und unterem Totpunkt BDC berücksichtigt, indem die Werte der 1D-Simulation zugrunde gelegt wurden. Jenseits des unteren Totpunkts sind keine Werte für n vorhanden, weshalb dieses als konstant angenommen wurde. Der dadurch entstehende Fehler ist aufgrund der marginalen Veränderung von n im Bereich des unteren Totpunkts gering.

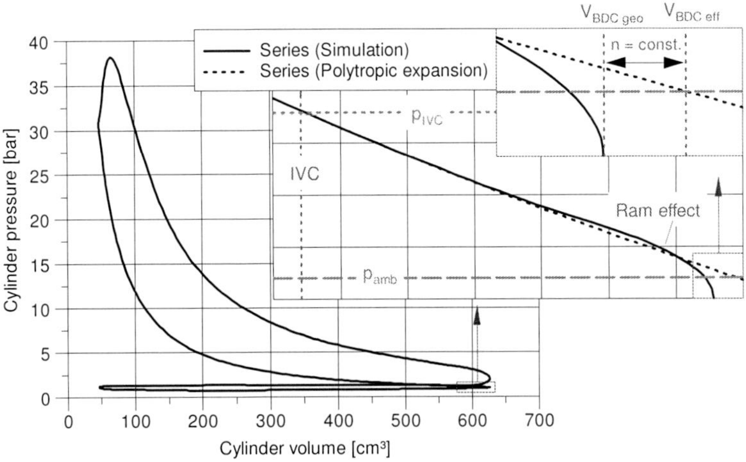

Figure 5: Enlarged section of p-V diagram of the series engine configuration

Aus Figure 5 geht hervor, dass das effektive Zylindervolumen das tatsächliche Zylindervolumen übersteigt. Zur Berechnung des effektiven Verdichtungsverhältnisses $r_{c\ eff}$ wird Gl. (9) eingeführt:

$$r_{c\ eff} = \frac{V_{BDC\ eff}}{V_{TDC}} \tag{9}$$

Bei der Serienkonfiguration ergibt sich das effektive Verdichtungsverhältnis zu $r_{c\ eff} = 13{,}27$, um 0,07 höher als geometrisches Verdichtungsverhältnis (vgl. Tabelle 1).

Aufgrund des späteren IVC ergibt sich beim Atkinson-Verfahren im unteren Totpunkt ein deutlich größerer effektiver Strömungsquerschnitt des Einlassventils. Dies bewirkt einen höheren Gemischmassenstrom, der den anschließenden Druckanstieg intensiviert. Im Gegensatz zur Serienvariante befindet sich $V_{BDC\ eff}$ zwischen unterem Totpunkt und Einlassschließen (s. Figure 6). Der Erhöhung der Zylinderfüllung, bedingt durch den Nachladeeffekt, wird durch das verspätete Einlassschließen und dem daraus resultierenden Rückströmen der Zylinderladung in den Einlassbereich entgegengewirkt.

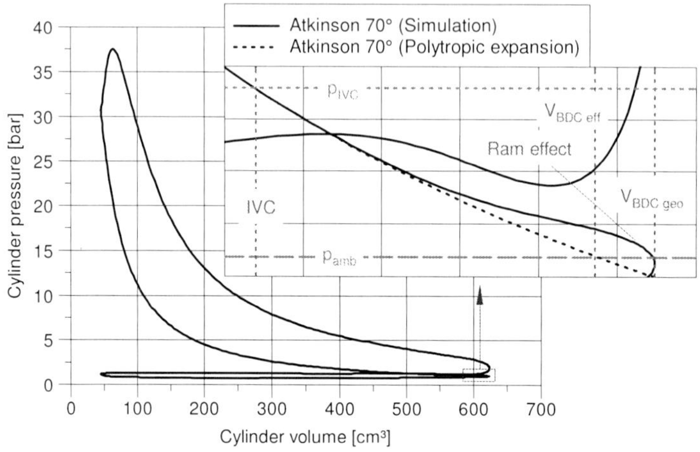

Figure 6: Enlarged section of p-V diagram of Atkinson 70° configuration

Beim Miller-Verfahren findet der Nachladeeffekt aufgrund des Einlasschließens vor dem unteren Totpunkt nicht statt (s. Figure 7). Demzufolge entspricht $V_{BDC\ eff}$ dem Zylindervolumen, das bei Einlassschließen vorliegt. Es erfolgt eine Expansion der Zylinderfüllung bevor der Verdichtungshub beginnt. Aufgrund der starken Korrelation von $R^2 > 0,99$ zwischen simulierter und anhand der polytropen Expansion berechneten Kurve wird auf eine Darstellung letzterer verzichtet.

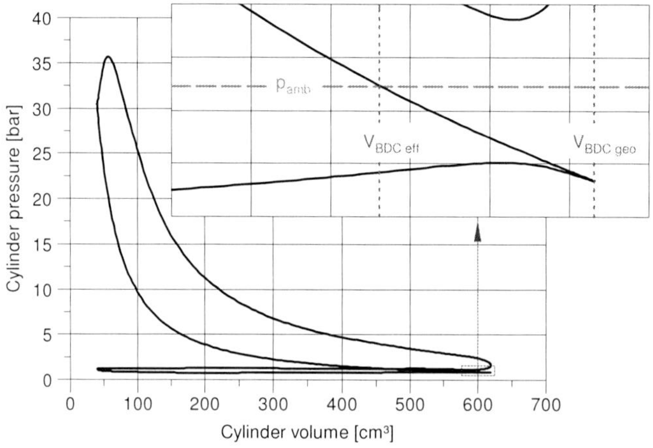

Figure 7: Enlarged section of p-V diagram of Miller 10° configuration

Es wird deutlich, dass gasdynamische Effekte einen signifikanten Einfluss auf das effektive Verdichtungsverhältnis haben und dessen Bestimmung gemäß Gl. (2) nicht zielführend ist. Dies muss auch bei der Berechnung des Expansions-Kompressions-Verhältnisses berücksichtigt werden. Demzufolge ändert sich Gl. (4) zu Gl. (10):

$$ECR = \frac{r_{geo}}{r_{c\,eff}} \tag{10}$$

Aufgrund des unveränderten Öffnens des Auslassventils bleibt der Zähler von Gl. (4) in Gl. (10) erhalten und entspricht dem geometrischen Expansionsverhältnis r_{geo} von Otto- bzw. M/A-Zyklus.

Tabelle 2 zeigt eine Übersicht der untersuchten Konfigurationen. Bei allen Varianten wurde das effektive Verdichtungsverhältnis entsprechend der Serie konstant gehalten. Die maximale Abweichung wurde mit $\Delta r_{c\,eff}$ = +/- 0,2 % festgelegt.

Tabelle 2: Übersicht der untersuchten Motorkonfigurationen

Konfiguration	r_{geo}	ECR	$\Delta r_{c\,eff}$
Serie	13,20	0,995	0 %
Atkinson 50°	13,25	0,996	0,19 %
Atkinson 60°	13,45	1,012	0,15 %
Atkinson 70°	13,75	1,035	0,14 %
Atkinson 80°	14,20	1,068	0,14 %
Atkinson 90°	14,80	1,116	-0,04 %
Atkinson 96°	15,25	1,151	-0,15 %
Miller 5°	14,85	1,120	-0,09 %
Miller 10°	15,25	1,148	0,13 %

4.1.2 Ergebnisse mit veränderten Steuerzeiten

Während sich der M/A-Zyklus ideal betrachtet über ein Einlassschließen IVC vor bzw. nach dem unteren Totpunkt definiert, ist eine solche Definition im realen Motorbetrieb nur bedingt gültig. Das Miller-Verfahren zeichnet sich durch eine Expansion des Gemischs kurz vor Ende des Ansaughubs aus, wobei das Atkinson-Verfahren durch ein teilweises Ausschieben der Zylinderfüllung charakterisiert wird. Diese Merkmale wurden bei der Definition beider Verfahren zugrunde gelegt. Schließzeiten bei denen keine dieser Erscheinungen (unter Berücksichtigung der gasdynamischen Effekte) auftreten, entsprechen dem Otto-Brennverfahren und wurden mit Ausnahme des Serienbetriebspunkts nicht untersucht.

Figure 8 zeigt den Liefergrad über dem Einlassschluss für alle untersuchten Konfigurationen. Aufgrund der nahezu füllungsoptimierten Auslegung der Seriensteuerzeiten wirkt sich ein davon abweichendes Einlassschließen IVC nachteilig auf den Liefergrad aus. Bei Miller-Steuerzeiten liegt die Begründung in der kürzeren Ventilöffnungsdauer, bei Atkinson-Steuerzeiten hingegen im Zurückströmen der Zylindermasse in den Einlassbereich.

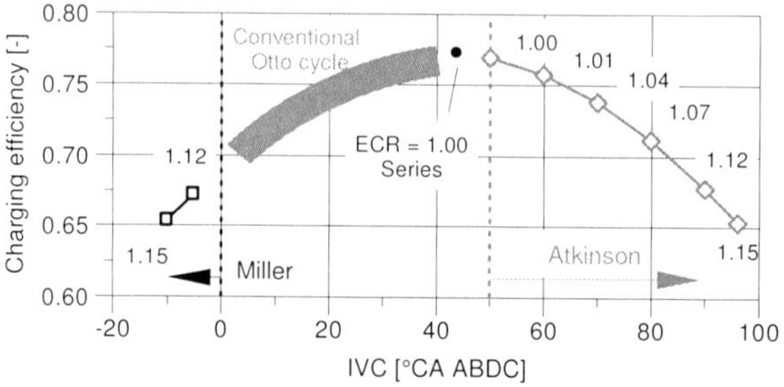

Figure 8: Charging efficiency over IVC for series and M/A configuration (λ = 1,57)

Für höhere Expansions-Kompressions-Verhältnisse ECR wird der Liefergrad zunehmend verringert. Die Auswirkung auf motorische Kenngrößen ist in Figure 9 dargestellt. Die reduzierte Zylindermasse äußert sich in einem Abfall des Verbrennungsspitzendrucks p_{max} sowie des indizierten Mitteldrucks.

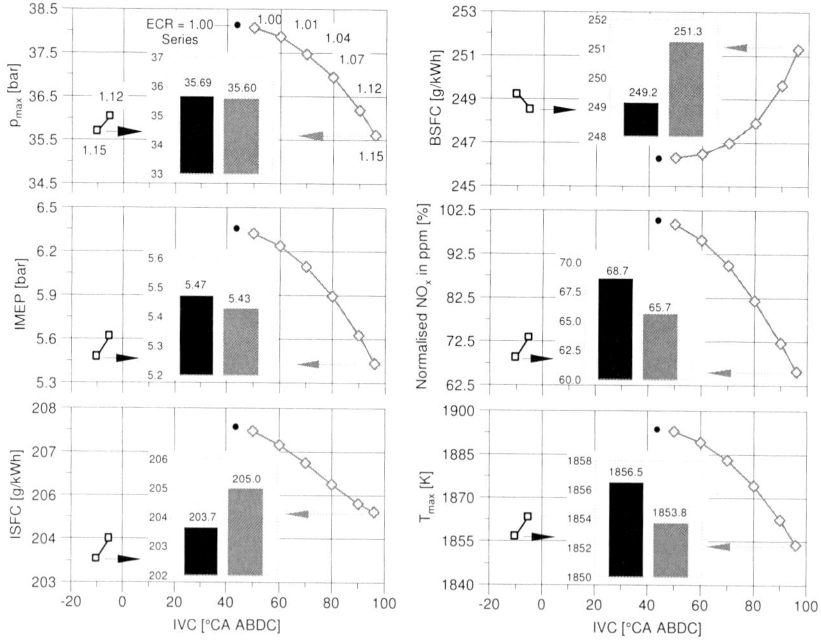

Figure 9: p_{max}, IMEP, BSFC, ISFC, NO_x emissions and T_{max} over IVC for series and M/A configuration (λ = 1,57)

Es ergeben sich Vorteile im indizierten Kraftstoffverbrauch, denen allerdings erhöhte Werte im effektiven Kraftstoffverbrauch gegenüberstehen. Dieser Sachverhalt ist durch den verringerten indizierten Mitteldruck bei konstantem Reibmitteldruck zu erklären. Der niedrigere Mitteldruck spiegelt sich in einer verringerten Verbrennungsspitzentemperatur wider, die mit den NO_x-Emissionen korreliert. Die Angabe der NO_x-Emissionen ist auf die Serienwerte in ppm normiert und ermöglicht eine Beurteilung der anteiligen Stickoxide, unabhängig von Motorleistung und Zylinderfüllung wie beispielswiese bei einer Angabe in g/kWh oder mg/m_N^3.

Bei Vergleich von Miller- und Atkinson-Konfigurationen mit gleichem Expansions-Kompressions-Verhältnis ECR = 1,15 weisen Miller-Schließzeiten einen leicht höheren Liefergrad auf, der sich steigernd auf den Mitteldruck auswirkt. In Verbindung mit einem niedrigeren inneren Kraftstoffverbrauch ergeben sich Vorteile im spezifischen effektiven Kraftstoffverbrauch. Die höheren Spitzenwerte von Zylinderdruck und Brennraumtemperatur ziehen erhöhte NO_x-Emissionen nach sich. Dies wird zudem durch das leicht höhere effektive Verdichtungsverhältnis bei Miller 10° im Vergleich zu Atkinson 96° begünstigt.

Die Vorteile des Miller-Verfahrens gegenüber dem Atkinson-Verfahren können auf die geringeren Verluste beim Ladungswechsel zurückgeführt werden. Insbesondere das für Atkinson-Steuerzeiten typische Rückströmen führt zu erhöhten Prozessverlusten. Der Anteil der Zylindermasse, der wieder in Richtung Einlassbereich strömt, nimmt für späteres Einlassschließen, d. h. höhere Expansions-Kompressions-Verhältnisse, zu (s. Figure 10). Das betroffene Gemisch befindet sich dadurch auf einem höheren Temperaturniveau als die beim Miller-Verfahren vorgelagerte Masse. Die Erwärmung des Gemischs ist sowohl der bereits begonnenen Kompression als auch dem erhöhten Wandwärmeeintrag während der Verweildauer im Brennraum geschuldet. Die erhöhte Temperatur verringert die Gemischdichte und demzufolge die massenbezogene Zylinderfüllung.

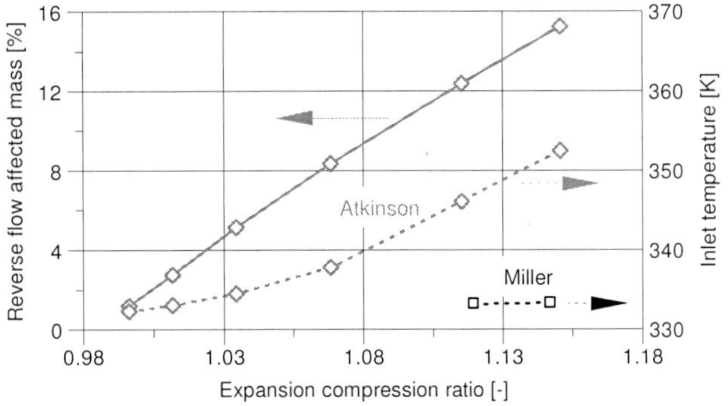

Figure 10: Reverse flow affected mass and inlet temperature of M/A configuration over Expansion compression ratio (λ = 1,57)

Die Untersuchungen zeigen, dass alleine durch M/A-Steuerzeiten bei dem hier betrachteten Saugmotor kein Verbrauchsvorteil bei Serienluftverhältnis erzielt werden kann. Um die Erhöhung im inneren Wirkungsgrad trotzdem nutzen zu können, bedarf es einer Leistungserhöhung.

4.2 Applikation der Abgasrückführung

Das Ziel der Untersuchung ist die Verbesserung des Zielkonflikts zwischen motorischem Wirkungsgrad, NO_x-Emissionen und Motorleistung. Die Simulationen erfolgten bei konstanten NO_x-Emissionen, indem deren Niveau mittels PI-Regler auf einen Sollwert geregelt wurde. Der PI-Regler verändert über die Stellung des AGR-Ventils die AGR-Rate, sodass die Regelgröße den Wert der Sollgröße erreicht. Der Sollwert entspricht den spezifischen Emissionen (bezogen auf die mechanische Motorleistung) im Serienbetrieb.

Das Abgas wird nach dem Serienabgaswärmeübertrager entnommen und weist eine Temperatur von 160 °C auf. Die gegenüber ungekühltem Abgas erhöhte Dichte resultiert in einem kleineren erforderlichen Volumenanteil, um gleiche NO_x-Emissionen zu erzielen. Des Weiteren führt das gekühlte Abgas zu einer geringeren Gemischtemperatur, die der NO_x-Bildung zusätzlich entgegenwirkt.

Die Bestimmung des effektiven Verdichtungsverhältnisses nach 4.1.1 wird durch die Rückführung von Abgas beeinflusst. Die entstehende Veränderung des Expansions-Kompressions-Verhältnisses ist jedoch marginal. Ferner wirkt AGR der Klopfneigung entgegen [16, 17], die i. d. R. den limitierenden Faktor bei der Erhöhung des Verdichtungsverhältnisses darstellt. Daher wurde der Einfluss der AGR auf das effektive Verdichtungsverhältnis vernachlässigt.

4.2.1 Ergebnisse mit Abgasrückführung und veränderten Steuerzeiten

Die Simulationen erfolgten bei variierendem Luftverhältnis für konstante NO_x-Emissionen in g/kWh. Dabei war es für alle untersuchten Steuerzeiten möglich, den indizierten Serienmitteldruck durch Erhöhung des Kraftstoffanteils einzustellen.
Um den Einfluss des indizierten Mitteldrucks auf den effektiven Wirkungsgrad ausschließen zu können, wurden ausschließlich Betriebspunkte mit gleichem Mitteldruck analysiert.

In Figure 11 sind die auf die Serie bezogenen NO_x-Emissionen in ppm normiert dargestellt. Ferner können die AGR-Rate, der Kraftstoffmassenanteil und die Zylindermasse über dem Expansions-Kompressions-Verhältnis aller Atkinson-Konfigurationen entnommen werden. Die zuvor gezeigte Abnahme des Liefergrads für höhere Expansions-Kompressions-Verhältnisse erhöht den erforderlichen Kraftstoffmassenanteil. Die Abgasrückführrate nimmt zu und erreicht bei ECR = 1,07 ihr Maximum, um dann wieder abzufallen. Dies ist auf die Wechselwirkung mehrerer Parameter zurückzuführen: Zum einen ist der Zielwert der NO_x-Emissionen in g/kWh vorgegeben und daher auf die abgegebene Arbeit bezogen. Zum anderen verringert sich der Gemischmassenstrom für höhere Expansions-Kompressions-Verhältnisse, während der indizierte Mitteldruck konstant bleibt. Infolgedessen kann der vorgegebene Wert in g/kWh eingehalten werden, trotz eines anteilig höheren Emissionswerts in ppm.

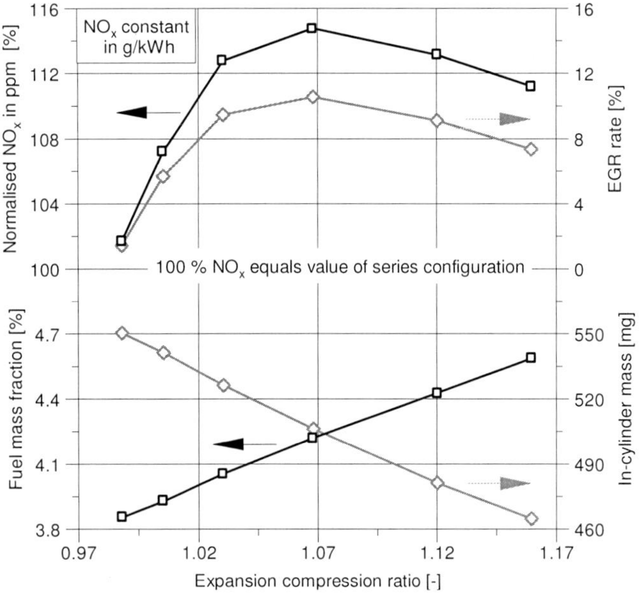

Figure 11: Normalised NO_x emissions in ppm, EGR rate, fuel mass fraction and cylinder mass over expansion compression ratio ECR for constant IMEP and NO_x emissions in g/kWh for all investigated Atkinson configurations

Figure 12 zeigt den spezifischen effektiven Kraftstoffverbrauch BSFC der Serien- sowie der untersuchten M/A-Konfigurationen über dem Expansions-Kompressions-Verhältnis. Bei Werten von ECR kleiner 1,04 und AGR-Raten größer 1 % ergeben sich Nachteile im Kraftstoffverbrauch. In diesem Bereich wird der durch veränderte Steuerzeiten erzielte Wirkungsgradvorteil durch den reduzierten Polytropenexponenten verringert. Erst bei höheren Expansions-Kompressions-Verhältnissen werden Wirkungsgradvorteile erzielt. Mit ca. 1 % fallen diese beim Miller-Verfahren gegenüber der Serie deutlich höher als beim Atkinson-Verfahren (xxx%) aus. Bei Letzterem erfolgt bei ECR = 1,15 erneut ein leichter Anstieg des Kraftstoffverbrauchs. Es ist davon auszugehen, dass für Atkinson-Steuerzeiten mit größerem ECR unter den hier festgelegten Randbedingungen keine weitere Verbesserung des Kraftstoffverbrauchs erzielt werden kann. Einer der Gründe ist neben dem verringerten Polytropenexponent (s. Figure 12) der in Kapitel 4.1.2 gezeigte Abfall des Liefergrads.
Beim Miller-Verfahren ist der Polytropenexponent leicht höher, was auf geringere Gemischtemperaturen im Einlasskanal zurückzuführen ist (s. 4.1.2).

Neben dem höheren Polytropenexponenten muss bei der Erklärung des höheren Wirkungsgradvorteils durch das Miller-Verfahren weiteren Größen Rechnung getragen werden.

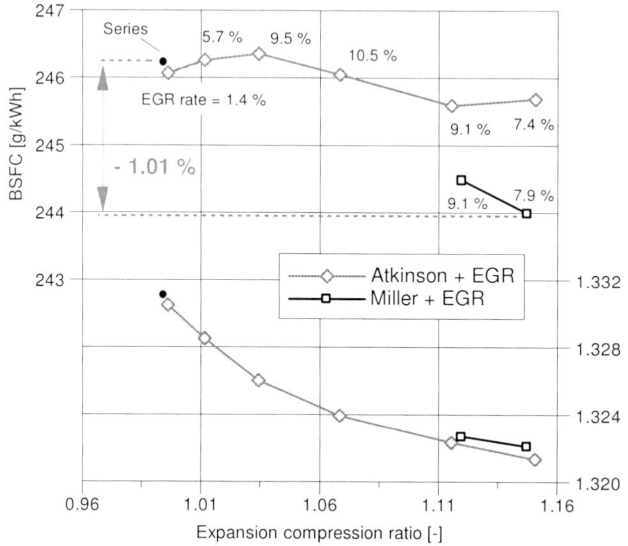

Figure 12: Brake specific fuel consumption and polytropic exponent over ECR for series and M/A configurations + EGR at constant IMEP and NO_x emissions in g/kWh

Figure 13 zeigt das Indikatordiagramm von Serienbrennverfahren sowie Miller- und Atkinson-Steuerzeiten mit AGR bei gleichem Expansions-Kompressions-Verhältnis (ECR = 1,15).

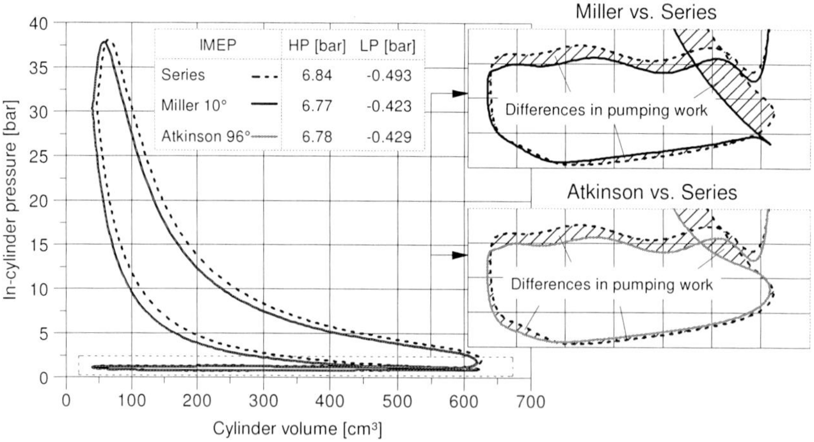

Figure 13: p-V diagram of series, Miller 10° + EGR and Atkinson 96° + EGR configurations for same IMEP and NO_x emissions in g/kWh

Das höhere Expansions-Kompressions-Verhältnis ermöglicht eine Entspannung des Gemischs auf ein niedrigeres Druckniveau und verbessert gegenüber der Serie die Umsetzung der freigesetzten Wärmemenge in mechanische Arbeit. Die Verluste im Ladungswechseltakt werden reduziert, was sich in einem verringerten Ladungswechselmitteldruck um 14,2 % beim Miller- bzw. 13,0 % beim Atkinson-Verfahren widerspiegelt. Dies resultiert in einem niedrigeren erforderlichen Hochdruckmitteldruck.

Zu Beginn der Ansaugphase ergeben sich bei Atkinson 96° Verluste gegenüber Miller 10° und der Serie. Die Begründung liegt zum einen im verkleinerten Strömungsquerschnitt, der aus der flacheren Ventilhubkurve resultiert, zum anderen wird die Phase der Druckschwingung im Einlasskanal maßgebend durch den Zeitpunkt des Einlassschließens beeinflusst (s. Figure 14). Der Druckgradient bei Einlassöffnen IVO weist beim Atkinson-Verfahren negative Werte auf. Beim Miller- und Serien-Verfahren ist dieser dagegen positiv. Zusammen mit einer höheren Druckamplitude zu Beginn des Ansaugens ergeben sich in diesem Zeitraum niedrigere Ladungswechselverluste.

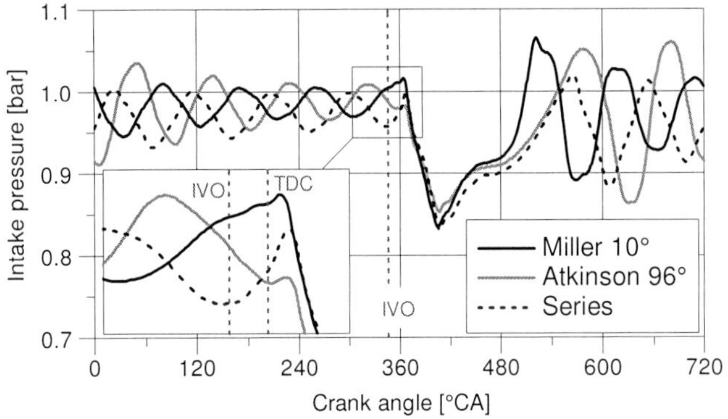

Figure 14: Intake pressure over crank angle for Miller and Atkinson cycle + EGR of same expansion compression ratio (ECR = 1,15) and series configuration for same IMEP and NO_x emissions in g/kWh

Im Vergleich der Zylindermassen über Kurbelwinkel zeigt sich, dass bei Einlassöffnen IVO beide Varianten des M/A-Verfahrens niedrigere Werte als die Serie aufweisen. Dies lässt sich durch das angepasste Kompressionsvolumen zur Einhaltung eines konstanten effektiven Verdichtungsverhältnisses erklären. Während des Ansaugvorgangs ergeben sich anfangs geringfügig höhere Massenströme für das Miller-Verfahren. Kurz vor dem Schließzeitpunkt (IVC_{Miller}) wird dieses Verhalten umgekehrt, was sich auf den frühen Schließzeitpunkt zurückführen lässt. Bei Atkinson-Steuerzeiten tritt der Nachladeeffekt auf, der jedoch durch das Rückströmen in den Einlasskanal aufgehoben wird. Die resultierende Zylinderladung ist bei der Serie am größten, was neben der Ausnutzung des Nachladeeffekts unter anderem auf die geringere Temperatur im Einlasskanal zurückzuführen ist.

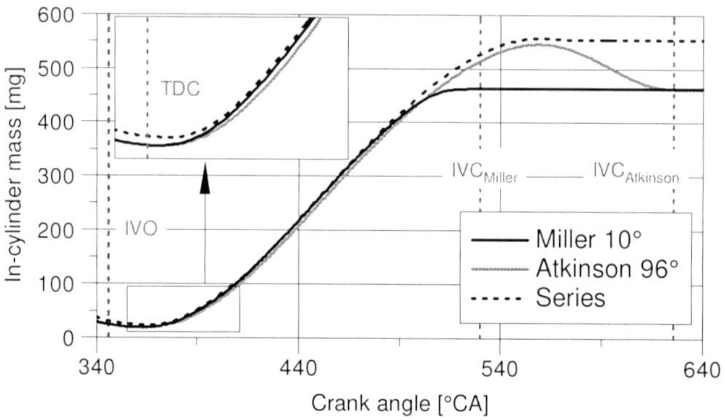

Figure 15: In-cylinder mass over crank angle for Miller and Atkinson cycles + EGR of same expansion compression ratio (ECR = 1,15) and series configuration for same IMEP and NO_x emissions in g/kWh

Die Masse, die in den Einlassbereich zurückströmt, liegt bei Atkinson-Steuerzeiten auf einem höheren Temperaturniveau als die beim Miller-Verfahren vorgelagerte Masse (s. Figure 16). Gegenüber der Serie weist auch das Miller-Verfahren ein deutlich höheres Temperaturniveau auf, das sich durch das rückgeführte Abgas erklären lässt. Die höhere Gemischtemperatur bei M/A-Steuerzeiten und AGR führt zu einer niedrigeren Gemischdichte, die zusätzlich den Liefergrad verringert. Der Temperaturanstieg zwischen 360 und 480°CA ist auf den erhöhten rückgeführten Abgasmassenstrom zurückzuführen.

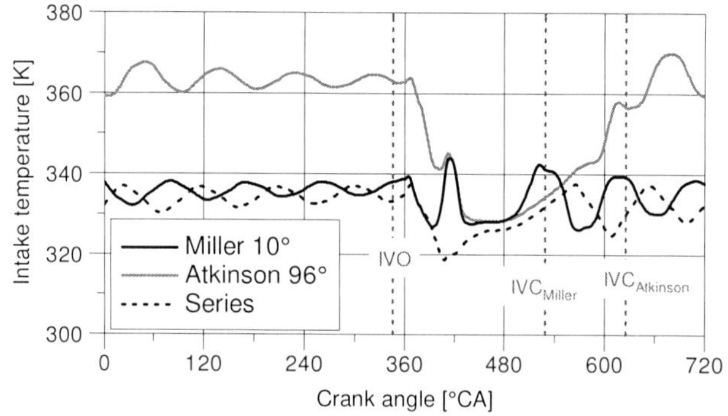

Figure 16: Intake temperature over crank angle for Miller and Atkinson cycles + EGR of same expansion compression ratio (ECR = 1,15) and series configuration for same IMEP and NO_x emissions in g/kWh

5. Zusammenfassung und Ausblick

Es wurde ein alternatives Brennverfahren, bestehend aus homogenem Magerbetrieb, Miller/Atkinson-Steuerzeiten und Abgasrückführung für stationär betriebene gemischansaugende Erdgasmotoren numerisch untersucht. Die Arbeiten lassen sich wie folgt zusammenfassen:

- Zur Erzielung eines maximalen Verbrauchsvorteils wurde das effektive Kompressionsverhältnis bei Analyse der verschiedenen Steuerzeiten konstant gehalten. Hierzu wurde eine Methode vorgestellt, die die Bestimmung des effektiven Kompressionsverhältnisses unter Berücksichtigung gasdynamischer Effekte ermöglicht.

- Motorische Kenngrößen diverser Miller/Atkinson-Steuerzeiten wurden bei konstantem Luftverhältnis gegenübergestellt und analysiert. Zwar führen beide Verfahren zur Steigerung des inneren Wirkungsgrads, der effektive Wirkungsgrad nimmt jedoch ab. Letzteres die Erhöhung der anteiligen Reibungsverluste bedingt durch den verringerten Liefergrad zurückzuführen.

- Der Vergleich einer Miller- und einer Atkinson-Konfiguration mit gleichem Expansions-Kompressions-Verhältnis zeigt Verbrauchs- und Leistungsvorteile für das Miller-Verfahren. Die Begründung liegt im Rückströmen eines Teil der Zylinderladung beim Atkinson-Zyklus. Das Gemisch wird dabei erwärmt, was den Liefergrad zunehmend verringert.

- Die Abgasrückführung wurde in Kombination mit Gemischanreicherung als leistungssteigernde Maßnahme angewendet. Für alle untersuchten Steuerzeiten können sowohl Mitteldruck als auch NO_x-Emissionen der Serie entsprechend eingestellt werden. Die dazu maximal erforderlichen AGR-Raten liegen unter 11 %.

- Die Leistungserhöhung ermöglicht ab einem bestimmten Expansions-Kompressions-Verhältnis den durch die veränderten Steuerzeiten bedingten Vorteil im inneren Wirkungsgrad auszunutzen. Das größte Potenzial wurde für Miller-Steuerzeiten in Kombination mit Abgasrückführung aufgezeigt. Gegenüber der Serienausführung konnte dadurch der effektive Verbrauch um 1 % verringert werden.

Um das Potenzial des Brennverfahrens auch hinsichtlich der NO_x-Reduzierung zu bestimmen, bedarf es weiterer Untersuchungen. Hierzu wird ein Ansatz basierend auf einem physikalischen Verbrennungsmodell angestrebt. Ferner sollen die in dieser Arbeit vorgestellten Ergebnisse durch Motorversuche bestätigt werden.

Literatur

[1] Nitsch, Joachim; et al.: Langfristszenarien und Strategien für den Ausbau erneuerbaren Energien in Deutschland bei Berücksichtigung der Entwicklung in Europa und global. In: Schlussbericht BMU – FKZ 03MAP146, Stuttgart, 2012.

[2] Bundesministerium für Umwelt, Naturschutz und Reaktorsicherheit, Technische Einhaltung zur Reinhaltung der Luft – TA Luft, 2002.

[3] Kettner, M.: Experimentelle und numerische Untersuchungen zur Optimierung der Entflammung von mageren Gemischen bei Ottomotoren mit Direkteinspritzung, Dissertation, Universität Karlsruhe (TH), 2006.

[4] Schutting, E.; Neureiter, A.; Fuchs, C.; Schwatzenberger, T.; Klell, M.; Eichlseder, H.; Kammerdiener, T.: Miller- und Atkinson-Zyklus am aufgeladenen Dieselmotor, MTZ 06/2007 Edition 68, 2007.

[5] Endo, H.; Tanaka, K.; Kakuhama, Y.; Goda, Y.; Fujiwaka, T. Nishigaki, M.: Development of the Lean Burn Miller Cycle Gas Engine, International Symposium on Diagnostics and Modeling of Combustion in Internal Combustion Engines, Nagoya, 2001.

[6] Fuchs, J.; Leitner, A.; Tinschmann, G.; Trapp, C.: Konzept für direkt gezündete Groß-Gasmotoren, MTZ 05/2013 Edition 74, 2013.

[7] Pertl, P.; Trattner, A.; Abis, A.; Schmidt, S.; Kirchberger, R.: Expansion to Higher Efficiency – Investigations of the Atkinson Cycle in Small combustion Engines, SAE Technical Paper 2012-32-0059, 2012.

[8] Martins, J.; Uzuneanu, K.; Ribeiro B. S.; Jasansky, O.: Thermodynamic Analysis of an Over-Expanded Engine, SAE Technical Paper 2004-01-0617, 2004.

[9] Koga, H.; Watanabe, S.: Research on Extended Expansion General-Purpose Engine – Heat Release and Friction, SAE Technical Paper 2007-32-0003, 2007.

[10] Atkinson, J.: Gas-Engine, Patentschrift US367496, 1887.

[11] Gheorghiu, V.: Aktinson Cycle and very High-Pressure Turbocharging: Increasing Internal Combustion Engine Efficiency and Power while Reducing Emissions, ASME, Conference on Thermal and Environmental Issues in Energy Systems, Sorrento, 2010,

[12] Heywood, J. B.: Internal Combustion Engine Fundamentals, McGraw-Hill, 1988.

[13] Wimmer, A.; Pirker, G.; Engelmayer, M.; Schnessl, E.: Gas Engine versus Diesel Engine – A Comparison of Efficiency, MTZ industrial 11/2011 Special Edition, 2011.

[14] Pizzirani, N.; Lauer, T.; Geringer, B.; Murukami, S.: A Numerical Method for Efficiency Optimization on Gas Engines, MTZ industrial 03/2012 Special Edition, 2012.

[15] Berner, H.J.; Bargende, M.: A CO_2-minimized propulsion concept using natural gas as a fuel, Gasfahrzeuge, expert Verlag, 2004.

[16] Tschalamoff, T.: Abgasrückführung im mittelschnell laufenden Gasmotor, MTZ 11/2004 Edition 65, 2004.

[17] Tschalamoff, T.; Klauert, L.: Potenziale der Abgasrückführung im mittelschnelllaufenden Gasmotor mit offenem Brennraum und Vorkammer, 3. Dessauer Gasmotoren-Konferenz, 2003.

[18] Woschni, G.: Einfluss von Rußablagerungen auf den Wärmeübergang zwischen Arbeitsgas und Wand im Dieselmotor, Der Arbeitsprozess des Verbrennungsmotors, Graz 1991.

[19] Pattas, K; Häfner, G.: Stickoxidbildung bei der ottomotorischen Verbrennung, MTZ 12/1973 Edition 34, 1973.

[20] Haas, S: Experimentelle und theoretische Untersuchung homogener und teilhomogener Dieselbrennverfahren, Dissertation, Universität Stuttgart, 2007.

Formelzeichen und Abkürzungen

AVL	-	Anstalt für Verbrennungskraftmaschinen List
BDC	Bottom dead center	Unterer Totpunkt
BHKW	Cogeneration engine	Blockheizkraftwerk
BSFC	Brake specific fuel consumption	Spezifischer effektiver Kraftstoffverbrauch
CA	Crank angle	Kurbelwinkel
CFD	Computational fluid dynamics	-
c_V	Specific heat capacity at constant volume	Spezifische Wärmekapazität bei konstantem Volumen
ECR	Expansion compression ratio of real engine cycle	Reales Expansions-Kompressions-Verhältnis
$\mathbf{ECR_{ideal}}$	Expansion compression ratio of ideal engine cycle	Ideales Expansions-Kompressions-Verhältnis
EGR/AGR	Exhaust gas recirculation	Abgasrückführung
FMEP	Friction mean effective pressure	Reibmitteldruck
IMEP, -HP, -LP	Indicated mean effective pressure, High pressure, Low pressure	Indizierter Mitteldruck, Hochdruck, Niederdruck
ISFC	Indicated specific fuel consumption	Indizierter spezifischer Kraftstoffverbrauch
IVC	Inlet valve closing timing	Einlassschließen
IVO	Inlet valve opening timing	Einlassöffnen
$\mathbf{K_{i\ (i\ =\ 2,\ 4)}}$	Constant of NO model	Konstante des NO-Modells
m	In-cylinder mas	Zylindermasse
	Mass flow	Massenstrom
M/A	Miller/Atkinson	-
n	Polytropic exponent	Polytropenexponent
NO	Nitiric oxide	Stickstoffmonoxid
$\mathbf{NO_x}$	Nitrogen oxides	Stickoxid

p	In-cylinder pressure	Zylinderdruck
p_{amb}	Ambient pressure	Umgebungsdruck
PI	Proportional/Integral	Proportional/Integral
p_{IVC}	Pressure at IVC	Druck bei Einlassschließen
Q	Released energy	Freigesetze Wärmemenge
R^2	Correlation factor	Korrelationsfaktor
$r_{c\ eff}$	Effective compression ratio	Effektives Kompressionsverhältnis
$r_{e/c\ M/A}$	Expansion/compression ratio of M/A cycle	Expansions-Kompressions-Verhältnis des M/A-Zyklus
$r_{e/c\ Otto}$	Expansion/compression ratio of Otto cycle	Expansions-Kompressions-Verhältnis des Otto-Zyklus
r_{geo}	Geometrical expansion ratio	Geometrisches Expansionsverhältnis
$r_{geo\ M/A}$	Geometrical compression/expansion ratio of M/A cycle	Geometrisches Kompressionsverhältnis des M/A-Zyklus
$r_{geo\ Otto}$	Geometrical compression/expansion ratio of Otto cycle	Geometrisches Kompressionsverhältnis des Otto-Zyklus
$r_{i\ (i\ =\ 1..6)}$	Reaction rate	Reaktionsrate
T	Temperature	Temperatur
TDC	Top dead center	Oberer Totpunkt
TA-Luft	Technical Instructions on Air Quality Control	Technische Anleitung zur Reinhaltung der Luft
T_{max}	Peak combustion temperature	Verbrennungsspitzentemperatur
V	Cylinder Volume	Zylindervolumen
V_{BDC}	Volume at bottom dead center	Zylindervolumen im unteren Totpunkt
$V_{BDC\ eff}$	Calculated effective bottom dead center volume	Zylindervolumen im effektiven unteren Totpunkt
$V_{BDC\ geo}$	Volume at geometrical bottom dead center	Zylindervolumen im geometrischen unteren Totpunkt
$V_{BDC\ M/A}$	Volume at bottom dead center for M/A cycle	Zylindervolumen im unteren Totpunkt des M/A-Zyklus
V_{IVC}	Volume at inlet valve closing timing	Zylindervolumen bei Einlassschließen
V_{TDC}	Volume at top dead center	Zylidnervolumen im oberen Totpunkt
$V_{TDC\ M/A}$	Volume at top dead center for M/A cycle	Zylindervolumen im oberen Totpunkt des M/A-Zyklus
α	NO concentration related to the equilibrium concentration	NO-Konzentration bezogen auf Gleichgewichtsbedingungen
Δ	Deviation	Abweichung
λ	Excess-air ratio	Luftverhältnis

14 "OptiVent" – Controlling a SI-engine with Variable Exhaust Valve Operation

Jörn Getzlaff, Thomas Lambert, Karl Heinz Hoffmann,
Andreas Fischer, Jens Mehnert

Abstract

Combustion concepts for future SI engines try to meet CO_2-emission commitments and legislation all over the world. An approach is to reduce the gas exchange losses using fully variable valve trains on the intake side of the combustion engine. OptiVent cycle is a patented new way of controlling the mass air flow in the cylinder of a combustion engine using opening valves during the compression phase of a four stroke engine. This technology combines the gas exchange of a diesel engine and a combustion process of a spark ignition engine with ist limits of air/fuel ratio. This way of operation regards a wider range of variability on the valvetrain components of the engine especially for opening the valves more than one time during a cycle. On the other hand it is necessary to combine this technology with direct injection to avoid fuel losses in the exhaust system and raising the exhaust hydrocarbon emission of the engine. So it is a very comprex technology but there are advantages in different field especially using the fully variable valvetrain in future hybrids engine concepts.

Chemnitz University of Technology and the West Saxon University of Applied Sciences in Zwickau had performed numerical investigations on the potential of the OptiVent engine control and combustion system, using a fully variable valve train on the exhaust valves of the engine. The paper presents results from numerical simulations of the gas exchange, the mechanical losses of an engine with cylinder deactivation using OptiVent and regarding the effort for the starting process of engines with this new technology. The simulations show the potential of the new OptiVent-way of air mass control, so that the research can progress toward developing a running engine and testing it on a test bench. The research is funded by government and industrial partners.

1. Introduction

Compared to diesel engines, reducing losses during gas exchange cycle at partial load, is still a main focus in developing new gasoline combustion engines to reduce fuel consumption.

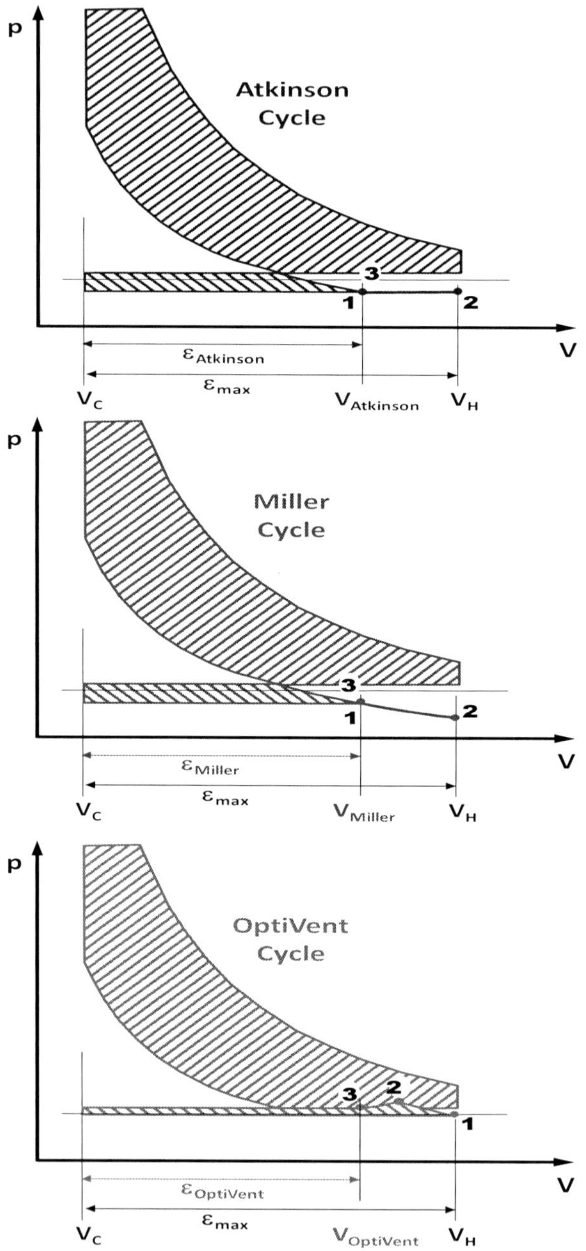

Figure 1: Pressure/Volume diagram of Atkinson, Miller and OptiVent Cycle

So far, state of the art technology uses the advantages of a variable valve train only on the intake side of an internal combustion engine, which allows you to realize the combustion cycles shown in **Figure 1,** schematically shown as Atkins and Miller cycles.

A Process related to the Miller cycle, which is characterized by an early closing operation of the intake valves (point 1), is used at engine operation points with small valve lifts and at lower partial load. Based on this principle there are rarely some gasoline engines of all capacities with switchable valve lift curves. [1], [2].

Atkinson and Miller cycle are pretty close to each other, both of them are characterized by a closing of the intake valves right after they reached the required cylinder filling. Therefore there is the same mass of gas is in the cylinders when both cycles reach point 3, where the real compression ratio of the Miller and Atkinson cycle results from. The main difference between these processes is the fact that a part of the load is pushed out between 2-3 during the Atkinson cycle. This happens at almost the same pressure level.

The OptiVent process [3] is taking a different approach. During partial load the maximum amount of air is sucked in between the two dead centers without any additional restriction, which means there are almost no pressure differences and only small gas exchange losses. During the compression phase the exhaust valve is actuated variable between 2-3 to reduce the waste load and to adjust the mass of gas in point 3 at the same level as it is done in the Miller- or Atkins cycle as seen before. This makes the complex construction of the gas exchange system necessary but implicates not only the reduction of the gas exchange losses but also several other advantages which could be especially used in hybrid drivetrains, commercial vehicles with hydraulic auxiliary units or hand operated combustion engines.

Here is a short summary of the advantages of the patented OptiVent combustion process [3], [4]:

- Reducing the gas exchange losses of gasoline engines at partial load which leads to a significant reduction of fuel consumption
- Lowering the starting power of gasoline engines due to a decreased cylinder filling, which is essential for start-stop systems
- Transferring the braking function of commercial vehicles and injecting the power into an hydraulic working system
- Developing automatic easy start systems for hand guided small combustion engines

The present article at first deals with an abstract illustration of this new basic approach, controlling internal combustion engines. The potentials to reduce fuel consumption and starting power are shown by numerical simulations. The paper closes with a perspective about the future development and technical implementation of the OptiVent cycle on a state of the art engine.

2. Theory of the OptiVent Cycle

In contrast to the Miller and Atkinson load exchange and burning process, the load regulation is managed by a variable opening of the exhaust valves in the early compression phase. Such a procedure requires high standards in designing the exhaust valves, which have to make sure that opening the valves several times in a engine operating in four stroke is possible. A simple mechanical design could be realized, but especially for non-steady applications, like they are used in the most current vehicles, a valve control without cams would be advantageous.

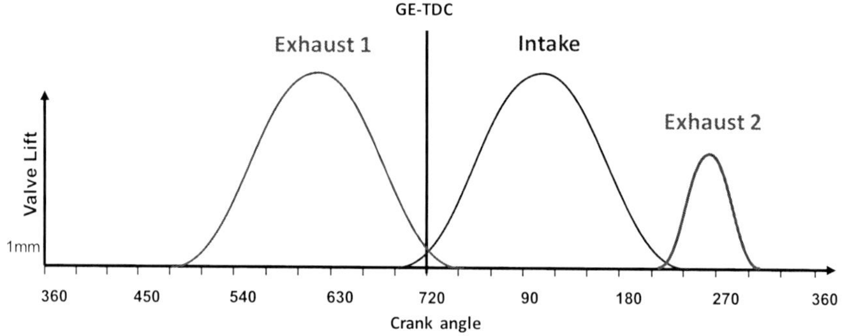

Figure 2: Valve-Lift- Diagramm of the OptiVent-cycle

Figure 2 shows an example of how the valve timing could work for an engine with the OptiVent cycle at low partial load. The non-familiar operation in this process is the second opening of the exhaust valve right after the end of the gas exchange in the early compression phase. The mass of gas in the cylinder isn´t controlled by a throttle body like it is in a conventional engine or by the opening time of the intake valves as known from current variable inlet processes (VLC, EMVT, etc.). Such a Method of controlling the partial load and burning regulations leads at first to lower pressure differences during the gas exchange which brings the gas exchange loop, as shown in **Figure 3**, pretty close to a non-throttled one, as it is in diesel engines or gasoline engines at full load.

In contrast to the throttled operating of a gasoline engine at partial load there is the maximum amount of load in the cylinders, when the intake valves close. To make the engine work at such operating points at the typical ignition limit (($\lambda \approx 0{,}6 \ldots 1{,}3$) the load in the cylinders has to be reduced to reach the stoichiometric ratio needed.
This is done by a second opening of the exhaust valves (EO2) to reduce the cylinder filling. At an operation point depending on regulation of the cylinder filling the closing of the exhaust valves is done at point EC2. Like in a normal throttled Otto-cycle, the compression of the rest air mass in the cylinder is done by the movement of the pistons towards top death center, which is the soonest time to inject the fuel. Therefore an improvement of the gas flow through the exhaust valves is necessary to reduce the restrictions through the fuel injection. Note, it isn't necessary to eject the unburned air into the exhaust system. Neither you can push out this air on different ways, so into the air system of a pneumatic hybrid vehicle. With the fully variable

valvetrain on the intake and exhaust of the combustion engine you can also recuperate energy during car braking while using a pneumatic hybrid car.

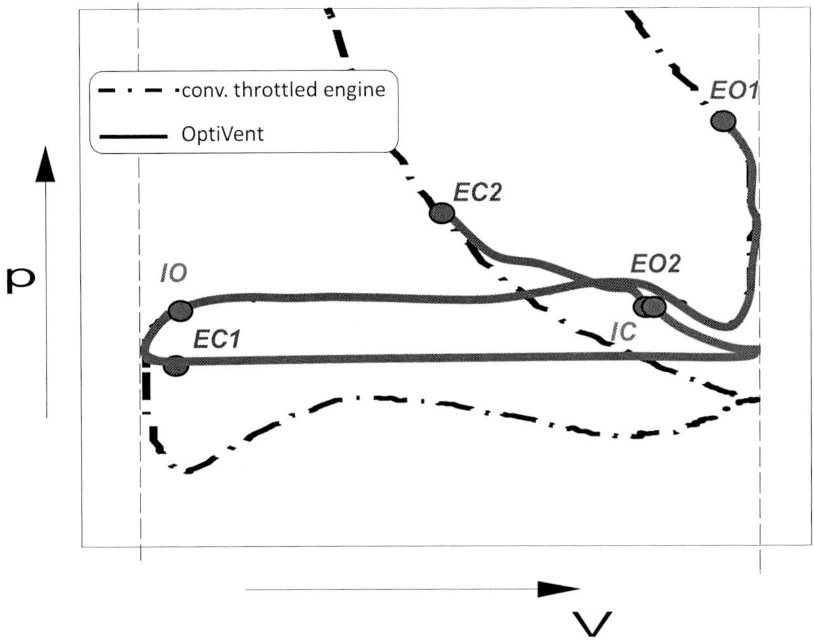

IO: Intake opening
EO: Exhaust opening
IC: Intake closing
EC: Exhaust closing

Figure 3: Schematic Pressure/Volume diagram of OptiVent cycle on part load of a SI-engine

The innovative thing about the new load regulation process OptiVent is the additional variability of the exhaust valves. So far it can be speculated that this regulation is only possible with a fully variable valve train, which has to be proved by further research.

3. 1-D-Simulation Model

Fluid flow in the gas exchange system isn´t considered in simplified models and so neither is it considered in the burning process. Therefore 1-D simulation is the standard tool that is used to do the basic construction of engines and gas exchanges systems.

Within the framework of the BMBF supported innovation newsgroup OptiVent in 2011 several investigation were made. A validated engine model was the corner stone for that. The specifications can be taken from **Table 1.** The gas exchange simulation tool "PROMO" was used for the computer simulation. PROMO was developed by the FVV a few years ago and works with the same physics based correlations as the most modern commercial simulation tools like GT-Power® do. A one dimensional assumption was used to analyze the fluid dynamics and to have a look at the transactions in particular air reservoirs. The modular design of this computer program with its standard modules cylinder, tank, tube end and single- and multi-flow turbo-machines, makes it possible to describe optional system configurations and geometries.

Table 1. Engine Data for 1-D-Simulation

Engine Type	4-Cylinder 4-Stroke
Displacement	1390 cm^3
Stroke	75.6 mm
Bore	76.5 mm
conrod length	144 mm
Compression ratio	10.5
Power	55 kW @ 6000 rpm
Number of valves	4 per cylinder
Intake valves opening	3° ca before TDC @ 0.05 mm valve lift
Intakes valves closing	46° ca after LDC @ 0.05 mm valve lift
Exhaust valves opening	43° ca before LDC @ 0.05 mm valve lift
Exhaust valves closing	17° ca after TDC @ 0.05 mm valve lift

The following key aspects were basis for the one dimensional simulation

- The OptiVent process at partial load (n=2000rpm, bmep = 2 bar) was compared to the throttled engine and VLC
- Engine idle n = 750rpm
- unfired engine operation at 750 and 2000 rpm (Simulation of deactivation of cylinders)
- Engine start (in case of the effort of starting power)

4. Results of 1-D-Simulation of the Gas exchange and combustion

4.1 Part Load Operation

The OptiVent process has some advantages in the thermal degree of efficiency compared to a throttled gasoline engine at partial load and λ = 1 (**Figure 4**). The main reason for this is the different polytropic exponent caused through the required direct injection and the different temperatures when the process begins.

To reach such a high thermal degree of efficiency the fuel injection has to occur after the waste amount of air was pushed out.

Due to the short period which is left for the carburation there are two possibilities to realize the fuel injection. At first it would be possible to increase the opening profile of the exhaust valves, which is limited by the cylinder head and valve lift. The other alternative would be a cylinder switch off at partial load, which also leads to a higher specific load of the working cylinders.

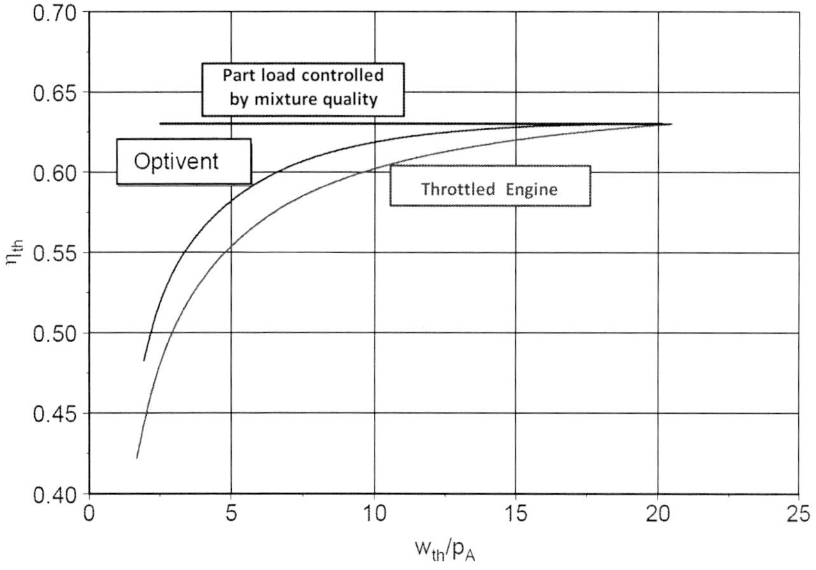

Figure 4: Comparison of part load operation techniques for SI-engines regarding the thermal efficiency [11]

Increasing the thermal degree of a gasoline engine isn´t the only advantage of the OptiVent process, additionally there is a decrease of the load exchange losses, which you can see in **Figure 5.** The deceleration of the compression as a result of the opened exhaust valves is verifiable noncritical, if the compression ratio during the carburation and the beginning of the combustion, are at the same level.

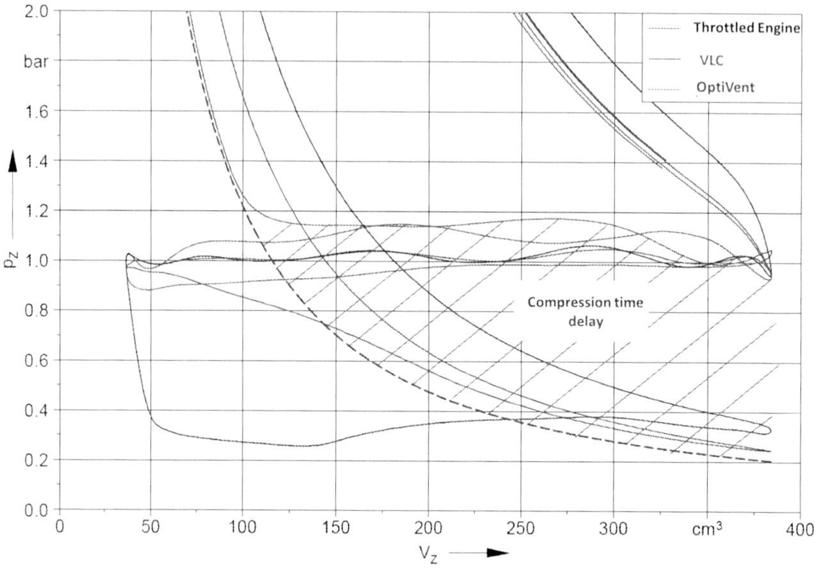

Figure 5: Gas exchange losses at part load conditions (n = 2000 rpm, bmep = 2bar) [11]

The gained improvements in the specific fuel consumption of the OptiVent cycle are mainly affected by the advantages in the high pressure process. This becomes obvious with one or more cylinders switched off. The result is not only an advantage in the gas exchange but also in reducing drag-torque and a longer period of carburation (**Figure 6**) using the higher load in burned cylinders. That's regards a small gas mass ejecting during opening the exhaust for a second time and you can start the direct injection early in the compression stroke of the engine.

The advantages of switched off cylinders arise from the fact that the losses during the gas exchange in unburned engine use are smaller, but this fact is more important at low engine speed. At higher rpm the flow losses are raising, therefore the graphs of the OptiVent and the throttled mode approach (**Figure 7**).

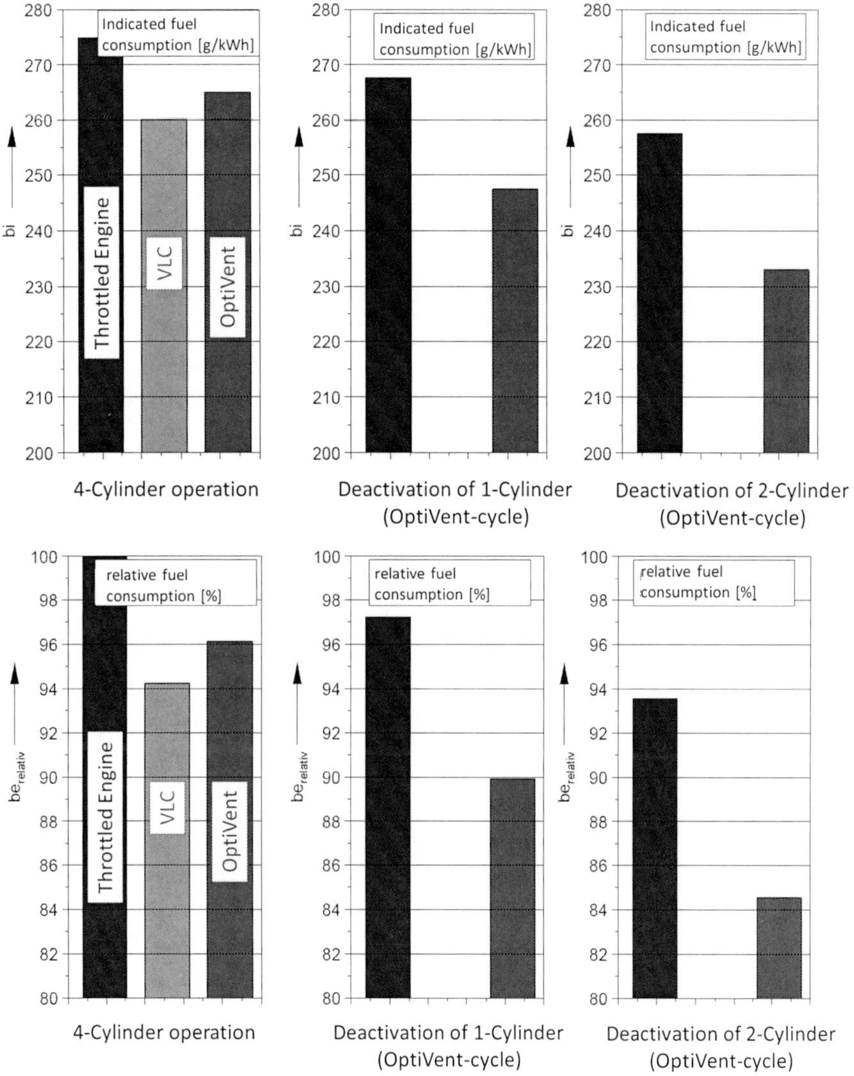

Figure 6: Fuel consumption at part load conditions with OptiVent and Deactivation of cylinders (n = 2000 rpm, bmep = 2bar) [11]

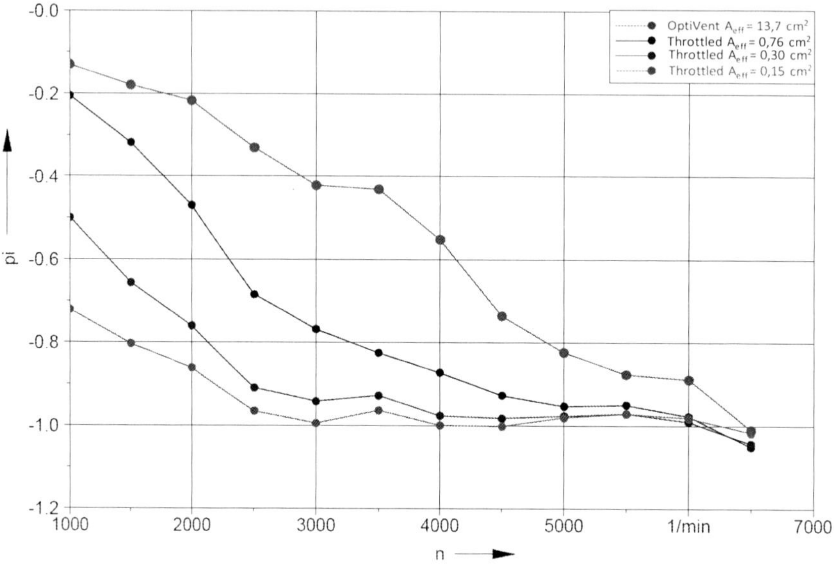

Figure 7: Indicated mean pressure regarding different throttle angles (characterized by the effective flow square) [11]

4.2. Engine Start with OptiVent

If you start a combustion engine, there is always the maximum amount of air into the cylinders, so the engine is always started at maximum load. But it is uncommon to run an engine right after the start up with high loads, normally the engines rev down to idle where a minimum cylinder load is necessary. The OptiVent process allows you to reduce this amount due to there must always be the amount of air into the cylinders that is needed for a certain engine operating point. You can already set the cylinder filling to the amount of air that is needed during the engine idle, which leads to a reduction of the starting torque of over 80% as you can see in **Figure 8**. This knowledge is pretty interesting for hybrid vehicles, where the engine is stopped if it is not needed and started, if the extra power is required. Furthermore minimizing the compression work causes a shorter starting process and therefore it is combined with a comfort gain.

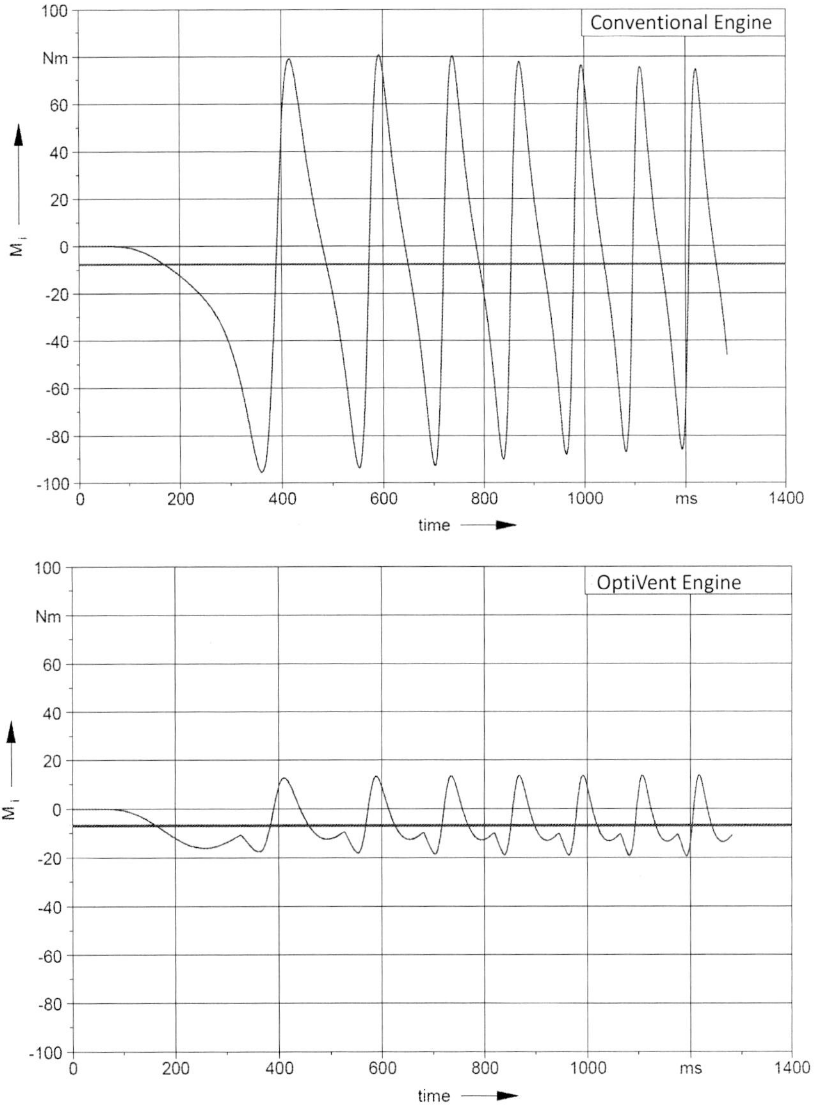

Figure 8: Engine Starting moment of a conventional and the OptiVent-Engine [11]

5. Effects of the Exhaust Back Pressure

To adjust a certain part load with the OptiVent cycle, the waste amount of air in the cylinder is pushed out by a second opening of the exhaust valve during the compression phase. Therfore the effect of the exhaust back pressure on the gas exchange cycle compared to the VLC and the throttled enigne must be considered (**Figure 9**). For these investigations a simple single cylinder GT Power model is used. The model has the design parameters of the combustion chamber and the inlet and exhaust ports of the future engine, but the design of the manifold and exhaust system of the four cylinder engine is currently not finished.

At back pressures up to 1.3 Bar absolut like they normally occur on standard naturally aspired engines there are explicit advantages for the OptiVent cycle compared to the VLC and throttled engines. Due to there is no valve overlapping on the VLC engine, there is only a small influence from the exhaust back pressure on the mean pressure of the gas exchange loop.

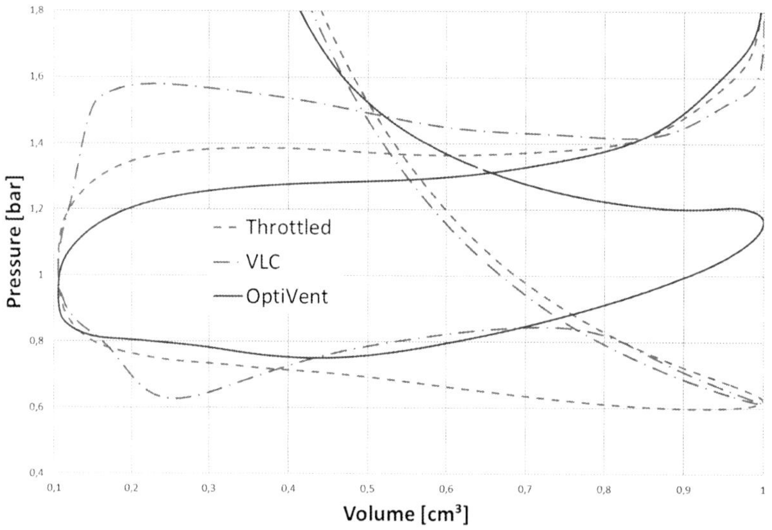

Figure 9: Gas exchange losses at part load and a back pressure of 1.2 Bar (n = 3000 rpm, bmep = 6.5 Bar)

At the OptiVent and the throttled engine the exhaust back pressure has a higher influence on the gas exchange because of the valve overlapping, which leads to a decrease of the charge. In addition the exhaust back pressure has a bad influence on the OptiVent cycle, when the waste amount of air is pushed out of the cylinder by a second opening of the exhaust valve. For this reason the mean pressure of the load exchange of the OptiVent cycle falls under the level of the throttled engine (Figure 10).

The mean pressure of the VLC engine declines by reason of the valve overlapping, where the mean pressures of the throttled and the OptiVent engines stay at the same level (Figure 11)

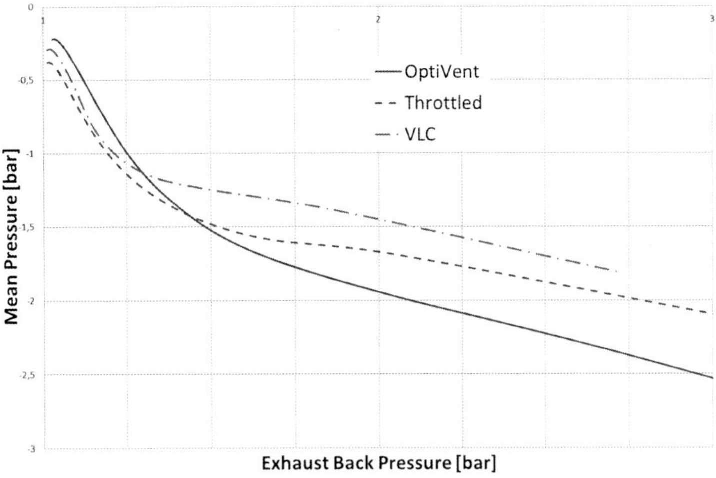

Figure 10: Gas exchange mean pressure ploted against exhaust back pressure (n = 3000 rpm, bmep = 6.5 Bar)

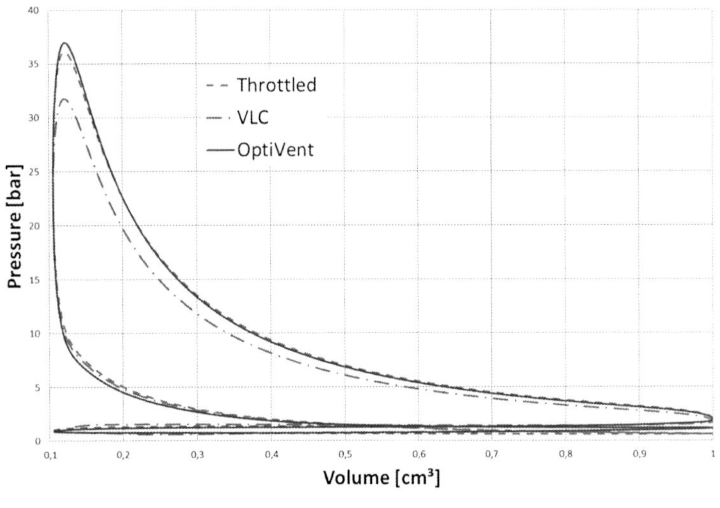

Figure 11: P-V diagram at part load and a back pressure of 1.2 Bar (n = 3000 rpm, bmep = 6.5 Bar)

6. SUMMARY/CONCLUSION

Load regulation of an internal combustion engine by the patented OptiVent process is a completely new approach in the development of gasoline engines. To realize this principle an additional variability of the exhaust valves is needed. The air sucked in can flow into the combustion chamber without huge throttle losses and only small pressure losses which clearly reduces the gas exchange losses. In addition there is an increase in the thermal efficiency because of the changed process control. Operating the engine at partial load with separate cylinder switched off brings even more advantages, which are based on three effects, at first the un-throttling, secondly pushing the engine operating point towards the best efficiency point of the working cylinder and last from reducing the pump work of the shut-down cylinders. All these things lead to a reduction in fuel consumption up to 15%.

With regard to hybrid vehicles the main advantage of the OptiVent process is the reduction of the engine starting torque, which could save up to 80% compared to a conventional engine start and which also makes the start up more comfortable.

Above all there are several other applications for example in commercial vehicles, construction machines and hand guided working equipment, where the valve control could be used as an engine brake system or as basis of a hydraulic hybrid drive. The implementation of the OptiVent process in a gasoline engine and the research in the field of applications are part of a large scaled research project, which is sponsored by the German Federal Ministry of Education and Research (BMFB).

7. References

[1] G. Herdin, "Gasmotoren, Potenziale und Zukunft", DVV-Kolloquium, November 2004, Wien

[2] M. Büttner, „Mazda develops new MZR 1.3 Miller-cycle engine", http://www.atzonline.com

[3] J. Mehnert, "Method and Device for controlling the air flow quantity of internal combustion engines", European Patent EP1725757B1, München, 2008

[4] J. Mehnert, "Method and device for controlling internal combustion engines", European Patent EP1869304, München, 2011

[5] A. Fischer, "Endoreversible Modelle für Verbrennungsmotoren", Diploma Thesis, Chemnitz University of Technology, Chemnitz, 2002

[7] A. Fischer, K. H. Hoffmann, "Can a quantitative simulation of an Otto engine be accurately rendered by a simple Novikov model with heat leak?, Journal of Non-Equilibrium Thermodynamics, 29(1), 2004 page 9-28

[8] K. H. Hoffmann, A. Fischer, "Wirkungsgradmodelle für Verbrennungsmotoren", TU-SPEKTRUM – Das Magazin der Technischen Universität Chemnitz, 2004, S. 20

[10] A. Urlaub, „Verbrennungsmotoren", Springer-Verlag, 2nd edition, 1995

[11] V. Küntscher, Kraftfahrzeugmotoren, VEB Verlag Technik, Berlin, 2nd edition, 1989

[12] H. Grohe, Otto- und Dieselmotoren, Vogel Fachbuchverlag, Würzburg, 12th edition, 200

[13] S. Zwahr, „Potenzialabschätzung und Machbarkeitsstudie für eine alternative Ventilsteuerung für Verbrennungs-kraftmaschinen gemäß Patent EP 1 725757 B1 und Patentanmeldung EP 1 869 304", Zwickau, 2011

8. Acknowledgments

The author thanks the Federal Ministery of Research and Education for funding these investigations in the program innovation forum in the year 2011 and still funding the research work in the following years in the program "Wachstumskern Potenzial".

15 Comparison and Simulation of Methods to Reducing End-Gas Temperatures in Boosted Gasoline Engines

Christof Schernus, Reiner Wohlberg, Carsten Dieterich,
Uwe Schaffrath, Markus Podworny

Abstract

Downsizing of gasoline engines by forced induction faces limitations of the engine speed range of maximum torque by irregular combustion, such as knock and/or pre-ignition. Reducing the end gas temperature can slow-down precursor reactions eventually leading to undesired auto-ignition of mixture, and hence enable a further increase of mean effective pressure or compression ratio.
At the given example of a small gasoline engine, different measures will be analyzed and compared by engine process simulation:

- Miller Cycle with early and with late intake valve closure
- Turbo-cooling and
- Controlled compression ratio using variable connecting rod length

The different measures to realize similar full load behavior will be discussed and compared.

Kurzfassung

Beim Downsizing von Ottomotoren durch Aufladung kann die Drehzahlspanne, innerhalb der das maximale Drehmoment zur Verfügung steht, durch irreguläre Verbrennung, d.h. Klopfen und/oder Vorentflammung beschränkt sein. Durch Absenkung der Endgastemperatur kann die Geschwindigkeit von Vorreaktionen, die letztendlich zur ungewollten Selbstzündung von Gemisch führen, vermindert und die Möglichkeit zur weiteren Anhebung des Mitteldrucks oder des Verdichtungsverhältnisses erschlossen werden.
Am Beispiel eines kleinen Ottomotors sollen verschiedene Maßnahmen mit Hilfe der Motorprozessrechnung analysiert und miteinander verglichen werden:

- Miller-Zyklus mit frühem und mit spätem Schließen der Einlassventile,
- Turbokühlung und
- Verstellung des Verdichtungsverhältnisses z.B. durch variable Pleuellänge.

Dabei werden die verschiedenen Anpassungsmaßnahmen zur Darstellung ähnlichen Volllastverhaltens diskutiert und verglichen.

1. Introduction

Irregular combustion events such as knocking and, more severe, pre-ignition are the major hurdles to achieving a better efficiency of gasoline engines at high load. The common counter measure is to delay spark timing, which results into a lower thermal efficiency of the high-pressure cycle. Thus, to achieve the target torque curve the engine has to be boosted harder, resulting into higher air and fuel consumption. Under the influence of knock, less fuel energy is converted into piston work; and due to lower peak firing pressure also heat transfer to the coolant water to some extent is reduced in comparison to ideal combustion timing. Hence more fuel energy leaves the engine cylinder as higher exhaust gas temperature. Where later spark timing does not solve the problem, or spark timing has to be delayed to a point where combustion stability is no longer acceptable, additional fuel is injected to lower the mixture temperature by its latent heat.

This enrichment is also applied at higher engine speeds to keep the exhaust gas temperature below the limits given by exhaust system material, turbocharger and/or catalytic converter. Apart from the fact that this enrichment adds to increasing the fuel consumption, it also causes an increase of pollutant emissions passing through the catalytic converter with reduced or no conversion. This in turn may cause conflicts with future emission regulations involving RDE cycles to evaluate off-cycle emissions.
Therefore, the ideal full load operation would refrain from enrichment throughout the engine speed range without excessive increase of exhaust temperature.

Cooled EGR has proved being a suitable technique to reduce end gas temperature by increasing the heat capacity of the working fluid [23, 24]. It further dilutes the mixture, and hence reduces the concentrations of oxygen and fuel and the creation of radicals therefrom. On the other hand, there are potentially opposing effects of products of non-ideal combustion on knock and pre-ignition propensity. Hydrogen as a remainder from rich combustion as well as nitrous oxides can promote auto-ignition. Despite of the presence of imperfect exhaust composition, [24] reported beneficial effects from "dirty" EGR taken upstream of the catalyst compared to "clean" EGR taken after catalyst. The effect of EGR at high load on knock will continue to be investigated experimentally and in simulations.

The focus of this paper shall be the reduction of end gas temperature in the absence of EGR or adding other media like water injection. This restricts measures to adapting the effective compression ratio to an appropriate level, and/or by extracting increased amounts of heat from intake air. Accordingly, the following sections will deal with Miller Cycle and Turbo-Cooling as two measures in the air path, and with variable compression ratio (VCR) of the engine cranktrain.

The simulations are performed using a GT-POWER™ model of a 1.8l TGDI four cylinder inline engine with central injector position and single stage wastegate turbocharger, that has been validated using measured data at high load running on Super Plus fuel, that essentially had (RON+MON)/2=95 rating. Knock limitation of spark timing is assessed using a new knock model capturing NTC behavior of auto-ignition time in conjunction with a turbulent entrainment combustion model [25].

2. Miller Cycle

2.1 Historical background

In the 1950s Ralph Miller obtained several patents on intake valve timings for supercharged engines, which included early and late intake valve closures [1 – 3]. The invention described in the US patent No. 2670595 [1] aimed already at lowering the compression temperature in order to increase the power output of supercharged engines without harming the engine. Another intention was to improve the working cycle of four-stroke internal combustion engines. The lower cylinder charge temperature enabled, according to the invention, running the engine with higher fuel rate utilizing the air better to obtain higher torque and power.

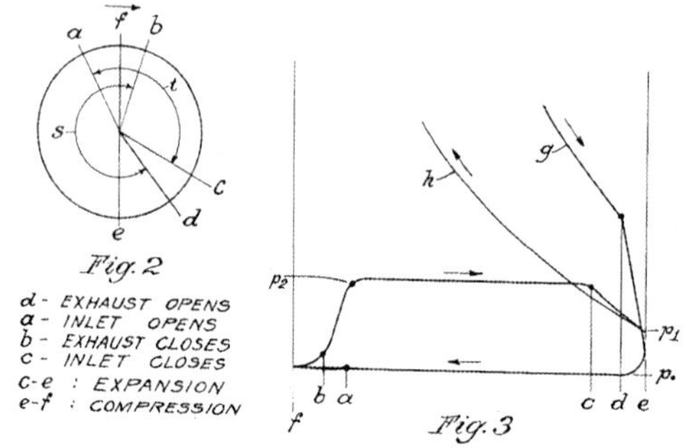

Figure 1: Crankshaft Valve Timing Diagram and p-V Diagram with Early Intake Valve Closure [1]

The next US patent No. 2773490 [2] already involves intake valve closure timing as a means for load control and it describes the application of late IVC timing to reject the air back into the intake system. It further unveils the use of reduced compression to prevent pre-ignition in supercharged spark-ignition engines.

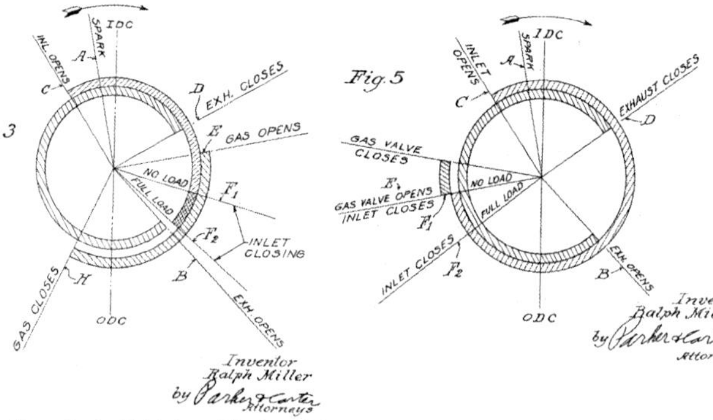

Figure 2: Crankshaft Valve Timing Diagram with Early (left-hand side) and Late (right-hand side) Intake Valve Closure [2]

Miller received further patents, one of them [3] also involving a compression control valve that basically took the function of the delayed intake valve closure to reject air back into the intake system thus lowering the effective compression ratio.

Atkinson's patent [4] in contrast made use of a special crank train mechanism to achieve a longer expansion stroke than compression stroke. According to its mechanism, also the piston travel in exhaust stroke was longer than the intake stroke. In other words the fairly complicated cranktrain realized an alternation of piston stroke from long in one to short in the next revolution and back. The authors believe that its lack of simplicity and high number of links and bearings in the crank train have prevented such engines from succeeding as automotive propulsion.

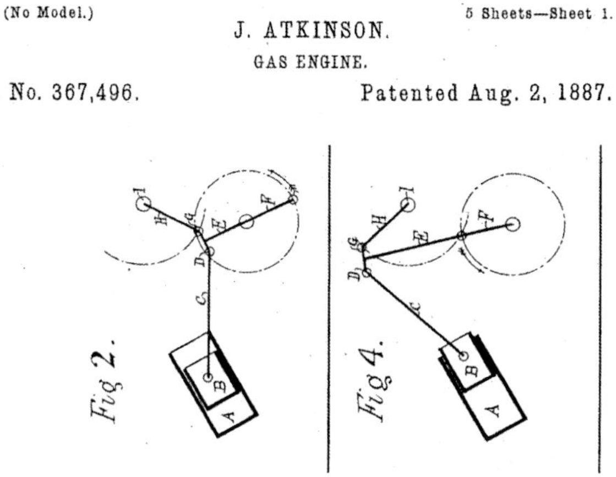

Figure 3: Cranktrain mechanism and its function in Atkinson's gas engine [4]

Just like Miller's approach, this technique enables intake valve closure and exhaust valve opening timings at much different piston positions. But here this is realized by piston travel and not by non-symmetric crank angles. Engines with conventional cranktrain and compression ratio reduced by late intake valve closure timing are often referenced as Atkinson engines. However, the difference between those and an implementation of Atkinson's cranktrain is that these conventional cranktrain engines will reject the excess air into the intake, whereas an engine implementing Atkinson's cranktrain will just not ingest that much air that it needs to reject the surplus, because the piston intake stroke is shorter. It is obvious from [2] that the principle of reducing the effective compression ratio by extreme intake valve closure timings, early and late, is covered by Miller's patents. However, it shall be noted that Miller's patents refer to supercharged engines, no matter if fluid flow machinery or positive displacement compressors are involved. Atkinson, who received his first patent 1886 in England, may not have suspected at the time of his invention that engines one day would undergo forced induction.

2.2 Physical effects

The application of Miller cycle intake valve timing on a downsizing engine entails some challenges related to its pressure-charging layout. By closing the intake valve in a distance from bottom dead center, the volumetric efficiency of the engine is reduced with reference to the swept volume between top and bottom dead center.

The engine power output can only be maintained if the cylinder is alimented with a more or less similar amount of air and fuel. Accordingly, boost pressure has to be increased. The diagram below shows clearly that a significant impact on volumetric efficiency leads to excessive boost pressure requirements. An improved fuel consumption expected from a Miller Cycle engine has only a small effect on the boost pressure increase.

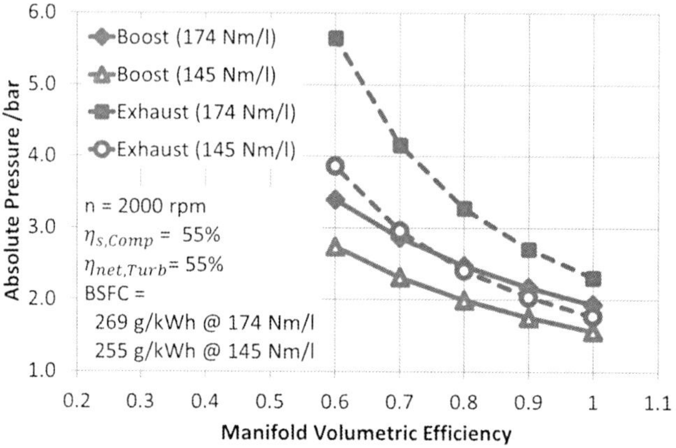

Figure 4: Dependency of boost and exhaust pressure requirement on manifold volumetric efficiency for constant torque levels

This results into increased compressor outlet temperature, which allows rejecting more heat from the intake air in the intercooler. In conjunction with the effective compression ratio in the cylinder reduced by intake valve closure timing, the engine process may benefit from lower gas temperatures at ignition and, hence, lower knock sensitivity. On the other hand, if the base engine is already turbocharged exploiting the compressor map quite to its limits, a further raise of boost pressure gives rise to conflicts with surge limit at low end torque operation and with choke limit or blade tip speed limitations around rated power, in particular in altitude.

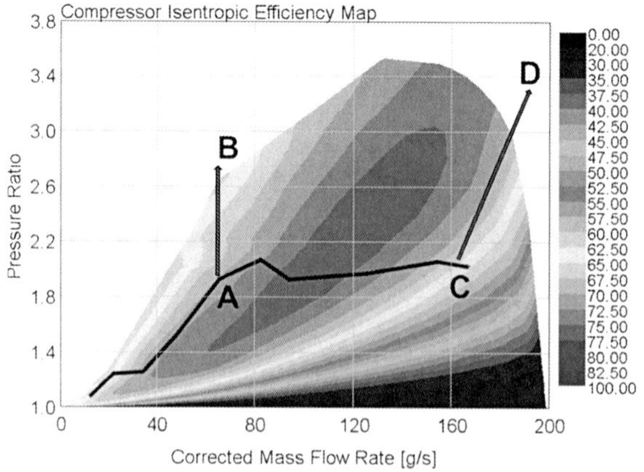

Figure 5: Schematic comparison of compressor operating points at low speed torque in base (A) and Miller (B) engine, and rated power of base engine (C) and Miller engine (D). A, B, C in sea level conditions, D in altitude

Consequently, a Miller version of such turbocharged engine will provide a smaller engine speed range of high torque with low end torque at higher speed than the base and rated speed and rated power foreseeably reduced. The only way to overcome this dilemma is a revision of the boosting system employing either two-stage turbo-charging or a combination of mechanical supercharger and turbo.

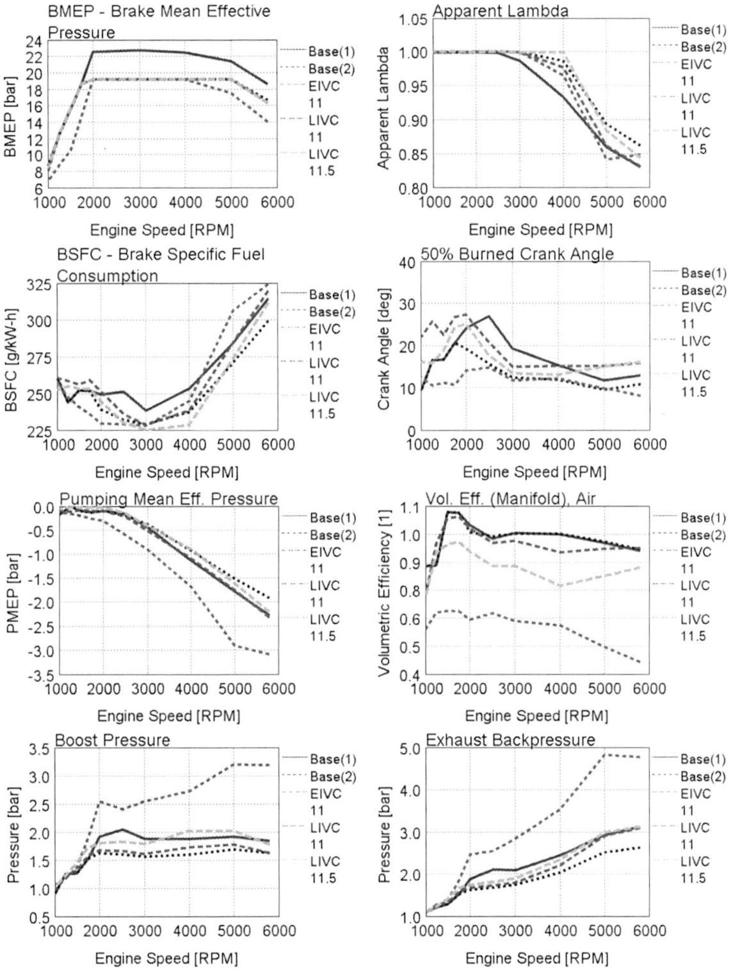

Figure 6: Comparison of Miller Cycle IVC strategies with High Spec Base(1) and Downrated Base(2) Engine Performances

On the other hand, if one looks at a Miller Cycle engine as an engine with extended expansion stroke, it can be appropriate to consider the power density with reference to the swept volume between top dead center and intake valve closure. In other words, a Miller Cycle engine could be seen as the replacement of a smaller engine with a larger one with (hopefully) significantly better efficiency. On the first glance this seems contradictory with today's trend to downsized engines striving for better efficiency. But those downsizing engines typically have compression and expansion ratios in the same ball park. In case of the apparently larger Miller engine, the compressed cylinder volume is adopted from the smaller engine and with this all the dethrottling effects related to the smaller swept volume, but the expansion is extended. The smaller downsizing engine may however have a lower friction torque, if overlap of crank pin and main bearing of the Miller engine is not reduced.

Figure 6 compares performance data of the base engine with CR=9.8 at full load, with Base(1) indicating the high spec version and Base(2) referring to the same engine virtually downrated to the torque of the smaller engine displacement. Obviously, already the downrated base engine needs less enrichment at high speeds and allows for good combustion timing along with lower BSFC than the high spec.

The Miller Cycle engine versions employ a smaller compressor to achieve high boost at low engine speed, which is required to maintain low end torque despite Miller impact on volumetric efficiency. The strategy with early IVC suffers from reduced valve lift and hence increased flow resistance when the valve is intended to be open. This leads to overly high boost and in particular exhaust pressures at speeds beyond 3000 rpm. The high exhaust backpressure goes along with higher temperature that at some point has to be counteracted with enrichment.

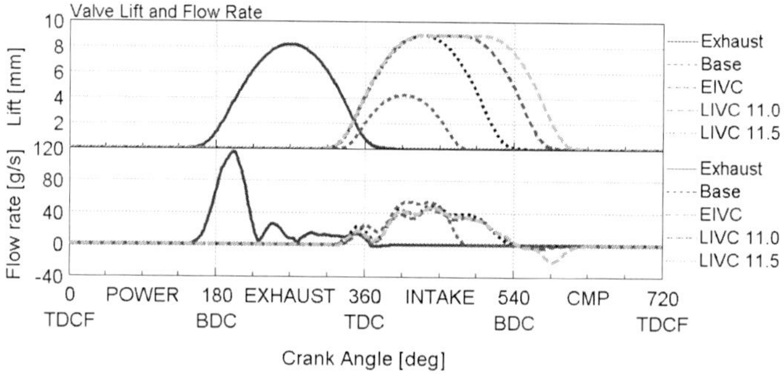

Figure 7: Valve Lift Profiles for EIVC and LIVC derived from Base Lift Profile

Late IVC in turn is realized here by the maximum valve lift of the base lift profile with a rest (Figure 7). The duration of the rest is defined at 2000 rpm to match the base engine effective compression ratio for the Miller engines with higher geometric compression ratio of 11.0 and 11.5. For early IVC, the lift profile is scaled down to the required event length whilst maintaining constant valve acceleration. Surprisingly, LIVC strategies are found to need later spark timing at low rpm than the base engine. This is related to some increase of intake air temperature, which is pushed back into the intake port before IVC and absorbs heat from the intake valves a second time. Moreover, the onset of compression shortly before closing the intake valves increases cylinder air temperature, too. When the air slips through the valve crevice as isenthalpic throttle, the elevated temperature level from compression is retained.

Moreover, air pushed back into the intake port of a homogeneous GDI engine actually is air-fuel mixture. If scavenging is deployed for better boosting at low speeds, this mixture in parts or as a whole will find its way unburned to the exhaust, where it may release additional heat.

This can provide additional power to the turbocharger, but may also burden the catalyst with additional heat release. This mixture scavenging can be prevented with EIVC and suitable SOI timing.

A variable valve actuation system e.g. with switchable cam lobes provides a viable solution to combine the positive effects of EIVC at low speeds and LIVC at higher speeds.

3. Turbo-Cooling

3.1 Historical background

Turbo-cooling in this paper is understood as the application of an air turbine expanding intake air to the desired boost pressure level while extracting power from that expansion. This technology enables boost air temperatures below the level of ambient air, which is generally beneficial for reducing knock propensity and allows higher internal compression ratio realized in the Otto cycle engine.

Like Miller Cycle also the idea of turbo-cooling of internal combustion engine intake air – to the authors' awareness – goes back to the 1950's. In 1952, H.A. Steiger successfully filed a patent application [5] for an air turbine linked to a centrifugal compressor that would absorb the power the turbine has extracted from the expansion of intake air in the intention to reduce knock in a two-cycle engine.

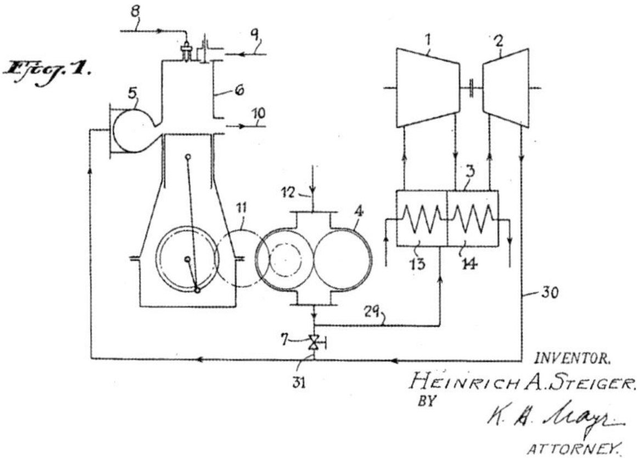

Figure 8: Two-Stroke Engine Schematic with Turbo-Cooling [5]

The air is compressed to a higher pressure level than requested by the engine to generate the target power output. From the centrifugal compressor the air will flow through a heat exchanger rejecting the excess heat. Then it will expand in the air turbine, be ingested by the internal combustion engine, where again it will be compressed during the piston's travel to top dead center, picking up less temperature than without the extra cooling in the turbo-cooling unit. Heinrich A. Steiger's patent limited itself to the application on non-supercharged two-cycle engines.

This gave room for further patents about turbo-cooling applied to supercharged four-cycle engines described e.g. in numerous other patents and patent applications until today. Among the earliest and most notable is the one by Anton Steiger and Sulzer brothers [6], applying a turbo-cooling unit on a dual-fuel gas/Diesel engine. This includes a bypass valve of the turbo-cooling unit to allow feeding the engine with less cold intake air e.g. in part load or in warm-up operation.

3.2 Physical effects

There is some analogy between turbo-cooling is and Miller Cycle: the intake air has to be compressed to a notably higher boost pressure level as in a standard engine, which allows a higher amount of heat rejected by charge air coolers. Whilst the expansion work from the boost pressure level to BDC in-cylinder pressure in an EIVC Miller Cycle engine is transferred to the piston, turbo-cooling withdraws the expansion work in the air turbine. In contrast to EIVC Miller Cycle, an engine with turbo-cooling may have rather conventional valve timings and cam lobes, because the expansion to low temperatures at the onset of compression (somewhere close to BDC) takes place outside the cylinder.

Moving the cooling expansion outside the cylinder involves a principal disadvantage of turbo-cooling towards Miller Cycle, because the chilled air still has to pass the intake manifold, intake ports, and intake valves. Being much colder than the intake air of a Miller engine, the turbo-cooled air may absorb more heat from the warm or hot surfaces of these parts, which in turn may result into less low temperatures around BDC than with Miller Cycle. On the other hand, the turbo-cooled engine with its more conventional valve timings generates turbulence for a longer period of the cycle. Accordingly, turbulent kinetic energy level may be more favorable in a turbo/cooling engine when it comes to ignition.

3.3 Simulation Results

Unlike the engine setup described by Anton Steiner, the Turbo-Cooling model of the TDGI engine features a bypass after the intercooler of the main turbocharger, not after the compressor of the turbo/cooler. It allows mixing of air from the intercooler with very cold air delivered by the turbo-cooling unit e.g. for part load or upper part load conditions where very low temperatures may not be required. In the turbo-cooler, the air rejects heat prior to expanding in the air turbine. Therefore, the pressure ratio across the turbine must be significantly larger than in the compressor. Consequently, there is a notable pressure drop over the turbo-cooler when in operation. This puts additional work load on the main turbocharger, as it has to compensate for this pressure drop. Unless the turbocharger matching is optimized for this operation mode, the exhaust backpressure in the manifold will increase and reduce the potential for scavenging of residuals in the lower engine speed range.

Temperature profiles like shown in Figure 9, however, are only achievable with compressor and turbine efficiency levels of 70% and higher, which may yet need to be developed at this time. Typical for turbo-machinery, the power transfer really comes into effect with increasing mass flow rates. If turbo-cooling is intended to be employed in the full speed range, compressor and turbine of the cooler will be too large for effectively cooling the air at low engine speeds, as shown here. Dedicated solutions for low end torque will apply smaller rotors, and the turbo-cooler will be bypassed when engine speed increases beyond the matched range.

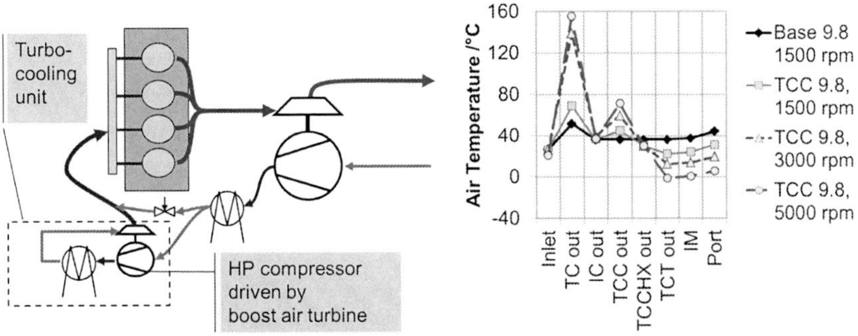

Figure 9: Schematic of the Four-Stroke TGDI Engine Model with Turbo-Cooling and Simulated Temperature Profiles along Flow Path

The small temperature differences achievable with a wide speed range turbo-cooler still allow increasing compression ratio without negative impact on full load BSFC from 9.8 (base) up to 10.8. This in turn will enable fuel economy improvements of approximately 2 % in part load.

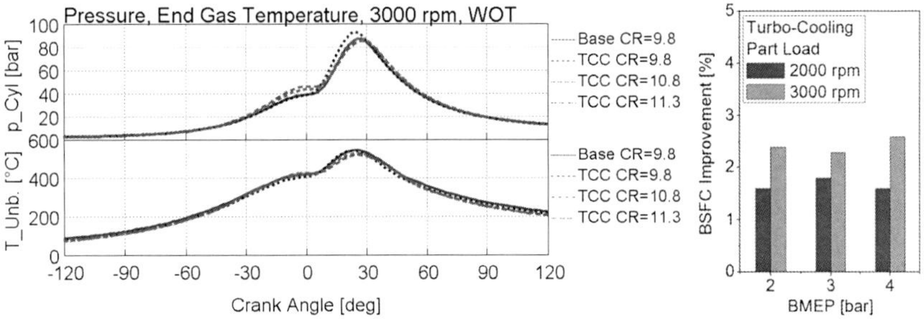

Figure 10: Cylinder Pressure and End Gas Temperatures at Full Load and Part Load BSFC Improvement by CR increased from 9.8 to 10.8

For stationary engine applications, in particular for gensets operating at constant speed, the turbo-cooling unit can easily be matched to the critical load point and provide charge air temperatures below freezing point (cf. figure 9 for 5000 rpm). The application of turbo-cooling for passenger car application will require more work in turbo-machinery development for high efficiency at small pressure ratios. Also, compressor and turbine wheels from lightweight materials, e.g. plastics, are needed to enable fast response in tip-in maneuvers.

4. Variable Compression Ratio

The most obvious approach to limit the pressure and temperature increase during compression is to limit the compression itself, which again means a shift from uncooled in-cylinder compression to cooled external compression, at least as the ratio of the two effects is concerned.

More generally, it shall be discriminated between variable compression ratio (VCR) systems with variable cylinderhead volume, as described e.g. in [11, 12, 21], and variable piston TDC position relative to the cylinderhead.

A recent pioneer example of continuous variable compression ratio altering the TDC distance between piston and cylinderhead was the Saab SVC engine [8, 9]. It featured a cylinderhead integrated with the cylinder liners that was pivoting against the engine block and crankshaft. This way the piston clearance in top dead center was modified, and the compression ratio could be changed between approximately 8:1 and 14:1. Among the concepts of unconventional crank trains are the MCE-5 engine [13, 14] using a special link and rack rail, and the CCE (crank-controlled epsilon) mechanism [16] consisting of a two-piece conrod and a pivot rod to control the effective conrod length.

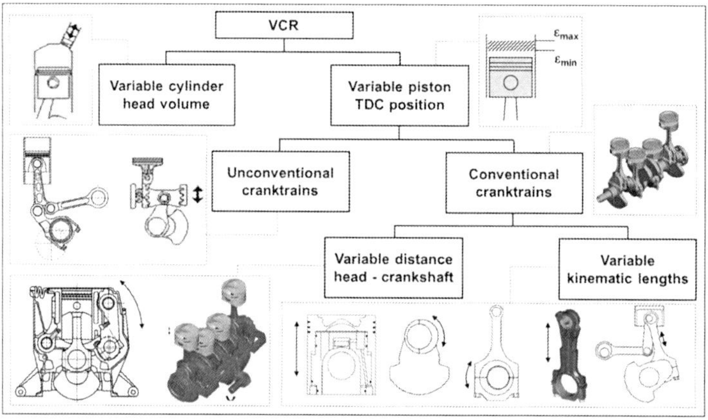

Figure 11: Classification and examples of different VCR systems

The rather conventional cranktrains all feature a conrod with only two bearing links between piston and crankshaft. The variability is realized by either changing the distance between crankshaft axis and cylinderhead like the eccentric main bearing gallery described e.g. in [15], or by changing the kinematic length of crank, conrod or piston. It shall be noted that using eccentrics on the crankshaft main bearings as well as on the crank pins will change the crank angle of TDC, whereas eccentric conrod bearings will not do so. The eccentric can be controlled by a hydromechanical system as in [17], or by a lever mechanism as in [10]. Variable piston compression heights have also been investigated [18, 19, 20], but bear the disadvantage of a significant increase of oscillating mass.

4.1 Simulation results

While Wittek displayed a 2-stage CR system switching between 8 and 13 as the optimum solution for a downsized engine boosted to approximately 25 bar of BMEP [22], the simulations in the present paper shall focus on a smaller range of CR variation relevant for full load operation. This is done in the intent of a minimal impact on combustion chamber layout, i.e. maintaining the cylinder head shape and allowing a small change of piston top land only.

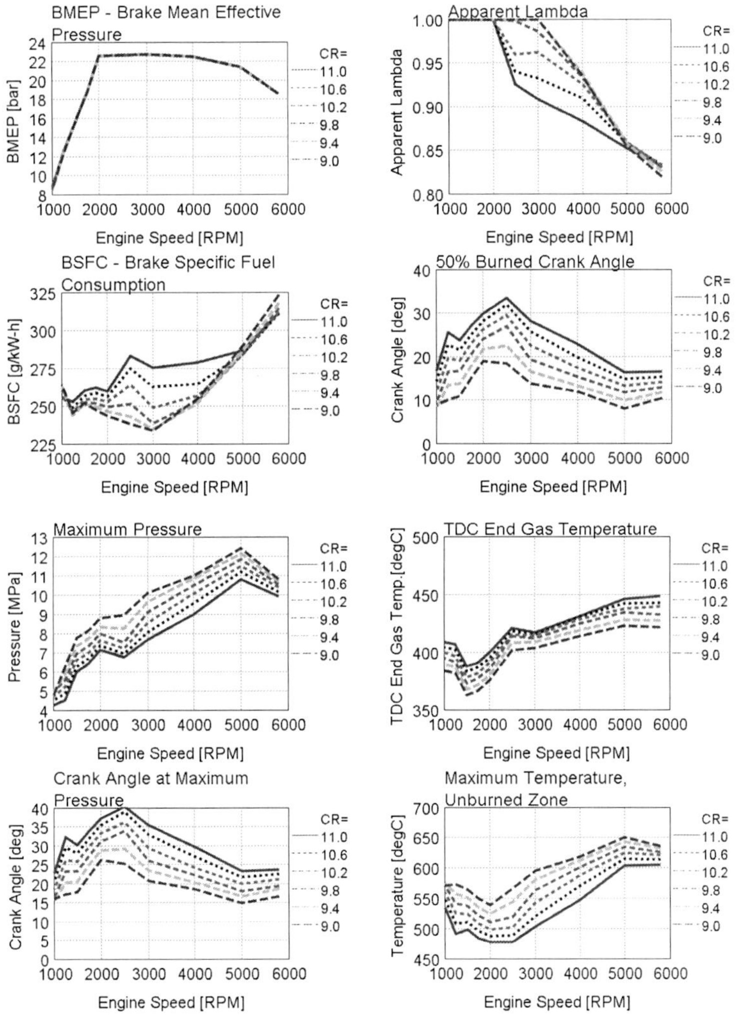

Figure 12: Full load performance characteristics under variation of CR with ON 95

When aiming at the base target torque level, the models with different CR are controlled to match the knock index of the base engine model by adjusting spark timing, with the spark advance limited not to advance beyond optimal timing of peak firing pressure. In case of later spark timing, mixture enrichment was employed to prevent exhaust temperature exceeding the limits at high engine speeds.

The variation of CR from 9.0 via 9.8 (base) to 11.0 using ON 95 fuel indicates a BSFC optimal CR close to 9.0 for medium speed ranges. At higher speeds the trend changes: increased CR become more beneficial. This is explained by reduced spark retard for higher CR leading improved expansion work, whilst low CR may need enrichment for exhaust temperature reasons.

Peak pressure and associated angle show inverse trend with CR, i.e. later but lower PFP with high CR. Accordingly the end gas temperatures at TDC is higher with high CR, but increases less during combustion as PFP is lower. Thus the maximum end gas temperature during combustion is lower with high CR. Integrally, the profiles of pressure and temperature lead to the same knock index.

When comparing the influence of CR at a lower octane rating of (RON+MON)/2=90, the spark retarding due to ON 90 instead of ON 95 is similar in this case to increasing CR by 0.8 units. Again, at higher speeds the fuel rate is increased to not exceed the base exhaust temperature, which results into still higher fuel consumption of the lower CR with lower ON.

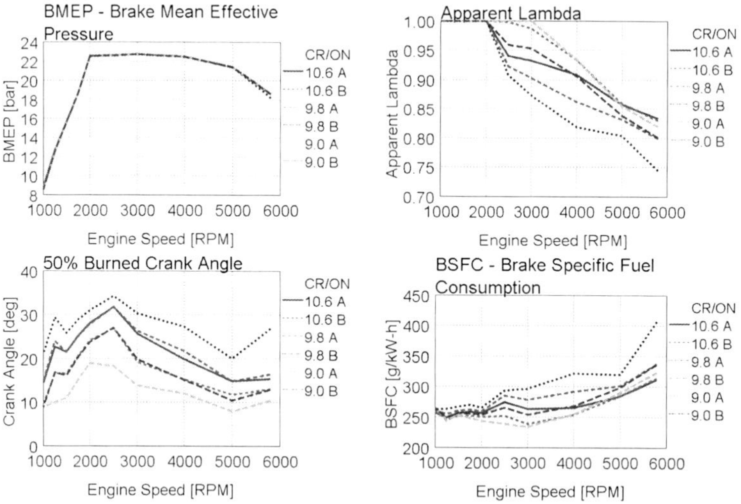

Figure 13: Influence of ON 95 ("A") and ON 90 ("B") and CR on performance

The obvious effects of high CR at engine part load shall not be discussed here in detail. The spread between low CR at full load and high CR at part load has been discussed exemplarily in [22]. The VCR actuation speed from minimum to maximum CR has to match the response time of the engine to load steps without driving the combustion into heavy knock. The range of CR may thus depend on oil supply.

5. Conclusion

Future emission legislation and test procedures evaluating off-cycle emissions will require effective exhaust purification in a maximum range of the engine map. Gasoline engines will be urged to refrain from enrichment or at least minimize it at high load. If the aftertreatment shall continue to rely on a TWC, additional measures in the air management – and most likely a combination of them – are required.

Turbo-cooling is well suitable for stationary engines because of their limited engine operation speed range. This allows matching the turbo-cooling unit perfectly to the critical operating conditions. In common passenger car powertrains, turbo-coolers will have to be tuned to a limited engine operating speed range, where knocking is most critical, and bypassed outside the matching range. It will require development of dedicated air turbines and compressors for high efficiency at low PR and very low inertia, which may not be available short term for volume production.

Miller cycle is already employed in production. Any valvetronic® turbo engine makes use of this to some extent at least in part load. EIVC is better suited for full load at low engine speed as it avoids scavenging of mixture otherwise spilled back into the intake port by LIVC. LIVC in turn overcomes the flow restriction caused by the short event and small lift of EIVC cam lobes at high engine speeds. Simple 2-stage VVA systems can combine both benefits. But still the turbocharger has to be rematched, if this technology is applied as add-on to an existing engine.

A 2-stage VCR system, like with a variable conrod length, provides a rather simple approach to make use of high CR in part load and low CR at full load, allowing for improved spark timings and lower exhaust temperature. But there is an optimal CR for rated power, and depending on the degree of downsizing the catalyst has to be protected from overheating. If internal cooling is prohibited or unwanted, a combination with cooled EGR is appropriate.

But regardless any of the approaches can be combined with cooled EGR; and such combination, although not discussed in this paper, appears the most promising route to future downsized clean and map-wide fuel efficient engines.

The appropriate layout of pressure-charging systems and innovative turbo-machinery along with combustion systems with high dilution tolerance is a cornerstone for the success of any of these systems.

Nomenclature, Acronyms

Item	Description	Unit
BDC	Bottom Dead Center	-
BMEP	Brake Mean Effective Pressure	bar, MPa
CCE	Crank-Controlled-Epsilon Engine	
CR	Compression Ratio	-
EGR	Exhaust Gas Recirculation	

Item	Description	Unit
EIVC	Early IVC strategy (Miller Cycle)	
IVC	Intake Valve Closure Timing	°Crank Angle
LIVC	Late IVC strategy	
MON	Motor Octane Number	-
ON	Octane Number; ON = (RON+MON)/2	-
PFP	Peak Firing Pressure	
RON	Research Octane Number	-
TC	Turbocharger	
TCC	Turbo-Cooler Compressor	
TDC	Top Dead Center	
TGDI	Turbocharged gasoline direct fuel-injected engine	
TWC	Three-Way-Catalyst	
VCR	Variable Compression Ratio	
VVA	Variable Valve Actuation	

References

[1] US patent No. 2670595; Miller, Ralph: High-pressure supercharging system, application filed October 19, 1949, patented March 2, 1954, United States of America. URL http://www.freepatentsonline.com/2670595.html

[2] US patent No. 2773490; Miller Ralph: High Expansion, Spark Ignited, Gas Burning, Internal Combustion Engines, application filed September 23, 1952, patented December 11, 1956, United States of America. URL http://www.freepatentsonline.com/2773490.html

[3] US patent No. 2817322; Miller, Ralph: Supercharged Engine, application filed April 30, 1956, patented December 24, 1957, United States of America. URL http://www.freepatentsonline.com/2817322.html

[4] US patent No. 367496; Atkinson, James: Gas Engine, patented August 2, 1887, United States of America. URL http://www.pat2pdf.org/patents/pat367496.pdf

[5] US patent No. 2766744; Steiger, Heinrich A.: Turbo-Cooling Means for Non-Supercharged Dual-Fuel Two-Cycle Internal Combustion Engine, patented October 16, 1956, United States of America. URL http://www.pat2pdf.org/patents/pat2766744.pdf

[6] UK patent No. 994816; Steiger, Anton & Sulzer Frères S.A.: Improvements in and relating to internal combustion engines, Complete Specifications Published June 10, 1965. Crown Copyright 1965, United Kingdom. URL http://worldwide.espacenet.com/publicationDetails/originalDocument?FT=D&date=19650610&DB=EPODOC&locale=en_EP&CC=GB&NR=994816A&KC=A&ND=6

[7] Deutsche Patent-Offenlegungsschrift DE102009031845; Schernus, C., Aymanns, R., Kortmann, J., Sehr, A.: Brennkraftmaschine mit Turbokühlung, published 2011.

[8] Worldwide patent WO/1992/009798, Drangel, Hans, Nilsson, Per-Inge, Bergsten, Lars: COMBUSTION ENGINE WITH VARIABLE COMPRESSION RATIO, published June 11, 1992

[9] Drangel, Hans, Bergsten, Lars: The new Saab SVC Engine – An Interaction of Variable Compression Ratio, High Pressure Supercharging and Downsizing for Considerably Reduced Fuel Consumption. In: Proceedings of 9th Aachen Colloquium Automobile and Engine Technology, October 5-7, 2000, Vol. 1, pp. 91-110

[10] Kreuter, P., Gand, B., Wegner, S.,, Schaffrath, U., Wensing, M.: Der aufgeladene Ottomotor mit variabler Verdichtung – Wirkung und Potentiale. 26th Vienna Motor Symposium, Vienna, 2005

[11] Adamis, P., Heinrich, h., Walzer, P.: Ottomotor mit variablem Verdichtungsverhältnis. In: Automobilindustrie 4/85

[12] German patent application DE10311229, Getzlaff, J., Semper, T.: Variable compression ratio combustion engine has valve disk in contact with valve seat for smallest compression ratio, end of disk approximately in plane with combustion chamber wall for highest ratio. Published September 30, 2004.

[13] Leifert, T., Nevado, F. M., Fairbrother, R., Prevedel, K.: Optimierung transienter Vorgänge mit AVL-GCA an einem Otto-Motor hoher Flexibilität. Tagung „Motorprozesssimulation und Aufladung III“, Berlin, 16.-17. Mai 2011.

[14] Rabhi, V.: Challenges And Strategies for Boosting Extremely Downsized & Downspeeded Variable Compression Ratio Engines. 4th International Congress Advanced Downsizing & Turbocharging Concepts, Stuttgart, March 26-28, 2012.

[15] Bollig, C., Habermann, K., Schwaderlapp, M., Yapici, K.: Variable Verdichtung - Ein Weg zur effizienten Hochaufladung. MTZ 12/2001

[16] Bollig, C.: Der variable Kurbeltrieb zur Realisierung eines veränderlichen Verdichtungsverhältnisses bei einem hochaufgeladenen 4-Zylinder-Ottomotor. Dissertation RWTH Aachen, 1996

[17] K. Wittek: Variables Verdichtungsverhältnis beim Verbrennungsmotor durch Ausnutzung der im Triebwerk wirksamen Kräfte. Dissertation RWTH Aachen, 2007

[18] Grundy, J.R., Kiley,E.R.; Brevick, E.A.: AVCR 360-2 High Specific Output ´Variable Compression Ratio Diesel Engine; SAE-Paper 760051, 1976.

[19] Wadman, B.W.: Continental´s VCR Piston Development; Diesel and Gas Engine Progress 3, 1965.

[20] Binder, K., Pfeffer, V., Wirbeleit, F.: Entwicklungsarbeiten an Kolben mit variabler Kompressionshöhe zur Erhöhung des Wirkungsgrades und der Leistungsdichte von Verbrennungsmotoren, MTZ 47 (1986) 5.

[21] Erlandsson, O., Lundholm, G., Söderberg, F., Johansson, B., Wong, V.: Demonstrating the Performance and Emission Characteristics of a Variable Compression Ratio, Alvar-Cycle Engine; SAE paper 982682.

[22] Wittek, K., Schwaderlapp. M., Weinowski, R., Dieterich, C., Seibel, J., Haake, B., Tomazic, D.: CO2 Reduction Potential of a Two-Stage VCR System in Combination with Future Gasoline Powertrains. 33rd International Vienna Motor Symposium, April 26-27, 2013.

[23] Potteau, S., Lutz, P., Leroux, S., Moroz, S., Tomas, E.: Cooled EGR for a Turbo SI Engine to Reduce Knocking and Fuel Consumption; SAE Technical Paper 2007-01-3978.

[24] Roth, D. B., Keller, P., Becker, M.: Requirements of External EGR Systems for Dual Cam Phaser Turbo GDI Engines. SAE Technical Paper 2010-01-0558.

[25] N.N.: GT-SUITE Version 7.3 Online Reference Manual, Gamma Technologies, Inc., Westmont/IL, 2012.

16 Numerical and Experimental Determination of Combustion Chamber Resonances
Rechnerische und experimentelle Bestimmung der Brennraumresonanzen

Sebastian Ohler

Abstract

In order to increase the efficiency of gasoline engines for reducing CO_2-emissions and fuel consumption both the knock control and the ignition time adjustment as well as downsizing-concepts are deemed to be an auspicious approach. For the correct detection of the knocking combustion by using the cylinder pressure signal the filtration of high-frequency oscillations, occurring at knocking combustion, is important for the development of new engine generations. The choice of the right cut-off frequency depends on the occurring combustion chamber resonances for every individual combustion chamber. This paper shows a closed mathematical approach with a simple differential method for determining the combustion chamber resonances of gasoline engines. The calculation results are verified by accompanying investigations on a four-stroke-single-cylinder-research-engine with variable compression ratio. In this research both the cylinder pressure indication at various measuring points inside the combustion chamber and an optical measurement with fibre-optical spark plug are used. The accuracy of the simplification of the mathematical approach is illustrated by frequency analyses of the measured cylinder pressure signals. Furthermore the effect of the sensor position of the cylinder pressure signal is shown. Finally the paper outlines that it is possible to determine the combustion chamber resonances by using the fibre-optical spark plug.

Kurzfassung

Zur Reduzierung des CO_2-Ausstoßes und des Kraftstoffverbrauchs gelten die Antiklopfregelung und damit die Verschiebung des Zündzeitpunkts neben den Downsizing-Konzepten als vielversprechender Ansatz zur Erhöhung des Wirkungsgrads des Ottomotors. Zur genauen Detektion der klopfenden Verbrennung mit Hilfe des Zylinderdruckverlaufs während der Entwicklung und Applikation neuer Ottomotorgenerationen ist die Filterung der hochfrequenten Schwingungen, die während der klopfenden Verbrennung auftreten, entscheidend. Die Wahl der Grenzfrequenzen ist für jede Brennraumkonstruktion in Abhängigkeit der auftretenden Brennraumresonanzen individuell zu treffen. Im vorliegenden Beitrag wird hierzu ein geschlossenes Verfahren zur einfachen differentiellen Berechnungsmethode der Brennraumresonanzen eines Ottomotors vorgestellt. Die Ergebnisse der Berechnungen werden durch begleitende Versuche an einem Viertakt-Einzylinderforschungsmotor mit variablem Verdichtungsverhältnis überprüft. Als Messverfahren wird dazu neben der Zylinderdruckindizierung an unterschiedlichen Messstellen im Brennraum auch die optische

Messtechnik in Form einer Vielfach-Lichtwellenleiter-Zündkerze verwendet. Durch Frequenzanalyse der gemessenen Zylinderdruckverläufe wird sowohl der Einfluss der Sensorposition des Zylinderdruckaufnehmers als auch die Berechtigung der in der Berechnung eingeführten Vereinfachung aufgezeigt. Abschließend wird gezeigt, dass auch mit Hilfe optischer Messtechnik eine Bestimmung der Brennraumresonanzen im Verbrennungsmotor möglich ist.

1. Einleitung

Der Brennraum eines Verbrennungsmotors stellt einen abgeschlossenen Resonanzkörper dar, in dem verschiedene Eigenresonanzen auftreten. Bei der Verbrennung im Motorbetrieb treten Resonanzschwingungen auf, welche die Eigenfrequenzen anregen. Diese besitzen im Mittel deutlich geringere Amplituden als bei der klopfenden Verbrennung des Ottomotors in Form hochfrequenter Schwingungen auftreten. Mittels Zylinderdruckindizierung lässt sich mit geeigneten Signalfiltermethoden die klopfende Verbrennung detektieren. Die in Folge dessen erzeugten Druck- und Stoßwellen in Form von hochfrequenten Schwingungen sind dem normalen Zylinderdrucksignal überlagert. Diese hochfrequenten Umfangs- und Radialschwingungen führen zu starken Inhomogenitäten im Zylinderduckverlauf (siehe Bild/Fig. 1).

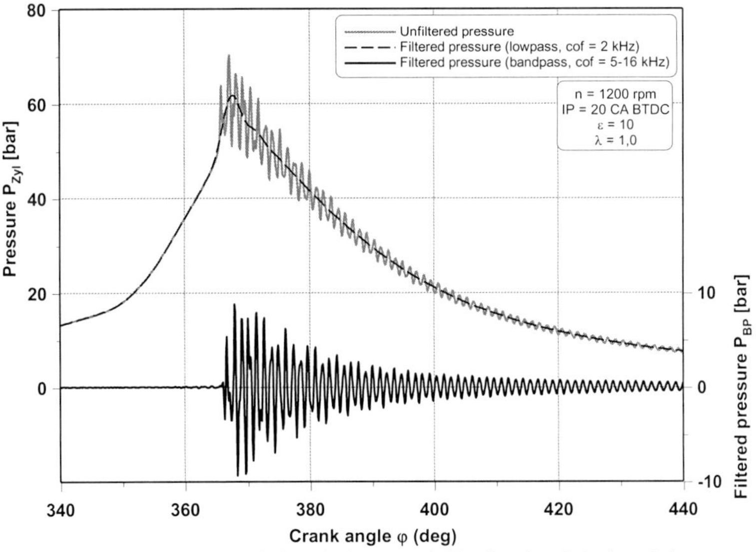

Bild 1: Zylinderdrucksignal eines stark klopfenden Arbeitsspiels
Figure 1: Pressure signal of a heavy knocking combustion cycle

Je nach Quantität der Umsetzung des Endgases können diese Schwingungen sehr hohe Amplituden aufweisen. Das Zylinderdrucksignal muss daher zur Beurteilung der klopfenden Verbrennung mit einem Hochpass- oder Bandpassfilter gefiltert werden (siehe Bild/Fig. 1). Um die Signalanteile ohne klopfrelevante Information zu eliminieren, sollte die untere Grenzfrequenz dieser Filter unterhalb der ersten Brennraumresonanz liegen. Zweifellos beeinflusst die Filterung durch die Wahl der Grenzfrequenzen und des Filtertyps die Signalcharakteristik, so dass bei Vergleichsuntersuchungen die gleichen Filterparameter beibehalten werden müssen [14].

Um die Grenzfrequenz für den zu untersuchenden Brennraum des Motors richtig wählen zu können, müssen die Brennraumresonanzen individuell bestimmt werden. Eine Bestimmung kann durch differentielle Berechnungen, FEM-Berechnungen oder auch durch die Frequenzanalyse aufgezeichneter Messdaten erfolgen. Zur Bestimmung mit Hilfe der Frequenzanalyse ist ein Zylinderdrucksignal mit ausgeprägten Amplituden im hochfrequenten Schwingungsanteil für eine ausreichende Ergebnisgüte notwendig. Daher sind Untersuchungen im klopfenden Betrieb eines Ottomotors sehr gut zur Bestimmung der Brennraumresonanzen geeignet.

Im folgenden Beitrag werden Untersuchungen an klopfenden Betriebspunkten durchgeführt und eine geschlossene Berechnungsmethode der Brennraumresonanzen aufgezeigt. Die Berechnungsergebnisse werden mit den Zylinderdruckdaten und Lichtintensitätsverläufen der Untersuchungen verglichen.

2. Bestimmung der Brennraumresonanzen

Die Berechnung der Brennraumresonanzen ist in vielen vorangegangen Untersuchungen zur klopfenden Verbrennung beschrieben worden, wobei diese meist auf die ersten Untersuchungen von Adolph [1] zurückzuführen sind. Da die beschriebenen Berechnungsgänge teilweise unvollständig ausgearbeitet sind, soll im Rahmen dieses Beitrags der Versuch unternommen werden, einen geschlossenen Berechnungsgang für den zur Validierung der Ergebnisse eingesetzten Versuchs-Motor aufzuzeigen.

Zur Berechnung der Brennraumresonanzen eines Brennraums müssen mehrere Voraussetzungen erfüllt sein. Zunächst wurde angenommen, dass das im Brennraum eingeschlossene Gas ein schwingungsfähiges System darstellt, in dem sich stehende Wellen ausbilden, da zum Zeitpunkt der klopfenden Verbrennung die Ventile geschlossen sind. Während der klopfenden Verbrennung werden Druckwellen an den Brennraumwänden verlustfrei reflektiert und bilden stehende Wellen aus, die an die geometrischen Abmessungen des Brennraums angepasst sind [10]. Dieses System ist durch die Stoffwerte des Gases, den Gaszustand und seine geometrische Form charakterisiert [15]. Bei dynamischen Betrachtungen kann davon ausgegangen werden, dass im gesamten Brennraum ein eingeschwungener Resonanzzustand vorliegt, da die Kolbenbewegung stetig und vergleichsweise langsam erfolgt [9].

Zur Berechnung der Brennraumresonanzen wurde für den Scheibenbrennraum des untersuchten Ottomotors ein schallhart abgeschlossener Hohlzylinder als einfache geometrische Form betrachtet [1]. Durch die Geometrie eines Hohlzylinders ergeben sich Umfangs- ($s = 1$) und Radialschwingungen ($m = 0$) verschiedener Ordnungen sowie Kombinationen dieser Schwingungsmoden [15]. Diese Umfangsschwingungen verlaufen in Form einer sinusförmigen Welle über den Umfang und bilden starke Druckgradienten an der Brennraumwand aus. Zur Brennraummitte werden diese schwächer, bis diese in der Brennraummitte keine Amplitude mehr aufweisen (siehe

Fig. 2). Die Radialschwingungen breiten sich dagegen entlang des Radius von der Brennraummitte zur Brennraumwand aus. Die Erfassung der verschiedenen Schwingungsmoden ist deshalb stark vom Einbauort des Drucksensors abhängig [5]. Daher sind mit einem in Brennraummitte platzierten Drucksensor Umfangsschwingungen nur sehr schwer zu erfassen, da diese dort nur sehr kleine Druckamplituden aufweisen.

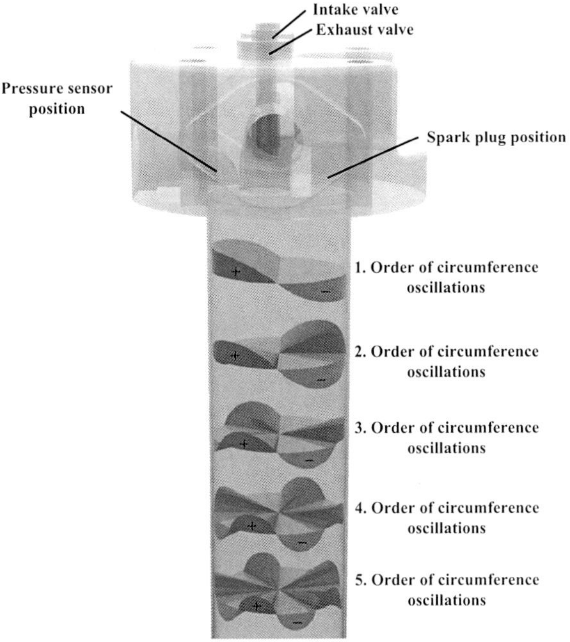

Bild 2: Umfangsschwingungen der Brennraumresonanzen
Figure 2: Circumference oscillations of combustion chamber resonances

Zur Berechnung der Brennraumresonanzen kann angenommen werden, dass sich im Brennraum eine homogene Gaszusammensetzung ausgebildet hat und die akustische Theorie im Brennraum gilt [1]. Diese bestimmt den Druck an einer beliebigen Stelle aus einer mit Schallgeschwindigkeit nach rechts (vorlaufenden) und nach links (rücklaufenden) Welle und wird in der allgemeinen Wellengleichung nach d'Alembert beschrieben. Diese lautet für den Schalldruck p und die Zeit t in einem rechtwinkligen Koordinatensystem x, y und z [7]:

$$\frac{\partial^2 p}{\partial x^2} + \frac{\partial^2 p}{\partial y^2} + \frac{\partial^2 p}{\partial z^2} = \Delta p = \frac{1}{c^2} \cdot \frac{\partial^2 p}{\partial t^2} \qquad (0.1)$$

Mit

c = Schallgeschwindigkeit
Δ = Laplace-Operator.

Für den Hohlzylinder gilt die Wellengleichung im Zylinderkoordinatensystem mit den Koordinaten r, φ und z [1]:

$$\Delta p(r,\varphi,z) = \frac{1}{r}\cdot\frac{\partial}{\partial r}\left(r\cdot\frac{\partial p}{\partial r}\right) + \frac{1}{r^2}\cdot\frac{\partial^2 p}{\partial \varphi^2} + \frac{\partial^2 p}{\partial z^2} \tag{0.2}$$

Diese Differentialgleichung kann durch einen Produktansatz gelöst werden [12]. Unter Zuhilfenahme der Besselfunktion J_m ergibt sich für den Druckverlauf im Zylinder [1]:

$$p(m,s,r,\varphi,z) = \hat{p}\cdot J_m\cdot\left(j'_{m,s}\cdot\frac{2\cdot r}{D}\right)\cdot\cos(m\cdot\varphi)\cdot\cos(k_z\cdot z) \tag{0.3}$$

Mit

J_m = Besselfunktion m-ter Ordnung
m = Ordnungszahl bezogen auf den Winkel φ, Umfangsordnung
s = Ordnungszahl bezogen auf den Radius r, Radialordnung
z = Höhenkoordinate
D = Zylinderbohrung
$j'_{m,s}$ = s-te Nullstelle der 1. Ableitung der Besselfunktion m-ter Ordnung
k_z = Wellenzahl.

Die Resonanzfrequenzen eines Zylinders ergeben sich aus den Nullstellen der 1. Ableitung der Besselfunktion $j'_{m,s}$ [8]:

$$f(m,s,n) = \frac{c}{2\cdot\pi}\sqrt{\left(\frac{j'_{m,s}}{\frac{D}{2}}\right)^2 + \left(n\cdot\frac{\pi}{h}\right)^2} \tag{0.4}$$

Mit

n = Ordnungszahl bezogen auf die Zylinderachse bzw. Höhenkoordinate z
h = Zylinderhöhe bzw. Brennraumhöhe.

Die Besselfunktionen sind wie Kreisfunktionen oder Logarithmen in Tabellenwerken veröffentlicht und können daher als bekannte Funktionen des Arguments m und s angesehen werden (siehe Tabelle/Table 1) [13].

Tabelle 1: Die Nullstellen $j'_{m,s}$ der 1. Ableitung der Besselfunktion J_m
Table 1: The zeros $j'_{m,s}$ of the first derivate of Bessel function J_m

s-zeros		1	2	3	4	5
m-orders		$j'_{m,1}$	$j'_{m,2}$	$j'_{m,3}$	$j'_{m,4}$	$j'_{m,5}$
0	$j'_{0,s}$	0	3,8317	7,0156	10,1735	13,3237
1	$j'_{1,s}$	1,8412	5,3314	8,5363	11,706	14,8636
2	$j'_{2,s}$	3,0542	6,7061	9,9695	13,1704	16,3475
3	$j'_{3,s}$	4,2012	8,0152	11,3459	14,5858	17,7887
4	$j'_{4,s}$	5,3176	9,2824	12,6819	15,9641	19,196

Aufgrund der Bewegung des Kolbens und der damit einhergehenden Änderung der momentanen Brennraumhöhe tritt während der Ausschwingphase des Gases eine schnelle Verschiebung der Resonanzfrequenzen in axialer Ausbreitungsrichtung in Abhängigkeit von der Zeit auf [6]. Während des Klopfvorgangs befindet sich der Kolben in der Nähe des oberen Totpunktes (OT), wodurch das Brennraumvolumen als nahezu konstant angenommen werden kann und stehende Wellen in Zylinderachsrichtung vernachlässigt werden können [15]. Deshalb werden zur Vereinfachung der Betrachtung Ordnungen bezogen auf die Höhenkoordinate (n = 0) nicht weiter betrachtet [1]. Darüber hinaus liegen die Resonanzfrequenzen für den untersuchten Motor in axialer Ausbreitungsrichtung ($f_{0,1,1}$) weit über dem für die klopfende Verbrennung relevanten Frequenzbereich (siehe Tabelle/Table 2).

Tabelle 2: Resonanzfrequenzen $f_{0,1,n}$ in axialer Ausbreitungsrichtung in Abhängigkeit des Verdichtungsverhältnisses ε bzw. des Kolbenunterstandes z_{DH} im OT
Table 2: Resonance frequencies $f_{0,1,n}$ in direction of axial dispersion as a function of the compression ratio ε as well as the deck height z_{DH} at TDC

ε	6	7	8	9	10	11	12
z_{DH} [mm]	16,5	13,15	10,8	9	7,6	6,5	5,6
n	$f_{0,1,n}$ [kHz]	$f_{0,1,n}$ [kHz]	$f_{0,1,n}$ [kHz]	$f_{0,1,n}$ [kHz]	$f_{0,1,n}$ [kHz]	$f_{0,1,n}$ [kHz]	$f_{0,1,n}$ [kHz]
1	28,57	34,36	40,77	48,09	56,30	65,32	75,77
2	52,13	64,60	78,10	93,29	110,14	128,52	149,71

Vereinfacht ergibt sich für die Resonanzfrequenzen im Kurbelwinkelbereich nahe des Zünd-OTs [4]:

$$f(m,s) = \frac{c}{D \cdot \pi} \cdot j'_{m,s} \tag{0.5}$$

Zur Berechnung der Resonanzfrequenzen wird die Schallgeschwindigkeit c benötigt, welche proportional zur Wurzel der Gastemperatur T_G ist. Dabei wird davon ausgegangen, dass der Brennraum mit einem Kraftstoffdampf-Luft-Gemisch gefüllt ist, da es sich bei dem untersuchten Versuchsmotor um ein gemischansaugendes Brennverfahren handelt. Daher gilt [13]:

$$c = \sqrt{\kappa_{Gem} \cdot R_{s,Gem} \cdot T_G} \tag{0.6}$$

mit

κ_{Gem} = Isentropenexponent des Gemisches
$R_{s,Gem}$ = spezifische Gaskonstante des Gemisches
T_G = Temperatur des Gases

Zur Berechnung der Brennraumresonanzen (siehe Tabelle/Table 3) des untersuchten Versuchsmotors wurden folgende Motordaten bzw. Stoffdaten des Gases zugrunde gelegt:

D = 75 mm
T_G = 1960 K
κ_{Gem} = 1,29
$R_{s,Gem}$ = 273 J/kgK für λ = 1

Als mittlere Gastemperatur T_G kann nach Berechnungen aus den Brennraumresonanzen nach Breitbach [3] eine Temperatur von ca. 2000 K zum Zeitpunkt des OTs angenommen werden. Für den verwendeten Versuchsmotor wurde mit Hilfe der Realkreisprozessrechnung eine mittlere Gastemperatur von 1960 K für das untersuchte Aggregat bestimmt. Die spezifische Gaskonstante $R_{s,Gem}$ des im Zylinder vorherrschenden Kraftstoffdampf-Luft-Gemischs wurde für ein Kraftstoff-Luft-Verhältnis von $\lambda = 1$ berechnet. Der Isentropenexponent κ_{Gem} wurde anhand von Messwerten mittels numerischer Einpassverfahren für den verwendeten Versuchsmotor bestimmt.

Für m = 0 und s = 1 liegt der Trivialfall vor, bei dem an jeder Stelle im Brennraum ein konstanter Druck herrscht. Für diese Parameter sind die Nullstellen $j'_{0,1}$ und damit die Resonanzfrequenzen $f_{0,1,0}$ gleich Null (siehe Tabelle/Table 1 und Tabelle/Table 3*Ta*). Für den in den Versuchen verwendeten Ottomotor sind die durch die oben dargelegten Gleichungen berechneten Brennraumresonanzen der verschiedenen Schwingungsformen in Tabelle/Table 3 aufgelistet.

Tabelle 3: Brennraumresonanzfrequenzen $f_{m,s,0}$ des Forschungsmotors für verschiedene Schwingungsformen
Table 3: Combustion chamber resonances $f_{m,s,0}$ for different modes of the research engine

s	1	2	3	4	5
m	$f_{m,s,0}$ [kHz]	$f_{m,s,0}$ [kHz]	$f_{m,s,0}$ [kHz]	$f_{m,s,0}$ [kHz]	$f_{m,s,0}$ [kHz]
0	0	13,51	24,73	35,87	46,98
1	6,49	18,79	30,10	41,27	52,41
2	10,77	23,64	35,15	46,43	57,64
3	14,81	28,26	40, 01	51,43	62,72
4	18,75	32,73	44,71	56,29	67,68

Für die Wahl der unteren Grenzfrequenz des Signalfilters wird die 1. Umfangsmode der berechneten Resonanzfrequenzen des Versuchsmotors herangezogen (siehe Tabelle/Table 3). Somit ist die untere Grenzfrequenz des Signalfilters kleiner als 6,49 kHz zu wählen, um keine klopfrelevanten Signalanteile herauszufiltern.

3. Einfluss der Sensorposition

Zur Verifizierung der berechneten Brennraumresonanzfrequenzen können die hochfrequenten Signalanteile anhand von Zylinderdrucksignalen einer klopfenden Verbrennung mit Hilfe einer Schnellen-Fourier-Transformation (FFT, „fast-fourier-transformation", engl.) auf deren Frequenzgehalt untersucht werden. Die Schnelle-Fourier-Transformation überführt dabei die hochfrequenten Schwingungen in deren Frequenzbestandteile und analysiert diese in Form eines kontinuierlichen Frequenzspektrums. Dazu muss das Zylinderdrucksignal für jedes Arbeitspiel zunächst hochpassgefiltert (Grenzfrequenz GF = 2 kHz) werden. Aufgrund der zyklischen Schwankungen des Ottomotors ist die Untersuchung eines Arbeitsspiels nicht ausreichend. Daher erfolgt eine Mittelung der einzelnen Frequenzspektren aus 100 Arbeitsspielen.

Die Messergebnisse wurden an einem gemischansaugenden Viertakt-Einzylinder-Ottomotor mit variablem Verdichtungsverhältnis erzielt und anschließend für die Frequenzanalyse verwendet. Das Verdichtungsverhältnis wurde dabei durch die Variation der Brennraumhöhe verändert.

Bei der Auswertung des Frequenzgehalts der hochfrequenten Zylinderdruckanteile kann auf die Brennraumfrequenzen geschlossen werden, da die Eigenfrequenz des verwendeten Druckaufnehmers (Kistler 6061B) nach Herstellerangaben mit ca. 90 kHz über den Brennraumresonanzen liegt und Pfeifenschwingungen wegen des brennraumbündigen Einbaus des Druckaufnehmers nicht entstehen können. Die zur Analyse herangezogenen Messwerte wurden mit einer Auflösung von 0,1 °KW aufgenommen, was bei einer Motordrehzahl von 1200 U/min einer Abtastrate von 72 kHz entspricht. Unter Einhaltung des Nyqhist-Theorems (siehe Gleichung (0.7)), welches eine Abtastrate vorschreibt, die mindestens doppelt so hoch wie die maximale Signalfrequenz ist, können bei der gewählten Abtastfrequenz Schwingungsformen bis zu 36 kHz aus dem gemessenen Signal analysiert werden. Für das Nyqhist-Theroem gilt [11]:

$$f_a > 2 \cdot f_{s\max} \tag{0.7}$$

Mit

f_a = Abtastfrequenz
f_{smax} = maximale Signalfrequenz.

Der Frequenzinhalt ist stark von der Position des Druckaufnehmers und dem Ort der Anregung, dem Klopfort, abhängig, da die Schwingungsmoden frei um die Zylinderachse drehbar sind [15; 16]. Die Druckverläufe wurden einerseits mit dem bereits beschriebenen Zylinderdrucksensor brennraumbündig am Brennraumrand und andererseits mit einem in eine Messzündkerze integrierten Zylinderdrucksensor (Kistler 6118B) aufgenommen. Der Sensor der Messzündkerze hat laut Herstellerangaben eine Eigenfrequenz von ca. 65 kHz und liegt damit unter der des brennraumbündigen Drucksensors, aber immer noch weit über den auftretenden Brennraumresonanzen.

Die Frequenzanalyse der hochfrequenten Schwingungen der klopfenden Verbrennung zeigt für die ersten beiden Umfangsmoden eine identische Frequenz von 6,49 kHz bzw. 10.86 kHz (siehe Bild/Fig. 3), welche auch durch die Berechnung der 1. und 2. Umfangsmode ermittelt wurde (siehe Tabelle/Table 3). Wie in Bild/Fig. 4 zu erkennen, sind die Amplituden dieser Moden des Frequenzspektrums des Drucksensors der Messzündkerze (MZK) geringer ausgebildet als die des brennraumbündigen Drucksensors (brb). Dies liegt in der unterschiedlichen Einbauposition der Drucksensoren, da der brennraumbündige Drucksensor am Brennraumrand positioniert ist, wo die höchste Amplitude der Umfangsschwingungen auftritt [2].

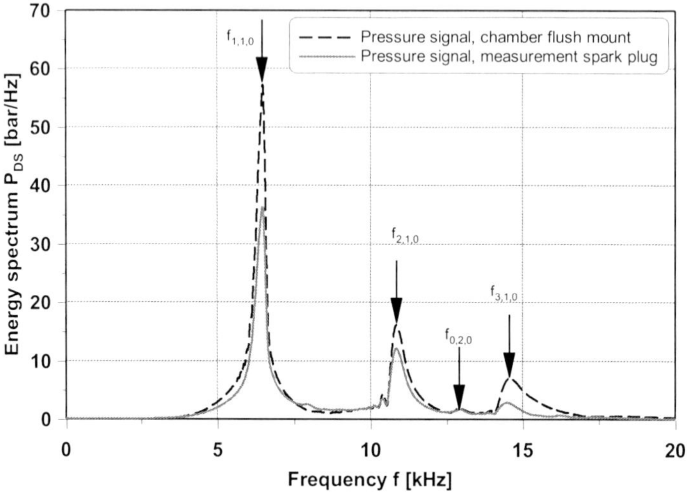

Bild 3: Frequenzspektren des Zylinderdruckes gemessen mit unterschiedlichen Drucksensoren

Figure 3: Frequency spectra of the cylinder pressure measured with different pressure sensors

Die Ergebnisse der Frequenzanalyse zeigen für alle Schwingungsformen eine sehr gute Übereinstimmung der errechneten und experimentell aus dem Zylinderdruck ermittelten Resonanzfrequenzen. Frequenzen, die der Überlagerung einer Umfangs- und Radialmode zuzuordnen wären, konnten für die untersuchten stark klopfenden Messungen nicht bestimmt werden. Dabei sind auch mit einem im Brennraumdach positionierten Drucksensor der Messzündkerze die Brennraumresonanzen erfolgreich zu bestimmen (siehe Tabelle/Table 4).

Tabelle 4: Übersicht der errechneten Resonanzfrequenzen f des Forschungsmotors

Table 4: Summary of the calculated resonance frequencies of the research engine

m	s	$f_{m,s,0}$ [kHz]	$f_{FFT,brb}$ [kHz]	$f_{FFT,MZK}$ [kHz]		Oscillation mode
0	1	0	0	0		-
1	1	6,49	6,49	6,49		1. Circumference mode
2	1	10,77	10,86	10,86		2. Circumference mode
0	2	13,51	12,98	12,96		1. Radial mode
3	1	14,81	14,59	14,47		3. Circumference mode
4	1	18,75	18,37	16,21		4. Circumference mode
1	2	18,79	-	-		Combination circumference/radial mode

4. Einfluss des Verdichtungsverhältnisses

Um die bei der Berechnung der Brennraumresonanzen eingeführte Vernachlässigung der axialen Ausbreitungsrichtung zu bestätigen, wurden Messungen bei unterschiedlichen Verdichtungsverhältnissen und damit Brennraumhöhen durchgeführt. Die ersten drei Umfangsmoden weichen bei unterschiedlichen Verdichtungsverhältnissen nur sehr gering von einander ab und bilden daher in einer sehr guten Annäherung die berechneten Frequenzen ab (siehe Bild 5). Die geringe Abweichung und die nicht zu erkennende 1. Radialmode ist durch die unterschiedliche Klopfstärke der Messungen begründet. Je stärker die klopfenden Schwingungen dem Zylinderdrucksignal überlagert sind, desto eindeutiger kann durch die FFT das Frequenzspektrum abgebildet werden. Bei geringen Verdichtungsverhältnissen konnten mit dem verwendeten Kraftstoff nur geringe Klopfstärken am verwendeten Versuchsaggregat eingestellt werden. Die Durchführung der Messreihe unter Verwendung eines Kraftstoffs mit höherer Klopfneigung, niedrigerer Oktanzahl, würde die Klopfstärke und damit die Amplitude des hochfrequenten Signalanteils erhöhen.

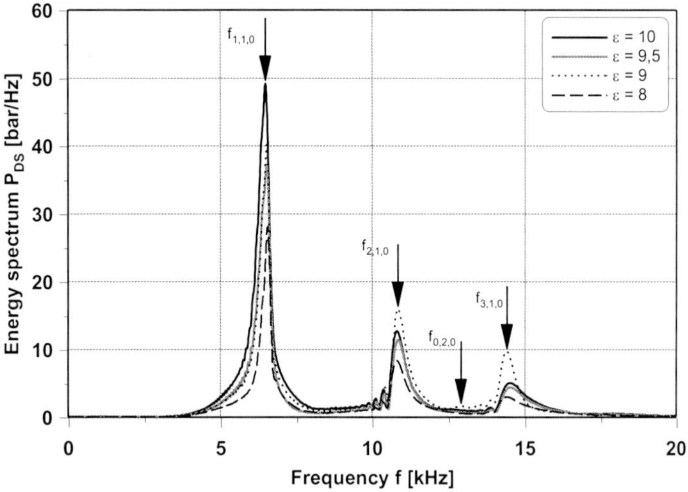

Bild 4: Frequenzspektren des Zylinderdruckes bei verschiedenen Verdichtungsverhältnissen

Figure 4: Frequency spectra of the cylinder pressure at different compression ratios

5. Bestimmung mittels Lichtintensitätsverläufen

Die hochfrequenten Schwingungen, die ein klopfendes Arbeitsspiel charakterisieren, lassen sich auch in den Lichtintensitätsverläufen der optischen Lichtwellenleitermesstechnik beobachten. Die Brennraumresonanzen werden ähnlich der Bestimmung anhand der Zylinderdrucksignale durch eine Frequenzanalyse der Lichtintensitätsverläufe bestimmt. Die Messergebnisse wurden mit Hilfe einer Lichtwellenleiter-Messzündkerze mit zwölf integrierten Lichtwellenleitern erzielt. Dabei sind acht der zwölf Lichtwellenleiter im Umfang der Zündkerze verteilt und in einem Winkel von 60° in den Brennraum gerichtet. Die restlichen vier Lichtwellenleiter sind in einem 0°-Winkel in den Brennraum gerichtet und ebenfalls im Umfang um die Zündelektrode positioniert (siehe Bild/Fig. 5).

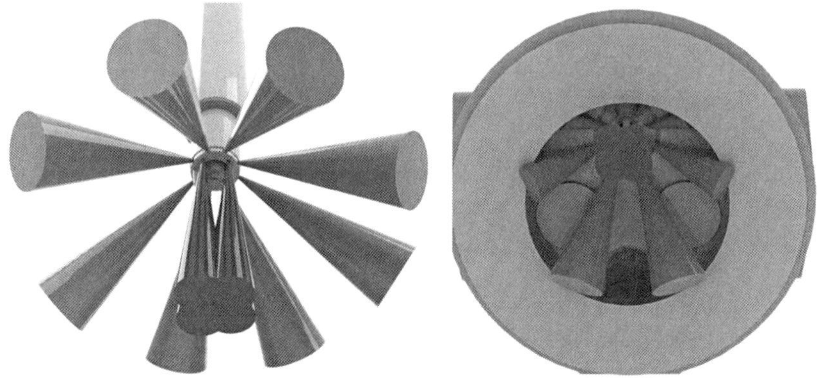

Bild 5: Sichtkegel der Lichtwellenleiter-Messzündkerze im Brennraumdach
Figure 5: Sight cones of the fibre-optical spark plug in the combustion chamber

Die Frequenzanalyse der Lichtintensitätsverläufe ergab mit sehr geringen Abweichungen identische Frequenzen für die ersten Umfangs- und Radialmoden wie die Analyse der Zylinderdrucksignale (siehe Bild/Fig. 6).

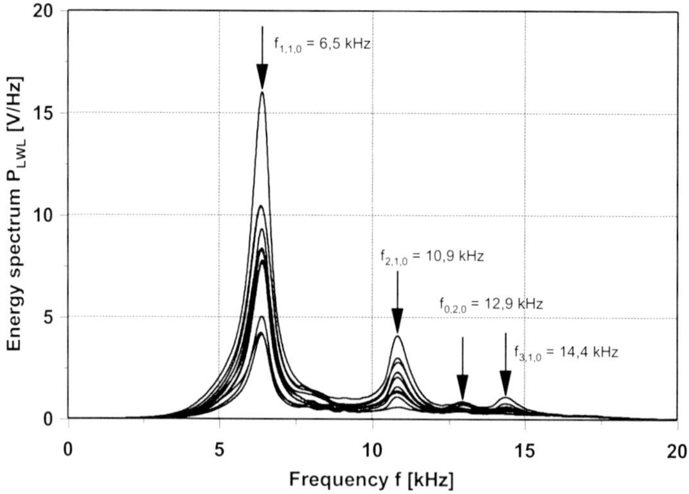

Bild 6: Frequenzspektren der Lichtsignale von Lichtwellenleitern unterschiedlicher Blickrichtung
Figure 6: Frequency spectra of the light signals of optical fibres with different viewing directions

Mit Hilfe der optischen Messtechnik konnte gezeigt werden, dass die berechneten Brennraumresonanzen nicht nur durch Analyse der Zylinderdrucksignale sondern auch durch Frequenzanalyse der Lichtintensitätsverläufe eindeutig bestätigt werden können. Dabei ist es für das Ergebnis der Analyse der Lichtintensitätsverläufe zunächst unerheblich in welche Blickrichtung in den Brennraum und an welchem Ort die Lichtwellenleiter im Brennraum positioniert sind, solange ausreichend hohe Signalamplituden in den Lichtintensitätsverläufen enthalten sind. Die Höhe der Amplituden ist dabei stark von der Ausprägung der überlagerten hochfrequenten Schwingungen abhängig, welche wiederum einerseits von der Klopfstärke des Betriebspunktes und andererseits von der Kalibrierung der Lichtwellenleitermesstechnik und dem Verschmutzungsgrad der vor den Lichtwellenleitern vorgelagerten Sichtfenster beeinflusst werden. Ein direkter Zusammenhang zwischen der Amplitudenhöhe und der Blickrichtung oder der Position der Lichtwellenleiter im Brennraum, ähnlich der Positionierung der Drucksensoren, konnte aufgrund der zahlreichen Quereinflüsse der Lichtwellenleitermesstechnik nicht eindeutig festgestellt werden.

6. Zusammenfassung

In diesem Beitrag wurde ein einfaches Verfahren zur Berechnung der Brennraumresonanzen vorgestellt. Durch experimentelle Untersuchungen konnten die Brennraumresonanzen durch zwei voneinander unabhängige Messmethoden am Verbrennungsmotor bestimmt werden. Dabei ließen sich die differentiellen Berechnungen sowohl mit Hilfe der Zylinderdruckindizierung wie auch mit Hilfe der optischen Messtechnik bestätigen.

Literatur

[1] Adolph, N.: Messung des Klopfens an Ottomotoren. Techn. Hochsch., Diss., Aachen 1983.

[2] Bertola, A.; Rothe, M.; Gossweiler, C.: Druckindizierung bei klopfender Verbrennung. In: 7. Internationales Symposium für Verbrennungsdiagnostik. AVL Deutschland. Mainz-Kastel, S. 8–21, 2006.

[3] Breitbach, H.: Experimentelle Untersuchung zu den Ursachen von Materialschäden bei klopfender Verbrennung., Techn. Hochsch., Diss., Aachen, 1995.

[4] Croissant, K.: Untersuchung des Selbstzündungsverhaltens von Ottokraftstoffen im CFR-Prüfmotor. Univ., Diss., Kaiserslautern, 1992.

[5] Dittmar, A.; Totzauer, R.; Priesnitz, K.: Bestimmung der Körperschallübertragung von Klopfsignalen mittels Lasermessung und FE-Simulation. In: M. Kratzsch und M. Günther (Hg.): Ottomotorisches Klopfen - Irreguläre Verbrennung. Renningen: Expert-Verl (Reihe Technik), 2011.

[6] Härle, N.: Analyse, Modellbildung und Detektion von Klopfsignalen im Körperschall von Ottomotoren. Univ., Bochum, 1988.

[7] Heckl, M.: Taschenbuch der technischen Akustik. 1. Aufl. Berlin: Springer, 1975.

[8] Henn, H.; Sinambari, G. R.; Fallen, M.: Ingenieurakustik. Wiesbaden: Vieweg, 1984.

[9] König, D.: Analyse nichtstationärer Triebwerkssignale insbesondere solcher klopfender Betriebszustände. Düsseldorf: VDI-Verl (Reihe 12, Verkehrstechnik, Fahrzeugtechnik, 290), 1996.

[10] Lachmann, S.: Reduzierung des Einflusses von Störgeräuschen in Klopfregelsystemen mittels Blinder Quellentrennung. Techn. Univ., Berlin, 2006.

[11] Lerch, R.: Elektrische Messtechnik. 6. Aufl. Berlin u. a: Springer, 2012.

[12] Schneider, M. H.: Resonanzschwingungen der Zylinderladung von Dieselmotoren und ihre Bedeutung für das Verbrennungsgeräusch. Techn. Hochsch., Aachen, 1987.

[13] Skudrzyk, E.: Die Grundlagen der Akustik. Wien: Springer, 1954.

[14] Spicher, U.; Kneifel, A.; Rothe, M.; Velji, A.: Methoden zur Erkennung und Analyse klopfender Verbrennung. In: M. Fischer (Hg.): Klopfregelung für Ottomotoren. Trends für Serienentwickler. Renningen: expert-Verl. (Fachbuch / Haus der Technik, 31), S. 22–42, 2004.

[15] Spicher, U.; Worret, R.: Entwicklung eines Kriteriums zur Vorausberechnung der Klopfgrenze. [Vorhaben Nr. 700], Abschlussbericht. Frankfurt am Main: FVV (Forschungsvereinigung Verbrennungskraftmaschinen e.V, H. 741), 2002.

[16] Xiaofeng, G.; Stone, R.: The Detection and Quantification of Knock in Spark Ignition Engines. In: *SAE Technical Paper Series* (932759), 1993.

17 Optimization of the Combustion of a Medium Speed CNG Engine by a Cylinder Pressure-Based Control System

Peter Eckert, Alexander Rempel, Philipp Henschen, Paul Hagl

Abstract

The significance of large bore gas engines for power generation has considerably increased in recent years due to the limitation of fossil fuels but also due to improvements in gas engine efficiencies. Modern lean burn gas engines achieve high efficiencies and power densities while meeting emission legislation. For this, the engines are operated within a small area between engine knock and misfire. To achieve secure engine operation under varying boundary conditions and gas qualities, it is however required to maintain a safety margin from the mechanically tolerable peak cylinder pressure. Under ideal conditions, this margin could be exchanged for an additional efficiency gain. One possibility to operate the engine closer to the mechanical limits is to employ a closed loop control strategy based on in-cylinder pressure signals.

This study describes investigations of a cylinder-pressure based engine management of a medium-speed gas engine. The engine is equipped with multi-point gas induction before the intake valves and a gas-scavenged pre-chamber. Four different control strategies have been devised and implemented.

The different control strategies and the underlying analysis functions have been verified using a real-time capable, highly abstracted, crank-angle resolved engine model within a Software-in-the-Loop simulation. Further investigations have been carried out using a detailed engine model within Model-in-the-Loop simulations. Subsequently, both the analysis functions and the control strategies were implemented on a rapid prototyping engine controller and tested in by-pass with the engine control unit. Preliminary results of the control strategies will be discussed.

Kurzfassung

Die Bedeutung von großen Gasmotoren zur Energieerzeugung ist in den letzten Jahren aufgrund von begrenzten Erdölressourcen aber auch durch Erhöhung der Effizienz der Motoren deutlich gestiegen. Moderne Gasmotoren, die als Magermotorkonzepte ausgeführt sind, erzielen unter Einhaltung der Emissionsvorschriften hohe Leistungsdichten und hohe Wirkungsgrade. Die Motoren werden dabei in einem sehr engen Betriebsbereich zwischen Motorklopfen und Aussetzern betrieben. Um unter variierenden Umgebungsbedingungen und Gasqualitäten immer in einem sicheren Betriebsbereich zu bleiben, ist jedoch ein Sicherheitsabstand zum mechanisch tolerierbaren Spitzendruck notwendig, der unter idealen Bedingungen in einen weiteren Wirkungsgradvorteil umgewandelt werden könnte. Eine Möglichkeit den motorischen Betrieb näher an den mechanischen Grenzen zu realisieren, besteht in einer geschlossenen Regelung auf Basis von Zylinderdrucksignalen.

Diese Studie beschreibt Untersuchungen zu einer zylinderdruckgeführten Motorregelung eines mittelschnelllaufenden Gasmotors. Der Motor weist eine zylinderindividuelle Gaseinblasung vor den Zylindern sowie eine gespülte Vorkammer auf. Vier verschiedene Regelstrategien werden konzipiert und umgesetzt.

Die unterschiedlichen Regelstrategien und die zugrundeliegenden Analysefunktionen wurden einer prinzipiellen Überprüfung mit einem echtzeitfähigen, stark vereinfachten winkelbasierten Motormodell in einer Software-in-the-Loop Simulation unterzogen. Weitere Untersuchungen wurden mit einem detaillierten GTPower Motormodell in Model-in-the-Loop Simulationen durchgeführt. Anschließend wurden sowohl die Regelungskonzepte als auch die Analysefunktionen in eine Rapid-Prototyping Steuergeräteumgebung implementiert und im By-Pass an das Motorsteuergerät angeschlossen. Erste Versuchsergebnisse am Motorprüfstand werden diskutiert.

1. Introduction

Reciprocating internal combustion engines operated with gaseous fuel gain in importance in all kinds of applications, including passenger car, commercial on- and off-road vehicles as well as marine applications and power generation. There are multiple reasons for this increase in significance. Gaseous fuel prices are relatively low compared to gasoline, diesel and heavy fuel oil. Most probably, this advantage in fuel price will also remain in the future. Furthermore, gaseous fuels have a low ratio between carbon and hydrogen atom content and thus reduce CO_2 emissions compared to diesel and gasoline fuels even when based on the same energy consumption.

While todays gas engines for passenger cars and commercial on-road vehicles commonly employ stoichiometric combustion concepts with a three-way catalyst for NO_x control, large bore gas engines for power generation and marine applications are usually lean-burn gas engines. Depending usually on the power range, the gas is inducted either at a central point upstream of the compressor or cylinder-selective upstream the intake valves. To achieve safe ignition and rapid combustion of the lean gas, most large single-fuel gas engines have a gas-scavenged pre-chamber with cylinder-individual gas feed. After spark ignition and combustion of the relatively rich mixture in the pre-chamber, flame jets emerge from the pre-chamber into the main combustion chamber igniting the lean mixture. For marine applications, dual fuel engines that can be operated as gas engines with Diesel pilot ignition or in mixed gas/Diesel operation have also gained market penetration.

Lean burn gas engines have a limited operating window in terms of air-fuel ratio and combustion timing, restricted by engine knocking on the one and misfire on the other side. With increasing mean effective pressures, the operating window becomes narrower. Increasing the engine compression ratio reduces the operable region of air-fuel ratios. Furthermore, depending on the application and market, gas engines are limited by increasingly stringent emission legislations, whereby NO_x emissions are especially difficult to meet due to the trade-off between NO_x emissions and efficiency.

Gas engines have become increasingly efficient in recent years. For example, according to Bauer et al., the new MAN gas engine 20V35/44G (42,3 l displacement per cylinder) achieves a peak effective efficiency of 48,4 % [1]. This was made possible by a mixture of measures including an optimization between Miller valve timing and compression ratio, optimization of the combustion chamber design, the ignition system and the gas induction.

In order to achieve a further increase in engine efficiency, improving the engine control system is one important step. Cylinder pressure-based engine management is a promising technology on this path. It offers the potential to optimize the engine behavior under laboratory conditions but also to optimally account for varying boundary conditions, as e.g. ambient temperature and fuel characteristics. Taking into account parameters calculated based on in-cylinder pressure indication emerged first in the automotive industry and was put into mass production first for Diesel engines [2]. Especially critical Diesel combustion processes with high EGR benefit from closed loop control [3]. An early example for control based on cylinder pressure signals for spark-ignition engines is due to Sellnau [4].

In this study, MAN and IAV jointly developed and validated a control strategy based on cylinder pressure indication for a large-bore medium-speed gas engine. While the focus of study is on a single-fuel spark-ignited engine, the general approach can also be transferred - with respective adaptations - to Diesel-pilot ignited engines. In this paper the development process, the control strategy as well as initial results are presented.

2. Development Process

In the engine size focused on in this study, the engine investment cost and the fuel consumption lead to significant test bench costs, necessitating an efficient development process. A strongly model-based development process is thus employed in order to rapidly design the cylinder pressure-based engine management to a high level of maturity before going to the test bench and to reduce the required time for calibration and validation on the test bench to a minimum. A schematic of the main steps in the development process is shown in Figure 1. Starting from the general idea and theoretical derivation of individual functionalities and the overall control strategy, the implementation is done in Matlab/Simulink. The IndiCar-software is used and extended for the cylinder pressure analysis functionalities. The MPEC software environment (Modular Rapid Prototyping Engine Controller) is used as a basis for the controller setup (see [3] and [5]). A first test of the control strategy is done using Model-in-the Loop (MiL) simulation with a detailed engine model. Here, the tests are focused on the general suitability of the analysis functions and the controls, facilitating the use of an engine model slower than real-time.

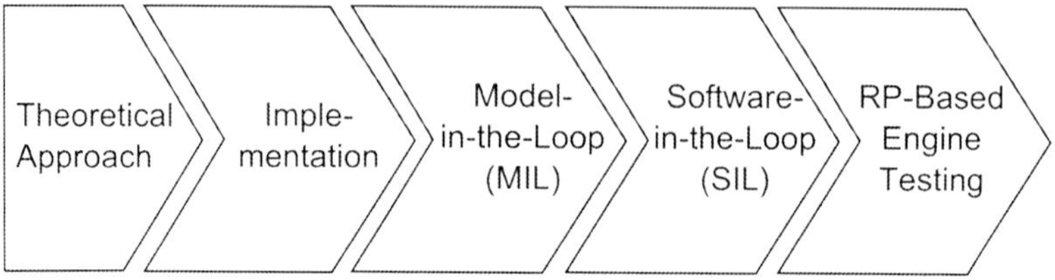

Figure 1: Development Process

In order to test the compiled code under real-time conditions, Software-in-the-Loop (SiL) simulations with a fast running multi-cylinder model are employed. For engine testing on the test bench, the IAV MPEC hardware along with IAV IndiCar for pressure indication is used (see [3] and [5]). This rapid-prototyping hardware setup guarantees a maximum degree of freedom to test complex control strategies without speed and memory limitations. The high performance of the MPEC also allows for a quick switch from one control strategy to the other online. As rapid-prototyping hardware is used, no Hardware-in-the-Loop testing was required at this stage of the development.

The general software setup depicted in Figure 2 is the same for both the MiL and the SiL simulations as well as for the engine operation on the test bench with rapid prototyping hardware. Between the MiL and SiL simulation the engine model has to be exchanged. Obviously, when moving to the engine test bench, the software emulating the test bench and the engine model become redundant, but the software for the cylinder pressure analysis (IndiCar) and the controller (MPEC) are identical in all three different tests.

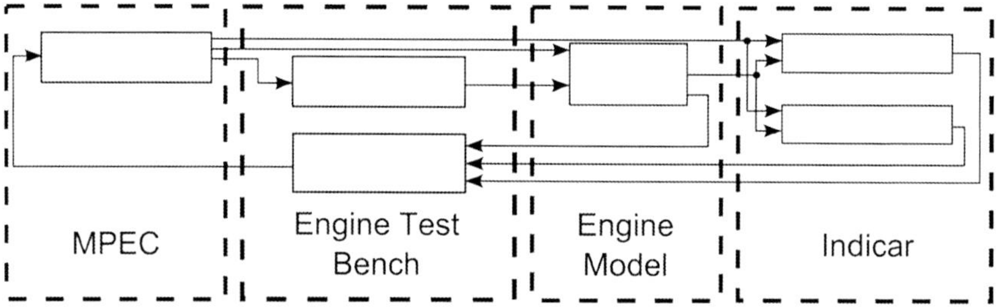

Figure 2: Setup of Rapid Prototyping System

A medium speed gas engine with an engine speed of 750 min^{-1} is used to test the developed control strategy in this study. The engine is equipped with one gas valve for each cylinder to provide gas to the main combustion chambers and with gas-scavenged pre-chambers that are also equipped with cylinder-individual gas admission.

For the SiL simulation, a Simulink based model is employed [5]. The challenge was to realize a real-time capable model with a resolution of up to 0.2° CA with different characteristics on multiple cylinders. In order to speed up the model, the air path and gas exchange are not modeled and different boundary conditions are taken into account by adjusting the starting conditions at intake valve closure. A single zone in-cylinder model is used. The caloric calculation is based on NASA-polynomials for various species. Combustion is described using Vibe burn rate profiles and heat transfer is calculated by a Woschni correlation. The detailed model for the MiL simulation is setup with GT-Power. Heat transfer and burn rate calculations are aligned between the two simulation models. In order to be able to reproduce realistic engine behavior, Vibe parameters were fitted to polynomials depending on various input parameters as e.g. global equivalence ratio, spark timing, engine speed and fuel mass. In order to provide the cylinder pressure analysis with realistic pressure histories, cyclic variations of the combustion were taken into account. This was done by adjusting the spark timing and equivalence ratio that are input values to the calculation of Vibe parameters. The adjustment is done using a correlation based on a stochastic parameter drawn from a normal distribution. For the setup of the correlations for Vibe parameters and cyclic variation, a large database of engine operating points was available. Figure 3 exemplarily shows results of the GT-Power calculation and a comparison with measurements for two different points of operation at the same load and speed showing different cyclic variations on the cylinder pressure. Within the available dataset, reasonable accuracy was obtained in the simulations. An empirical model to predict the onset of autoignition and a corresponding method to superpose the calculated cylinder pressure with pressure oscillations was also available. However, it was only used for dedicated tests as the available measurement database for the hardware setup at the test bench did not include enough points with knocking combustion to setup a model that worked reliably over the whole operating range.

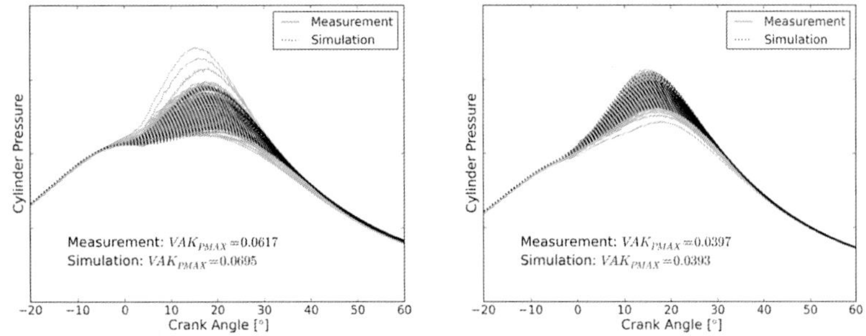

Figure 3: Comparison of measurement and GT-Power simulation for two different points of operation; VAK_{pmax}: variance of coefficient for maximum pressure

3. Control Strategies

Two approaches can be realized in cylinder pressure based engine management, see Figure 4. The first one is to balance individual cylinders. As shown for example on the left side of Figure 4, when a certain NO_x target has to be achieved, halve of the cylinders producing very low NO_x with very low efficiency and the other halve producing very high NO_x with highest efficiency can yield adequately low overall NO_x emissions. However, the overall efficiency would not be optimal. The idea of cylinder balancing is to run all cylinders in a moderate mode of operation, optimizing the overall efficiency with respect to given boundary conditions and limitations. The second approach (see right side of Figure 4) is to operate the engine close to limits, as e.g. maximum allowable pressure or at the limit of knocking operation without compromizing engine protection.

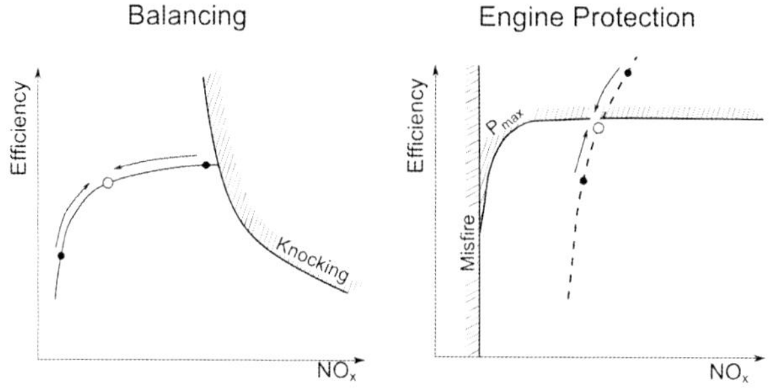

Figure 4: Basic control strategies of cylinder pressure based engine management

The analysis of the cylinder pressure yields a large amount of characteristics for the evaluation and the optimization of the engine operation. The challenge is to identify the most suitable reference variable for the control. Figure 5 shows the general signal flow set up for the cylinder pressure based engine management. The cylinder pressure signal is filtered and corrected in the IndiCar unit before calculating the net heat release rate. All common characteristics, as e.g. start of combustion, center of combustion, indicated mean effective pressure, maximum pressure as well as indicators for knocking and misfire etc. can be calculated online. These characteristics can then be used in the MPEC for control. Actuator offsets are provided to the series ECU, MAN SACOS.

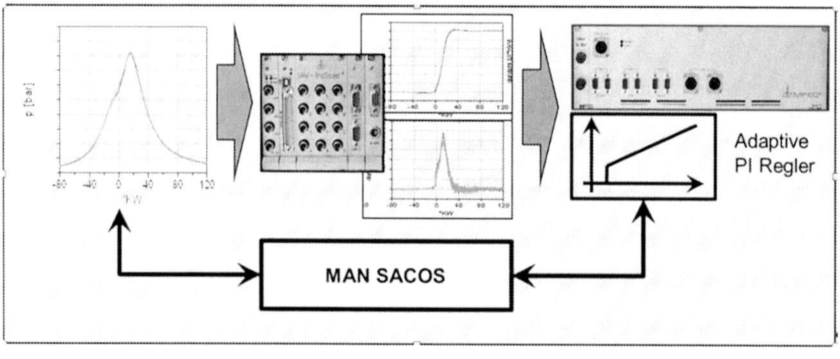

Figure 5: Signal flow between cylinder indication, rapid prototyping control system in bypass and MAN control system SACOS.

In order to explain the choice of reference variables used in this study, Figure 6 depicts schematically the dependence of efficiency and NO_x emissions on combustion lambda (λ_V – air-fuel equivalence ratio) and spark timing (ST) of a large bore gas engine following Henschen et al. [6]. There are three major boundaries: engine knock, misfire and maximum limited firing pressure. When increasing λ_V with constant spark timing, the burning velocity is reduced, the duration of combustion is increased and the center of combustion retarded. This effect overcompensates the increased efficiency resulting from the increased air-fuel equivalence ratio apparent in the constant volume process. As can be seen from Figure 6, for a given limit in NO_x emissions, the best efficiency can be obtained with maximum air-fuel ratio and earliest spark timing respecting the maximum firing pressure.

Following this discussion, the air-fuel equivalence ratio λ_V is chosen as one reference variable for cylinder balancing. The duration of combustion, DOC, was chosen as an alternative reference variable. As explained above, the duration of combustion is strongly influenced by the air-fuel ratio but also by other parameters as e.g. intake temperature and ignition timing. As it is commonly used in automotive applications, the indicated mean effective pressure, IMEP, is investigated as a third potential reference variable. IMEP, λ_V and duration of combustion are controlled by adjusting the opening time of the main gas valves. In addition to the cylinder balancing, the maximum pressure of the cylinders is controlled to be close to the limit by adjusting the center of combustion (CoC) via the spark timing. A fourth control strategy in which a target center of combustion is controlled via spark timing and the maximum pressure is adjusted cylinder-individually via the gas admission valves. Table 1 gives an overview of the four investigated control strategies. These base strategies are supplemented by circuits controlling the overall air-fuel ratio or the mean duration of combustion via intake manifold pressure as well as handling knocking and misfire.

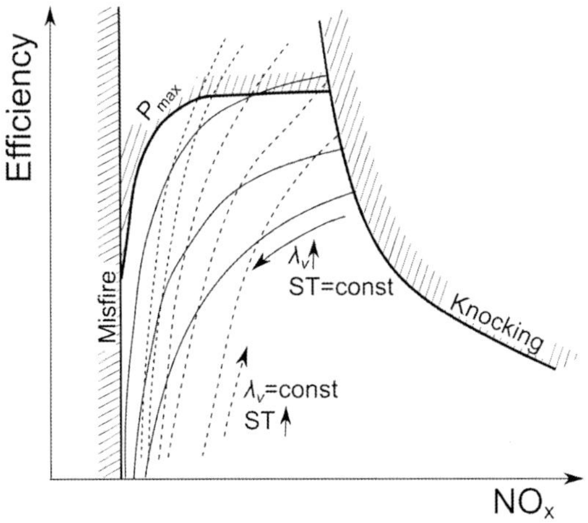

Figure 6: Schematic of the operation behavior of large-bore lean-burn gas engines (ST: spark timing) [6]

Table 1: Investigated control strategies (ST: spark timing, GAV: gas admission valve

	Cylinder individual control via				
	p_{max}	λ_V	DOC	IMEP	CoC
Control Strategy 1	ST	GAV			
Control Strategy 2	ST		GAV		
Control Strategy 3	ST			GAV	
Control Strategy 4	GAV				ST

4. Results

Figure 7 shows results of one MiL-simulation for control strategy 1. As a disturbance variable, a pressure drop of 100 mbar was simulated over the gas admission valve of one cylinder at $t = 3$ s (upper left plot). On the lower plot, it can be seen that the reduction in the air-fuel ratio due the pressure drop is detected in the cylinder pressure analysis and quickly compensated for by the control system. On the upper right plot the engine speed is shown, which is kept constant by the speed governor.

Figure 8 shows results from the engine test bench of step responses for control strategies 1 to 3 on an ill-conditioned operation point for controller test. On the left side, a plot is depicted showing the reference variable as calculated by the cylinder pressure analysis or measured. On the right side of the plots, the offsets to the gas admission valves (SOGAV OFS) are shown. For each test, the step response was initiated from operation in control strategy 4, i.e. maximum pressure was controlled over the gas admission valve. It can be seen that the reference variables are adequately determined and robustly controlled. The different controller responses show the different engine feedback to the several control strategies.

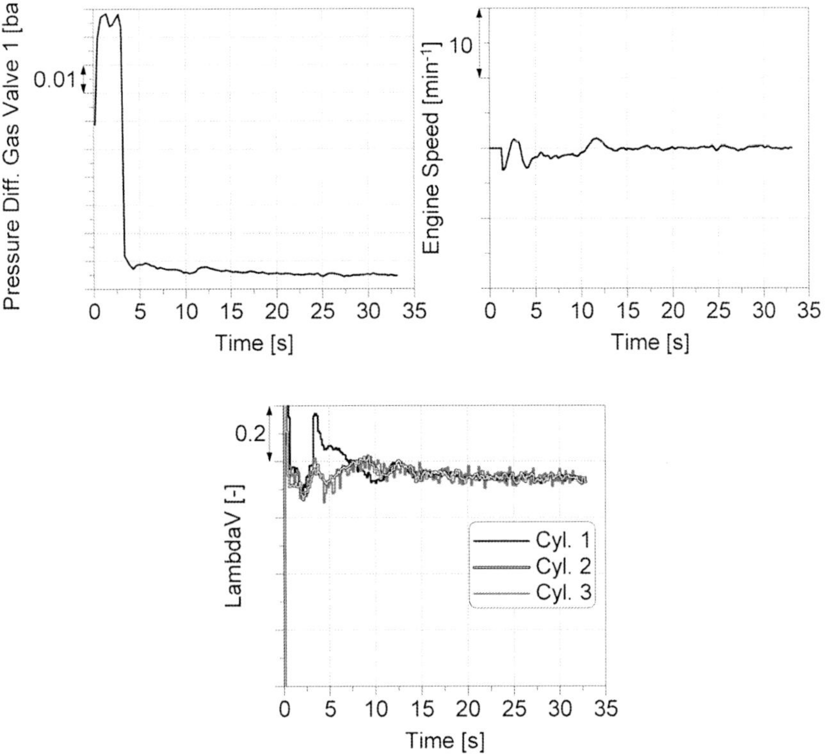

Figure 7: MiL-simulation of the LambdaV balancing (control strategy 1); step in pressure difference of gas valve 1 at t = 3s

In Figure 9, an example for a 120 s intervall during steady-state operation can be seen. The in-cylinder pressure maximum for each cylinder is show on the left. The coefficient of variation of the maximum cylinder pressure (VPX) is shown on the right side. The operation depicted as open-loop has been manually adjusted to operate at maximum cylinder pressure in this case, but no active control is engaged. First, it can be noted that there is no general difference in the coefficient of operation during most of the steady-state operation. However, during a short time, the base case shows an increase in maximum pressure, an incident that was encountered from time to time when in base-controlled operation. This behavior could not be detected on the feedback controlled operation mode as disturbances were quickly corrected for by the control.

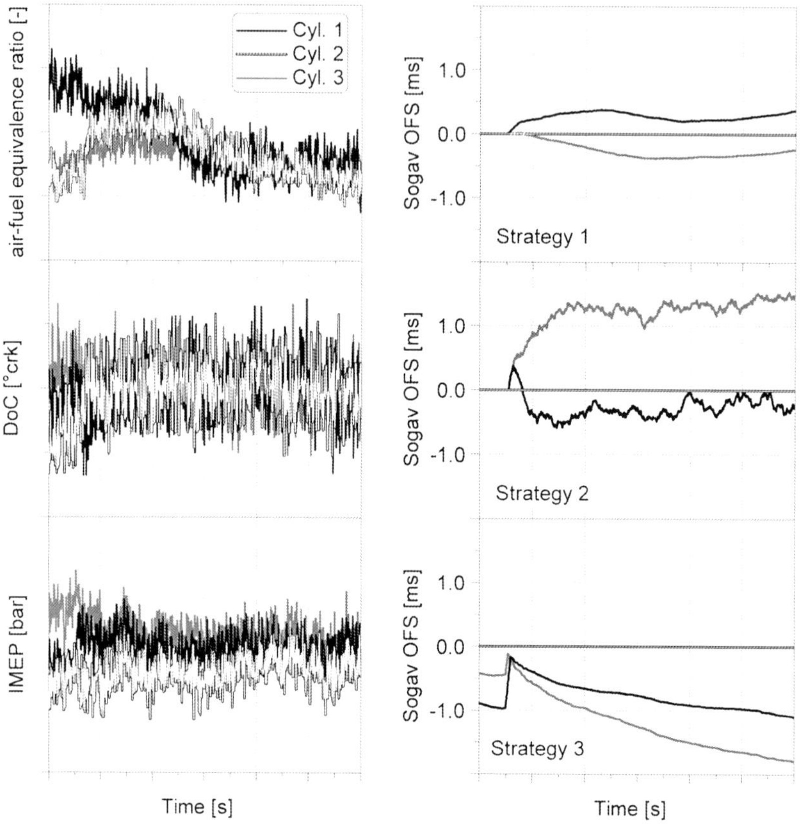

Figure 8: Engine test bench results; step response from base-controlled engine operation; SOGAV OFS: Offset of opening time of gas admission valve

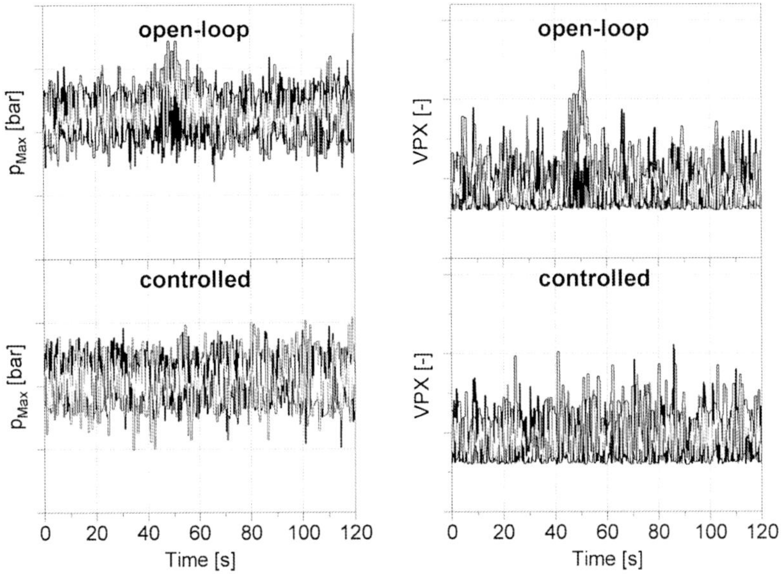

Figure 9: Comparison of the maximum pressure behavior between base-controlled and controlled engine operation; VPX: coefficient of variation of the maximum cylinder pressure

The efficiency behavior of the engine on the test bench for the different control strategies is shown in Figure 10. Three different points of operation have been investigated. The small symbols indicate results of individual tests with measurements taken 720 working cycles after the step response and averaged over 100 cycles. The large symbols indicate the results for steady state operation. In addition to the four control strategies, the first point of operation was also manually optimized. For this manual adjustment, it has to be kept in mind that the engine was operated very close to the maximum pressure and a greater safety margin would be required for a real calibration. For the cylinder pressure-based control strategies, the safety margin can be kept very low. First it can be seen that there is some scatter for the individual tests when not fully in steady-state. Furthermore, it can be seen that the efficiency potential of the control strategies differ for the different points of operation. By trend, balancing of the air-fuel ratio and balancing of the duration of combustion seem to be promising but further optimization and tests have to be carried out of clearer results.

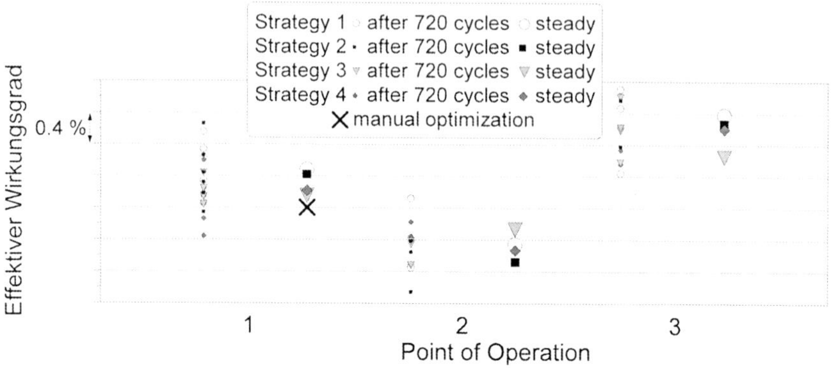

Figure 10: Comparison of control strategies 1,2,3 and 4 (first point of operation also compared with a manual adjustment); NO_x is below 250 mg/m^3 @ 5% O_2 (½ TA-Luft)

5. Conclusions

An engine management based on information resulting from cylinder pressure indication has the potential to further increase the already relatively high efficiencies of lean-burn medium speed gas engines. MAN and IAV have jointly developed a prototype version of such a control system. Different strategies have been identified, implemented and validated in MiL- and SiL-simulations as well as on a rapid-prototyping ECU on the engine test bench. In addition to cylinder balancing, controls to operate near the limiting maximum cylinder pressure as well as control against misfire and knock were employed. As shown by the theoretical discussion and the validation results, the cylinder-individual air-fuel ratio and the duration of combustion are promising variables for cylinder balancing offering an efficiency benefit over the other tested strategies.

All control strategies were put into operation on the engine test bench in a minimum time frame. However, some further optimization seems possible. In addition to the benefits demonstrated here, further improvement of the efficiency with the cylinder pressure-based control can be expected. For example when faced with the challenge of varying ambient conditions and fuel quality, the control strategies can maintain a safe operation very close to the engine limits.

References

[1] Bauer, M, Auer, M, Stiesch, G, Das Brennverfahren des Gasmotors 20V35G von MAN, Motortechnische Zeitschrift (MTZ) 04/13, 2013

[2] Hadler, J., Rudolph, F., Dorenkamp, R., Stehr, H., Hilzendeger, J., Kranzusch, S., Der neue 2,0-l-TDI-Motor von Volkswagen für niedrigste Abgasgrenzwerte – Teil 1, Motortechnische Zeitschrift (MTZ) 05/08, 2008

[3] Rempel, A., Stölting, E., Predelli, O., Gratzke, R.: Modular Prototyping Engine Controller for Innovative Combustion Processes, In: at - Automatisierungstechnik January, Band 57, Nr. 1 : S. 14-22, 2009

[4] Sellnau, Marc C., Cylinder-Pressure-Based Engine Control Using Pressure-Ratio-Managment and Low-Cost Non-Intrusive Cylinder Pressure Sensors, SAE 2000-01-0932

[5] Rempel, A., Weidner, D., Stölting, E., Gratzke, R.: Einsatz von SiL und HiL für die Entwicklung von ZMM Funktionen, MPSA, 2011

[6] Henschen, P., Bauer, M., Hagl, P., Knafl, A., Development of a combustion control system for medium-speed gas engines based on cylinder pressure measurement, 8. Dessauer Gasmotorenkonferenz, März 2013

18 Tailor-Made Mixed Flow Turbocharger Turbines for best Steady-State and Transient Engine Performance

Georgios Iosifidis, Jason Walkingshaw, Bernhard Dreher,
Dietmar Filsinger, Nobuyuki Ikeya, Jan Ehrhard

Abstract

Increased demands for improved fuel economy of passenger cars raise the significance of low-end and part-load performance of automotive turbochargers. In an automotive drive cycle, systems most efficient at low rotational speeds and low blade speed ratios prove particularly advantageous. Notwithstanding the optimum fuel consumption requirement, system responsiveness may not be compromised. Consequently, turbine development faces a target conflict between best (part load) efficiency and minimum rotor inertia. IHI Charging Systems International (ICSI) has, for several years, been working on Mixed-flow Turbine technology, which allows tailor-made turbine solutions to optimally address this conflict. Appropriate compromising between turbine inertia and efficiency is thus possible, leading to best turbocharger and, therefore, engine performance. Whereas the relationship between component efficiency and achievable engine torque under steady-state conditions is obvious, best engine performance under transient load requires deeper investigation. Different transient engine load cases are investigated to illustrate the relationship between inertia and efficiency. This compromise can vary significantly, depending on what engine requirement is the customer focus. Several design parameters are discussed and their influence on transient engine performance is presented. A state-of-the-art turbocharged SI engine with conventional single-stage turbocharging is modeled for engine simulation with ITES (IHI Turbocharged Engine Simulation), ICSI's multipurpose, in-house 0D simulation tool, which offers extraordinary modeling flexibility at minimum computational expense.

Kurzfassung

Die Turboladerperformance unter Teillastbedingungen und im unteren Drehzahlbereich des Motors spielt eine besondere Bedeutung für eine weitere Verringerung des Kraftstoffverbrauches von Personenkraftwagen. In einem klassischen Fahrzyklus zeigen sich Systeme, die bei niedrigen Motordrehzahlen und geringen Schnelllaufzahlen hohe Wirkungsgrade bieten, als besonders vorteilhaft. Zudem darf das Ansprechverhalten des Gesamtsystems nicht beeinträchtigt werden. Die Turbinenentwicklung unterliegt somit einem Zielkonflikt zwischen optimalem Teillastwirkungsgrad und minimaler Rotorträgheit. Um diesem Konflikt zu begegnen, arbeitet IHI Charging Systems International (ICSI) seit mehreren Jahren an der mixed-flow Turbinentechnologie. Sie ermöglicht geringen Kraftstoffverbrauch bei gleichzeitig schnellem Ansprechverhalten des Motors. Der Zusammenhang zwischen dem Wirkungsgrad des Turboladers und dem Drehmoment des Motors ist unter stationären Bedingungen unmittelbar gegeben. Im Gegensatz dazu ist die Optimierung des transienten Verhaltens des Gesamtsystems von zusätzlichen Parametern bestimmt. Die Auslegung einer Turbinenstufe hängt maßgeblich von der Motorapplikation und dem vom Kunden geforderten Entwicklungsziel ab. In der vorliegenden Arbeit wurden verschiedene Turbinenauslegungen mittels simulierter Lastsprünge hinsichtlich relevanter Turbinenparameter, wie z. B. Durchsatzkennwert, Wirkungsgrad, Trägheit oder Schnelllaufzahl ausgewertet und verglichen. Die Simulationen wurden am Beispiel eines modernen Ottomotors mit konventioneller einstufiger Aufladung durchgeführt. Dazu wurde die in-house 0D-Motorsimulationssoftware ITES (IHI Turbocharged Engine Simulation) verwendet. Sie bietet außergewöhnliche Flexibilität hinsichtlich der Modellierung und Wahl der Randbedingungen bei gleichzeitig geringem Rechenaufwand.

1. Introduction

The recent development of automotive internal combustion engines has been characterised by a race towards lower fuel consumption, in an attempt to mitigate environmental impact and cushion ever-increasing oil prices.

Pulse turbocharging has, from an early stage, been identified by the automotive industry as a key technology, enabling compliance with increasingly stringent emission regulations without compromising precious engine performance. Downsizing and downspeeding by means of turbocharging, even though not able to radically improve minimum specific fuel consumption, allows engine operation in areas of low SFC over a much broader range of loads and speeds. Additionally, gasoline engines can benefit from turbocharging-induced early dethrottling.

The dynamic nature of contemporary driving cycles contributed to the success of turbocharging, since its advantages are particularly noticeable at part-load and low-speed conditions. However, the intermittent exhaust flow of the reciprocating internal combustion engine forces the turbine to operate under a heavily varying range of inlet conditions [1]. This phenomenon is further aggravated by two factors:

- Small exhaust manifolds employed to ensure optimal use of exhaust pulses for transient acceleration, in order to compensate for the deteriorated engine transient performance caused by the presence of the turbocharger („turbo-lag") and
- The aforementioned combination of downsizing and downspeeding which leads to higher amplitude and lower frequency of exhaust pulses, hence further broadening of the range of turbine inlet conditions [2].

IHI Charging Systems International (ICSI) has developed a range of mixed-flow Turbines (MFTs) for gasoline applications [3-6] which exhibit a favourable efficiency characteristic over a wide operating regime while offering advantageous inertia. Therefore, power extraction occurs most efficiently at low rotational speeds and blade speed ratio conditions, which correspond to part-load and/or low-end operation. MFTs allow the design of tailor-made products presenting optimal solution to individual needs and priorities in engine development. The current investigation is an attempt to elucidate this trade-off between efficiency and inertia with respect to, mainly, transient performance of a state-of-the-art gasoline engine by means of engine simulation.

2. Engine Performance Evaluation

2.1 Simulation with ITES

The tool used for all simulations presented herein is the in-house engine simulation tool ITES (IHI Turbocharged Engine Simulation), developed by IHI for its internal simulative needs as far as engine-turbocharger matching is concerned [7]. ITES is an advanced 0D code based on the filling-and-emptying methodology under the quasi-steady flow assumption, where each engine component is represented by a unique control volume successively filled and emptied as mass flow runs through the engine [8].

The schematic of a modern turbocharged engine system as implemented with ITES can be seen in Figure 1. The particular model shown corresponds to the engine investigated throughout the rest of the current work and whose basic geometric features are summarised in Table 1.

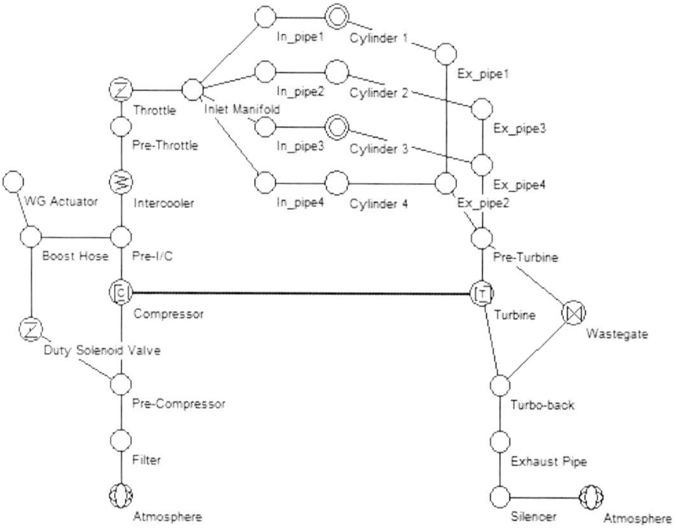

Figure 1: Schematic representation of a typical ITES turbocharged engine model

ITES is optimized for agile engineering, offering the possibility to construct, tune and operate engine models considerably faster and at much lower computational cost compared to commercial 1D simulation tools. This is crucial given the very short design cycles experienced in the automotive industry and the early development stage at which the turbocharger is nowadays included in engine design on the grounds of its significance to overall engine performance.

As the model schematic reveals, a boost control Duty Solenoid Valve (DSV) is employed in line with the boost hose. This enables realistic control of the wastegate actuator pressure, which in turn allows ITES, by correctly sizing the aforementioned components, to achieve accurate tuning of the engine model against actual engine data.

2.2 Engine Model Validation

The engine chosen for the outlined investigation is a state-of-the-art intercooled, turbocharged, 4-cylinder direct-injection SI engine. The main characteristics of the engine are summarized in Table 1. The turbine is a traditional monoscroll wastegated design, intended for SI applications.

Table 1: General characteristics of simulated engine

Engine Type	Turbocharged Intercooled SI Engine
Engine Volume	1800 ccm
Number of Cylinders	4
Valves per Cylinder	4
Camshaft	Variable Valve Timing (Cam Phaser)

The validation of the engine model was based on available experimental data. The agreement between experiment and simulation is illustrated in Figure 2 and is deemed satisfactory in the 1250-6250 [rpm] range to allow use of the particular model for further investigations. The maximum discrepancy observed in this range remains below 2%.

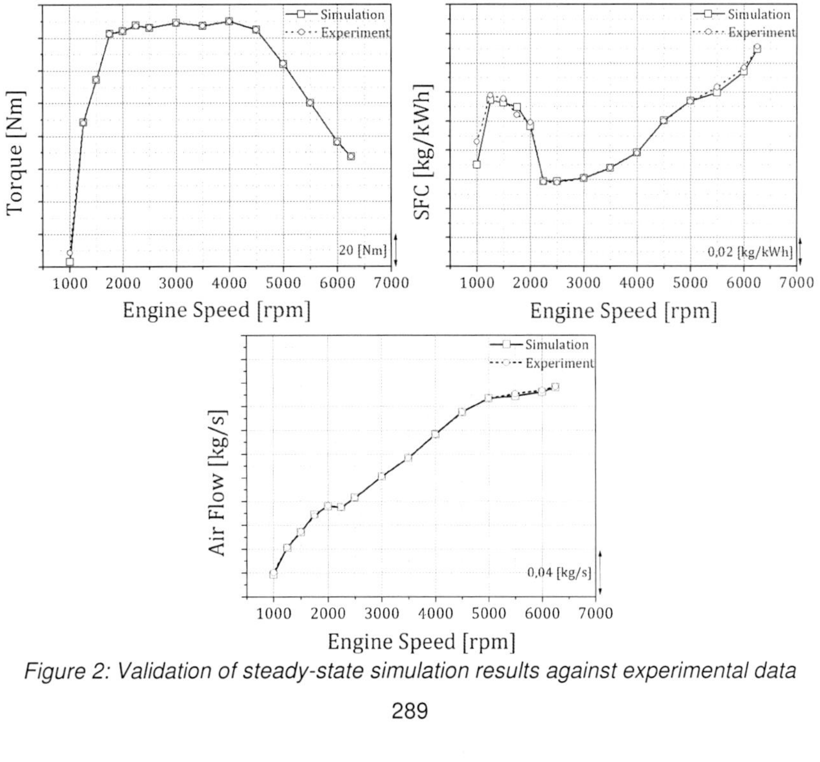

Figure 2: Validation of steady-state simulation results against experimental data

As analyzed in more detail later, the turbine map was corrected for both heat transfer and friction effects before the necessary turbine map extrapolation. This leads to enhanced simulation accuracy as indicated by the agreement of main engine parameters such as torque, specific fuel consumption and air flow (Figure 2).

2.3 Unsteady Turbine Operation

The validated model was used to evaluate the distribution of turbine power generation throughout the engine cycle (720° crank angle) under various engine operating conditions, in terms of blade speed ratio. Figure 3 elucidates precisely this aspect of turbocharger performance. One low and one high engine speed case are presented (1500 and 5000 [rpm]) at three different load conditions (25%, 50% and full load).

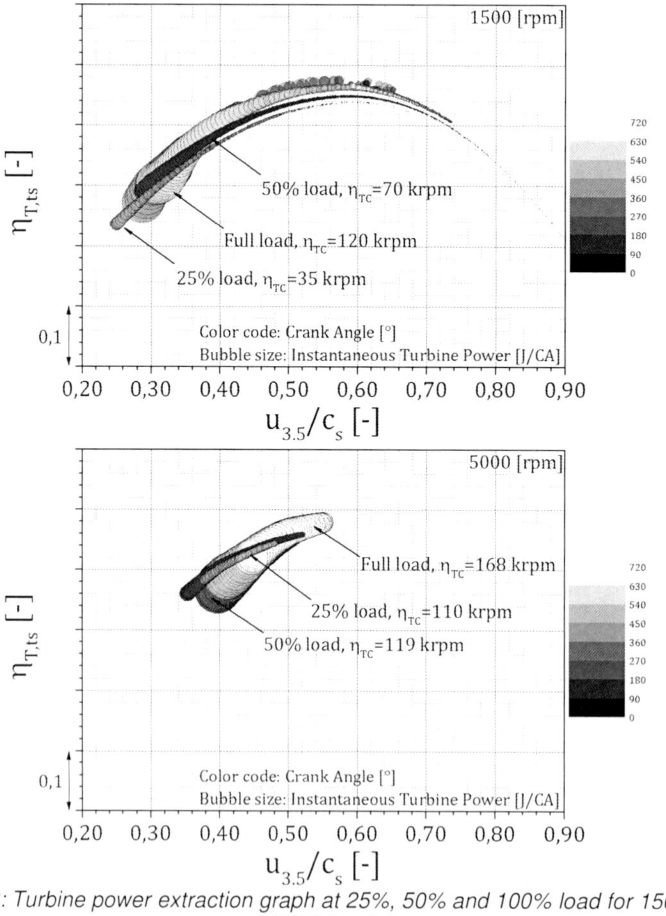

Figure 3: Turbine power extraction graph at 25%, 50% and 100% load for 1500 and 5000 [rpm]

Bubble size represents the amount of turbine power instantaneously produced. The bulk of turbine power is clearly extracted at significantly low blade speed ratios: upon the opening of the exhaust valve, mass flow reaches a peak which forces the turbine to operate under high pressure and thus low blade speed ratio. Turbine performance under on-engine pulsating flow conditions is thoroughly analysed by Iwasaki et al. [9]

It is worth mentioning that for each speed and each load, what seems to be one curve actually is four similar (albeit not identical) curves plotted over each other and corresponding to each one of the 4 cylinders peaking at different crank angles during a full engine cycle.

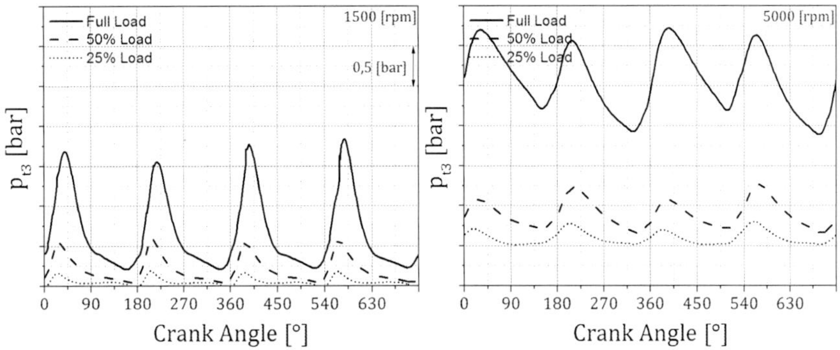

Figure 4: Exhaust gas pressure pulsation over one engine cycle at 25%, 50% and 100% load for 1500 and 5000 [rpm]

It follows that the particular design of the exhaust manifold, which is critical for defining the shape of the exhaust gas pulsation shown in Figure 4, will directly affect the blade speed ratio range under which the turbine is required to operate. What is more, it will do so not only due to pressure but also due to temperature fluctuation: at 1500 [rpm], full load operation, the part of the curve at $u_{3.5}/c_s$=0.45-0.65 is deviating towards higher efficiencies, creating a loop.

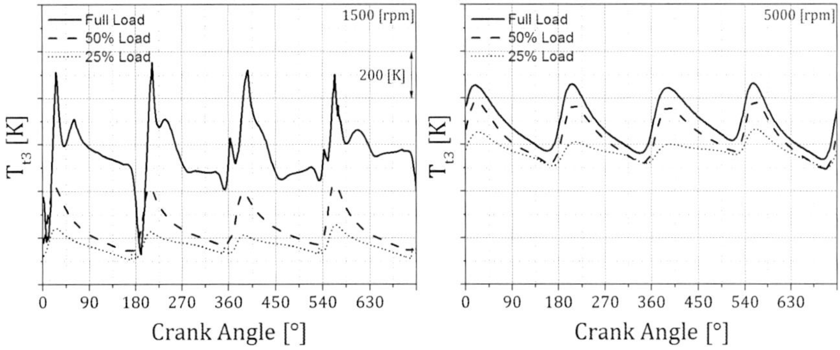

Figure 5: Exhaust gas temperature pulsation over an engine cycle at 25%, 50% and 100% load for 1000 and 5000 [rpm]

This implies a different non-dimensional turbine speed nred (=nTC/(Tt3)0.5), which is explained by the sharp temperature drop shown in Figure 5 for crank angles around 10° and 190° respectively. These minima are, in turn, explained by the specific geometry of the exhaust manifold employed in this model, which serves the purpose of pulse separation. For the same reasons presented for pressure fluctuation, the temperature profile evens out at 5000 [rpm] (Figure 5), thus leading to an operating line concentrated on a single reduced turbine speed.

An identical investigation has been carried out for the majority of the simulated engine speeds. The result is summarised in Figure 6, which reveals that under any of the examined operating conditions, no less than 50% of turbine power is generated at blade speed ratios *below 0.45*.

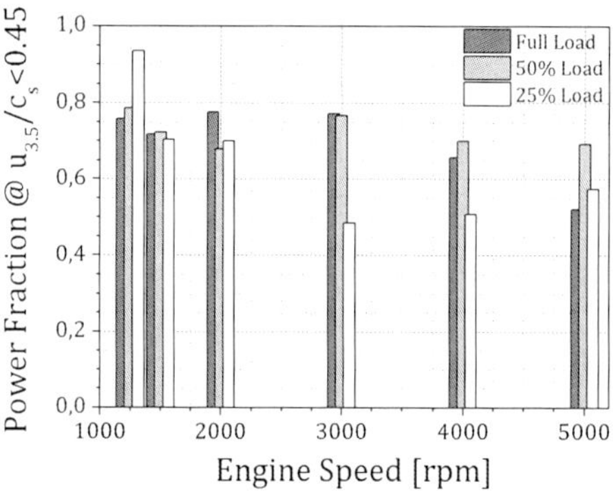

Figure 6: Fraction of turbine power generated at blade speed ratios lower than 0.45 for 25%, 50% and 100% load

This study has been conducted in order to identify the blade speed ratio area which is most critical in terms of turbine power and so allow turbine designs optimized for operation at this region. As an overview, time-averaged and power-weighted average values of blade speed ratios are given by Figure 7 at the full load condition.

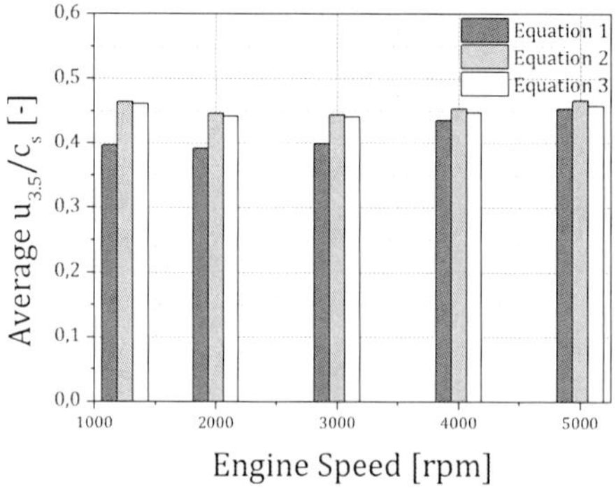

Figure 7: Comparison between power-weighted and time-averaged values of blade speed ratio over the entire speed range at 100% load

The discrepancy between the time-averaged and the power-weighted average value of blade speed ratio is noteworthy. The difference seems to be mainly speed-dependent (pulse frequency) and, as the latter increases, the two values converge for the reasons explained previously. It is also worth noting that the time-averaged value initially follows what seems to be the wrong trend, decreasing as engine speed increases (1250-3000 [rpm]). Figure 7 highlights that the time-averaged value of blade speed ratio provides a distorted image of turbine performance, concealing the fact that most power is generated at the lower end of blade speed ratios.

The definitions of the power-weighted average and the time-averaged blade speed ratio used for this study are given by Eq.1 and 2, respectively:

$$(u_{3.5}/c_s)_{power} = \frac{\sum_{i=1}^{n}\left((u_{3.5}/c_s)_i \cdot P_{T,i}\right)}{\sum_{i=1}^{n} P_{T,i}} \qquad (1)$$

$$(u_{3.5}/c_s)_{time} = \frac{\sum_{i=1}^{n}(u_{3.5}/c_s)_i}{n} \qquad (2)$$

where n is the number of calculation steps within one engine cycle (0°-720°). Finally:

$$(u_{3.5}/c_s)_{\exp} = \frac{n_{TC}/60 \cdot D_{3.5} \cdot \pi}{\sqrt{2 \cdot C_{p,g,\overline{T_{t3}}} \cdot \overline{T_{t3}} \cdot \left[1 - \left(\frac{\overline{P_{t4}}}{\overline{P_{t3}}}\right)^{\frac{\kappa_g - 1}{\kappa_g}}\right]}} \qquad (3)$$

Eq.3 is the averaging method typically employed for engine test bench experimental results' analysis; each term is independently averaged before a cycle-average blade speed ratio is calculated. It is not, however, fundamentally different to Eq. 2, where the blade speed ratio is calculated for each time step separately and only then time-averaged: they are both essentially *time-averaging* methods.

3. Turbine Map Generation

3.1 Mixed Flow Turbines

As implied earlier and explained in [10-13], mixed flow turbines can be designed to exhibit peak efficiencies at lower $u_{3.5}/c_S$. Such an efficiency trend is desirable in light of the aforementioned results on turbine power distribution under pulsating flow conditions. This trend was verified by CFD studies, Figure 8, which investigated a number of turbine wheel designs. The $u_{3.5}/c_S$ plots were produced at constant speed lines (80 [krpm] and 140 [krpm]), observing a mean turbine diameter defined as:

$$D_{3.5,\mathrm{RMS}} = \sqrt{\frac{D_{3.5h}^2 + D_{3.5s}^2}{2}} \quad (4)$$

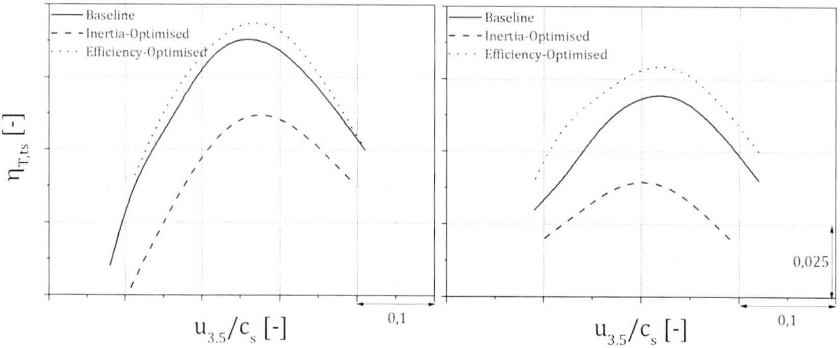

Figure 8: Predicted CFD Blade Speed Ratio trends for tailor made turbines at 80 [krpm] (left) and 140 [krpm] (right)

Parameters such as cone angle, blade number, hub profile, meridional length and blade angle distribution are variables used to provide tailor-made turbine designs aimed at dedicated customer requirements.

These variables were used to generate one „peak efficiency-optimised" and one „inertia-optimised" turbine, which, along with the original „baseline" turbine design comprise the set of three turbines compared in the current work. A qualitative indication of the trend of the main properties of these three turbine designs follow is summarized in Table 2.

Table 2: General characteristics of simulated engine

	Inertia-Optimised	Baseline	Efficiency-Optimised
Peak efficiency $\eta_{T,ts}$	↓	*-reference-*	↑
BSR $u_{3.5}/c_s$ of max. efficiency	↓	*-reference-*	↑
polar moment of inertia I	↓	*-reference-*	↑
mean diameter $D_{3.5,\ RMS}$	↓	*-reference-*	↑

The inertia reduction of the inertia-optimised design shown is a direct result of the reduced back disk diameter and the reduced turbine inlet hub diameter of the particular design [10, 11]. The three wheels where developed for equal MFP at choked conditions but exhibit noticeable MFP differences at lower expansion ratios, according to the particular design of each wheel, as the windage condition is approached.

The ultimate objective is to show that, especially as far as transient performance is concerned, turbine wheels optimised for best peak efficiency are not the optimum choice: the trade-off between peak efficiency and inertia can yield an optimal compromise which simultaneously suffers no steady-state performance penalty and offers significantly improved transient behavior.

3.2 Turbine Map Correction and Extrapolation

Conventional turbine map generation utilizes compressor power to yield combined thermo-mechanical turbine efficiency:

$$\eta_{T,ts,tm} = \frac{\dot{m}_a \cdot C_{p,a} \cdot (T_{t2} - T_{t1})}{\dot{m}_g \cdot C_{p,g} \cdot T_{t3} \cdot \left[1 - \left(\frac{1}{\pi_{T,ts}}\right)^{\frac{\kappa_g - 1}{\kappa_g}}\right]} \tag{5}$$

As is well documented [14-16], the standard turbine measurement technique (steady hot gas test stand) produces maps which must be subjected to post-processing before simulation can commence:

- The measurement range covers only a small part of the total range in which the turbine is operating under pulsating flow at low speeds (extrapolation).
- Heat transfer from the turbine to the compressor side due to the small turbocharger size of automotive applications has a significant effect on calculated turbine and compressor efficiencies, particularly at low pressure ratios [15].
- Friction losses from the axial and the radial bearings are included in turbine efficiency since compressor power is used as a substitute for turbine power [15].

Therefore, simulative accuracy requires either (i) that standard maps are treated for heat transfer and friction effects and consecutively extrapolated or (ii) that turbine wide mapping techniques are employed, which can eliminate the need for extrapolation and may or may not require heat transfer and friction correction.

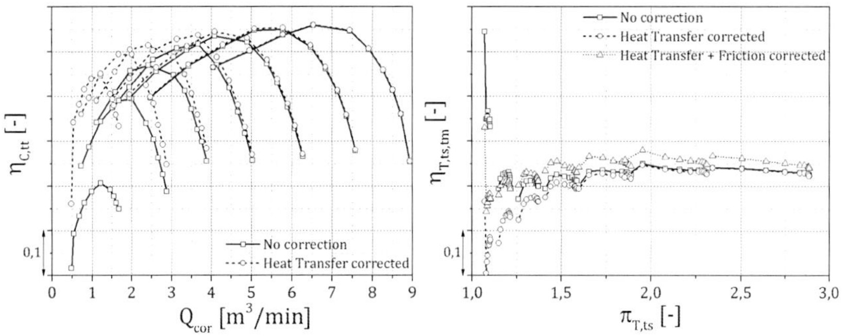

Figure 9: Baseline compressor (left) and turbine (right) efficiency maps before and after heat transfer and friction correction [15]

ICSI has successfully developed the capability for both methodologies. A wide mapping method utilizing turbine inlet temperature variation is presented in [16], while the High Inertia Rotor (HIR) method of ICSI is thoroughly explained in [10]. A further possibility of wide mapping is deploying a closed-loop test bench unit [17]. What is more,

Lüddecke et al. [15] developed a simple heat transfer and friction correction model, as well as an alternative turbine efficiency calculation process involving a contactless shaft torque measurement system [18]. Attempts on modelling the turbocharger friction must take into account both the speed-dependent radial bearing friction, as well as the axial bearing-induced friction due to pressure differentials around the two rotors [19].

Turbine extrapolation has traditionally been the standard technique. In this case, the accuracy of the simulation depends heavily upon the quality of the extrapolation. A variety of points are necessary to improve the reliability of any turbine extrapolation technique, including the measurement of runaway points [20].

For the present work, the baseline turbine design was measured on a conventional hot gas test stand and then corrected for heat transfer and friction influence as shown in Figure 9. Map extrapolation was supported by employing test bench measurements with variable turbine inlet temperatures, variable water cooling and oil temperatures, as well as the said HIR method [10, 15-16].

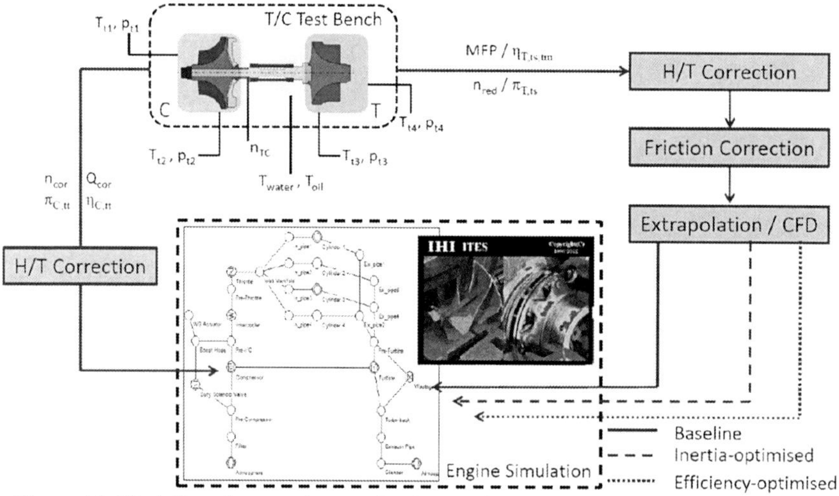

Figure 10: Work flow diagram from turbocharger hot gas stand to engine simulation

It should be mentioned that the compressor map (included in Figure 9), common for all simulations, corresponds to the same measurement as that of the turbine. It was therefore also treated for heat transfer so that a valid, adiabatic turbine and compressor map combination would be achieved. ITES can then, during simulation, utilise its integrated bearing housing subroutine which appropriately models turbocharger bearing friction.

Finally, the treated turbine data were extrapolated and modified according to Table 2, in order to generate the two alternative turbine maps, i.e. the inertia- and the efficiency-optimised turbines. The accuracy of the simulation depends, of course, heavily on the extrapolation quality. IHI has for this reason developed a dedicated turbine map extrapolation tool which operates in synergy with ITES. A summary of the process followed prior to engine simulation is given in Figure 10.

4. Steady-State Results

The steady-state performance of the three turbines was evaluated under an „equal-torque" condition. That is, at all engine conditions, the boost pressure was controlled so that the same torque is achieved. This method allows the evaluation of the turbines by directly looking at the specific fuel consumption. The three models were compared at full load in the range of 1000-6250 [rpm], as well as at 10% and 25% load in the range of 1250-2250 [rpm].

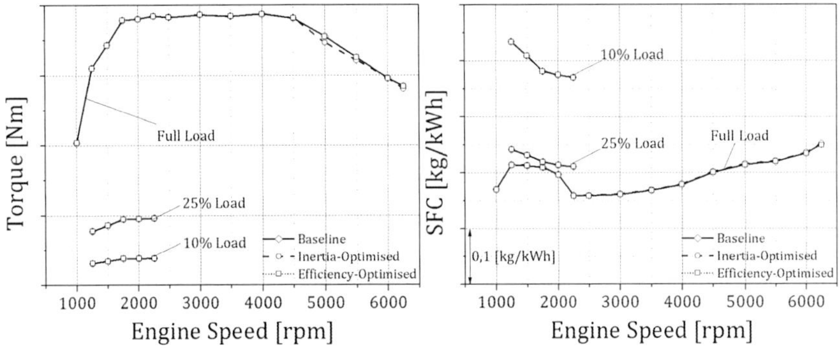

Figure 11: Steady-state performance comparison of the three turbines

As Figure 11 indicates, the torque was successfully controlled at all operating conditions. The minor discrepancy at 5000 [rpm] must be attributed to the DSV reaching its upper operating limit and failing to deliver the additional boost pressure required for the requested torque to be achieved. A change in the DSV sizing or the wastegate setting was not attempted, in order to ensure direct comparability of the models.

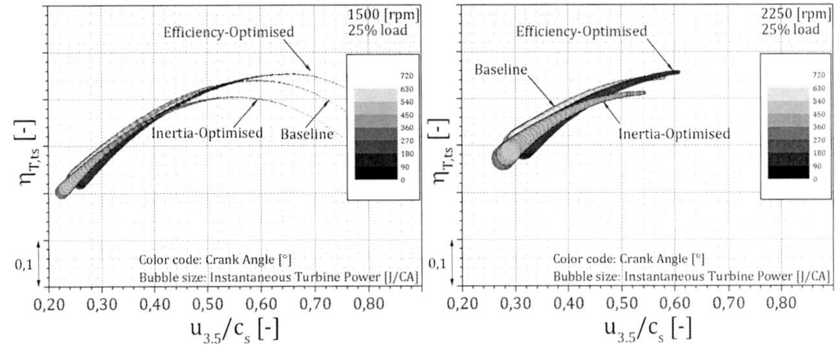

Figure 12: Turbine power extraction comparison of the three turbine designs at 1500 and 2250 [rpm] for 25% load

Furthermore, comparing SFC reveals that the turbine map modifications undertaken for the inertia- and the efficiency-optimised turbines yield no significant changes for the engine's fuel consumption at either the full or the part-load conditions. This has to be explained sufficiently, since the turbine maps are considerably different, as previously shown. The similarity of SFC values for the three designs must not be interpreted as a similarity between the power-generating processes of each turbine design, as Figure 12 shows.

The explanation is in this case twofold.

On the one hand, as far as very low loads are concerned (e.g. 10%), what is decisive in terms of engine performance (assuming similar combustion processes and valve timings and thus cylinder exhaust pressures) is *not* the compressor pressure ratio (or, for a given mass flow, turbocharger speed) but, rather, the throttle losses which, for such low loads, are significant. Hence, efficient turbine power generation can scarcely influence the SFC value.

On the other hand, as load increases, engine SFC becomes increasingly dependent on turbocharger performance. However, it is worth considering whether the efficiency corresponding to the *power-weighted* average BSR of each turbine is similar.

Taking a closer look at the n_e=1500 [rpm], L_e=25% (Figure 12) case reveals that the power-weighted average BSR varies between 0.435 for the efficiency-optimised turbine to 0.389 for the inertia optimised one (0.412 for the baseline turbine). But the efficiency corresponding to this BSR is around 0.615 for both the baseline and the efficiency-optimised turbine. As for the inertia-optimised design, there is indeed a slight worsening of SFC due to the compromised efficiency (around 5.3% lower) aimed at improving inertia: the difference is around 2 [g/kWh].

5. Transient Results

During a transient acceleration, the turbocharger operates under imbalance, whereby turbine power is not only available for the required compressor work and for overcoming mechanical losses; some additional amount of power becomes available for the acceleration of the turbocharger:

$$P_T = P_C + P_m + P_{acc} \tag{6}$$

This accelerating term can be expressed, based on rotational kinetic energy, as:

$$P_{acc} = \frac{1}{2} \cdot \frac{I \cdot \left(\omega_{n+1}^2 - \omega_n^2\right)}{t} \tag{7}$$

Consequently, the time of transience between two calculation steps n and n+1 can be analytically written as:

$$t = \frac{1}{2} \cdot \frac{I \cdot \left(\omega_{n+1}^2 - \omega_n^2\right)}{P_T - P_C - P_m} = \frac{1}{2} \cdot \frac{I \cdot \left(\omega_{n+1}^2 - \omega_n^2\right)}{\left(P_{T,is} \cdot \eta_{T,ts,tm} - \frac{P_{C,is}}{\eta_{C,tt}} - P_m\right)} \tag{8}$$

As this expression shows, improvements of compressor efficiency and mechanical efficiency will also favor transient performance, but this is not the focus of the current work.

Neglecting these two terms, the transient time is solely dependent on inertia and turbine efficiency, which are precisely the quantities traded between the three different mixed flow turbine designs examined herein. Inertia is, of course, directly related to turbine diameter (analogous to the fifth power thereof).

What this paper claims is that an *optimum* trade-off between inertia and efficiency will exist for each particular transient condition and it is this particular condition the mixed flow turbine can be tailored for, in order to achieve optimal transient performance.

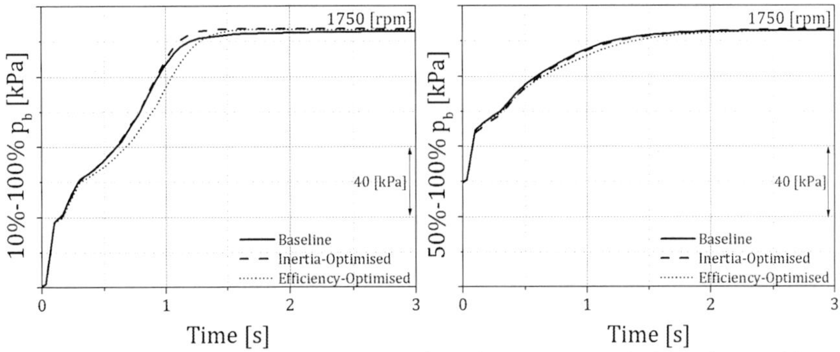

Figure 13: Transient performance comparison (boost pressure) of the three turbines in a 10%-100% and a 50%-100% load step at 1750 [rpm]

Figure 13 shows a representative example of the transient performance evaluation of the three turbines. A traditional load step between 10% and full load and 50% and full load was simulated for each one of the wheels and the boost pressure buildup over time was compared.

It is immediately noticeable that the peak efficiency-optimised turbine performs worse than the baseline turbine. This result confirms the earlier statement that turbine development based on peak efficiency performance is not the optimum way of evaluating the potential of a given turbine design: peak efficiency can be traded off for an inertia reduction, which can bring significant improvements of transient behavior, as Figure 13 indicates.

Furthermore, the load step requiring a greater turbocharger speed increase from a low exhaust gas energy content condition (10% load) favors the inertia-optimised design which outperforms the baseline design. On the other hand, the baseline design is marginally better than the inertia-optimised one at the 50%-100% load step. At any rate, one must conclude that the baseline turbine design is not far from the optimum efficiency-inertia combination.

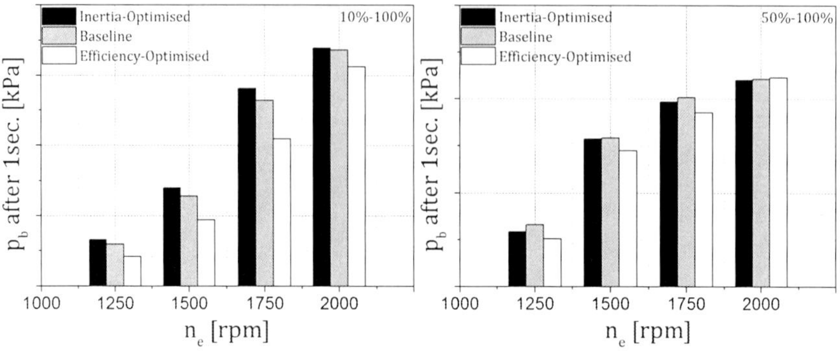

Figure 14: Boost pressure after 1 second for the three turbine designs at 10%-100% and 50%-100% load steps, 1250-2000 [rpm] range

A similar investigation with the two said load steps was conducted in the range between 1250 [rpm] and 2000 [rpm]. The results are summarised in Figure 14. As shown, the inertia-optimised wheel is the best choice for the 10%-100% acceleration throughout the whole speed range examined, while for the 50%-100% acceleration, the optimum compromise of efficiency and inertia is offered by the baseline wheel.

As initial turbocharger speed increases, acceleration will become less sensitive to inertia and will depend more on turbine efficiency. The baseline turbine thus exploits its higher efficiency to overcome its inertial deficit and in this case outperforms the inertia-optimised design.

6. Conclusions

In the current paper, the in-house engine simulation tool ITES was successfully used to highlight the nature of turbine power extraction under pulsating flow conditions. It is shown that, depending on engine speed and load, the bulk of energy is transformed into turbine output at blade speed ratios far from those at which traditional turbine designs exhibit optimum efficiency. Additionally, the difference between time-average and power-weighted average BSR is indicated and used for the interpretation of steady-state results.

ITES is an agile engine simulation tool capable of modeling radial and axial turbocharger bearing friction, which enables the utilization of heat transfer and friction corrective models to generate adiabatic compressor and turbine maps for optimal simulative accuracy. This, in conjunction with wide-mapping capabilities, allows accurate turbine map extrapolation, the importance of which cannot be overestimated, especially in light of the aforementioned results regarding turbine power generation.

These capabilities were then exploited to develop and examine three different turbine designs based on mixed flow turbine technology. Without inflicting a penalty on steady-state performance, each of the three turbines offers a unique compromise between inertia and efficiency.

The peak efficiency optimised design highlights that peak efficiency is not representative of a turbine's ability to perform: a wider range of the efficiency characteristic must be taken into consideration during turbocharger turbine development and evaluation, always in combination with the particular design's inertia.

The inertia-optimised and baseline wheels were used to demonstrate ICSI's ability to produce designs offering the optimal combination of inertia and efficiency. Depending on the transient load case the customer wishes to optimise, a tailored turbine for best engine performance can be developed.

Nomenclature

C	specific heat capacity	[J/(kg K)]
c	velocity	[m/s]
c_s	isentropic spouting velocity	[m/s]
D	diameter	[m]
I	polar moment of inertia	[kg m^2]
L	load	[%]
P	power	[W]
$\dot{m}$	mass flow rate	[kg/s]
N	rotational velocity	[rpm]
p	pressure	[Pa]
Q	volumetric flow	[m^3/min]
T	temperature	[K]
t	time	[s]
u	blade speed	[m/s]

Abbreviations

BSR	Blade Speed Ratio	[-]
CA	Crank Angle	[°]
CFD	Computational Fluid Dynamics	
DSV	Duty Solenoid Valve	
HIR	High Inertia Rotor	
ITES	IHI Turbocharged Engine Simulation	
MFP	Mass Flow Parameter	
MFT	Mixed Flow Turbine	
OEM	Original Engine Manufacturer	
RFT	Radial Flow Turbine	
RMS	Root Mean Square	
SFC	Specific Fuel Consumption	[kg/kWh]
SI	Spark Ignition	
TTT	Time-To-Torque	
VVT	Variable Valve Timing	

Greek Symbols

η	efficiency	[-]
κ	heat capacity ratio	[-]
π	pressure ratio	[-]
ω	rotational speed	[rad/s]

Indices

a	air
acc	acceleration
b	boost
C	compressor
cor	corrected
e	engine
exp	experimental
g	exhaust gas
h	hub
m	mechanical
n	calculation step
oil	lubricant oil
p	at constant pressure
power	power-weighted average
red	reduced
s	static *or* shroud
t	total
tt	total-to-total
ts	total-to-static
tm	thermo-mechanical
T	turbine
TC	turbocharger
time	time-averaged
water	coolant water
1	compressor stage inlet
2	compressor stage exit
3	turbine stage inlet
3.5	turbine rotor inlet
4	turbine stage exit

References

[1] Baines, N.; Fredriksson, C.: The Simulation of Turbocharger Performance for Engine Matching. In: Motorprozesssimulation und Aufladung 2, ISBN 978-3-8169-2693-1, pp. 101-111, 2007

[2] Golloch, R.: Downsizing bei Verbrennungsmotoren. Springer, 2005

[3] Lückert, P.; Kreitmann, F.; Merdes, N.; Weller, R.; Rehberger, A.; Bruchner, K.; Schwedler, K.; Ottenbacher, H.; Keller, T.: The new 1.8-litre 4-cylinder petrol engine with direct injection and turbo charging for all passenger cars with standard drive trains from Mrecedes-Benz. In: 30. Wiener Motorensymposium, Wien, 2009

[4] Hagelstein, D.; Hentschel, L.; Strobel, S.; Szengel, R.; Theobald, J.R.; Middendorf, H.: Die Aufladeentwicklung für den neuen 1.2l TSI Motor von Volkswagen. In: 14. Aufladetechnische Konferenz, Dresden, 2009

[5] Bäumel, F.; Jedro, J.; Weber, C.; Hinkelmann, A.H.; Mayer, A.; Kirschner, C.: The turbocharger of the third generation of the AUDI R4-TFSI engines using the example of the new 1.8l TFSI. In: 16. Aufladetechnische Konferenz, Dresden, 2011

[6] Merdes, N.; Enderle, C.; Vent, G.; Weller, R.: Der neue Vierzylinder-Ottomotor mit Turbo-aufladung von Mercedes-Benz. In: Motortechnische Zeitschrift 72, pp. 942-951, 2011

[7] Ikeya, N.; Yamaguchi, H.; Mitsubori, K.; Kondoh, N.: Development of advanced model of turbocharger for automotive engines. SAE paper 920047, 1992

[8] Watson, N.; Janota, M.S.: Turbocharging the Internal Combustion Engine. The MacMillan Press Ltd, 1982

[9] Iwasaki, M.; Ikeya, N.; Marutani, Y.; Kitazawa, T.: Comparison of Turbocharger Performance Between Steady Flow and Pulsating Flow on Engines. SAE paper 940839, 1994

[10] Lüddecke, B.; Filsinger, D.; Ehrhard, J.: On Mixed Flow Turbines for Automotive Turbocharger Applications. In: International Journal of Rotating Machinery, Art-ID589720, doi: 10.1155/2012/589720, 2012

[11] Rajoo, S; Martinez-Botas, R.: Mixed flow turbine research: A review. In: Journal of TTurbomachinery, vol. 130, no. 4, article ID: 044001, 2008

[12] Abidat, M.; Chen, H.; Baines, N.C.; Firth, M.R.: Design of a highly loaded mixed flow turbine. In: Proceedings of the Institution of Mechanical Engineers Part A, vol. 206, no. 2, pp. 95-107, 1992

[13] Chen, H.: Baines, N.C.: The aerodynamic loading of radial and mixed-flow turbines. In: International Journal of Mechanical Sciences, vol. 36, no. 1, pp. 63-79, 1994

[14] Filsinger, D.; Fitzky, G.; Phillipsen, B.: Flexible turbocharger turbine test rig MONA VI. In: Proceedings of the 8th International Conference on Turbochargers and Turbocharging of the IMechE, pp. 207-222, 2006

[15] Lüddecke, B.; Filsinger, D.; Ehrhard, J.; Bargende, M.: Heat transfer correction and torque measurement for wide range performance measurement of exhaust gas turbocharger turbines. In: Proceedings of the 17th Supercharging Conference, Dresden, 2012

[16] Lüddecke, B.; Filsinger, D.; Bargende, M.: On wide mapping of a mixed flow turbine with regard to compressor heat flows during turbocharger testing. In: Proceedings of the 10th International Conference on Turbochargers and Turbocharging of the IMechE, pp.185-202, 2012

[17] Scheller, P.; Schnückel, C.; Jördens, C.; Hagelstein, D.; Theobald, J.: Evaluation study of different turbine wheel geometries for turbocharged gasoline engines. In: Proceedings of the 16th Supercharging Conference, Dresden, 2011

[18] Lüddecke, B.; Filsinger, D.; Ehrhard, J.; Steinacher, B.; Seene, C.; Bargende, M.: Contactless shaft torque detection for wide range performance measurement of exhaust gas turbocharger turbines. In: Proceedings of ASME Turbo Expo 2013, Paper GT2013-94538, San Antonio, 2013

[19] Smiljanovski, V.; Kindl, H.; Schorn, N.; Schulz, A.; Uhlmann, T.: TC-Thrust Load Measurements. In: Proceedings of the 16th Supercharging Conference, Dresden, 2008

[20] Smiljanovski, V.; Scharf, J.; Schorn, N.; Pischinger, S.; Funken, B.: Messung des Turbinenwirkungsgrads bei niedrigen Drehzahlen. In: Proceedings of the 13th Supercharging Conference, Dresden, 2008

19 Investigation of E-Turbo Fuel Consumption Reduction Implications on Passenger Car Applications

Andrea Baldrati, Nicolò Cavina, Nicola Pini

Abstract

One of the main challenges related to the development of modern propulsion systems for light duty vehicles is the reduction of CO2 emissions, which may be achieved through different approaches. If we consider the Spark Ignition (SI) Internal Combustion Engine (ICE), relatively high efficient solutions have been recently developed by drastically reducing engine displacement, while at the same time guaranteeing adequate driving performance by adding turbocharging systems and/or additional energy storage and propulsion systems (hybrid powertrains. [1]). Exhaust energy waste is certainly another extremely interesting area for increasing the overall efficiency of the powertrain [2-4], and it should be recalled that the combination of exhaust gas turbocharging with energy recovery through turbo machines is a well-established technology for large engines (turbo-compound [3, 7, 8, 9]), while it is recently being considered also for highly downsized engines, due to more frequent operation at high load [6].
This paper investigates a possible approach for extreme CO2 reduction, consisting of an E-turbo concept (a reversible electrical machine mechanically coupled to an exhaust gas turbocharger) applied to a "small" 1.4 liter SI engine. The hybridization technology that has been considered in this study is similar to the F1 2014 ERS (Energy Recovery System) system, but the main focus is on fuel consumption reduction evaluation when considering a passenger car application. The simulation analysis has been carried out by defining a reference, fully validated, turbo-charged engine model, and by subsequently investigating required turbine boundary conditions (mainly backpressure and efficiency), both for a Waste Gate (WG) and a Variable Geometry Turbine (VGT) solution. This preliminary analysis allowed the definition of a suitable turbocharger matching for the E-turbo configuration, and the capability of analyzing particularly interesting phenomena, such as part load lower bounds (limits of energy recovery definition), achievable level of downsizing and downspeeding (by investigating different transmission ratios), and the transient response of the E-Turbo system.
This simulation environment will be used in the next steps of the project [11] to evaluate the effects of E-turbo concepts (and related downsizing/downspeeding benefits) on fuel consumption, when considering homologation cycle scenarios. Another area to be deeply investigated is the definition of the electric machine performance requirements.

1. Engine model: baseline validation and e-turbo layout

1.1 E-turbo concept: motivations and modeling approach

In conventional exhaust gas turbochargers, under high load operating conditions the Waste-Gate (WG) valve bypasses a certain amount of exhaust flow, leading in a loss of energy that reduces the system efficiency [5]. In the E-Turbo scheme designed for this study, the WG is eliminated and the exhaust gas flow coming from the engine is fully expanded in the turbine (Figure 1). One of the key issues for an optimal behavior of the system (i.e. maximum energy recovery), is to find a turbine suitable with the different operating conditions at the engine outlet. In fact, if the same turbine as the original engine one would be maintained, it would generate an extremely high back pressure, negatively affecting the engine efficiency. The high pressure condition represents a benefit from the point of view of the available enthalpy flowing into the turbine, but the thermal load of the engine would be increased (as well as pumping losses). In this case, the increased load applied to the engine structure suggests investigating in this direction only if a challenging, brand new engine design is possible.

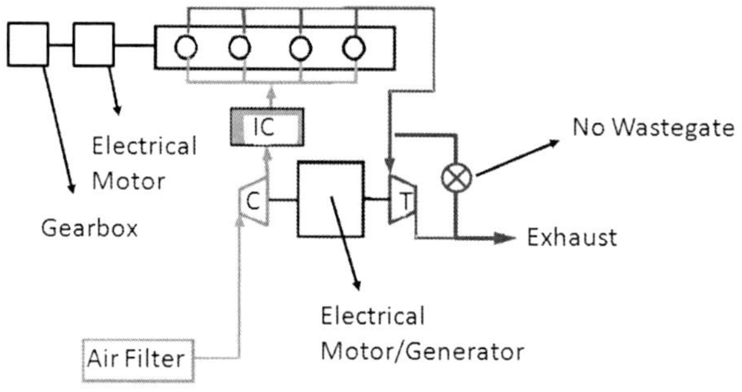

Figure 1: E-turbo engine layout

Several simulation runs have been performed to identify the optimal turbine size, while keeping the compressor characteristic identical to the baseline engine one. The increase of turbine size (mainly achieved by adopting a larger diameter) allows keeping the engine back pressure at the desired level, while the turbocharger inertia is negatively affected (the E-Motor inertia has also been taken into account). A much slower response at low speeds is then expected. This problem can be potentially overcome by the use of the electric motor as a booster during transient acceleration, to improve the response of the turbocharger group (turbo-lag reduction).

The simulations were carried out with a 1-D approach, and the engine-e-turbo model was developed using GT-Power (Figure 2). A 1.4 liter, 4 in-line cylinders, gasoline direct injection engine, with a WG controlled exhaust gas turbocharging system, was selected as the reference engine, and the e-turbo system (and its control) were added specifically for this study. The engine main characteristics are shown in Table 1.

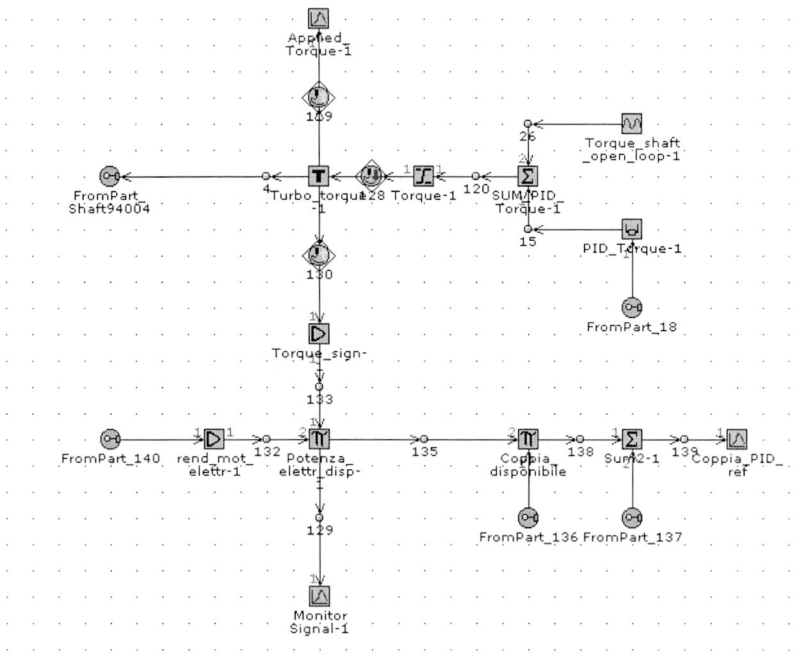

Figure 2: Control scheme for E-Turbo components

DISPLACEMENT	1.4 l
CYLINDERS	4 in line
INJECTION SYSTEM	Gasoline Direct Injection (GDI)
INTAKE/EXHAUST SYSTEM	Exhaust gas wastegate turbocharger
MAX POWER	90.0 kW
MAX TORQUE	202.7 Nm

Table 1 Engine main characteristics

2. Full Load Analysis

As first step, E-Turbo engine performance has been evaluated under full load conditions, over the entire speed range, and compared to base engine in two ways:

1. engine fuel flow is kept equal to the base engine case, thus achieving a different level of total equivalent torque (considering the contribution of both the internal combustion engine and the e-motor/generator, with a pre-assigned round-trip efficiency value); the gain in available torque shows the potential of energy recovery and the possible performance increase, related to downsizing level;

2. total equivalent torque is kept equal to base engine, thus allowing the evaluation of fuel consumption reduction (or increase in system efficiency).

2.1 Simulations with different turbine scaling factors and constant fuel flow

Due to the fact that the use of the original turbine with the E-turbo system generates an excessively high back pressure, different simulations with different turbine flow scaling factors have been carried out.
The factors used to scale the size of the original turbine are: 2.50, 2.25, 2.00 and 1.75. The main results are shown in Figures 3 through 7.
As the size of the turbine is increased, the adoption of a larger turbine provides greater benefits in terms of total equivalent torque. Total equivalent torque (Figure 3) is the sum of the engine brake torque and the one provided by the electric generator/motor, directly connected to the engine crankshaft. The evaluation of the electric torque contribution has been carried out by assuming efficiency equal to 0.90 both for generator and for motor modes (i.e., a round-trip efficiency equal to 0.81). Figure 3 clearly shows that the energy recovery system ensures a significant gain, in terms of performance, for the same fuel flow, and for all turbine scaling factors.

Figure 6 shows that a maximum gain of 8% on the engine brake torque is achievable at 5000 rpm, for the turbine increased by 2.50 times compared to the original one. Similar considerations can be made by analyzing Brake Specific Fuel Consumption (BSFC) trends, shown in Figure 4. Since the fuel mass flow has been kept constant for these simulations, it is observed a BSFC decrease ranging from 0. 39% at 2000 rpm for the turbine 1.75:1, up to 9.14% at 5000 rpm, for 2.5:1 turbine. The power produced by the electric motor depends on the size of the turbine (Figure 7). The smaller it is, the greater the electric power converted. The power produced is directly proportional to the engine angular speed, since it is associated with the exhaust gas flow leaving the engine.

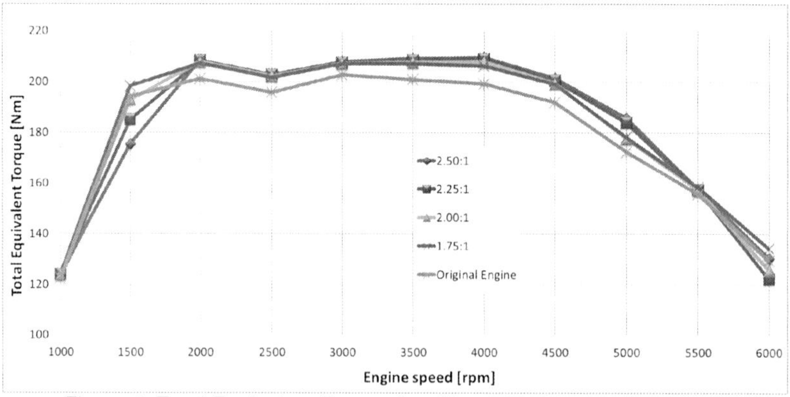

Figure 3: Total Equivalent Torque for different turbine scaling factors

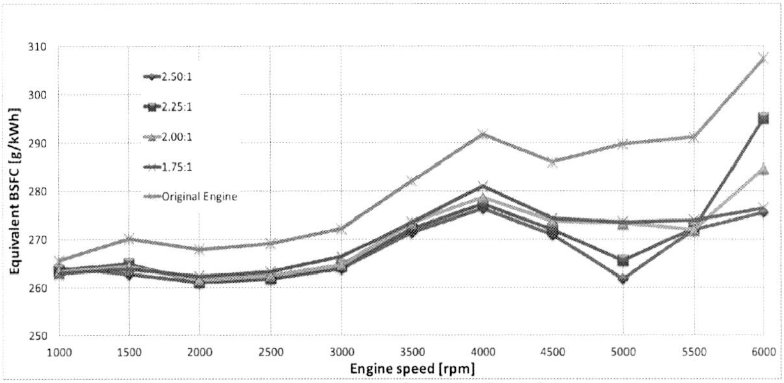

Figure 4: Equivalent Brake Specific Fuel Consumption

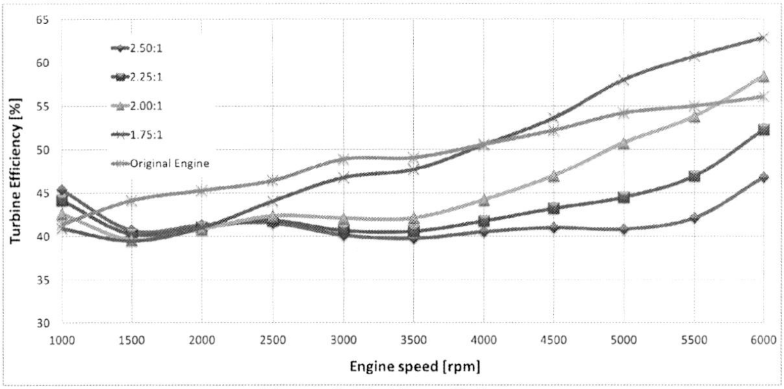

Figure 5: Turbine efficiency

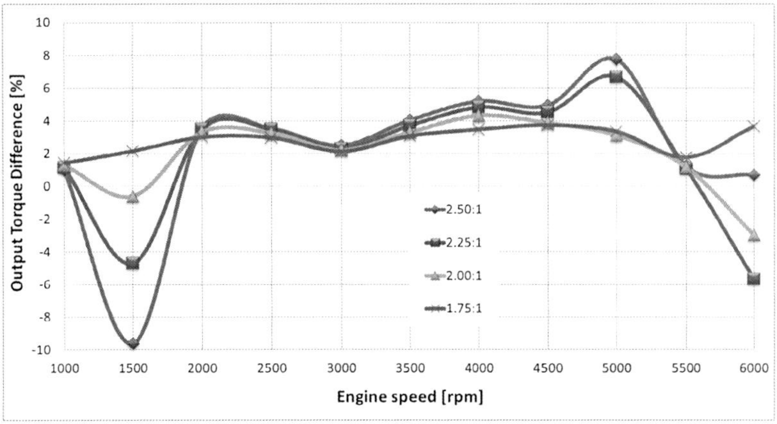

Figure 6: E-turbo equivalent torque vs. base engine brake torque

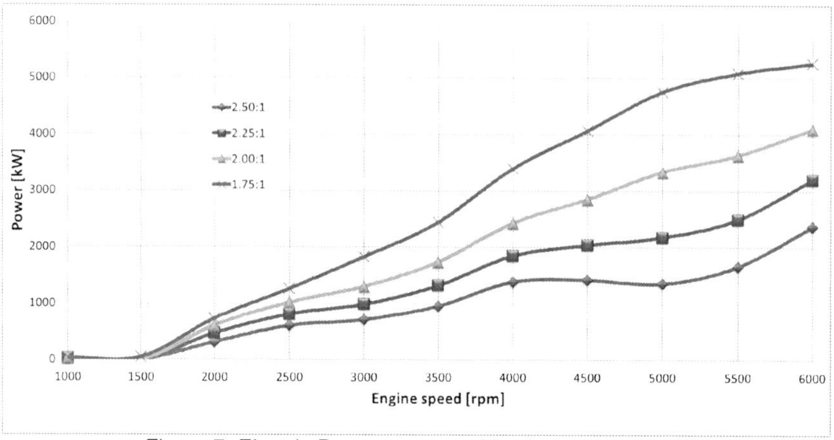

Figure 7: Electric Power generated by the electric motor

2.2 Simulations with constant brake torque output

The next step for full load simulation is to analyze the E-turbo response with a given required performance, in order to evaluate the benefits in terms of fuel consumption reduction (and therefore efficiency increase) for a given engine configuration. For this reason, the PID controller target for the e-machine connected to the turbo shaft has been set to equivalent torque values equal to original engine full load brake torque curve. To pursue this new PID target, the internal combustion engine will deliver less torque due to the fact that the electrical motor/generator is active. The result is a reduced fuel flow demanded by the engine control system. Only the turbine with a scaling factor equal to 2.00 has been considered for this analysis.
Significant fuel savings can be achieved, ranging from 10.74% at 6000 rpm to 1.02% at 1000 rpm, and almost monotonically increasing with engine speed, as shown in Figures 8 and 10. The benefits in terms of equivalent fuel consumption ore not only directly related to the energy recovery effects (Figure 9), but some advantages in the engine thermal efficiency can also be achieved. In particular, a reduction of the percentage of burned gases at Intake Valve Closing (Internal Gas Recirculation – IGR – fraction) can be observed (Figure 10), thus leading (together with a reduced Brake Mean Effective Pressure – BMEP) to a reduction of mixture enrichment and to advanced MFB50 (crank angle position corresponding to 50% of fuel mass fraction burned) as shown in Figure 11, and therefore to a greater engine efficiency.

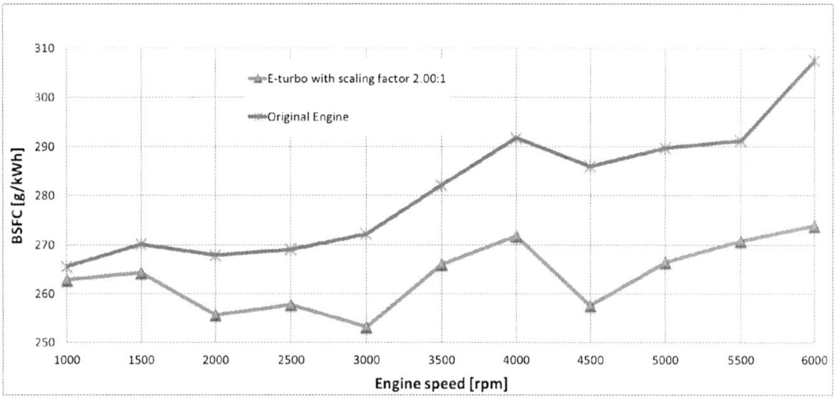

Figure 8: Original engine vs. e-turbo equivalent BSFC [g/kWh]

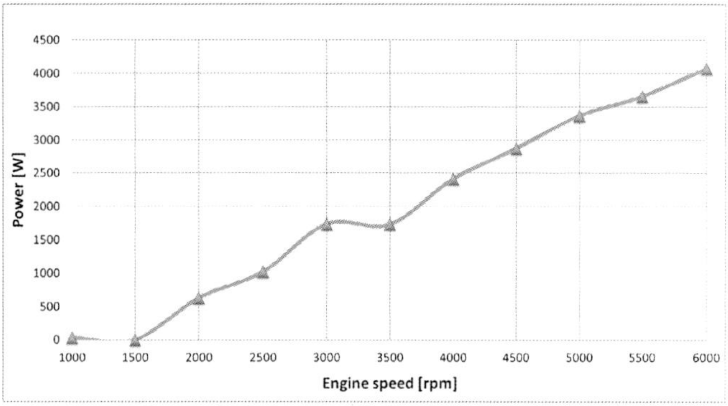

Figure 9: Power available from e-machine

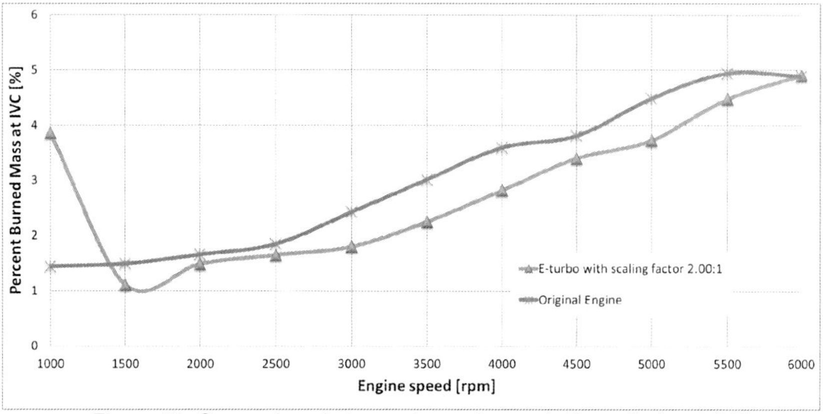

Figure 10: Comparison between burned mass in the cylinder at IVC

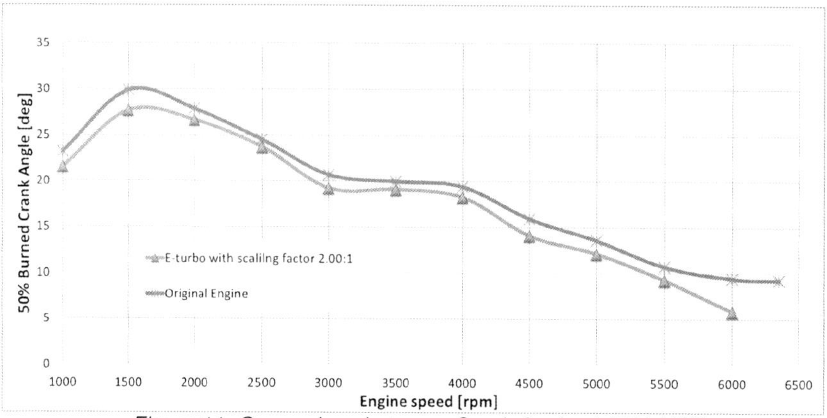

Figure 11: Comparison between Crank Angle at 50% MFB

2.3 Simulations with "real" turbines

In order to provide data closer to a real turbocharger, the IAV matching tool has been applied to the boundary conditions previously obtained, and two turbines (called "turbine 1" ad "turbine 2" in the following paragraphs) have been selected among the database available in IAV. Turbine 1 is 1.5 times larger than the baseline turbine, while turbine 2 is 2 times larger than the reference one. On the compressor side, it has been chosen to maintain the baseline compressor, since it represents a very good compromise between operating points shift (due to different rotational speed at the turbocharger balance) and high efficiency values, besides a good confidence in the numerical treatment of the map.
The two selected turbines have been implemented in the model, and a full load curve has been calculated, keeping the total (equivalent) torque of the system equal to the base engine (in analogy with what has been described in paragraph 2.2).
The following pictures report the main results in terms of equivalent torque, equivalent specific fuel consumption, recovered electrical power and turbine efficiency. Figure12 demonstrates that a significant BSFC improvement can be achieved with turbine 2 system, if compared to baseline and turbine 1 configurations. The latter is indeed too small for the given engine (and its combustion system), and the effect on total specific fuel consumption of back pressure increase is nearly balanced by the higher recovered electric power (Figure 14) and the better turbine efficiency (Figure 13). On the other hand, Turbine 2 has been chosen to obtain a similar back pressure as the base engine case, and therefore the internal combustion engine operating conditions remain almost equal to base engine. Moreover, the exhaust energy can be recovered with a comparable efficiency (Figure 13), thus allowing a significant reduction of equivalent BSFC (around 7%). Moreover, it is worth noticing that at low speeds the system capability of recovering energy is very small, and no advantages in fuel consumption can be appreciated. This effect was not very clear from the simulation with scaled turbines, but it can be clearly appreciated once a more realistic turbo matching has been implemented in the model.

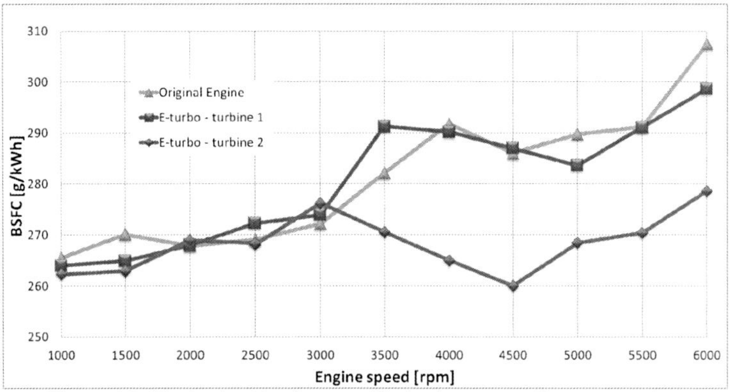

Figure 12: Equivalent brake specific fuel consumption comparison

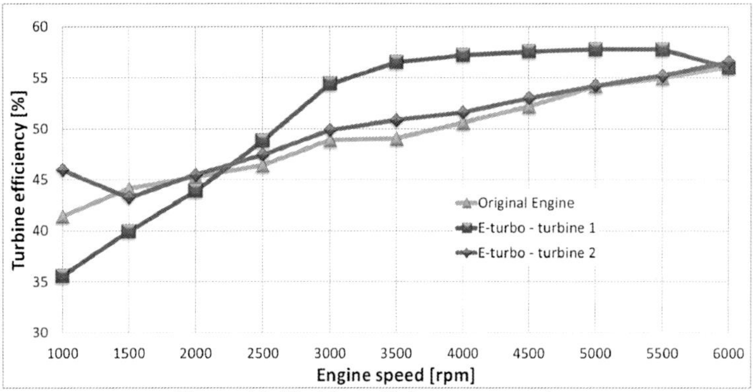

Figure 13: Turbine efficiency comparison

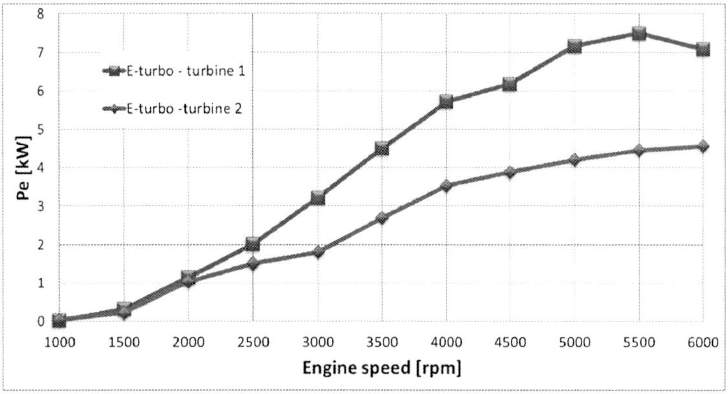

Figure 14: Recovered electrical power

2.4 Simulations with VGT turbine

The last step for full load simulations is to use a Variable Geometry Turbine (VGT). The e-generator applied to the turbo shaft speed has in this case been controlled by setting a fuel flow target equal to the base engine case, in order to investigate maximum equivalent torque entity. The VGT rack position has been optimized at each operating speed by performing discrete sweeps (0.8 – 0.6 – 0.4). For each engine speed, it was possible to select the optimum rack value in order to achieve the maximum equivalent torque.

One of the main outcomes of these simulations is that maximum energy recovery is achieved with smaller rack positions than the corresponding values for the engine without recovery system, at the same engine speed. In fact, this configuration creates a higher back pressure that allows having a higher enthalpy value at turbine inlet. By analyzing the performance of the system, it is possible to observe a significant increase of total equivalent torque (Figure 15), similar to one obtained with the same control system with WG turbine (Figure 3).

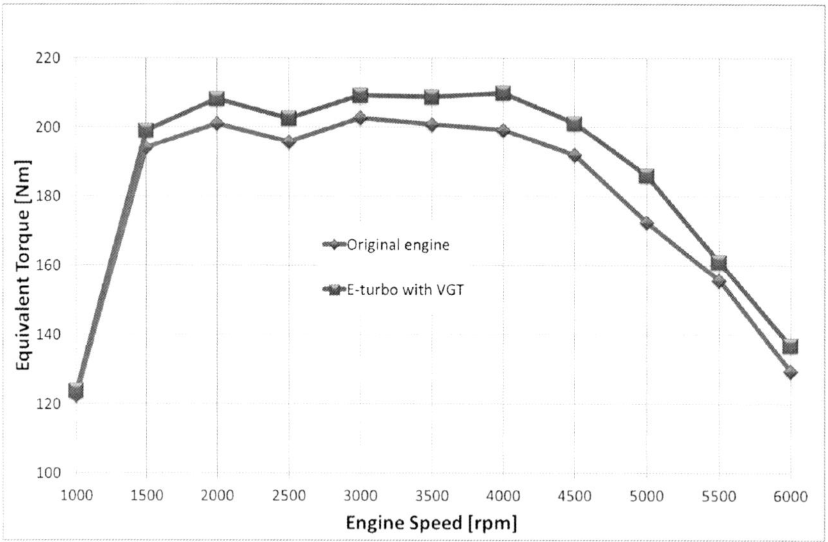

Figure 15: Equivalent torque of E-Turbo engine (with VGT) vs original engine

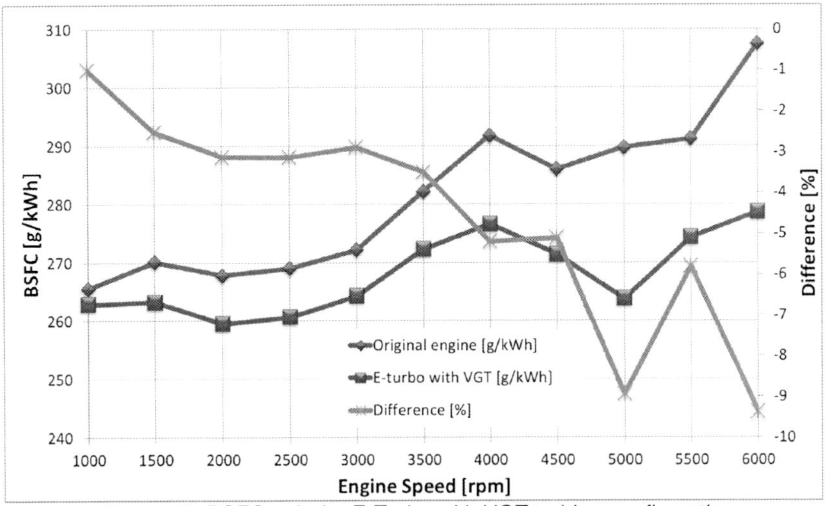

Figure 16: BSFC gain for E-Turbo with VGT turbine configuration

3. Part Load Analysis

3.1 Theoretical considerations

From thermodynamic theory, the energy content of a given system is not sufficient to define the amount of work that can be obtained from the system itself.
For this purpose, the concept of exergy (or availability) should be introduced.
By definition, the exergy is the maximum theoretical work possibly obtained from the interaction of two systems.
This quantity could be evaluated as shown in Equation (1):

$$Ex = U - U_0 - T_0 \cdot (S - S_0) + p_0 \cdot (V - V_0) \quad (1)$$

Where U is the internal energy, S the entrophy, T the temperature, p the pressure and V the volume referred to the studied system. The subscript 0 refers to reference condition.
Based on thermodynamic conditions before the turbine in the base engine, the exergy has been calculated in different operating points and, once multiplied by exhaust mass flow rate, areas of potential power recovery (Pex) could be evaluated.
If we calculate the total available power (Figure 17) in the exhaust gas at the turbine inlet using Equation (2), the theoretical recovery efficiency can be evaluated as defined by Equation (3). Its trend over the full engine operating range is shown in Figure 18.

$$P_{it} = \dot{m}_{eg} \cdot c_{p,gas} \cdot (T_{in} - T_0) \quad (2)$$

$$\eta_{rec,th} = \frac{P_{ex}}{P_{it}} \quad (3)$$

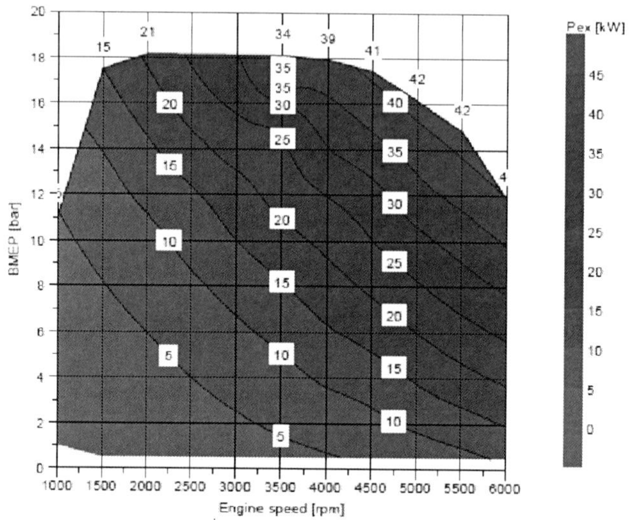

Figure 17: Total available power in the exhaust gases

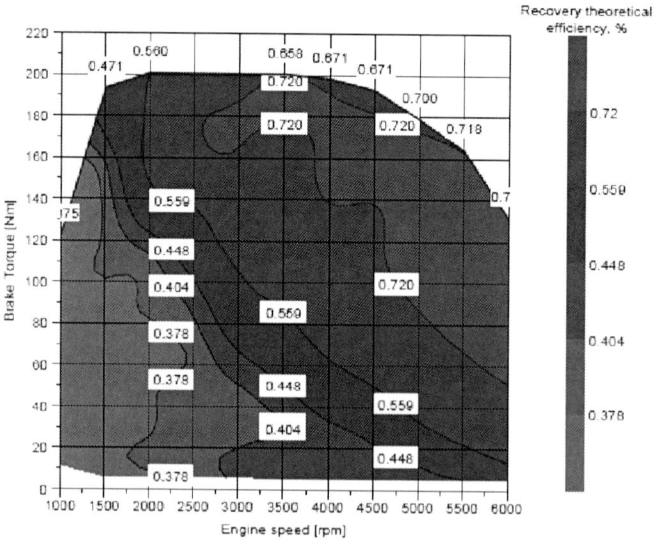

Figure 18: Recovery theoretical efficiency

3.2 Simulation Results

Engine part load simulations have been performed by considering a turbine with a 2.00 scaling factor, with the goal of evaluating the recovery capabilities of this system. The main controller for the system remains the throttle actuation, while the power recovered from the turbine shaft has been evaluated in discrete steps. At the end of such activity, for each operating point (see Figure 19) the amount of recovered energy has been obtained as the one that minimizes total (equivalent) specific fuel consumption.
The main results of these investigations can be summarized through a map of BSFC percentage differences, which has been obtained by comparing the base fuel consumption map with the one obtained with the e-turbo system (Figure 20).

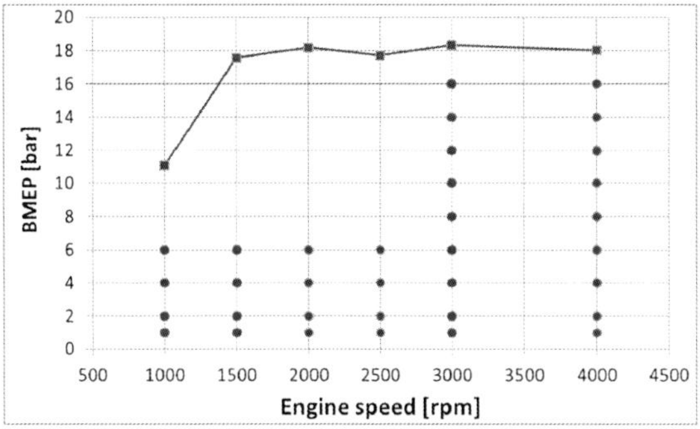

Figure 19: Investigated engine operating points

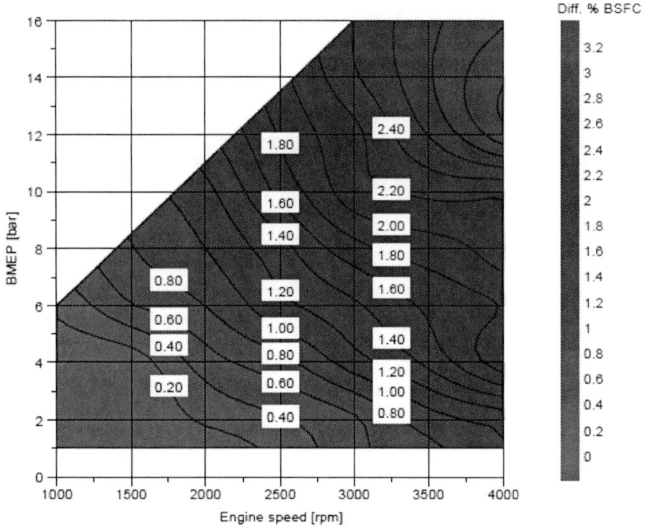

Figure 20: BSFC percentage difference, base engine vs. E-turbo

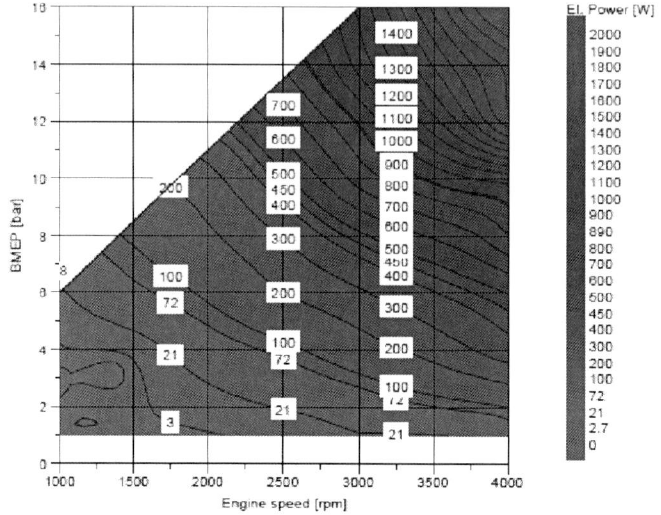

Figure 21: Energy recovered with the E-turbo system

The electrical power produced, as shown in Figure 21, is mainly proportional to engine power. As expected from theoretical analysis, below 6 bar of BMEP there is not a significant production of electrical power.

4. Transient Analysis

The last part of this investigation deals with the analysis of the E-turbo system response under fast load transients. The aim of this study is to understand if the active use of the e-motor could provide any advantage on the transient turbocharging system response. The transient used for each simulation consists of a load step from 2 bar BMEP to full load, and three different engine speeds have been analyzed: 1500, 1750, 2000 rpm. For these simulations, two different electric maximum power levels have been chosen: 3.0 kW and 5.5 kW. An increased inertia of the turbo shaft has also been considered, as a result of larger turbine size and E-motor characteristics. The time lag from gas pedal step to 90% of rated torque, at each operating speed, is considered as a relevant parameter for evaluating transient performance [10].

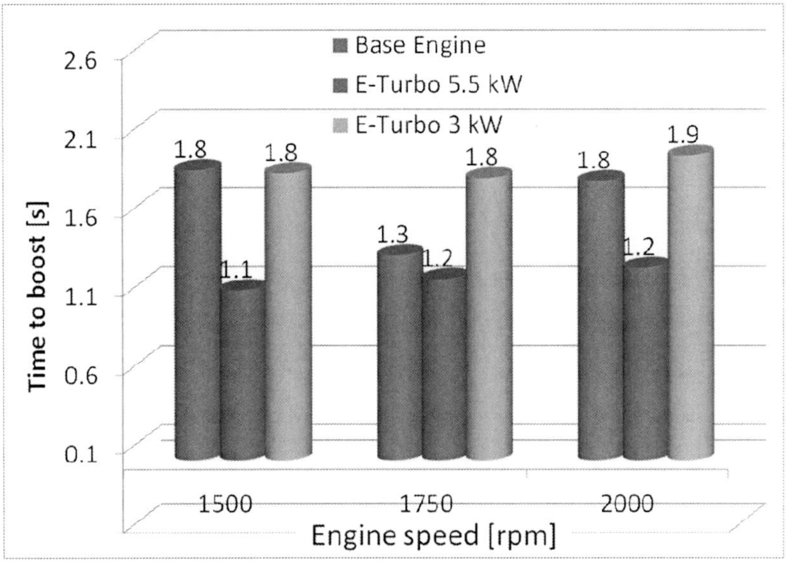

Figure 22: Transient response comparison:base engine vs.E-turbo configurations

Figure 22 shows a summary of the main results that have been obtained during this phase of the project. The configuration with 5.5 kW motor shows a significantly improved transient response, while the same consideration cannot be drawn for the 3.0 kW motor, which presents a transient performance similar to the base engine one.

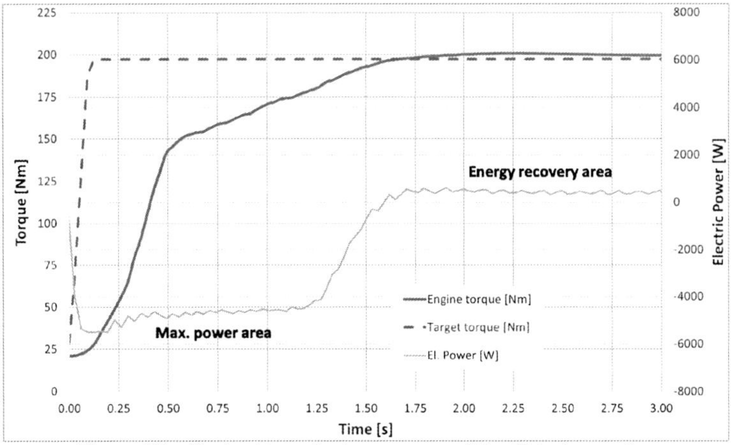

Figure 23 : Typical transient response of the E-turbo system

Figure 23 finally presents a typical transient behavior of the E-turbo system: in the first phase after the kick down, the controller requires the maximum power from the

E-motor in order to fulfill the torque requirements. Only after a time comparable with the previously defined time to boost, the electric power requirement becomes positive (energy flows from the turbine into the E-Motor).

5. Conclusions

This paper investigates a possible approach for extreme CO2 reduction, consisting of an E-turbo concept (a reversible electrical machine mechanically coupled to an exhaust gas turbocharger) applied to a "small" 1.4 liter SI engine. The recovered energy with this technology is strongly influenced by certain parameters, such as exhaust gas flow rate, turbine efficiency and size.

The turbine size must be chosen in order to have the best compromise in terms of energy recovery, gain of engine brake torque and reduced engine back pressure.

The E-Turbo system shows great potentiality at high loads. For this, reason modern downsized engines are more suitable for this technology, and the E-Turbo system may be considered a viable solution for increasing the downsizing ratio. The use of the E-Turbo as an E-Booster allows accelerating more quickly the TC group. In this case, the performance is highly influenced by the maximum available electric power and by the inertia of the turbo shaft.

References

[1] Barthels, A.; Fröschl, J.; Michel, H.U.; Baumgarten, U.: An architecture for power management in automotive systems. In: Architecture of Computing Systems. pp. 63–73, 2012

[2] A.T.C. Patterson, R. J. Tett, J.McGuire, "Exhaust Heat Recovery using Electro-Turbogenerators", Bowman Power, January 2009

[3] U. Hopmann, M.C. Algrain, "Diesel Engine Electric Turbo compound Technology", Caterpillar Inc., January 2003

[4] F. Jianqin, L. Jingping, Y. Yanping, Y. Hanqian, "A Study on the prospect of Engine Exhaust Gas Energy Recovery", State Key laboratory of Advanced Design and Manufacturing for Vehicle and Body, Hunan University, Changsha, China, 2011

[5] G. Minelli, "Motori endotermici alternativi", Pitagora Editrice Bologna, Giugno 1998

[6] M. Knopf, "How long can we go? Downsizing the internal combustion engine", Ingenia Issue, December 2009

[7] Leonard, J., "History of the turbocompound", http://www.rotaryeng.net/sum-turbo-comp.html

[8] Y. Ismail, D. Durrieu, P. Menegazzi, P. Chesse, D. Chalet, "Potential of Exhaust Heat Recovery by Turbocompounding", Valeo, Ecole Centrale de Nantes, 10/09/2012

[9] A. Greszler, "Diesel Turbo-Compound Technology", Volvo Powertrain Corporation, February 2008

[10] A. Lefebvre, S. Guilain, "Transient Response of a Turbocharged SI Engine with an Electrical Boost Pressure Supply", Renault SA, May 2003

[11] A. Baldrati, "Valutazione di potenziali benefici di un sistema E-Turbo per applicazioni stradali", Università di Bologna, 2013

20 The Electric Supercharger - Improved Transient Behavior and Reduced CO2 as well as NOx Emissions at the Same Time?

Michel Forissier, Olaf Weber, David Durrieu, Vanessa Picron, Pascal Menegazzi, Kevin Surbled, Yiming Wu, Mark Criddle

Abstract

The Valeo Electric Supercharger allows improved engine transient behavior and fuel consumption as well as lower NOx emissions. The extra electric boosting enables an improvement in the air loop response time by an accelerated boost pressure build-up in both diesel and gasoline engines. This improved dynamic behavior can be converted in fuel consumption through extreme engine downsizing or/and downspeeding. Extreme downsizing and very long transmission gear ratios degrade vehicle driveability. The electric supercharger is a key enabler to overcome this issue and even provide far better dynamics. On Diesel engines, control of the NOx emissions and the EGR system in transient operation will have to be addressed particularly with the new driving cycle regulation (WLTC, RDE). The boosting of the air loop in combination with the EGR in transient operation improves NOx emissions while maintaining driveability, The electric supercharger requests an electric architecture evolution limited to 12 Volt systems. Enhanced applications will of course take advantage from an i.e. 48V architecture.

Kurzfassung

Die elektrische Zusatzaufladung ermöglicht eine Verbesserung des Ansprechverhaltens durch einen beschleunigten Ladedruckaufbau sowohl bei Diesel- als auch bei Ottomotoren. Dieses verbesserte dynamische Verhalten kann teilweise bis vollständig über Drehzahlabsenkung in Verbrauchvorteile umgesetzt werden.
Im dynamischen Motorbetrieb hat die Fahrbarkeit heute klare Prioritaet gegenüber anderen motorinternen Maßnahmen. So kann z.B. die Abgasrückführung unter Einhaltung der Emissionsgrenzwerte in transienten Betrieb in den Hintergrund treten. Dies führt zu einem Anstieg der NOx Emissionen, die sich insgesamt jedoch im gesetzlichen Rahmen bewegen (WLTC, RDE).
Auch hier kann die elektrische Zusatzaufladung gewinnbringend eingesetzt werden. Die Abgasrückführraten im transienten Betrieb können unter Beibehaltung der Fahrbarkeit deutlich steigen. Der Artikel zeigt, dass besonders für die unteren Fahzeugklassen der NOx Trap oder der SCR Katalysator entfallen könnten.

1. Introduction

Engine transient performance, Key factor for « real-life » fuel economy

Automobile manufacturers have significantly improved fuel consumption with small displacement turbocharged engines of the same power to replace large naturally aspirated engines ("Downsizing") and it often couples these engines with a longer transmission-ratio gearbox ("Downspeeding"). This allows the engine operating point to move towards better engine fuel efficiency zones (see **figure 1**):

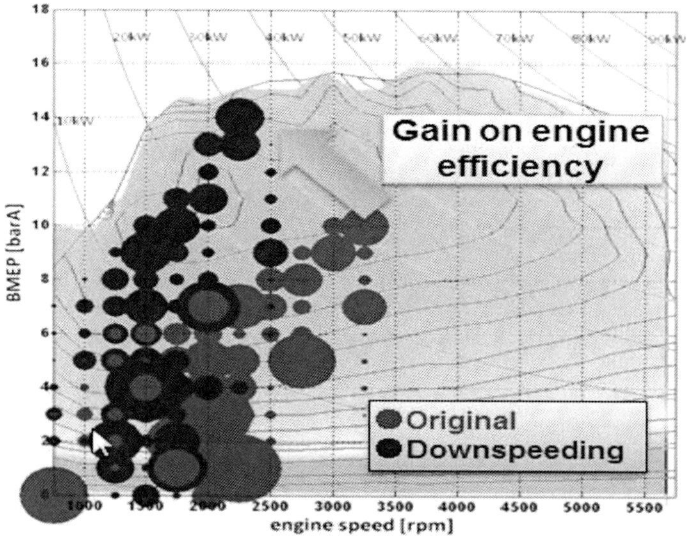

Figure 1: Engine operating point shifting on a 1.2L TPFI Gasoline engine with Valeo Electric Supercharger (NEDC driving cycle)

However, consumers usually cannot obtain the same values announced by manufacturers. This difference with "real-life" fuel consumption has widened in the past 10 years (see **figure 2**). One of reasons for this is that most modern Downsizing/Downspeeding engines have a worse transient torque build-up because of the delay of the turbocharger boosting at low rpms (turbo-lag). Because of this "hesitation" of torque build-up response (compared to a naturally aspirated engine), the driver has to downshift the gear to get a better driving experience ("driveability" or "fun to drive") during a dynamic operation like urban condition, which often leads to a higher engine speed operation and also a higher fuel consumption in the real-life. Therefore, a fast-boosting system for future engines is not only a key factor for driving experience but also for better "real-life" fuel economy.

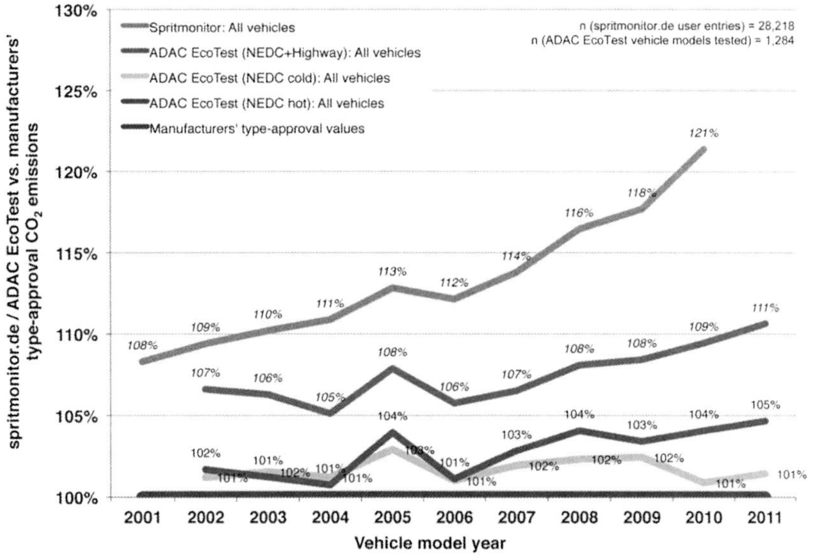

Figure 2: Real World Fuel Economy vs. Manufacturer's values (source: ICCT 2012)

The downsizing strategy will continue in the future for further fuel economy benefits even if the forthcoming new driving cycle (WLTC) with higher loads and dynamics will limit the remaining benefits. With scavenging strategies, direct injection and turbine wheel inertia reduction, a lot of improvement has been made on the Turbo engine transient behavior but further improvements will be more difficult. The electric supercharger is now a realistic solution to support the Turbocharger for higher boost levels and instantaneous boost at low speed in transient without the associated friction losses of a mechanical supercharger.

2. Why the Technology now?

The electric supercharger is not really a new topic, but there is usually nothing new in the automotive industry from a concept point of view, just refinement and application of some invented concept for up-to-date problem solving with more mature industrial capability and technologies. The electric supercharger came first as an e-Turbo in 1970s with an electric motor on a Turbocharger, this embodies the engineer's dream of getting electric boosting assistance at low speed and in transient and exhaust energy recovery at higher engine speeds & loads. The main problem is that putting an electric motor in a very hot environment is technically very challenging and brings some drawbacks in terms of Turbocharger behavior. (see **figure 3**)

In the mid 1990sto early 2000s some Turbocharger manufacturers investigated the electric supercharger with, for example, eBooster™ (Borgwarner), eCharger™ (Garrett, Honeywell Turbo Systems) as well as several others being evaluated by the market. This technology came with the 42V power-net investigation and it never turned into reality. At this time the technology competition was the Naturally Aspirated engine, 4valves per cylinder, Multipoint injection PFI, Variable Valve Actuation. Finally the direction has been through Turbo and later Direct Injection, Variable Valve Timing. In parallel, turbo technology improvement has been done with Twin-Scroll, Turbine inertia decrease and DI with scavenging strategy.

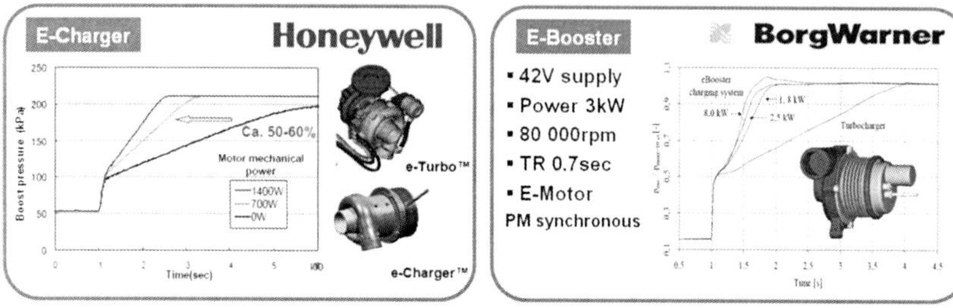

Figure 3: Electric supercharger technology 2000s product proposal overview.

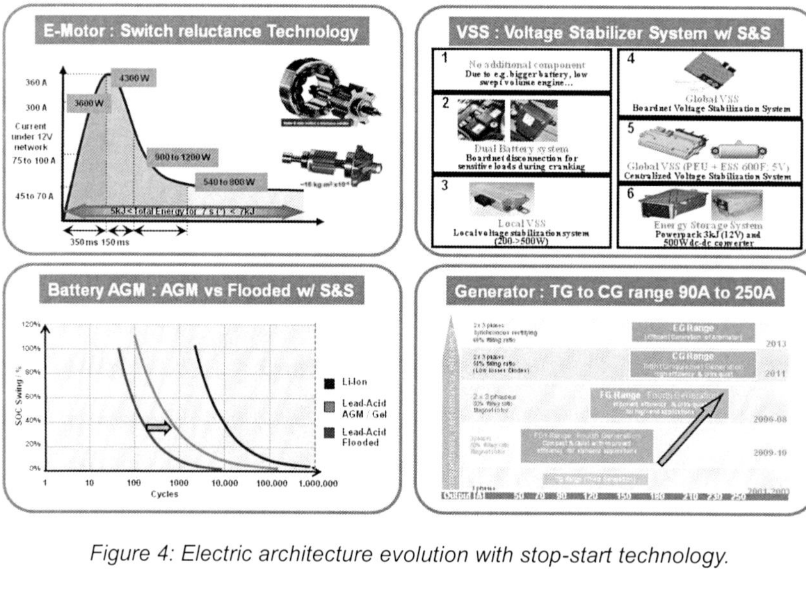

Figure 4: Electric architecture evolution with stop-start technology.

Now the situation has been changed. At first, Turbocharger technology came to a limit on transient performance at low engine speeds. Second, the stop-start technology becomes now a standard with associated electric architecture evolution with battery capable of more cycling, voltage drop stabilizer, generator with higher efficiency and bigger performance. Fortunately, this electric architecture evolution is perfectly in line with electric supercharger request. In this context, the electric supercharger becomes a suitable technology for the future powertrain roadmap. (see **figure 4**)

3. The Electric Supercharger for Transient Improvement

The electric supercharger is the best way to drastically improve the engine torque without any compromise on transient performances. An interesting paper published by AVL in the International Automotive Congress on Automotive Engineering & Environment in 2011 analyzed the Time to Torque (TTT) criteria, meaning the engine torque slope build-up during a transient event. This is one of the most relevant criteria to assess vehicle driveability. If current turbocharged engines have quite poor TTT near 25 Nm/s/dm^3 at 1500 rpm, significant improvements can be obtained by decreasing the turbine wheel inertia in mono-scroll configurations (see **figure 5**). Further enhancements are possible using twin-scroll units or a two-stage system that can provide TTT around 45 Nm/s/dm^3. However, the real target is to reach a 1500 rpm TTT greater than 100 Nm/s/dm^3, to have a naturally aspirated-like transient response.

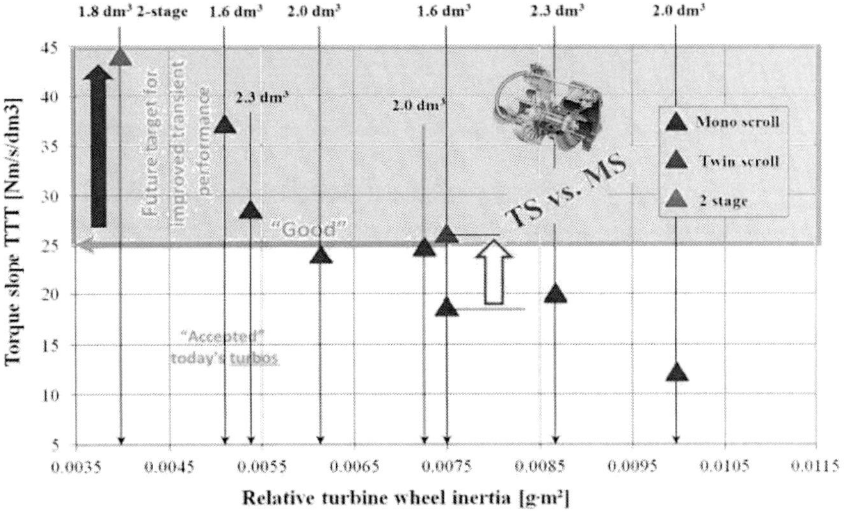

Figure 5: 1500 rpm Torque slope [Nm/s/dm3] for different engine displacements, relative turbine inertia and turbocharging technologies.

As shown in **Figure 6**, electric supercharging can provide, on a 2L turbocharged SI engine, a strong increase of total pressure ratio (140% of the baseline) with a high level of transient performance (TTT of 140 Nm/s/dm^3) that even exceeds the TTT of the N.A. engine. With an electric supercharger, 90% of the maximum torque can be achieved in just 0.9 seconds, compared to 3 seconds for the turbocharged engine.

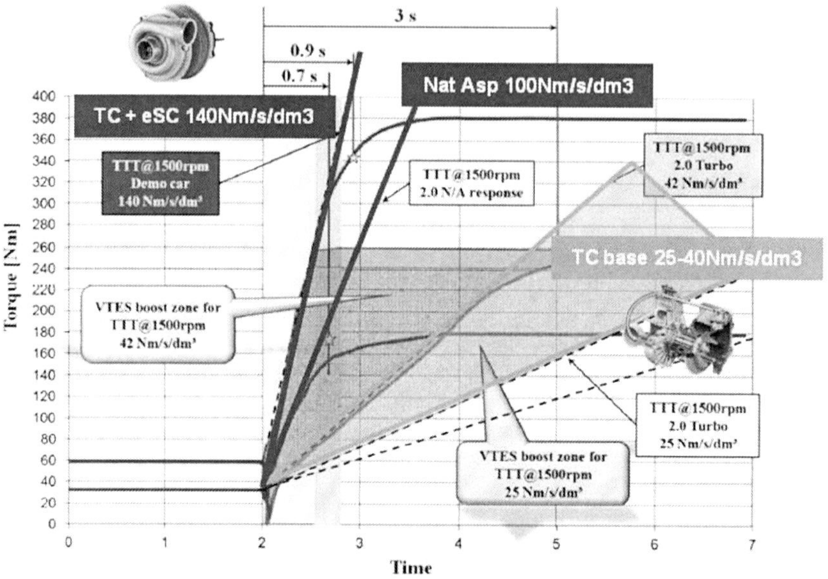

Figure 6: Transient response comparison between NA, turbocharging and electric supercharging configurations on a 2L SI engine at 1500 rpm.

"Model-Based Design" (MBD) approach

In order to further explore not only the transient response improvement opportunities, but also other system-level opportunities & the interactions with the vehicle and the electrical system, Valeo has, in partnership with LMS, developed a model-based, multi-physics vehicle platform model including all of the major powertrain and electrical system elements. The model has been developed within LMS ImageLab AMESim and is illustrated in **Fig 7**.

This multi-physics platform allows for fast and reliable system analysis and design such as component sizing, air-loop design and different system usage strategy. For example: In the majority of applications, VALEO Electric Supercharger is used as a secondary charging device in conjunction with a turbocharger. In such cases the position of the VALEO Electric Supercharger is an important factor on air-charging performance. By using the AMESim vehicle platform, different configurations can be quickly evaluated (See **figure 8**). It was observed that an "Upstream" configuration (meaning that the VALEO Electric Supercharger is installed at the inlet of turbocharger) has a worse air-charging performance because the air was first compressed by VALEO Electric Supercharger and the turbocharger has to work with a higher inlet pressure and a higher temperature which moves the turbocharger operating point closer to the surge line with a worse isentropic efficiency.

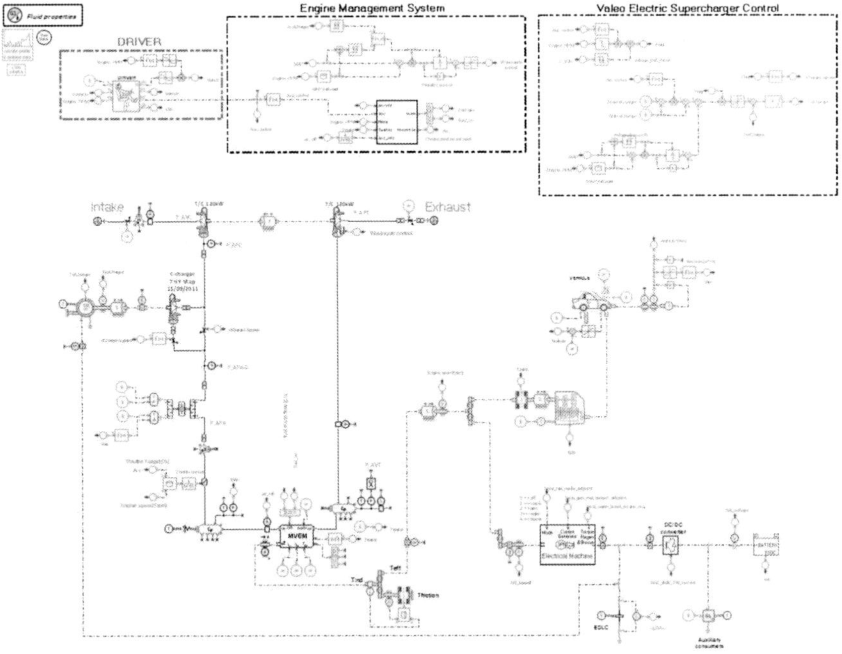

Figure 7: Valeo Electric Supercharger multi-physics vehicle simulator developed with LMS

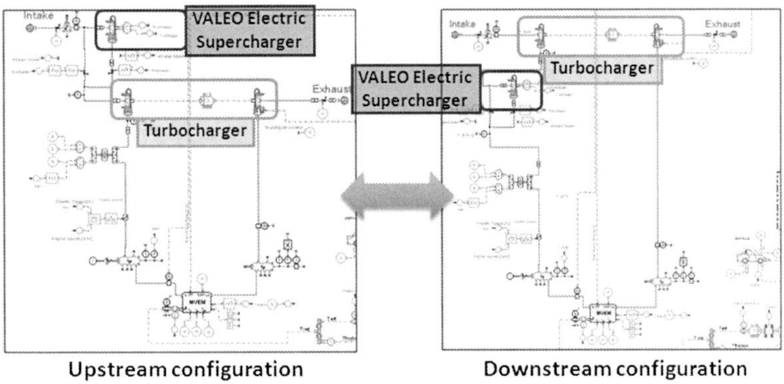

Figure 8: Example of simulation platform with upstream and downstream configuration for system analysis

On the other hand, a "Downstream" configuration (meaning that the VALEO Electric Supercharger is installed at the outlet of turbocharger) provides a better system performance because it has less influence on turbocharger but it also leads to a worse thermal working condition for VALEO Electric Supercharger which may require an additional intercooler between the turbocharger and the VALEO Electric Supercharger in some cases. Of course, the choice between "Upstream" and "Downstream" is always a multi-criteria decision such as the thermal tolerance of combustion (Diesel or gasoline), performance-cost ratio, integration problem etc.

The Valeo Electric Supercharger: Best Engine transient Performance with no Disadvantage in Fuel Consumption

Figure 9 shows that the low-end torque increases significantly in an extreme downsizing demo-car by using the Valeo Electric Supercharger with large turbocharger in a small-displacement PFI gasoline engine. In addition, it still maintains a very good torque build-up. Torque build-up response time is less than 1 second for all engine speeds below 2500rpm (see **figure 12**).

Furthermore, it can be seen in **figure 10** that the turbocharger can provide significantly more pressure ratio in combination with the Valeo Electric Supercharger active due to the increased exhaust energy delivered to the turbine. This double effect allows that the Valeo Electric Supercharger needs only to be activated on full power for a very short duration and then can be run at decreased power or even be deactivated. Since the Valeo Electric Supercharger doesn't depend on engine speed nor engine torque, it is very easy to obtain a perfect complement of boosting profile to the turbocharger.

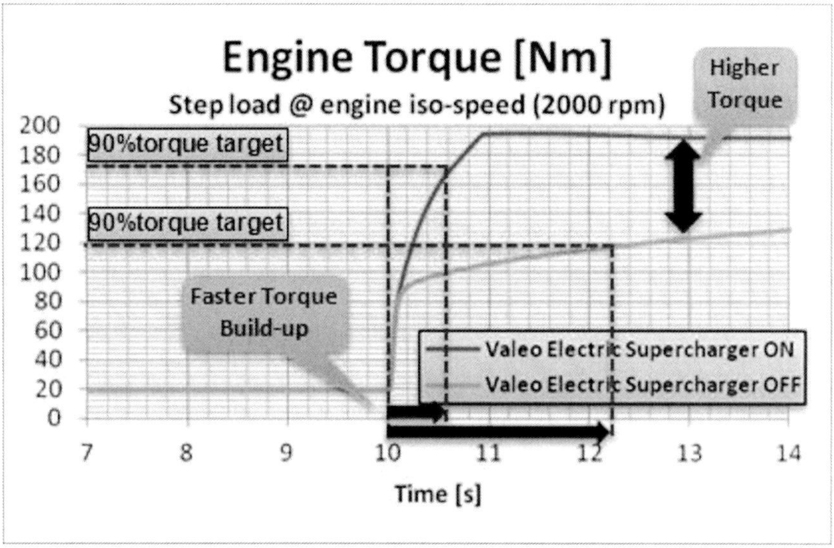

Figure 9: Impact on engine torque during transient operation with Electric Supercharger

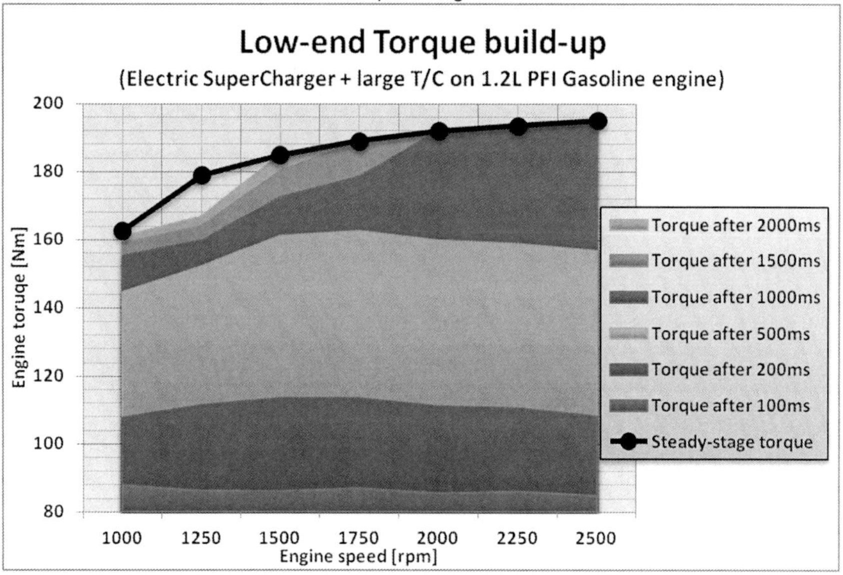

Figure 10: Low-end torque build-up with the Electric Supercharger on a 1.2L TPFI downsized gasoline engine

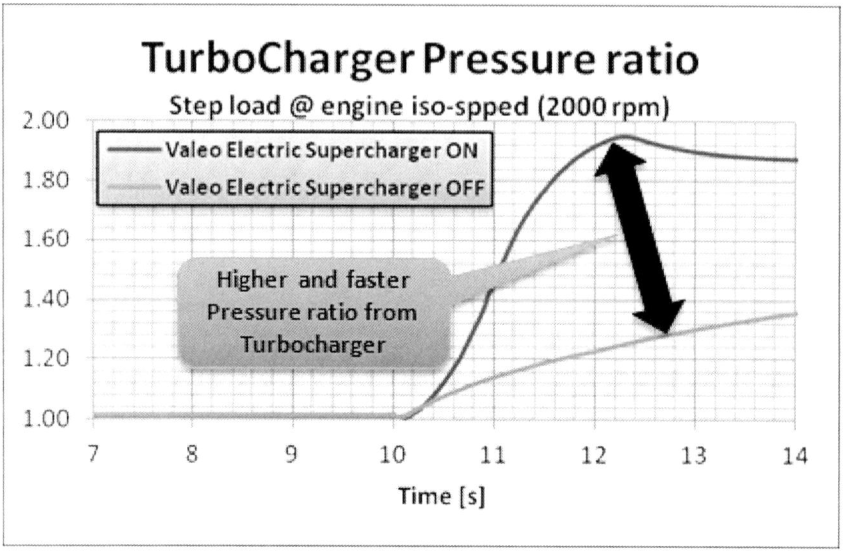

Figure 11: Impact on turbocharger performance during transient operation with Electric Supercharger

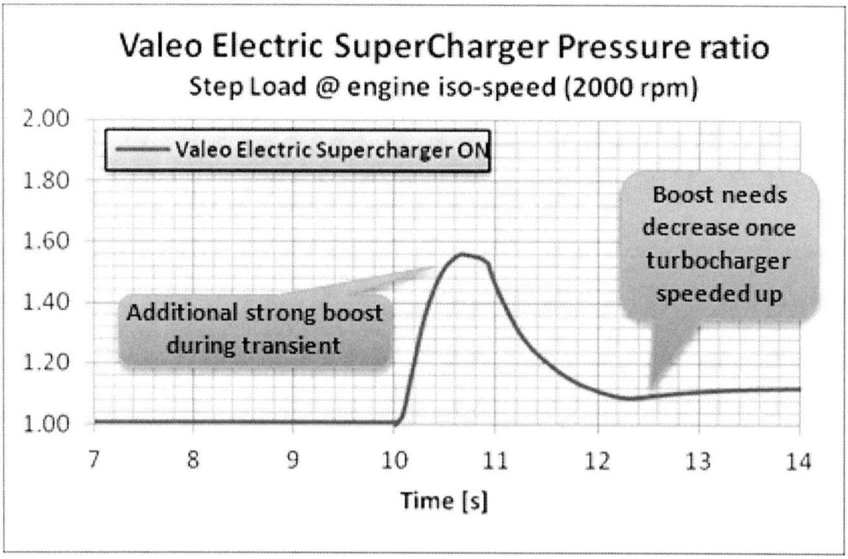

Figure 12: Valeo Electric Supercharger performance during transient operation

4. Additional Emission related Benefits

4.1. NOx Emissions Improvement in transient Conditions on Diesel Engines

On current Diesel applications, in order to limit smoke and improve engine dynamics at high loads and during transients, EGR flow is reduced or even stopped. This will generate a NOx emission penalty even if the overall result still complies with current legislation. **Figure 13** shows a typical Euro5 engine transient behavior.

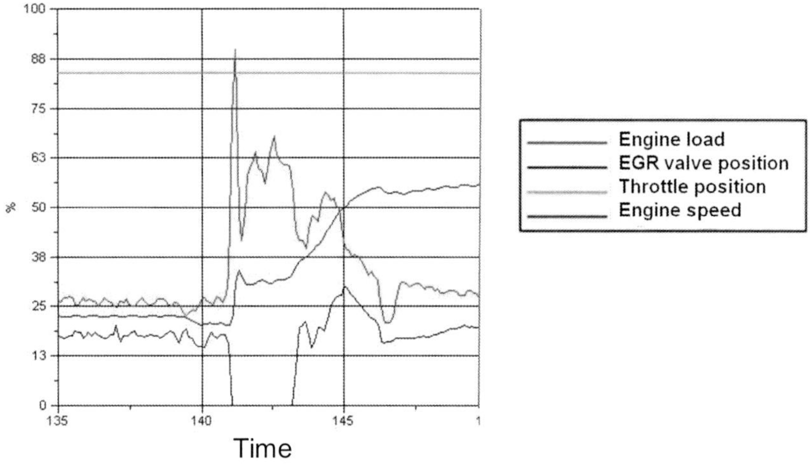

Figure 13: Euro5 Diesel engine EGR transient behavior

Nevertheless, forthcoming regulations on emissions will become even more challenging to achieve. Firstly, the new homologation driving cycle (WLTC) demands higher dynamic behavior, generating new requirements on high loads and transient management. In addition, RDE (Real Driving Emissions) regulation, even if not defined yet, may further enhance those requirements including full operating range and temperature robustness.

An electric supercharger, with its high dynamic performance, can be a key solution to improve EGR transient management and support NOx emissions under those stringent regulations. To achieve this, different configurations or architectures can be considered. Firstly one can consider using the electric supercharger as an EGR pump. With a little boosting effort, the EGR rate can be increased. However, unless the increase EGR flow is matched by a corresponding increase in air flow the increased EGR rate directly generates a lambda and smoke penalty. Thus, it is clear that the electric supercharger has to be located in the air loop so as to combine air and EGR boosting.

In order to assess the electric supercharger used in this way, simulations were performed using part and full load correlated models and simplified control laws to perform transient simulations. In these simplified control laws, fueling is determined through torque request and limited with an air fuel ratio limitation. EGR rate set-point is settled through maps and then controlled in closed loop. The electric supercharger transient management embeds power limitations and is controlled based on manifold pressure

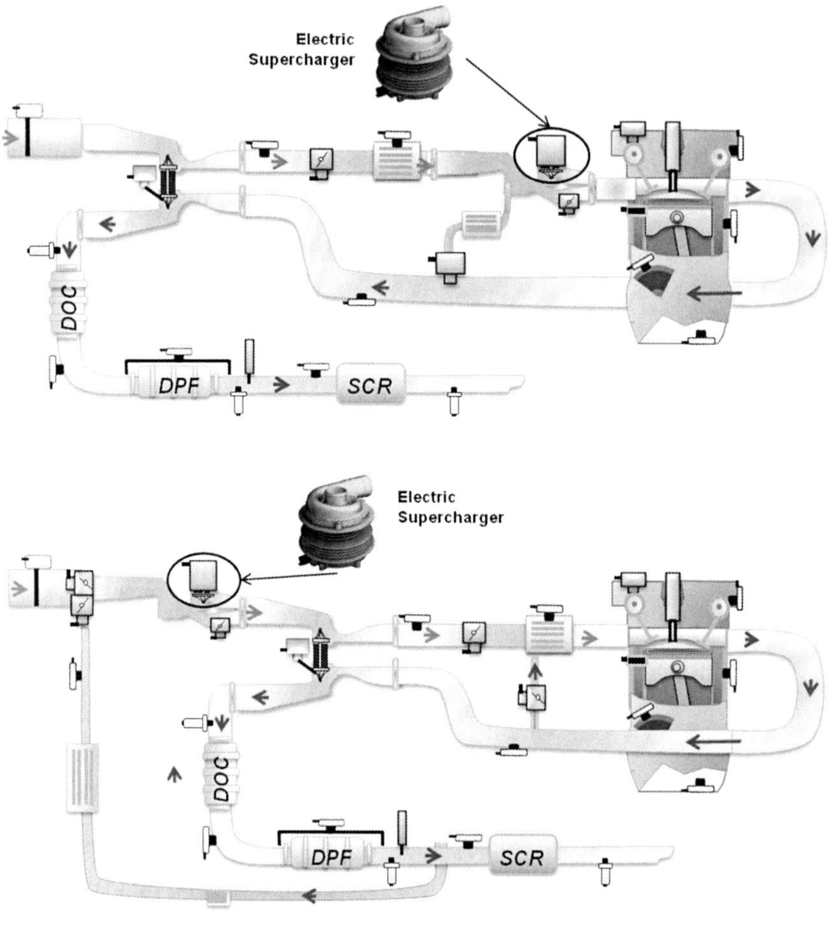

Figure 14: Studied electric supercharger configurations using high pressure and low pressure EGR architectures

The engine used in the simulation was a 4 cylinder type, equipped with variable geometry turbine (VTG) and low pressure and/or high EGR pressure loop.
The first study was performed with only the high pressure loop to obtain maximum transient benefit and assess the electric supercharger benefits.
The second study was performed with a low pressure EGR loop and higher EGR rates. This second configuration was focused on transient performance and was also

used to assess the impact of the electric supercharger power requirements depending on engine speed. Both tested configurations are shown on **Figure 14**.

All simulation tests performed are load steps at constant engine speed. Steady state conditions are settled to ensure the same torque level and air fuel ratio.

The first study concentrated on engine behavior with and without the electric supercharger with high pressure EGR operation. In this case, a load step from 5 bar BMEP to 12 bar BMEP at 1500 rpm is showcased. In the baseline case EGR is switched off during the load step to 12bar BMEP (red line). In the modified case (blue line) a 10% EGR rate is targeted during the load step through variable geometry turbine set-point adjustment. If not coupled with the electric supercharger activation, this new set-point leads to air fuel ratio or transient dynamic penalty. **Figure 15** shows the transient penalty resulting from 10% EGR addition during the transient (under iso air fuel ratio behavior).

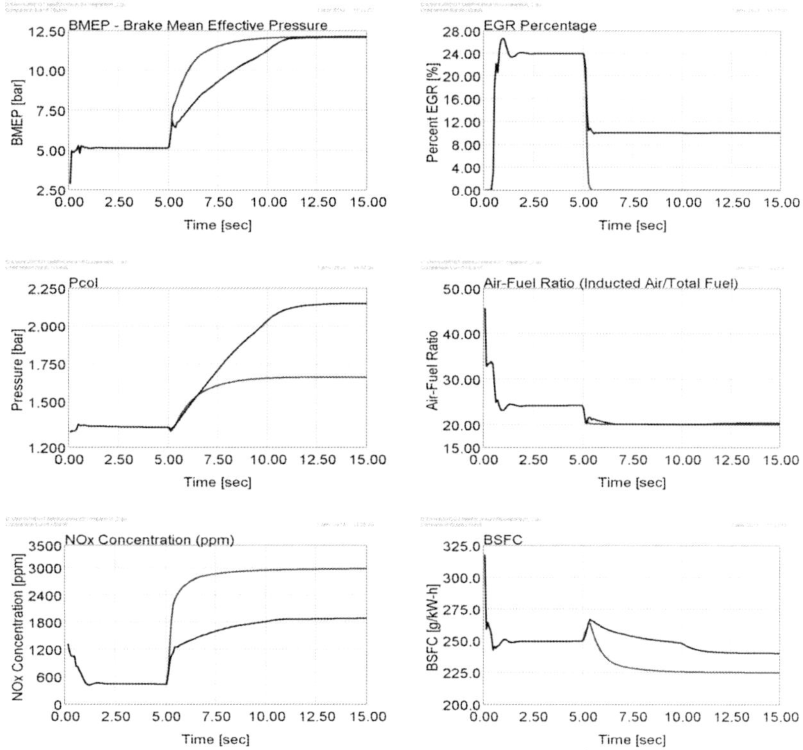

Figure 15: Engine behavior on load step at 1500 rpm with increased high pressure EGR rate and no electric supercharger

Figure 16 shows the results obtained when activating the electric supercharger. As discussed and seen above, the 10% EGR addition generated a drop of NOx emissions of approximately 25 % at the higher load point. However, through the activation of the electric supercharger, there is no torque response penalty. Therefore these transient EGR benefits are a new lever to optimize the EGR rate and balance NOx raw emissions versus fuel consumption and particulates.

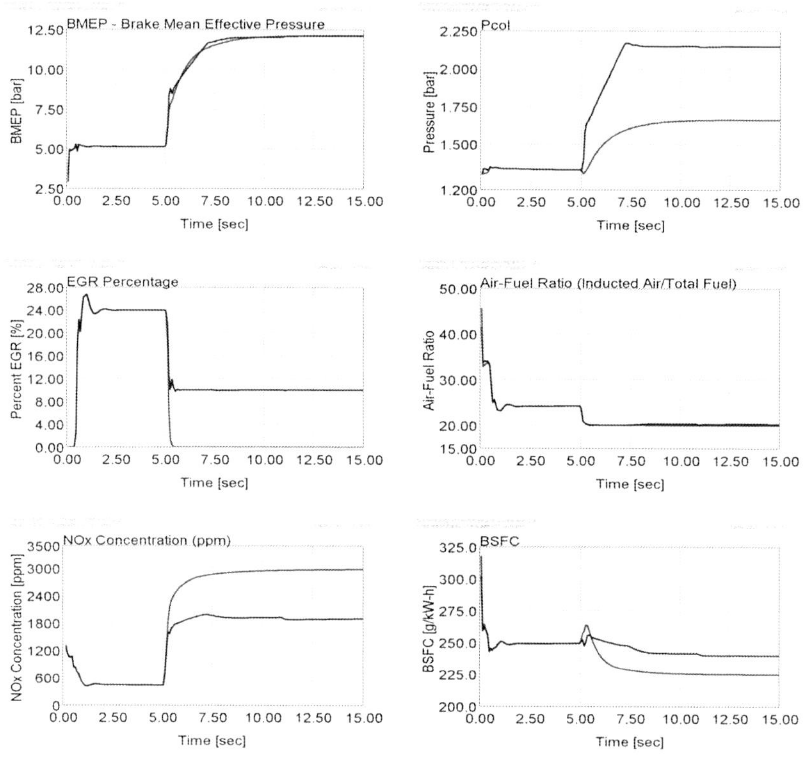

Figure 16: Engine behavior on load step at 1500 rpm with increased high pressure EGR rate and with electric supercharger

The high pressure configuration tested in this case is the most efficient one in terms of transient management. Additional simulation tests were performed in order to assess the engine behavior in the low pressure EGR configuration.

Under low pressure configuration, load steps were tested over a range of different engine speeds and electric supercharger power levels. Once again the tests were focused on transient management and performance and hence full steady state operation, when the electric supercharger is shut down, is not included.

Results in Figure 17 show that in low pressure configuration, the EGR rate can be increased during the transient while the dip of lambda is minimized. NOx emissions are thus decreased while torque transient response is improved. Smoke has not been assessed by simulation but is expected to be decreased based on lambda behavior. Moreover, simulations showed a reduction in BSFC during transient operation. These results only include thermodynamic effects and do not consider the energy required for electric supercharger operation. But, if the electric supercharger is only used in transient mode, the required energy could be derived from regenerative braking and thus deliver in real driving operation the full CO2 benefits indicated by thermodynamics.

At low engine speeds (1500 rpm on **figure 17**), limited engine flow-rates require only small electric supercharger power to provide the boosting effect. Results obtained from both 12V and 24V electric superchargers are thus quite similar. But at higher engine speeds, a larger area of the compressor map is used and higher activation power will generate a more significant benefit on transients. **Figure 18** shows the results at 2500 rpm.

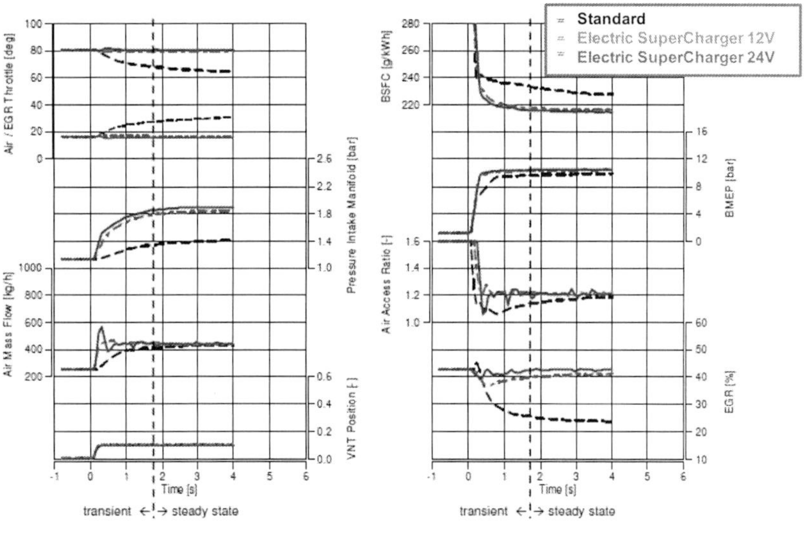

Figure 17: Engine behavior on load step at 1500 rpm with increased low pressure EGR rate

Whether in high or low pressure EGR configurations, the electric supercharger, with its high dynamic performance, can be a key solution to improve EGR transient management and support NOx emissions control. Based on forthcoming stringent regulations, this offers additional benefits and new engine levers of optimization in addition to the well-known electric supercharger benefits on torque response.

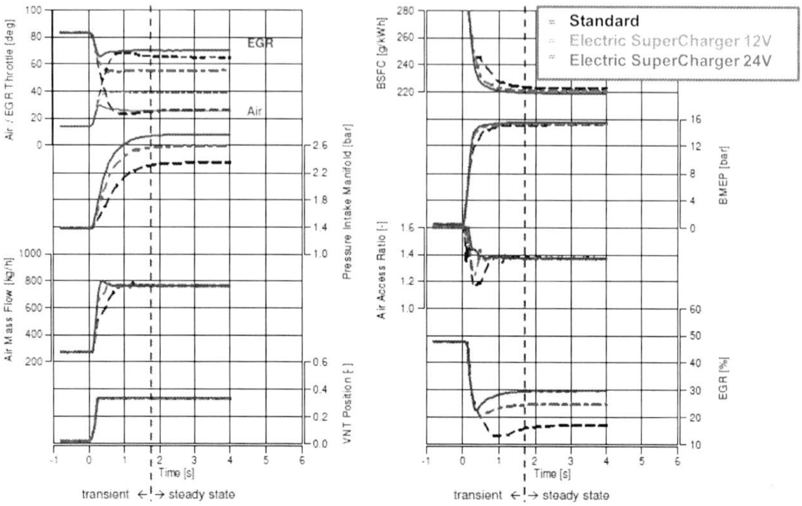

Figure 18: Engine behavior on load step at 2500 rpm with increased low pressure EGR rate

4.2. Emission Improvement on Turbo DI Gasoline Engines

On turbo gasoline applications, direct injection is positively coupled to camphasers to improve low rpm torque and transient response of the turbocharger. Indeed, the positive pressure difference between the intake and exhaust at high loads and low engine speeds, allows, during valve overlap, to scavenge residual gases and induce fresh air directly in the exhaust. Thanks to this scavenging process, knock is mitigated and the flow-rate to the turbine is increased. Under these conditions rich combustion occurs whereas overall exhaust gases are maintained at lambda 1 or even lean. This creates an overheating and potential of the catalyst but also additional NOx emissions which cannot be handled by the three way catalyst.

As in Diesel applications, forthcoming stringent regulations in emissions including a new dynamic cycle and RDE (Real Driving Emissions) generate new constraints on scavenging. Indeed, RDE regulation, even if not fully defined yet, may require the maintenance of lambda 1 operation on the entire engine map in order to ensure HC, CO and NOx after-treatment by the three way catalyst. Under these conditions, strong scavenging (over 10%) may be excluded. To avoid a turbolag penalty, the electric supercharger could be a solution to provide small boosting support during transient events and to mitigate against the constraints on scavenging (as shown on **figure19**).

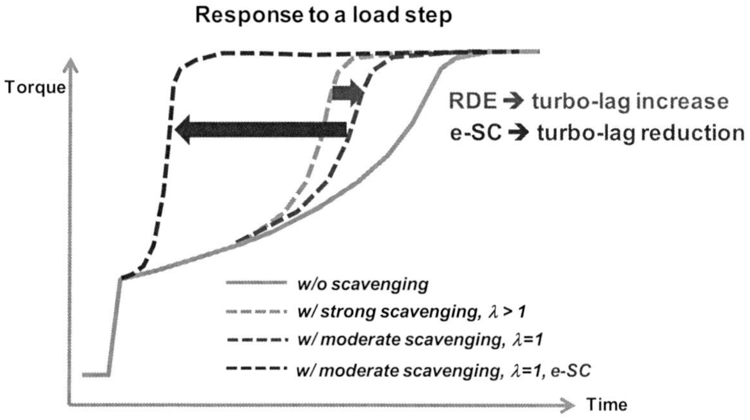

Figure 19: Typical torque transient response with scavenging and electric supercharger

The introduction of RDE and the new forthcoming homologation procedure may also embed higher constraints on emissions at low temperature. Catalyst warm up delay will become even more critical. An efficient way to speed catalyst warm up is to utilise post oxidation by mixing rich combustion gases with fresh injected air in exhaust line in order to increase temperature. The fresh injected air is provided by a secondary air injection pump. The flows, pressure ratio, activation time and power are compatible with those achievable with the electric supercharger.

5. Associated Electric Architecture

The electric supercharger is an electric power consumer and the application of the technology can't be done without considering the powernet impact and evolution. From a component point of view, the Valeo electric supercharger is a centrifugal supercharger made of a switched reluctance electric motor technology that will provide the lowest rotor inertia from all the electric motor technology with key benefits for this application.

The electric supercharger is mainly running under transient conditions, where the main electric power consumption is used to speed-up the impeller. From a physical point of view, the kinetic energy, which is increased by the electricity provided to the supercharger, to speed-up the impeller will be proportional to the e-Motor inertia. Usually (**figure 20**), current control is made of a peak current to speed-up the impeller and a hold current to achieve the pressure ratio requirement at a defined flow. The peak current will be defined depending on the transient response requirement.

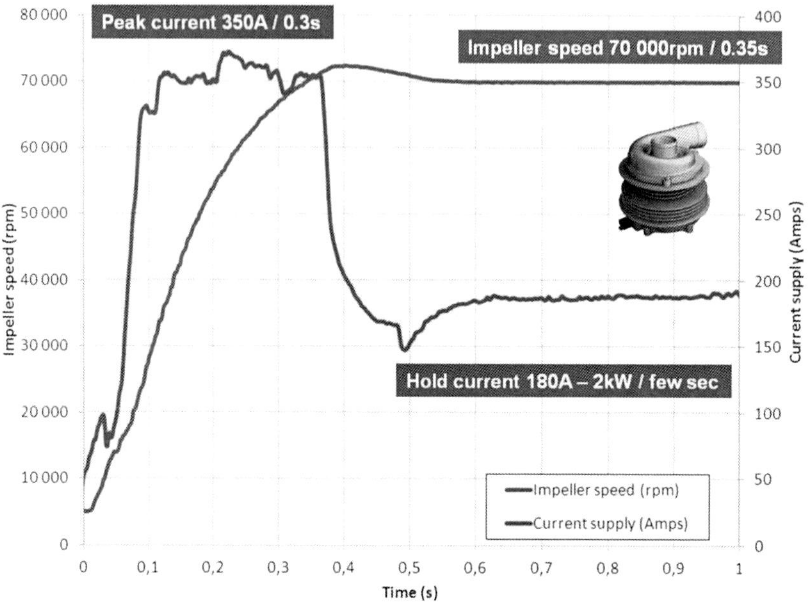

Figure 20: Electric supercharger electric current profile and impeller speed example.

The key parameters **(figure 21)** that will define the electric architecture evolution are:

- Boosting power requirement: depending to the engine application gasoline, Diesel engine, Naturally Aspirated, Turbo, engine displacement, target performance (boost pressure, air flow, response time ...),
- Boosting duration: depending to the duty cycle definition, control strategies
- Boosting frequency: depending to the duty cycle definition, control strategies. For reference we estimate that the number of cycle will be in a range of 1Million activation.
- Baseline electric architecture: 12V or 48V, with or without stop-start, EFB or AGM battery technology, with or without Voltage stabilizer system (VSS), voltage drop acceptance specification.

All these parameters will lead to the most accurate electric architecture definition. Usually, for an application on naturally aspirated gasoline engines under 2L displacement, classical 12V architecture can be used. Higher voltage has to be discussed depending on the target performance.

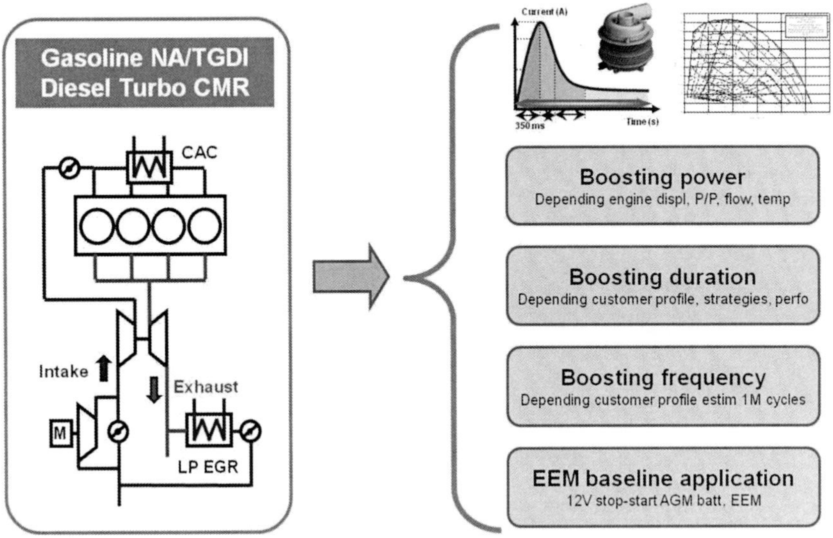

Figure 21: Electric supercharger key parameters for electric architecture definition.

Electrical storage sizing with power split between storage and generator

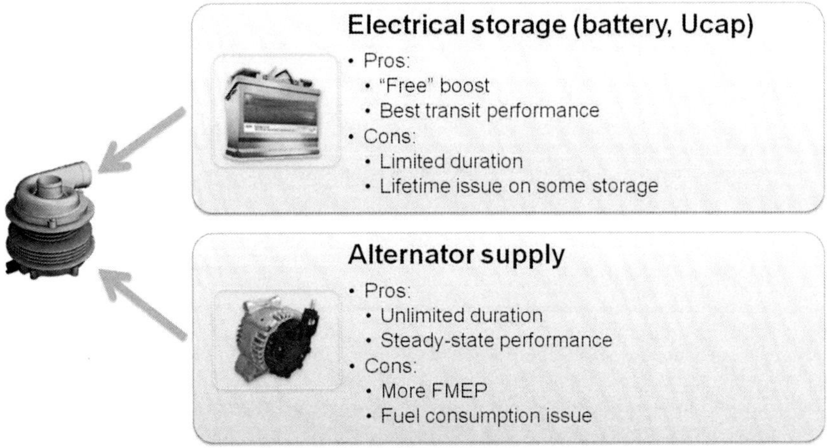

Figure 22: Electric supercharger power supply split from electric storage or generator.

In most of cases, the Electrical Supercharger is equipped with an additional electrical storage such as an ultra-capacitor. This additional storage allows a best transient performance because the engine doesn't need to provide energy to the supercharger and therefore needs less air-charging and a better fuel economy, **figure 22.** The storage can be recharged by the combustion engine during a phase with a better fuel efficiency or directly by a regenerative brake. For example: a "Free" boost (which means boosting energy comes from ultra-capacitor) can generate over 9kW more power (about +74Nm low-end torque) with a small downsized engine (see **figure 23**). But a "Forced" boost (which means the boosting energy comes from engine by generator) can only generate about 3kW (about +24Nm low-end torque) with the same engine.

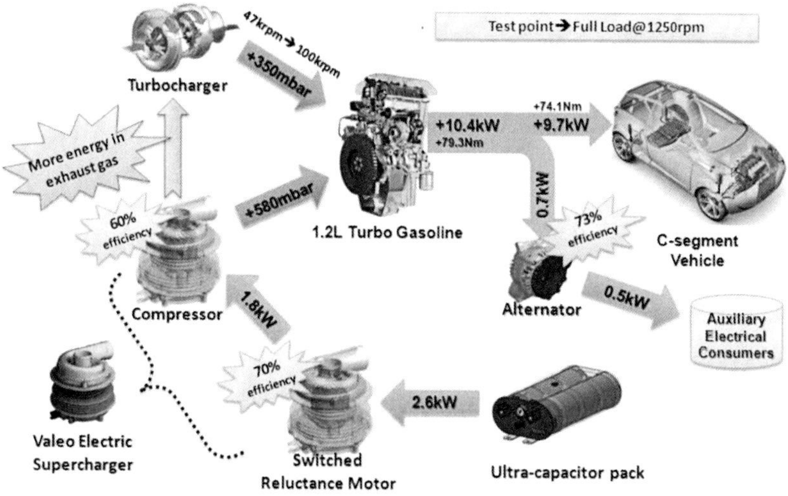

Figure 23: Example of "Free" boost with a small downsized engine at low-end

In a 2-stage boost system with a turbocharger and **VALEO Electric Supercharger**, an engine performance can be divided into 3 areas (**Figure 24**):

1. Green area: This is the engine performance with the turbocharger only. In this area, the electric Supercharger is usually not needed. Normally, all the state-steady operations are in this area such as cruise on a highway.
2. Blue area: This is the engine performance that can be achieved by the electric Supercharger and turbocharger. In this area, the boosting energy can be provided by the generator. As a consequence, the engine performance can be obtained even with an empty ultra-capacitor. All the essential transient operations can be performed in this area such as vehicle take-off.
3. Red area: This is the engine performance that can only be achieved by the electric Supercharger with energy coming from an additional storage like ultra-capacitor. This area is usually used during a transient operation such as a kickdown. Until the vehicle will is accelerating and the turbocharger is boosting, the time, where electrical energy is required, is very low.

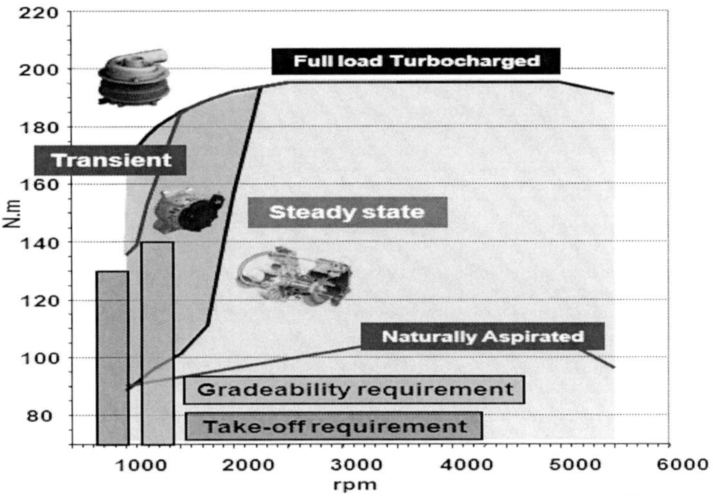

Figure 24: Example of steady-state & transient boosting specification on engine performance

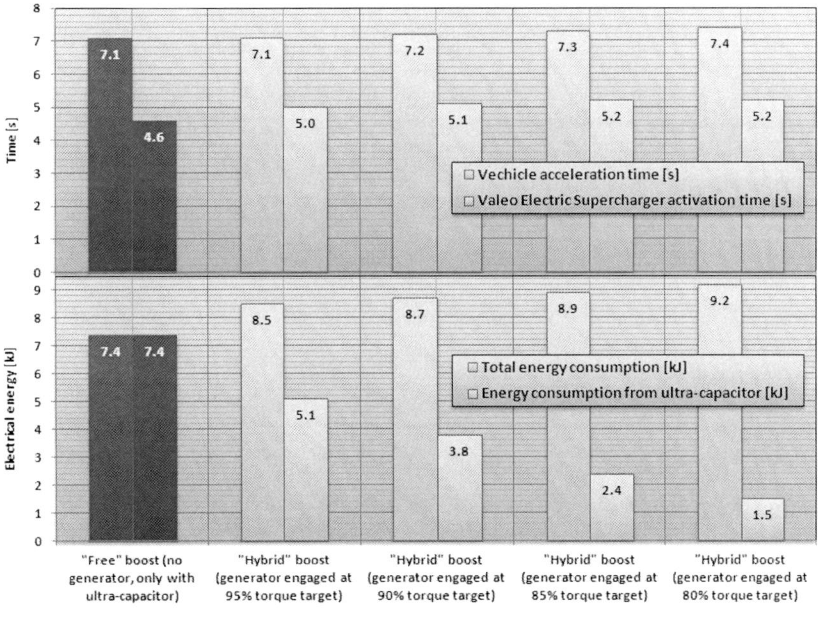

Figure 25: Comparison of "Free" boost and "Hybrid" boost with different performance tolerance during full load acceleration on a small downsized engine

Smart Boost Energy Management to reduce electrical Energy Consumption

A "free" boost by ultra-capacitor shows clearly a better engine performance and fuel efficiency. And the "forced" boost has advantage on boost duration but has a decreased engine performance. In order to preserve more energy at some situations, a "hybrid" boost has been developed to have both the advantages of a "free" boost and a "forced" boost. In this mode, the VALEO Electric Supercharger will take energy from both the generator and the ultra-capacitor. During a transient acceleration, the generator load will be adjusted progressively to avoid the impact on engine performance. For an example of full-load acceleration with very long boost duration, "hybrid" boost has no impact on engine performance (same total acceleration time) compared with a "free" boost. The total electrical consumption increased about 1.1kJ because the boost duration is slightly increased 0.4 seconds but the energy consumption from the ultra-capacitor can be reduced by over 30% (about 2.3kJ). (See **figure 25**)

In some cases, "hybrid" boost allows a further reduction of energy consumption by allowing a very slight impact on engine performance. With a very slight loss of engine performance (acceleration time increased from 7.1 seconds to 7.4 seconds), the

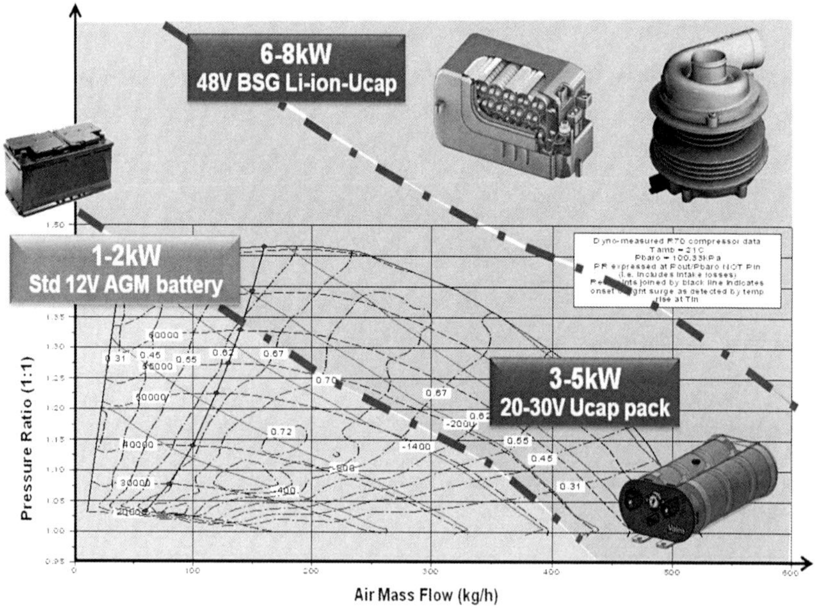

Figure 26: Electric supercharger technology competition overview.

energy consumption can be reduced by about 80% (from 7.4kJ to 1.5kJ)! (See **figure 25**). The 12V electric architecture and accurate control strategies will cover most of the application but for very sporty application or large engine displacement, higher voltage such as 48V configuration would be needed.

On a boosted engine, where usually the boosting duration is few seconds, the main constraint is power requirement and not energy requirement. Figure 26 shows the split between voltage requirement and boosting power capabilities. In any case, the 12V network remains, and higher voltage is a second powernet. Te architecture definition will depend on full performance specification requirement.

6. Conclusion

The Valeo electric supercharger is a very promising technology that could support the future engine roadmap through affordable electrification for further downsizing and downspeeding strategies with CO2, fuel consumption reduction and emissions improvement at the same time. A key customer benefit also will be in the driveability improvement while removing the boosted engine turbolag and allowing strong and smooth acceleration.
This technology is also very promising in combination with electric kinetic energy recovery systems to allow more power and free energy. As the energy recuperation occurs during deceleration or braking phase, which is always followed by an acceleration phase there is a completely symmetrical energy flow which allows an overall free energy balance.
Addional perspectives are naturally aspirated engines with high compression ratio and strong Miller cycle strategy to compensate the lack of performance at probably lower cost than a vehicle hybrid solution. However, the efficient combination of the electric supercharger and cooled EGR for higher levels of charge dilution, even under transient conditions, better controled scavenging and better transient control on move the frontier of modern combustion engine even further.

Acknowledgement

Valeo acknowledges **AVL** for their overall activities and support with electric supercharger application development and efficient participation to engine simulation on LP-EGR Diesel transients.

References

[1] Electronic Boosting, Its Influence on Downsizing and Transient Torque
Craig Balis, Pierre Barthelet, Calogero Morreale, Garrett Engine Boosting Systems Europe, MTZ - September 2002

[2] The eBooster from Borgwarner Turbo Systems, The key component for a new automobile charging system
Dipl.-Ing. P. Hoecker, Dr. J.-W. Jaisle, Dr. S. Münz, Borgwarner Turbo Systems
http://www.turbos.bwauto.com/tools/download.aspx?t=document&r=139&d=326

[3] Application of an electric boosting system to a small 4-cylinder SI engine
P Pallotti Fiat Powertrain, E Torella Elasis, J New, M Criddle, J Brown Visteon Corporation, UK
SAE 2003-32-0039 world automotive congress 2003

[4] Development of the next Generation of Electric Supercharging Systems for Passenger Car Applications
Mark Criddle, Guy Morris, Kevin Cutts, David Fraser, Guy Morgan Visteon Corporation UK
14th Aachener Kolloquium Fahrzeug- und Motorentechnik 2005

[5] Benefits of Second Generation Electric Supercharging for Dynamic Performance and Emissions of Downsized Diesel and Otto engines
Guy Morris, Controlled Power Technologies LtdIQPC Advanced Charging & Downsizing Concepts Congress 2008

[6] Challenges for increased efficiency through Gasoline Engine DownsizingNeil Fraser, Hugh Blaxill, Grant Lumsden, Mike Bassett Mahle Powertrain Ltd
SAE 2009-01-1053 World Automotive Congress 2009

[7] Concept for low cost, low voltage Hybridisation
Guy Morris, Mark Criddle, Mike Dowsett, Richard Quinn Controlled Power Technologies Ltd, MTZ - September 2010

[8] A New Engine Boosting Concept with Energy Recuperation for Micro/Mild Hybrid Applications
Guy Morris, Mark Criddle, Mike Dowsett, Toby Heason Controlled Power Technologies Ltd, Dr. Paul Kapus, Matthias Neubauer AVL List GmbH
22nd International AVL Conference "Engine & Environment" 2010

[9] Improving Transient Response of SI Turbocharged Engines
Kocsis Levente, Prevedel Kurt, Burnete Nicolae, Moldovanu Dan
CAR2011 The international automotive congress on Automotive Engineering & Environment 2011

[10] Electrification of a Downsized Boosted Gasoline Engine
Jason King, Ricardo, Andrew Fraser, Ford, Guy Morris, CPT, David Durrieu, Valeo
MTZ – July-August 2012

21 CONVERGE Approach: CFD Simulation using Adaptive Grid Resolution and Detailed Chemistry

Rainer Rothbauer, Mattia Sulis, Kelly Senecal, Daniel Lee

Abstract

Combustion concepts such as high EGR, low temperature combustion (LTC), multiple injections and/or multiple fuels require simulation strategies, which can accurately capture many physical processes. In addition, heat release and temperatures need to be predicted very accurately to model emissions and knocking. In non-homogeneous combustion, it is important to capture low and high equivalence ratio reactions as well as low and high temperature chemistry. The 3D CFD code CONVERGE uses an approach which solves detailed chemistry reactions and uses adaptive mesh refinement to ensure adequate cell resolution in the flame. This approach is suitable for all engine types including Diesel, natural gas, gasoline and dual fuel.

Kurzfassung

Verbrennungskonzepte wie Hoch-AGR, LTC, Mehrfacheinspritzung und/oder Multi-Kraftstoff Konzepte benötigen Simulationsstrategien, welche viele physikalische Prozesse hochgenau abbilden können. Um beispielsweise Emissionen und Klopfen abbilden zu können muss auch die Wärmefreisetzung bzw. die Temperaturen sehr genau vorhergesagt werden. In nichthomogener Verbrennung ist es wichtig auch Hoch- und Niedriglambda Reaktionen sowie auch die Hoch- und Niedrigtemperatur Chemie abzubilden. Der 3D CFD Code CONVERGE verwendet einen Ansatz, welcher die detaillierte Reaktionskinetik löst und adaptive Netzauflösung verwendet, um eine ausreichende Netzauflösung in der Flammenfront sicherzustellen.

1. Introduction

In order to simulate combustion, two processes require to be modeled accurately:

- Chemical Kinetics (i.e., laminar flame speed and/or ignition)
- Transport (i.e., convection and diffusion, mixing)

Transport: Turbulence enhances mixing by wrinkling (i.e., increasing surface area) the fields of Momentum, Energy, Species. The wrinkling is due to the length scales in a turbulent field. Molecular diffusion works on the increased surface area to enhance mixing. To accurately model the mixing, we need to resolve the length scales.

Commonly, in an engine, length scales (Kolmogorov) are of order 1.0e-6 meters

$$\eta = (\nu^3/\varepsilon)^{0.25} \tag{1}$$

and flame thickness is of order 1.0e-5 to 1.0e-6 meters.

$$\delta = 2\alpha/S_L \tag{2}$$

Thus cell sizes of approximately 1.0e-6 meters would be required the flame thickness (wrinkled line in Fig. 1). Simulations with grid sizes larger than the smallest scales will result in significant sub-grid effects.

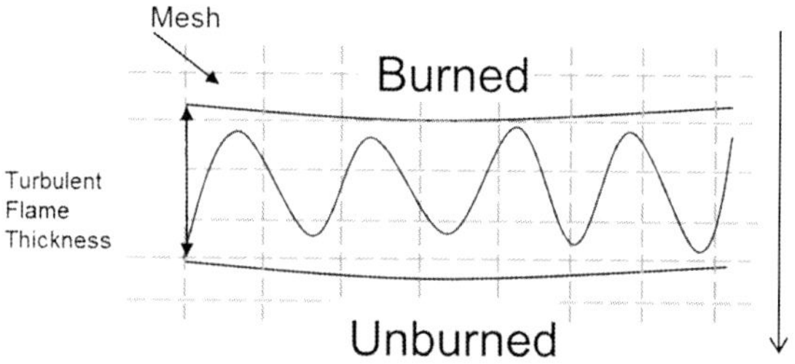

Fig. 1: Schematics of a progressing reaction

One approach to modeling combustion would be Direct Numerical Simulation (DNS) in combination with detailed chemistry combustion modeling. Thus all of the scales are resolved for transport as well as all of the relevant kinetics are solved. Further, no combustion or turbulence models are required.

Since this is currently not practicable for an engine simulation due to the high cell count and the resulting simulation duration, many combustion models and turbulence models have been developed and used for engine modeling. These combustion and turbulence models are required to account for sub-grid effects. Many combustion models relate the sub-grid effects to turbulent terms, e.g.:

- Premixed (e.g., G-equation model)
  A model is needed to increase burn rate for coarse grids because diffusion mixing is under-resolved (i.e., 2nd derivative is under-resolved)

  $$S_T = f(S_L, k, \varepsilon) \tag{3}$$

- Diffusion (e.g., Characteristic Time, Flamelet)
  Model acts to slow burn rate for coarse grids because the under-resolved cells are artificially too well mixed.

  $$\frac{\partial Y_i}{\partial t} = f(\tau_{chem}, k, \varepsilon) \tag{4}$$

Turbulence models are added to account for enhanced mixing that cannot be resolved. Often models are created that actually account for sub-grid terms instead of RANS terms. With sufficient resolution these models are not necessary.

2. Detailed chemistry combustion

2.1 RANS Momentum Equation and under resolved RANS Momentum Equations

The RANS equations are derived by decomposing the field into ensemble averaged and fluctuating components. The effect of turbulence is to stretch the momentum field. This stretching causes an increase in surface area (e.g., vortex roll-up in turbulent jet) which results in enhanced mixing via molecular viscosity. A second effect of turbulence is to increase the surface area of the transported field. The effect of the increased area on transport is modeled with a turbulent viscosity.

With a RANS turbulence model, the smallest scales are about 0.125 mm to 1.0 mm. Simulations with grid sizes larger than the smallest scales will result in significant sub-grid effects which creates difficulties. To examine the under-resolved RANS equations, the field can be decomposed into a sub-grid and a resolved field (similar to LES decomposition).

$$\tilde{u}_i = \widehat{\tilde{u}_i} + \tilde{u}_i'' \tag{5}$$

Frequently, the sub-grid RANS term is more important than the ensemble average unclosed term because the resolution is too coarse.

2.2 Species RANS Equations and under resolved Species RANS Equations

The effect of turbulence is to stretch the species field and thus increase the surface area. This increase in surface area results in enhanced mixing at the molecular diffusion. The effect of the increased surface area is modeled with a turbulent diffusivity.
The RANS species equation can be decomposed into a sub-grid and a resolved field.

$$\tilde{Y}_m = \widehat{\tilde{Y}_m} + \tilde{Y}_m'' \tag{6}$$

For coarse resolution, the RANS sub-grid terms may be more important than the fluctuating term

2.3 Energy RANS Equations

The energy equation is similar to the species equation. The effect of turbulence is to stretch the temperature front, which increases the surface area. The increase in surface area is the reason for the enhanced mixing. In a RANS formulation, the enhanced mixing due to an increased surface area is accounted for through a turbulent conductivity. For a coarse mesh, the effect of sub-grid RANS term may be more important than the fluctuating terms.

2.4 Species Source Commutation

$$\dot{\omega}(\widetilde{\widetilde{Y_m}, T}) \simeq \dot{\omega}\left(\widehat{\widetilde{Y_m}}, \hat{\tilde{T}}\right) \; ?\, Coarse\ Grid \qquad (7)$$
$$\dot{\omega}(\widetilde{Y_m, T}) \simeq \dot{\omega}\left(\tilde{Y}_m, \tilde{T}\right) \; ?\, Resolved\ Grid$$

To use detailed chemistry directly, it is necessary to assume that the ensemble average operation commutes as shown above.

- Commutes if Y' and T' are zero.
- Commutes if it is a linear function of T' or Y'. In other words, If the second derivative is zero it commutes.
- The commutation error is largest for functions with a large 2nd derivative and a large T' or Y'.
- Y' and T' are not related to u'.

In a turbulent unburned field (large u'), Y' and T' are typically zero and therefore it commutes on the unburned side. The unburned side is the most important side for calculating the reaction rates. On the burned side reactions happen very fast and the commutation error is unimportant. The commutation error is small relative to uncertainty in the elementary reaction coefficients. In most cases, the commutation error will be less than 10% on the reaction rate. Models to correct for the commutation error (e.g., PDF methods) require assumptions and model constants that may introduce more error than the commutation error. In simulations with an under-resolved RANS field, the sub-grid RANS terms (Y'' and T'') may be significantly larger than fluctuating RANS component (Y' and T').

2.5 Detailed chemistry with RANS models and high resolution

Detailed chemistry can be used directly for combustion modeling with a RANS turbulence model provided the scales are resolved, which can be done using Adaptive mesh refinement.

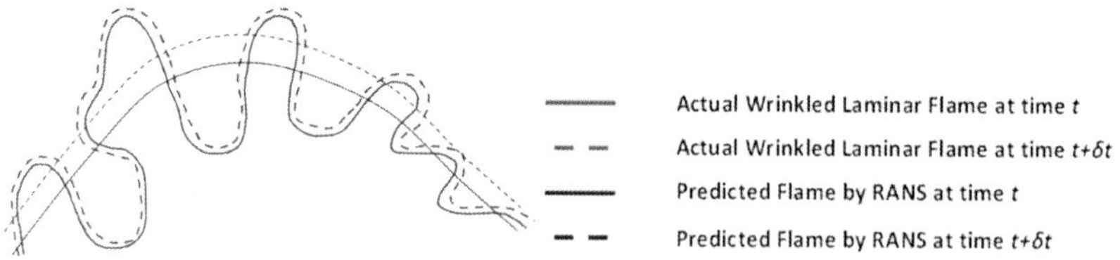

Fig. 2: Flame front schematics

No additional models are needed to account for surface area or flame area if the scales are resolved adequately. For coarse meshes the sub-grid tem can be larger than the ensemble average unclosed term. In an engine simulation with a RANS model, the smallest scales are typically 1.0 mm to 0.125 mm.

• The enhanced mixing of turbulence is due to stretching or an increase in surface area in the transported field.
• For a RANS model, the effect of the increased surface area is modeled with a turbulent viscosity, diffusion, or conductivity term (Fig. 2).
• The commutation error in the species source equation is small if all of the scales are resolved.

3. CONVERGE

CONVERGE is a general purpose CFD code for the calculation of three-dimensional, incompressible or compressible, chemically-reacting fluid flows in complex geometries with stationary or moving boundaries. The software uses an innovative modified cut-cell Cartesian method that eliminates the need for the computational grid to be morphed with the geometry of interest while still precisely representing the true boundary shape. This approach allows for the use of simple orthogonal grids and completely automates the mesh generation process.

Local mesh refinements are performed on specific walls of the domain (boundary embeddings) including the valve angles and the spark plug in order to adequately resolve the geometry features. In addition, local mesh refinements are employed in specific geometric regions (fixed embeddings) such as conical regions at the spray nozzle exits or spherical regions in the spark gap. The latter of these refinements is essential for resolving the energy source of the spark event and developing the initial flame kernel. In order to resolve the sharp gradients in the temperature and velocity fields in the interior of the domain, Adaptive Mesh Refinement (AMR) is used.
The highly accurate numerical solver of CONVERGE, coupled with automatic time stepping and its orthogonal and stationary mesh, fixed embedding and AMR, produces the high accuracy for in-cylinder combustion simulations.

CONVERGE has a variety of combustion models available which allow for different combinations of speed/accuracy, For example, the G-equation model is available for the simulation of premixed combustion. This model typically has short run times, yet is dependent upon empiricism to define the flame speed and therefore may require model tuning.

Higher fidelity can be produced by employing a strategy using both detailed chemistry and adaptive grid resolution. This combustion simulation strategy is enabled by the combination of these key features:

- Automatic Grid Generation
- Adaptive Mesh Refinement (AMR)
- Detailed chemistry solver

3.1 Grid Generation

With CONVERGE, the simulation starts by importing an STL file into the graphical preprocessor. Using the surface definition exported from the preprocessor, the solver generates a body fitted mesh at runtime. There is no user meshing even for cases with moving components (i.e. valves and pistons). CONVERGE generates a new body fitted mesh every time step.
The key technology is a proprietary cut-cell Cartesian meshing algorithm (Fig. 3). The original surface geometry is stored in memory, CONVERGE maps the surface onto a Cartesian grid and the boundary cells are cut as many times as is required to maintain the original surface exactly.

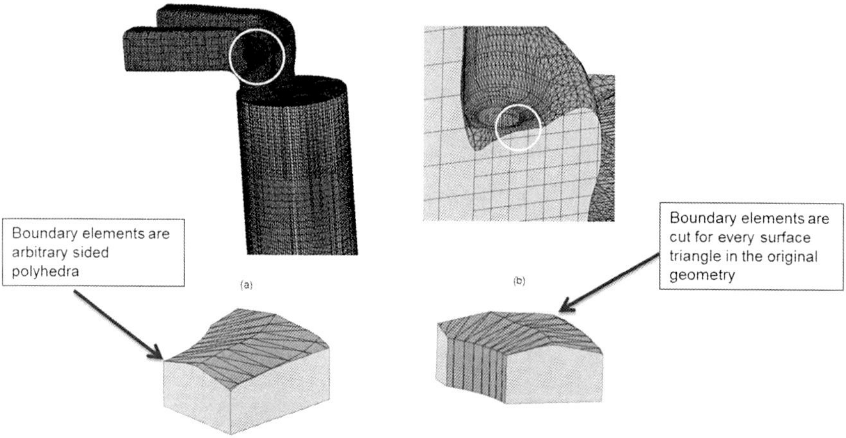

Fig. 3: Cut Cell Meshing strategy

Interior cells are orthogonal hex elements and remain stationary, with a base grid size specified by the user. Cells intersected by the geometry surface are "cut" by the surface, thus forming arbitrary sided polyhedral.
With moving body simulations (such as translating valves and pistons), only boundary elements are affected each time step and interior elements are not influenced. Therefore, the meshing overhead is very low.

3.2 AMR – Adaptive mesh refinement

AMR enhances the mesh resolution automatically based upon gradients in field variables such as temperature, velocity, species and passive scalar. AMR can be enabled or disabled in specified regions and at certain times to optimize cell usage. The mesh can also be set to automatically refine boundary elements based upon wall Y+. With AMR, the user specifies a maximum number of cells, which in conjunction with the base grid size, determines the overall mesh resolution and run times. The maximum cell limit forces AMR to make difficult tradeoffs, adding mesh resolution when and where it is needed. This results in a very efficient usage of mesh elements. The following figures show schematically the embedding and AMR strategy for Diesel sectors (Fig. 4), GDI engines (Fig. 5).

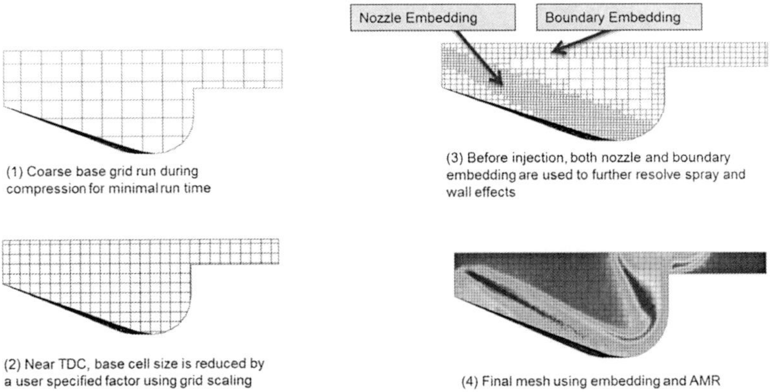

Fig.4: Representative Meshing Strategies Used for Diesel Sector Case

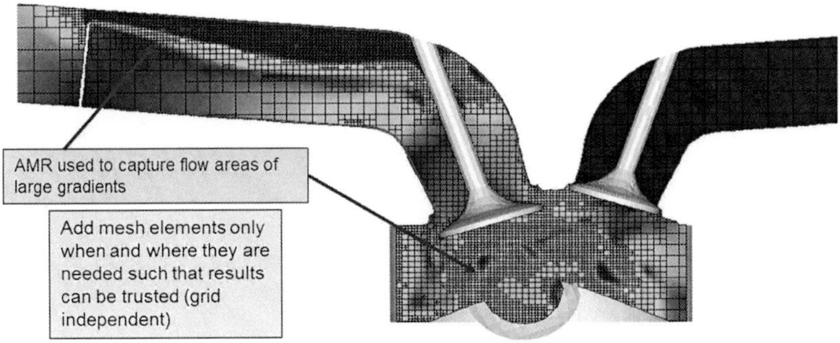

Fig. 5: Representative Meshing Strategies Used for GDI engine

Summarizing this meshing strategy leads to the following:

- Engine cases can be set up rapidly allowing for easy grid sensitivity studies
- The elements are orthogonal and stationary which minimizes interpolation errors between time steps as well as allows efficient solver technology.
- The orthogonal cells allow easy and effective LES modeling implementation.
- Mesh is orthogonal and high quality leading to accurate results and stability.
- Internal cells remain stationary thus removing numerical diffusion associated with a moving mesh.

- The user has complete control over the mesh resolution. The user has multiple methods for adjusting the mesh size which can be used in conjunction with each other:
  - Grid scaling (increase / decrease the cell size of the complete domain)
  - Embedding (This allows to refine the geometry e.g. at certain boundaries, along the injection spray or in geometric regions like the spark plug.)
  - AMR (Automatic mesh refinement which refines/coarsens the mesh according to gradients in field variables like velocity and temperature)

The goal of the CONVERGE approach is to minimizing both mesh dependencies and run times by placing mesh resolution only when and where it is needed.

3.3 Detailed Chemistry Solver

3.3.1 SAGE and SAGE-MZ

For combustion modeling, the SAGE detailed chemistry solver is a key feature in CONVERGE. SAGE can be used to model a wide variety of combustion types, from Conventional Diesel combustion, HCCI, Low Temperature Combustion (LTC), High EGR engines over PFI engines, stratified and homogenous DI engines, pre-chamber and open chamber SI engines to knock modeling. SAGE imports mechanism in CHEMKIN format and solves ODE's for reaction kinetics. There is no limit on the number of species or reactions which can be considered. For each cell the multi-step reaction mechanism for j species and I reactions are solved every time step by SAGE:

$$\sum_{j=1}^{J} v'_{ji}\chi_j \Leftrightarrow \sum_{j=1}^{J} v''_{ji}\chi_j \quad i = 1,2,\dots,I \tag{8}$$

The net production rate of species j is given by:

$$\dot{\omega}_j = \sum_{i=1}^{J} v_{ji}\, q_i \quad j = 1,2,\dots,J \tag{9}$$

$$where\ v_{ji} = v''_{ji} - v'_{ji} \quad and\ q_i = k_{fi}\prod_{j=1}^{J}[X_j]^{v'_{ji}} - k_{ri}\prod_{j=1}^{J}[X_j]^{v'_{ji}}$$

The rate coefficients are expressed as:

$$k_{fi} = A_i T^{b_i} exp(-E_i/R_u T) \quad k_{ri} = k_{fi}/K_{ci} \tag{10}$$

The implementation of SAGE also allows for pressure dependent and third body reactions.

Commonly used mechanisms for CI and SI engines (e.g. n-heptane, iso-octane) use 30 to 90 species and 50 to 200 reactions (Fig. 6). These mechanisms can also contain all reactions necessary to describe the emission species formation, oxidation or conversion, thus allowing predicting emission levels chemical basis without using an empirical model.

```
ELEMENTS
 h  c  o  n  ar
END
SPECIES
ic8h18 o2 n2 co2 h2o co h2
ar oh h2o2 ho2 h o ch3o ch2o hco
ch2 ch3 ch4 c2h3 c2h4
c2h5 c3h4 c3h5 c3h6 c3h7
c4h8 c8h17 c8h16 c8h17oo
c8h16ooh ooc8h16ooh oc8h15ooh oc8h15o n
n2o no no2
END
REACTIONS
 ic8h18 + o2           = c8h17 + ho2          1.00e+16   0.0   46000.0
                     REV                     /1.00e+12   0.0       0.0/
 c8h17 + o2            = c8h17oo              1.00e+12   0.0       0.0
                     REV                     /2.51e+13   0.0   27400.0/
 c8h17oo               = c8h16ooh             1.14e+11   0.0   22400.0
```

Fig. 6: Portion of a sample mechanism

3.3.2 Mechanism reduction [1]

It is a formidable challenge to run detailed chemical mechanisms containing hundreds or thousands of species in a three dimensional CFD-based engine simulation code. With advances in computational hardware combined with enhanced capabilities to include elementary chemical reactions within a CFD framework, there has been significant interest in using detailed chemistry for modeling combustion phenomena. However, detailed reaction mechanisms developed for higher chain hydrocarbons (n-heptane, isooctane, etc.) are of the order of 500-1000 species. The use of such large mechanisms in three dimensional simulations can be quite expensive [2]. Hence, it is necessary to reduce the mechanisms for practical internal combustion engine simulations. A common methodology used for reducing mechanisms is skeletal mechanism reduction [2] in which some of the species and reactions in the full mechanisms are identified as unimportant and hence removed. A skeletal mechanism is essentially a subset of the full detailed mechanism.

The detailed mechanisms can be reduced using a technique known as Parallel Direct Relation Graph with Error Propagation and Sensitivity Analysis. This technique allows for efficient mechanism reduction by parallelizing the ignition delay calculations used in the reduction process.

The mechanism reduction algorithm known as PDRGEPSA [3], which is essentially a variant of the DRG algorithm, is used in this paper. The Directed Relation Graph (DRG) method originally proposed by Lu and Law [2] is used to map the coupling of species. Unimportant species are removed based on selected target species and an acceptable error threshold. DRG with Error Propagation (DRGEP) [5] considers the propagation of error due to species removal down reaction pathways. DRG with Error Propagation and Sensitivity Analysis (DRGEPSA) performs sensitivity analysis in addition to DRGEP leading to an efficient reduction algorithm [6]. Since the reduction process involves the calculation of a large number of auto-ignition simulations spawning the range of operating conditions under which the reduced mechanism is desired, the auto-ignition simulations are parallelized independently over a distributed network of computers. This parallel version is referred to as PDRGEPSA. Recently PDRGEPSA reduction was done to obtain a reduced mechanism to accurately predict Diesel combustion [3].

A reduced isooctane mechanism developed by Jia et al. [8] consisting of 38 species and 69 reactions has been used successfully for engine applications [9] as well as for premixed gasoline combustion under certain conditions. The use of such small mechanisms is attractive for CFD simulations. However, this mechanism has been tested for equivalence ratios from 0.5 to 2.0 and pressures from 10-50 atm [7]. In reality, the operating conditions for practical gasoline engines vary and the pre-reduced mechanisms may not be valid under such conditions. Thus a systematic procedure for reduction is used to generate reduced mechanisms (using PDRGEPSA) for the given range of operating conditions.

3.3.3 Multi-zone

Three-dimensional combustion simulations (involving a few hundred thousand up to a few million cells) are computationally expensive even when smaller mechanisms are used. Multi-zone modeling [10] can significantly enhance the computational speed by invoking the chemistry solver on only a relatively small number of zones. The details of the implementation of the multi-zone model are presented in [10]. Combining multi-zone chemistry and reduced mechanisms can significantly decrease the computational time and has been previously demonstrated as a viable means for conducting three dimensional combustion simulations [3][4].

Converge has a multi-zone detailed chemistry solver implemented (Fig. 7): SAGE with multi-zone (SAGE-MZ), which significantly reduces the computational costs (for example approximately 50x speedup in chemistry for premixed engines and 15x speedup in chemistry for Diesel engines) associated with detailed chemistry combustion simulations with essentially no penalty in accuracy.

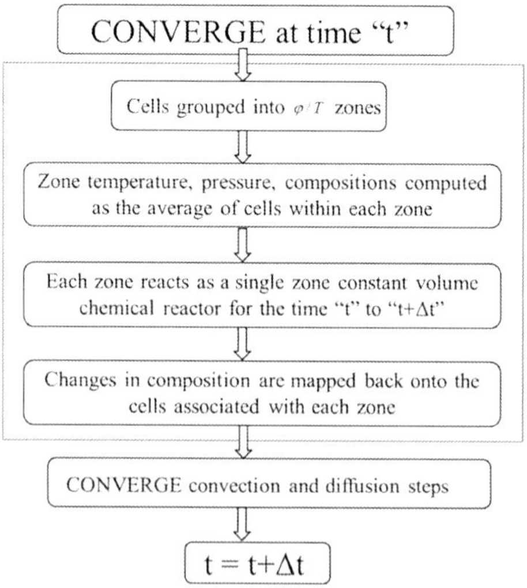

Fig. 7: Multi-Zone Detailed Chemistry Solver schematics

4. CONVERGE Methodology

For conventional spark ignited engines, the turbulent flame thickness can be assumed to be as:

$$\delta_T = \frac{2\alpha_T}{S_T} = 6.6e - 4\ [m]\ or\ 0.66\ [m] \tag{11}$$

while the laminar flame thickness is:

$$\delta_L = \frac{2\alpha_T}{S_T} = 8.7e - 4\ [m] \tag{12}$$

Thus the Laminar Flame Thickness is in the range of microns (prohibitively small and can't be resolved with CFD), but Turbulent Flame Thickness is in the range of mm. As stated in the introduction, a turbulence model is required if all of the scales are not resolved.

- In a typical engine simulation cell sizes are 1 to 2 mm.
- These cell sizes are significantly larger than the smallest scales (1.0e-6 m).

A RANS turbulence model artificially increases the diffusion (via a turbulent viscosity) to account for the enhanced mixing from turbulent processes.

$$v_t = c_\mu k^2/\varepsilon \tag{13}$$

When a RANS turbulence model is activated (e.g., RNG k-epsilon), the smallest length scales are in the range of 0.1 mm to 0.5 mm.

$$\eta = (v^3/\varepsilon)^{0.25} \tag{14}$$

The flame thickness is now 1 mm to 4 mm. The change in length scales is due to the change in the viscosity from the turbulence model.

$$\delta = 2\alpha_t/S_t \tag{15}$$

Thus in an engine simulation, cell sizes of approximately 0.5 mm are required to resolve the combustion scales with a RANS turbulence model activated.

In CONVERGE the wrinkled flame (reality) indicated by the wrinkled line (Fig. 8) is modeled by the turbulent flame thickness (is in the order of 1 to 4 mm for typical turbulence conditions in spark ignited engines), resolved via AMR. The additional transport (i.e., higher flame speed) that results from the wrinkling is achieved through the turbulent viscosity, conductivity and diffusivity.

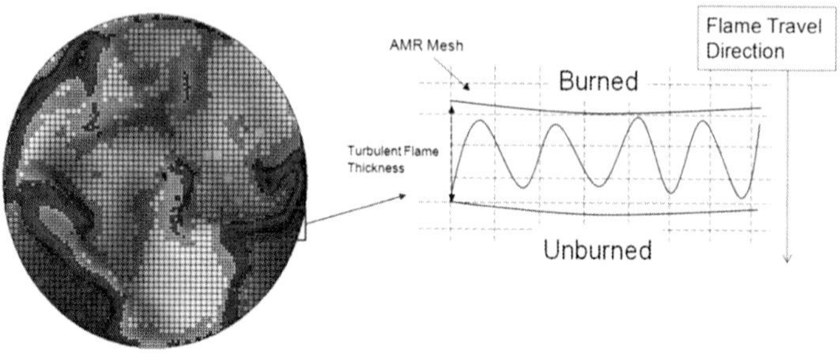

Fig. 8: Visualization of the mesh size during flame progress in a GDI engine

With the use of AMR, detailed chemistry, and a RANS based turbulence model, combustion (i.e. the turbulent flame speed) can be accurately modeled without using "ad hoc" combustion models where the flame speed is specified a-priori (Fig. 9).

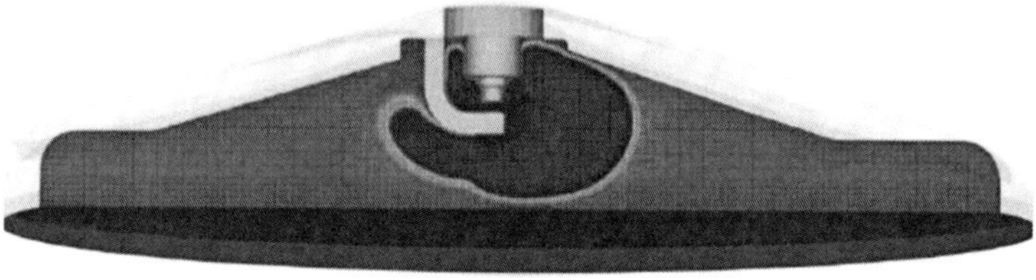

Fig. 9: Visualization of the mesh size during flame progress in a GDI engine

In CONVERGE, Adaptive Mesh Refinement (i.e., only putting cells where they are needed) allows for the requested cell sizes but keeping cell count in a practical range even for multi-cylinder simulations (Fig. 10). A typical CONVERGE simulation for a single cylinder requires approximately 500,000 to 1,000,000 cells with 0.5 mm AMR cell sizes.

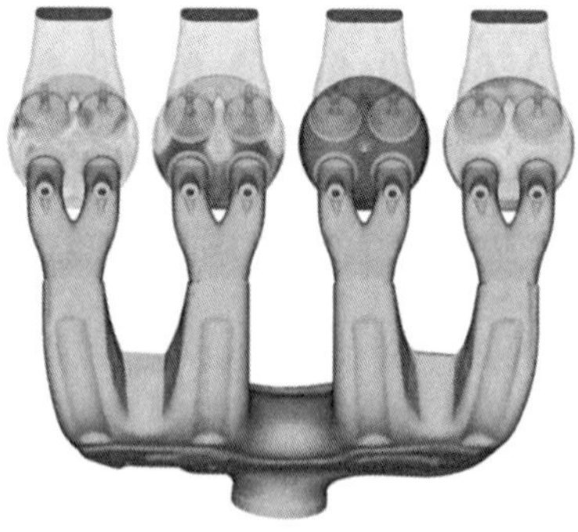

Fig. 10: Multi-cylinder GDI Engine simulation

If SAGE or SAGE-MZ is used, auto-ignition is predicted directly without any other sub models required. This of course assumes the chemical mechanism used contain satisfactory reactions for low temperature kinetics. The flame speed is calculated from fundamental quantities such as heat release and diffusion (the user does not have to input flame speed data). Kinetically limited phenomena such as knocking, auto-ignition and emission levels can also be predicted (Fig. 11).

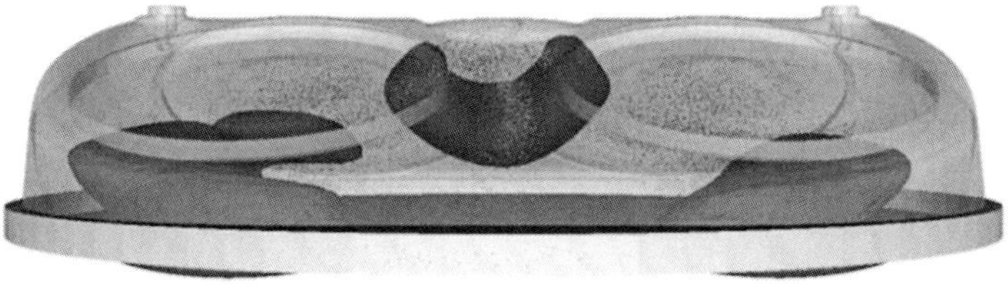

Fig. 11: Auto-ignition locations and liquid spray droplets for a dual fuel (Iso-octane+Diesel) test case.

5. Summary

When a RANS turbulence model is activated, detailed chemistry can be used directly if the scales are resolved. Turbulence models are required when there is insufficient grid resolution and to account for sub-grid effects and enhanced turbulence mixing. When a turbulence model is activated, approximately 0.5 mm cells are required to resolve the combustion scales. If one accepts that a turbulence model reasonably simulates the enhanced mixing from turbulence then detailed kinetics can be used with no additional combustion model. On order to use such an approach, the turbulent flame thickness must be resolved. One approach is to place sufficient mesh resolution everywhere in the domain. This would likely be computationally prohibitive as the cell count would be very large. A successful approach, employed by CONVERGE, is to use AMR to add mesh resolution only at the flame surface.

References

[1] Shawn D. Givler, Mandhapati Raju, Eric Pomraning and P. K. Senecal, Convergent Science Inc., Nameer Salman and Ronald Reese, Chrysler Group LLC: "Gasoline Combustion Modeling of Direct and Port-Fuel Injected Engines using a Reduced Chemical Mechanism". In: SAE Technical Paper #2013-01-1098

[2] Lu, T, Law, CK.: "Toward accommodating realistic fuel chemistry in large-scale computations". In: Progress in Energy and Combustion Science, Volume 35, Issue 2, April 2009, Pages 192-215.

[3] Raju, M., Wang, M., Senecal, P.K., Som, S., Longmann, D.E.: "A Reduced Diesel Surrogate Mechanism for Compression Ignition Engine Applications". In: Proceedings of the ASME 2012 Internal Combustion Engine Division Fall Technical Conference, ICEF2012, September 23-26, 2012, Vancouver, BC, Canada.

[4] Yang, X., Solomon, A., and Kuo, T.: "Ignition and Combustion Simulations of Spray-Guided SIDI Engine using Arrhenius Combustion with Spark-Energy Deposition Model". In: SAE Technical Paper 2012-01-0147, 2012, doi: 10.4271/2012-01-0147.

[5] Lu, T., Law, C.K.: "A directed relation graph method for mechanism reduction". In: Proceedings of the Combustion Institute, 30(1), 2005, pp. 1333-1341.

[6] Pepiot-Desjardins, P.: Pitsch, H., "An efficient error propagation-based reduction method for large chemical kinetic mechanisms". In: Combustion and Flame, 154(1-2), 2008, pp. 67-81.

[7] Niemeyer, K.E., Sung, C. J., Raju, M.P.: "Skeletal mechanism generation for surrogate fuels using directed relation graph with error propagation and sensitivity analysis". In: Combustion and Flame, 157(9), 2010, pp. 1760-1770.

[8] Jia, M., Xie, M.: "A chemical kinetics model of iso-octane oxidation for HCCI engines". In: Fuel, 85, 2006, pp. 2593-2604.

[9] Jia, M., Xie, M., and Peng, Z.: "Applying the multi-zone model in predicting the operating range of HCCI engines". In: Frontiers of Energy and Power Engineering in China, 4(3), 2010, pp. 414-423.

[10] Raju, M., Wang, M., Dai, M., Piggott, W. et al.: "Acceleration of Detailed Chemical Kinetics Using Multizone Modeling for CFD in Internal Combustion Engine Simulations". In: SAE Technical Paper 2012-01-0135, 2012, doi: 10.4271/2012-01-0135.

22 Simulation Tools – Solutions for Challenges in Engine Design

Wolfgang Bauer, Thomas Esch, Martin Kuntz, Justin Penrose

Abstract

A proper quality control is necessary to effectively use CFD-methods in the design of modern internal combustion engines. A reliable and fully scalable workflow is introduced that allows careful differentiation between model and numerical errors. Proven techniques to quantify the discretization and iteration errors are used for the full cycle simulation of a turbocharged gasoline direct injection engine. An enhanced numerical treatment of the injected fuel during evaporation, droplet wall interaction and flame resolution, is outlined. The benefit of this fully reliable process on the time to results is quantified.

Kurzfassung

Die Einführung einer zuverlässigen Qualitätskontrolle ist zwingende Voraussetzung für den wachsenden Einsatz von numerischen Verfahren zur Strömungsberechnung (CFD) in der Auslegung moderner Verbrennungskraftmaschinen. Ein vollständig skalierbarer und robuster Berechnungsprozess wird vorgestellt. Dieser erlaubt die sorgfältige Trennung von Modellfehlern und numerischen Fehlern. Erprobte Techniken zur Abschätzung der Diskretisierungs- und Iterationsfehler werden am Beispiel eines aufgeladenen, direkteinspritzenden Benzinmotors vorgestellt. Die Auswirkung einer verbesserten nummerische Behandlung des verdunstenden Kraftstoffes – insbesondere im Fall von Tropfen-Wand Wechselwirkung – sowie der Krümmung und Auflösung der Flammfront auf die Robustheit und Effizienz der Berechnung wird diskutiert.

1. Introduction

"Simulation Driven Product Design" is becoming more and more important in the design of modern internal combustion engines. A carefully validated simulation approach is a pre-condition for reducing the number of prototypes needed to the essential minimum. Relevant physical processes are becoming transparent, and better understood, and consequently introduced into the design process. In the case of turbocharged gasoline engines different simulation approaches are available and employed depending on the individual needs during the design cycle: Intake port optimization of flowbench-type simulation, charge motion and full cycle simulation including fuel injection and combustion.

Variable valve lift, and flexible valve control and opening times, add an additional constraint requiring a modular and robust grid generation for highly complex modern gasoline engine geometries. Almost every load point in an engine map requires a mesh generation update. Different techniques are available and considered in an efficiency evaluation.

The complex physical process are the subject of ongoing research activities; e.g. turbulence modeling, fuel injection and evaporation, particle break up and particle wall interaction, exhaust gas recirculation, ignition modeling, knock prediction and combustion. A careful separation of numerical errors from model errors is mandatory in order to introduce a quality control into the model development and validation. Due to the interaction and complexity of the individual physical phenomena there is a strong need for an isolated best practice for the individual physical models. Understanding the uncertainty inherent in modeling the individual physical processes allows a quantification of the overall error within a simulation. This need is emphasized because the transient nature of the full engine cycle simulation implies a compromise between accuracy and time-to-result.

2. A Fully Scalable Simulation Approach

A fully scalable approach is a precondition to quantifying the numerical error. Within the ANSYS Workbench concept a number of different technologies are provided to address the ever changing geometry in an ICE engine, by both CFD solvers (ANSYS CFX and ANSYS FLUENT). These technologies are grouped into solver-specific concepts (e.g. layering, local re-meshing), and modular concepts like the key-grid approach. The key-grid approach, in particular, offers the flexibility needed to simulate modern engine applications as it benefits from the full range of meshing options available in a general purpose meshing tool (e.g. ANSYS ICEM CFD). Geometric constraints, such as valve masking, low valve lift under part-load conditions, and proper boundary layer resolution, can be accounted for. Pre-defined meshing libraries are called on demand within a highly automated process designed for batch operation [4].

The overall process is illustrated in Figure 1. The first key grid is generated with respect to the geometry at the start of simulation, and this initial grid might consist of tetrahedral, prismatic and hexahedral elements depending on the geometrical needs. This grid is then morphed until a predefined grid quality threshold is reached. The actual piston and valve positions are then passed back to the mesh generator and a new key-grid is generated. To continue the run, the solver interpolates – two time levels for a second order accurate time discretization – onto the new grid and the simulation and morphing process continues until the full cycle is covered. Besides the geometric information, individual grid sizing controls (e.g. cell size, cell number for layered areas, number of prism layers) are exchanged between the solver and the meshing process to allow on-demand grid refinement where needed, and subsequently a coarsening where possible.

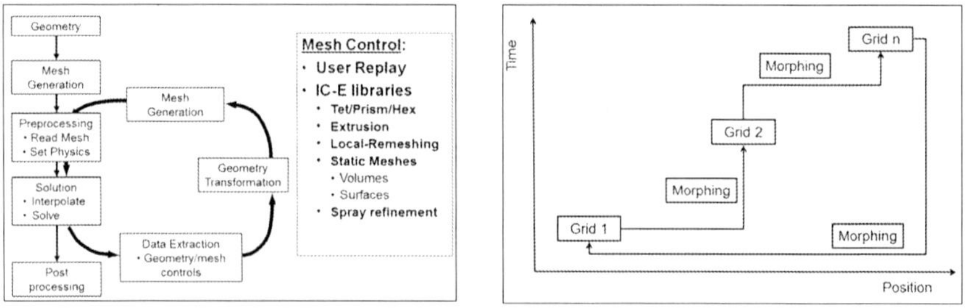

Figure 1: Workflow Key-grid approach

This process can be run in a *simultaneous* or *consecutive* manner. The simultaneous approach involves running the mesh generation and the flow solution at the same time, with the simulation result generated within a single step. The consecutive approach involves the mesh generation as a pre-processing step, with the flow solution computed as a second step, based on the pre-generated key-grids. The consecutive approach is beneficial for highly parallelized computations, because the waiting and communication time during key-grid generation is reduced to a minimum. Furthermore the modularity allows rapid fine-tuning of the meshing and/or solution process in the early stages of simulation set-up. Despite its high degree of automation, the flexibility of the meshing process does imply a certain learning curve, but a fully robust and reliable meshing process pays back at run time, many times over.

Because of the inherent link to the multi-purpose mesh generator ANSYS ICEM CFD, there is total flexibility in terms of element types, element sizes and the overall number of elements. It is considered scalable because it allows resolution of every detail of the flow without putting any restriction on the meshing process itself.

The difference between a converged solution on a finite size grid and the "exact" solution of the model equations is referred to as discretization error. A proven approach for its quantification is to repeatedly refine the grid until all appropriate objective measures show grid-convergent behavior. Figure 2 shows the cross section of two typical grids during valve overlap (crank angle, CA = 348°) of a typical downsized turbo-charged direct injection gasoline engine (the geometry has partly been modified to serve as a technology demonstrator without affecting data confidentiality). On the left hand side a pure tetrahedral grid is shown, and a valve lift-dependent element sizing is employed in the valve seat region. The hybrid grid on the right hand side consists of tetrahedral elements of similar element size in the combustion area, but the wall boundary layer regions have been resolved by prismatic elements.

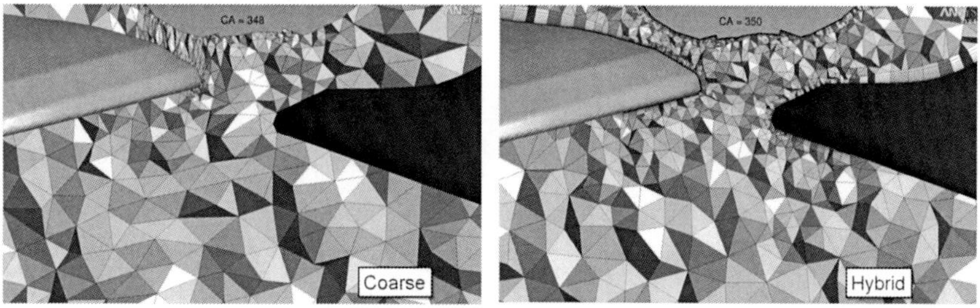

Figure 2: Cross-sections zoomed into valve seat region during valve overlap (CA = 348°). Left – tetrahedral grid, Right - hybrid grid

The simulation is started at CA = 165° close to BDC at exhaust valve opening. The gas exchange is visibly affected by the different grid resolution and this is illustrated in Figure 3 by means of the residual products mass fraction computed with respect to the SST turbulence model, with automatic wall treatment. Any uncertainty linked to prediction of trapped mass will subsequently impact the mixture formation and combustion within the cycle considered. The predicted tumble numbers are shown in Figure 4. The overall predicted charge motion is similar for both grid types, but the difference in level can have a strong impact on mixture formation, ignition and combustion.

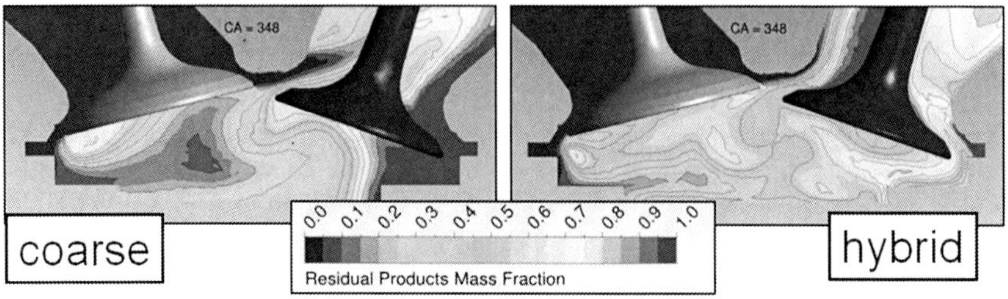

Figure 3: Discretization error: Burned gas concentration

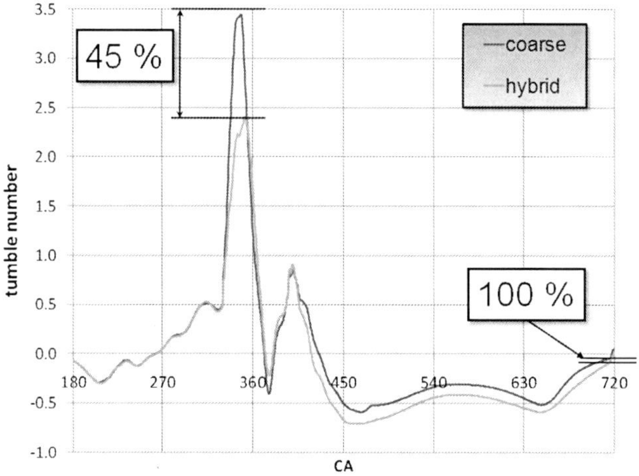

Figure 4: Tumble Number

Because of the differences in charge motion and the grid-sensitive capturing of the shear and mixing layers in the combustion chamber, the level of modeled turbulence is also predicted differently. Figure 5 shows the combustion chamber averaged turbulence kinetic energy close to ignition timing. A spread of up to 100 % is a consequence of the different grid resolutions considered in this detailed study. An ignition model accounts for the early flame kernel growth by means of a zero-dimensional equation. At a user specified upper limit (e.g. 2 mm) the 0-D solution is transferred into a 3-D flame that is subsequently tracked by means of the G-equation combustion model. Beside the thermodynamic properties and the mixture composition, the turbulence kinetic energy close to the spark plug is a key input parameter for the kernel growth. A significant ignition delay of approximately 7° CA is a consequence of the varying turbulence levels predicted by the different resolution grids (see Figure 6) [1, 2]. Clearly, this important consequence needs to be taken into account from the outset.

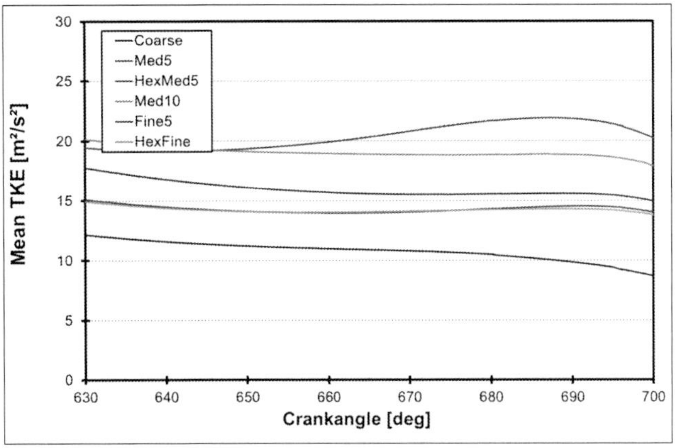

Figure 5: Turbulence kinetic energy close to TDC

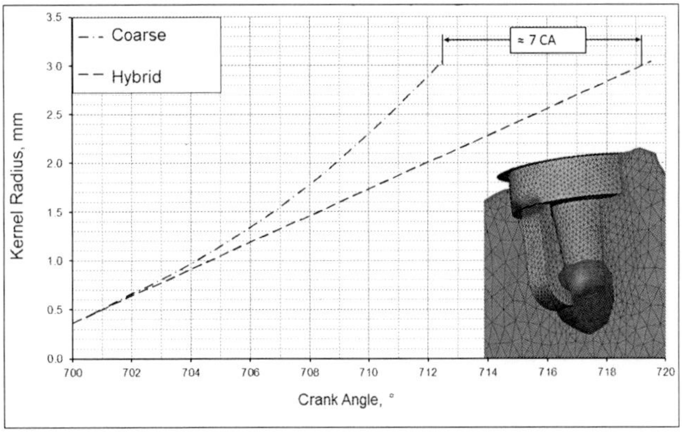

Figure 6: Ignition kernel growth

A systematic validation study of fuel injection by means of Lagrangian methods [3] has identified the need for a spatial resolution in the range of the injection-hole radius (≈0.1 mm), in order to obtain grid convergent results. The simulation process employed can automatically employ key grids highly refined in the injection cone regions during the injection intervals. It can then fall back to the standard combustion chamber grid sizing for the remainder of the simulation to reduce the computational effort. Spray directions and injection timings will be automatically considered during key-grid generation because of the tight coupling of flow setup and grid generation [4]. In Figure 7 a comparison between the spray-refined grid (left) and a standard grid in the near injector region of the combustion chamber is shown.

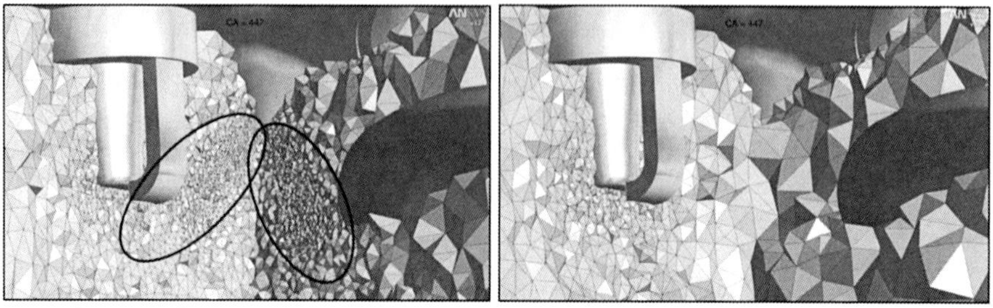

Figure 7: Grid with (left) and without (right) refinement close to the injector

Besides the importance of proper spatial discretization, a similar consideration applies for the resolution in time. A flexible time step is the preferred choice to account for the different dynamics during the engine cycle, while minimizing the overall run time. For example, valve opening and fuel injection might be resolved by means of a reduced time step size. A second order accurate backward Euler time integration is the default scheme employed.

The proper choice of an adequate time step size needs to be carefully separated from the iteration error. The iteration error is defined by the difference between the solution after *n* coefficient loop iterations and a fully converged solution. The relation between the given equation residual level to the flow imbalances in the individual equations, and the objective measures of design importance, needs to be established up-front. By means of an event-dependent timestep size, a predefined convergence criterion is maintained throughout the simulation. This is very important in the context of transient simulations, because a smaller timestep (delta crank angle) tends to keep the number of inner iterations or coefficient loops within a given range. Experience has shown that a time step size of $\Delta CA = 0.5°$ can be maintained for most of the cycle, with an adaptive timestep providing some form of additional support. In most of the simulations incorporated within a Simulation Driven Product Design process, a predefined time-dependent timestep list is employed for efficiency.

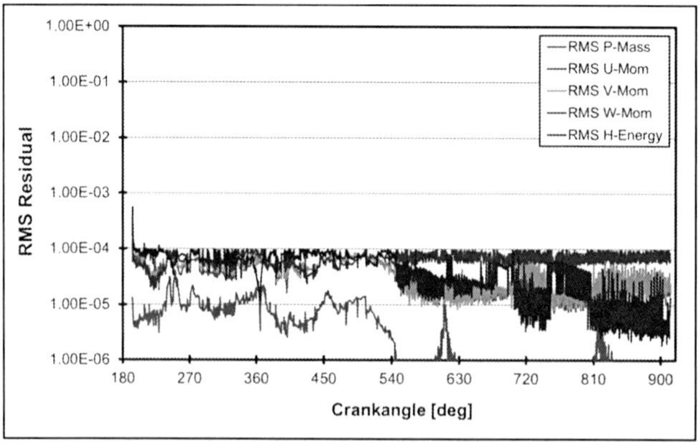

Figure 8: Residuals vs. crank angle

The proper choice of the timestep has been discussed because it has a strong impact on simulation efficiency. Regardless of the parallel scalability, the time to results is linearly dependent on the number of time steps and the effort to converge the individual time step. The number of coefficient loops performed, given in Figure 9, reflects the later measure. The impact of the double injection (CA = 440° and CA = 660°), valve overlap (CA = 325° – 360°) and combustion ($CA_{ignition}$ = 715°) are clearly visible. Particular aspects of achieving proper convergence during injection, (undesired) wall film formation and combustion, are discussed in the following.

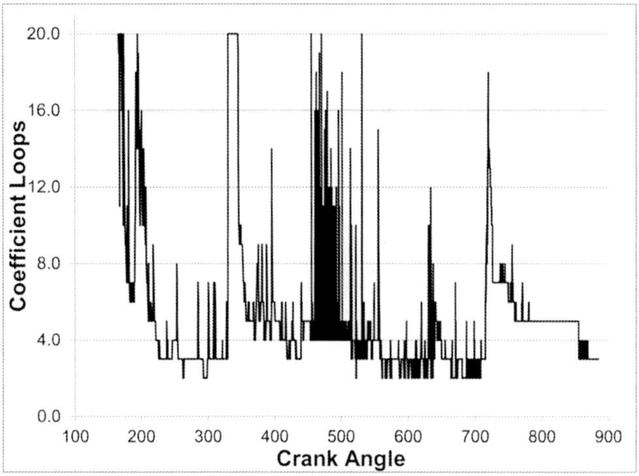

Figure 9: Number of coefficient loops vs. crank angle

2.1 Handling of Wall Particles

Under certain circumstances in the engine cycle, fuel droplets may hit components of the engine and form a wall film. The film is further fed by particles impacting the wetted surface, and in turn fuel mass is released due to splashing and evaporation. The wall film is usually thin and heats up to the wall temperature very rapidly. If the underlying wall is hot enough, special care must be taken to accurately resolve the steep temperature change in time. Any inaccuracies in doing this typically show up in the mass and energy imbalance of the system, and may also have an adverse effect on the overall system performance due to slow convergence.

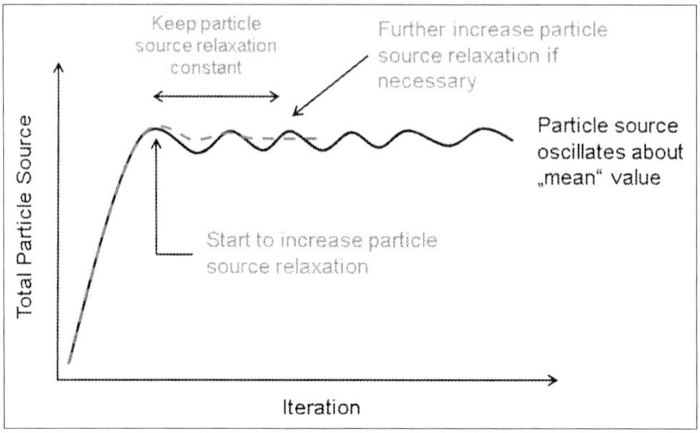

Figure 10: Advanced particle relaxation scheme

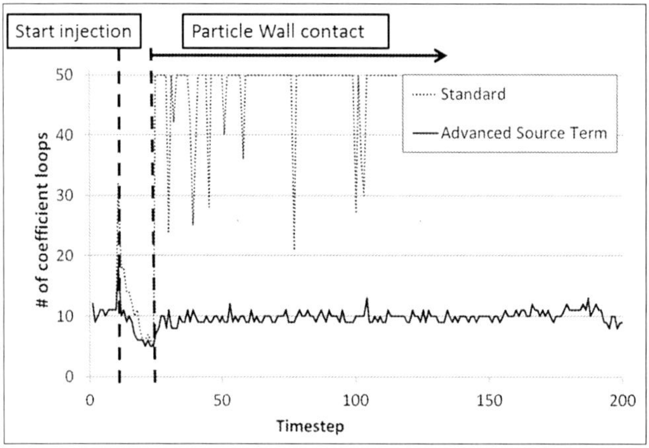

Figure 11: Convergence improvements in wall film simulation

Another potential source of convergence issues is the fact that particle-wall or particle wall-film interaction may change between successive coefficient loops of a time step, due to small changes in the surrounding gas phase. This could for example, lead to the situation where a particle impacting on a film covered wall in one step becomes part of the wall film, while in another step it may be partially reflected. Even though this situation is spatially highly confined, it can cause local convergence problems that negatively impact the overall convergence. In most cases, an indication of a situation like this is the fact that the particle (mass) sources start to oscillate about a "mean" value. To tackle the problem, an advanced particle source relaxation option was introduced that effectively suppresses this kind of particle-induced source oscillation (Figure 10). In many cases this significantly improves convergence and overall simulation time. In Figure 11 the number of coefficient loops for a spray impingement test case is shown. The injection starts at the 10th time step. First particles are hitting the wall at the 25th timestep. Due to the advanced source term handling each timestep can be converged in approximately 10 coefficient loops.

2.2 Handling of Source Terms of the G-equation

The Right Hand Side of the G transport equation can provide additional challenges to a robust solution. In particular, the curvature term can be mesh sensitive and introduces a non-linear mechanism that can be harder to converge [5]. Within ANSYS CFX an active source coefficient is used in the form of a false-timestep that is damped to zero away from the flame-front, using a length scale that is related to the local mesh size and the computed curvature. This provides a general damping to the RHS that is significant only in the regions where curvature may be causing problems.

2.3 Introducing the Flame Thickness Limiter

Within the G-equation model, the spatial transition from unburned to burned is defined by the turbulent flame thickness, which in turn is derived directly from the local G-Variance solution. Convergence problems can occur, however, if this transition is under-resolved by the mesh. This would lead to sudden spatial changes in temperature and density which the solver would find difficult to cope with numerically.

Such situations can arise when the G-Variance locally tends to a small number, for example in the boundary layer near-wall regions, or when the flame-front propagates into a particularly coarse mesh region. The solution is to impose a lower limit on the G-Variance used to calculate the turbulent flame thickness. One option is to use the laminar flame thickness (derived from local conditions) as the lower limit, but in practice a pre-defined or local mesh size-related quantity is often preferred. This provides a significant robustness improvement and decreases the solution sensitivity to the mesh topology.

3. Computational Efficiency

The benefit of the previously described enhancements to the solver numerics is reflected by the wall clock time taken for the computation of a full engine cycle. The load point of the considered turbocharged direct-injection gasoline engine is characterized by an engine speed, n = 2000 rpm, and a double injection ($CA_{inj1} = 440° - 465°$, $CA_{inj2} = 640° - 650°$). Turbulence is accounted for by means of the SST model with automatic wall treatment, and the combustion process is included via the G-equation model based on a pre-generated Flamelet library for the chemical reactions. A simulation timestep of $\Delta CA = 0.5°$ (reduced to $\Delta CA = 0.1°$ during injection and $\Delta CA = 0.25°$ during combustion) is considered appropriate in the context of the second order accurate backward Euler time discretization. A second order accurate spatial discretization is used on hybrid meshes (Figure 2).

The simulation ran in a consecutive manner, using pre-generated key grids, in parallel using 10 Intel Xeon X5670 2.9 GHz CPU's. The wall-clock time was successfully reduced by 33 % (t = 130 h → t = 88 h) by employing the numerics enhancements during fuel evaporation, particle wall interaction and combustion, described in section 2. This is primarily due to the computational time taken for the fuel injection phase within the cycle being halved (t = 65 h → t = 35 h), and for the combustion phase being reduced by 38 %. Beyond these impressive efficiency considerations, a fully converged solution is obtained for the entire cycle. This allows the engine designer to draw reliable conclusions during the design process.

4. Summary and Outlook

The ever evolving legal constraints drive an enormous engineering change process throughout all the disciplines involved. It continuously fuels the further development of simulation methods. Frequently, it is put in the context of related models to capture the complex physical and chemical processes. This is implicitly linked to a fully reliable simulation process in order to benefit a productive design process.

A proper quality assurance is demonstrated here in the context a turbocharged direct-injected gasoline engine. It is based on a fully scalable grid generation process that is well aligned with state-of-the-art HPC needs. A careful differentiation between numerical errors (e.g. discretization and iteration error) and model errors (e.g. ignition modeling) is achieved by evolving the numerical methods accounting for fuel evaporation, particle wall interaction and combustion.

Because of the robust and reliable simulation process, this method forms a working environment well suited to further evolution of the physical and chemical models to address future needs (e.g. cyclic variations, knock prediction)

References

[1] Bader, F.: „Weiterentwicklung der Gittergenerierung zur Strömungsberechnung in Verbrennungsmotoren mit Finite-Volumen-Verfahren“, FH-Gießen-Friedberg, Fachbereich MMEW, 2010

[2] Buhl, S: Systematische Untersuchung der Ladungswechselbewegung von Verbrennungskraftmaschinen im Teillastbetrieb, Masterarbeit, Fachgebiet Thermo und Magnetofluiddynamik, TU Ilmenau, 2012

[3] Kumzerova, E.: Validation of Spray Simulations in CFX-11, New Technologies and Services, Saint-Petersburg, Russia

[4] Kuntz, M.: IC Engine Simulations with ANSYS CFX and ANSYS ICEM CFD Release 14, ANSYS Inc., 2012

[5] Toninel, S., Forkel, H., Frank, T., Durst, B., Hasse, C. and Linse, D. “Implementation and Validation of the G-Equation Model Coupled with Flamelet Libraries for Simulating Premixed Combustion in I.C. Engines”, SAE Int. J. Engines 2(1): 674-690, 2009

23 GCA online - Unterstützung des Motorkalibrierprozesses durch schnelle Ladungswechsel- und Verbrennungsanalyse unmittelbar am Prüfstand
GCA online – Supporting the Engine Calibration Process by Fast Gas Exchange and Combustion Analysis Directly at the Test Bed

Robert Fairbrother, Rudolf Gande, Johann Krammer, Thomas Leifert, Georg Salentinig

Abstract

Accurate combustion analysis at the test bed is an important tool for the development engineer. It can help engine design, efficiency improvements or emissions reduction by providing instantaneous feedback on the combustion process. It can also provide detailed combustion information to help speed-up the engine calibration process. By implementing shared memory communication, multiple core capability and streamlined calculation techniques, the calculation time of AVL gas exchange and combustion analysis software GCA (Gas Exchange and Combustion Analysis) has been dramatically reduced without significantly decreasing calculation results accuracy. This allows AVL IndiCom (in combination with AVL GCA) to perform accurate gas exchange and combustion analysis calculations directly and promptly at the test bed. This opens the door to a number of promising new applications by erasing the bridge between measurement data acquisition and post-processing analysis.

Increase of measurement data consistency and the reduction of development time are two of the most important benefits of being able to perform "on-line" plausibility checks of measurement data. The strong links connecting AVL GCA calculation results to the measurement data and the redundancy between calculation and measurement for the assessment of some highly relevant engine parameters (e.g. IMEP, air mass flow) can greatly extend the "on-line" plausibility checks functions already available in AVL IndiCom or AVL test bed automation software PUMA. Some engine application examples, where valve train flexibility is used to enhance fuel economy or reduce exhaust emissions of internal combustion engines, show that the immediate availability at the test bed of gas exchange related parameters (e.g. internal EGR rate, scavenged mass, mass flows through the valves) supports an intuitive optimization of the valve train parameters.

Kurzfassung

Eine exakte Verbrennungsanalyse am Prüfstand stellt für Entwicklungsingenieure ein wichtiges Werkzeug dar. Sie liefert unmittelbar Feedback über den Verbrennungsprozess und kann so wertvolle Unterstützung bei der Motorenkonstruktion und bei Maßnahmen zur Effizienzsteigerung oder Schadstoffreduktion leisten. Die Verbrennungsanalyse liefert auch detaillierte Daten, die dazu beitragen können, den Motorkalibrierprozess zu beschleunigen. Durch gemeinsame Speichernutzung (Shared Memory), Multicore-Funktionalität und optimierte Berechnungsverfahren konnte die Rechenzeit für die AVL Ladungswechsel- und Verbrennungsanalysesoftware GCA drastisch reduziert werden, ohne dabei die Genauigkeit der Rechenergebnisse in nennenswerter Weise zu beeinträchtigen. Dies ermöglicht AVL IndiCom in Kombination mit AVL GCA (Gas Exchange and Combustion Analysis) exakte Ladungswechsel- und Verbrennungsanalyseberechnungen direkt und unmittelbar am Prüfstand durchzuführen. Das Schließen der Lücke zwischen Messdatenerfassung und Nachverarbeitung eröffnet Möglichkeiten für eine Anzahl vielversprechender neuer Anwendungen.

Erhöhte Messdatenkonsistenz und reduzierte Entwicklungszeiten gehören zu den wichtigsten Vorteilen, die sich aus der Möglichkeit, eine „Online“-Plausibilitätsprüfung der Messdaten durchzuführen, ergeben. Die enge Kopplung der AVL GCA Rechenergebnisse mit den Messdaten sowie die Redundanz zwischen Berechnung und Messung für die Bewertung von relevanten Motorparametern (z.B. indizierter Mitteldruck, Luftmassenstrom) kann die in AVL IndiCom bzw. im AVL Prüfstandsautomatisierungssystem PUMA bereits vorhandene Funktionalität für „Online”- Plausibilitätsüberprüfungen bedeutend erweitern. Einige Beispiele für Anwendungen an PKW-Motoren, in denen mit Hilfe einer variablen Ventilsteuerung ein niedrigerer Kraftstoffverbrauch bzw. eine Reduktion der Schadstoffe von Verbrennungsmotoren erzielt werden kann, zeigen, dass aufgrund der unmittelbaren Verfügbarkeit von ladungswechselbezogenen Parametern am Prüfstand (z.B. interne AGR-Rate, Spülgrad, Massenströme durch die Ventile) eine Optimierung der Ventilsteuerparameter unterstützt wird.

1. INTRODUCTION

Combustion analysis is used by engine developers to obtain additional information on the combustion process that cannot be measured directly [1, 2, 3]. There is also sometimes the issue that feedback from available sensors is too slow or cannot be located in the required position. There is usually a compromise between a quick feedback of data at the test bed or a more complete but slower analysis later in the office after the measurements have been completed. The target of this work has been to develop a complete gas exchange and combustion analysis package that can be used directly at the test bed or on the vehicle without any compromise in accuracy.

The calibration of a GDI engine at low speed and high torque (i.e. low end torque) provides a high potential to increase BMEP. This is managed by scavenging when shifting the valves to a large overlap period. It ensures minimal residual gas for the following cycle and therefore a maximum amount of combustible gas in the combustion chamber at stoichiometric operation. Meanwhile the air fuel ratio of the exhaust gas is controlled by a Lambda-probe installed in exhaust manifold. This parameter shows good correlation in stationary operation but in transient mode or when scavenging is applied there is a mismatch between air fuel ratio in the combustion chamber and the exhaust. Due to scavenging the Lambda values measured in the exhaust are higher than the actual values in the cylinder. As rich operation always contains unburned hydrocarbons and carbon monoxide, there is a high risk of overheating/damaging the catalyst in combination with the oxygen scavenged.

GCA-Online can quickly calculate and provide the actual air fuel ratio on a cycle by cycle basis to ensure safe transient operation. The accuracy can be assessed from the energy balance of the combustion analysis and any air flow differences between measured and simulated values for the gas exchange analysis. When using only the exhaust lambda sensor, without knowing the scavenging rate, it is possible that rich operation will lead to excessive exothermal reactions in the catalyst due to the oxygen in the scavenged air.

2. THEORY

Gas exchange and Combustion Analysis (GCA) technology uses a combination of measured and simulated values to determine important additional values for engine development. This is a two part process that combines measured crank angle resolved pressure traces with a cycle simulation model.

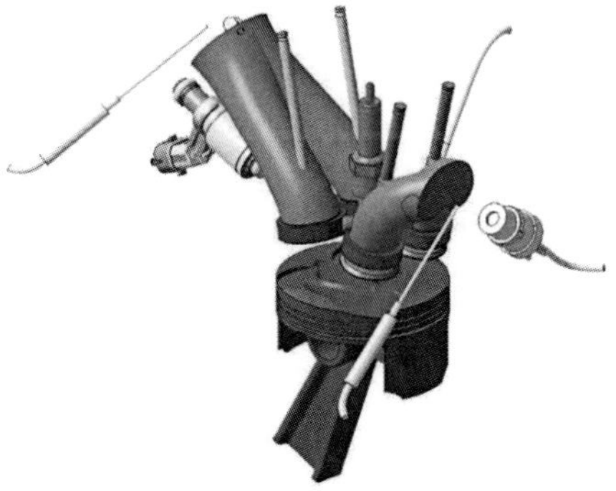

Figure 1: Instrumented cylinder head for analysis

The first part, combustion analysis, uses the measured cylinder pressure to determine the rate of heat release of the combustion process during the high pressure phase. The second part, gas exchange analysis, uses measured intake and exhaust pressure traces (Figure 1) and the calculated rate of heat release curve (from the combustion analysis) to calculate the gas dynamics of the system. The gas exchange and combustion analysis process is summarized in
Figure 2.

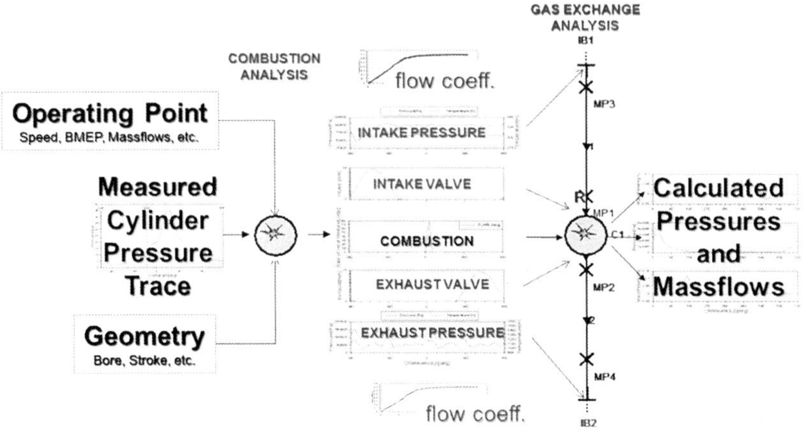

Figure 2: Gas Exchange and Combustion Analysis Process

The required inputs are the engine geometry (e.g. bore, stroke), valve lift profiles and valve flow coefficients. A database of thermodynamic properties provides the necessary data for modeling the air, fuel vapour and combustion products (subdivided into fuel burned and air burned fractions) [4]. This process can be used to accurately calculate a number of important values including the actual fuel and air mass for each cycle, based on the measured pressure traces.

2.1 Combustion Analysis

Combustion analysis is used to calculate the rate of heat release of the combustion process using a measured cylinder pressure trace. The solution is based on an energy balance during the high pressure phase of the cycle. This takes into account wall heat transfer, blowby, volume work and evaporation energy of the fuel.

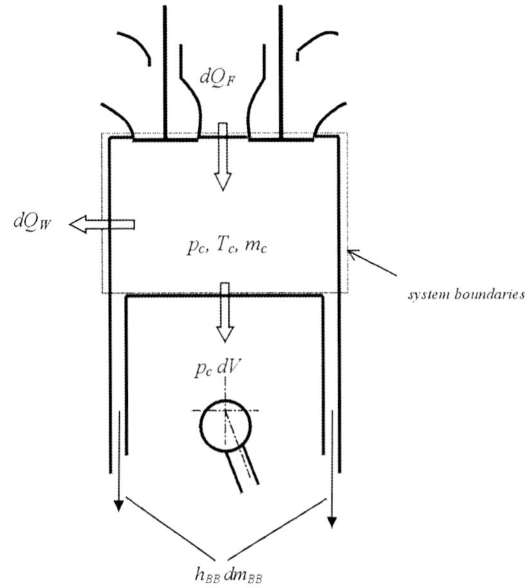

Figure 3: Combustion Analysis Control Volume

The calculation of the thermodynamic state of the cylinder is based on the first law of thermodynamics:

$$\frac{d(m_c \cdot u)}{d\alpha} = -p_c \cdot \frac{dV}{d\alpha} + \frac{dQ_F}{d\alpha} - \sum \frac{dQ_w}{d\alpha} - h_{BB} \cdot \frac{dm_{BB}}{d\alpha} - q_{ev} \cdot f \cdot \frac{dm_{ev}}{dt} \quad (1)$$

[internal energy] = - [piston work] + [fuel heat input]

- [wall heat losses] - [blowby] – [evaporation]

The calculation covers the high pressure phase of the engine cycle. That is, for a four stroke engine, between intake valve closing (IVC) and exhaust valve opening (EVO). A typical rate of heat release result and its components is shown in Figure 4.

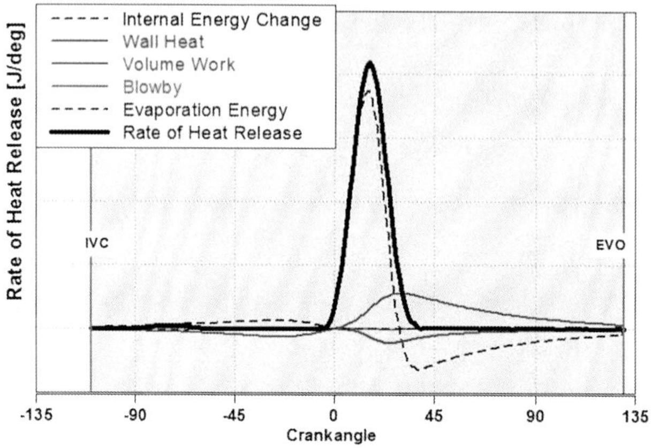

Figure 4: Rate of heat release and its components

The wall heat transfer can be modeled using a number of different approaches. These include the models proposed by Woschni [3], Hohenberg [6] or Bargende [7]. The quality of the combustion analysis can be assessed by checking the energy balance between the fuel energy input (fuel mass multiplied by lower heating value) and the calculated released energy. Fine tuning of final result by calibrating the wall heat losses or adjusting the measured signal based on a simulated measured pressure curve is also possible.
The output of the combustion analysis is a normalized rate of heat release curve. The curve is normalized because the actual air and fuel amounts are calculated by the gas exchange model in the second part of the process. That is, the combustion analysis is used to determine the characteristics of the combustion profile but the actual magnitude of heat release is only determined when combined with the calculated air and fuel masses from the gas exchange modeling.

2.2 Gas Exchange Analysis

The gas exchange analysis adds the modeling of the gas dynamics of the intake and exhaust port to the modeled rate of heat release from the combustion analysis. Gas dynamics in the intake and exhaust ports are modeled by dividing the ports into a number of one dimensional cells. The method used for solving the mass, momentum and energy equations of these cells for gas dynamics is the ENO finite volume method [8]. The intake and exhaust boundary conditions are based on the measured traces at these locations. This close coupling with measured data gives an accurate prediction of the flows in and out of the cylinder when combined with the correct valve lift profiles and associated flow coefficients.

The variation of the mass in the cylinder can be calculated from the sum of the inflowing and out-flowing masses:

$$\frac{dm_c}{d\alpha} = \sum \frac{dm_i}{d\alpha} - \sum \frac{dm_e}{d\alpha} - \frac{dm_{BB}}{d\alpha} + \frac{dm_{ev}}{d\alpha} \quad (2)$$

[mass in cylinder] = [intake flow] - [exhaust flow] - [blowby] + [injected fuel]

This allows the analysis to predict the exact conditions at any point in the cycle. For example, residual gas at the start of the high pressure phase or unburned air fuel ratio at the start of combustion.

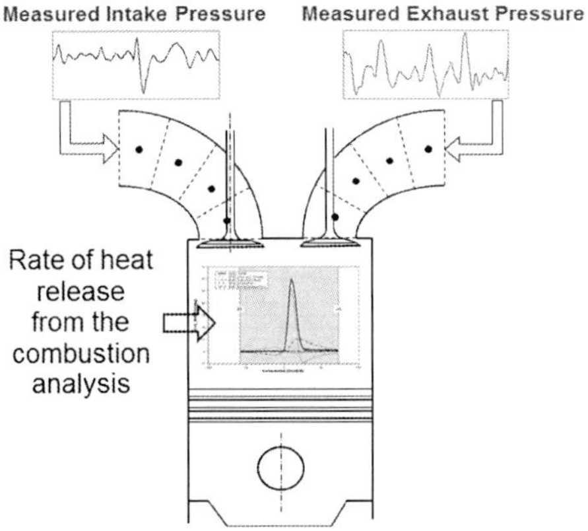

Figure 5: Gas Exchange Analysis

2.3 Transient Analysis

A transient gas exchange and combustion analysis is more complicated than a standard steady state analysis because of the lack of required measured data. The analysis needs the fuel and air mass flow for each cycle. In a steady state analysis this is easy enough to measure and average over a number of cycles. However, a method to use the calculated mass flows based on the measured pressure curves has been developed and applied in this case [9].

2.4 Methodology

The target for online operation of gas exchange and combustion analysis is to deliver simulation results for a reasonably complex model with the highest frequency possible. In order to meet these requirements the computer programs involved in the tool chain of a GCA simulation were adapted and optimized in several ways:

- The solver is the custom AVL/BOOST solver executable. The potential of speed up by tailoring all I/O to the simple and clearly arranged models of a GCA simulation proved to be enormous. The only change to the physical simulation itself was to disregard the calculation of result groups irrelevant to both the simulation and the end results (e.g. acoustic results which require significant processing time due to the use of FFT routines)
- To benefit from multiple CPUs which are available in almost all modern hardware, a multi process approach on the solver level was introduced. That is, maintenance of a job queue and management of the result data is done by AVL IndiCom, while the simulations themselves are performed by several AVL BOOST solver processes running in parallel.
- To avoid the bottle neck resulting from the accumulation of HDD I/O operations in the multi process approach, most of the communication between the processes of the tool chain was shifted from traditional file I/O to a modern shared memory approach. By using the shared memory method, full scalability of the algorithm was observed on up to a 12 core work station.

With the implementation of these optimizations the time needed for a single calculation on a single core was reduced by a factor of approximately 5 (a simple model now needs less than a second on decent hardware). By further harnessing the multi process approach on a mid to high end workstation (e.g. 12 core Xeon) a throughput of approximately 10 simulation results per second can be achieved.

2.5 Computing Hardware Recommendations

The simulation performance can be measured by two parameters: The latency between measurement and availability of the corresponding simulation result and the throughput with the meaning of a frequency of the availability of new simulation results. Tests showed that the latency, which corresponds to the calculation time of a single process simulation, has hardly any dependence on the kind of used CPU as long as it is not too antiquated (e.g. a high end Xeon X5670 proved to be only ~5% faster than a rather low cost Core 2 Duo E8500). The throughput, on the contrary, scales linearly with the number of simulation processes which can run unhindered on a given hardware which again corresponds to the total number of calculation cores. Therefore the same hardware requirements as for AVL IndiCom, with an emphasis on multicore systems, apply:

CPU:	Intel Core-i or Intel Xeon with 4 or more cores at 3GHz
RAM:	4 GB
OS:	Windows 7 (32/64bit) or Windows XP
Interfaces:	GigaBit Ethernet, CD-ROM, PCI-E and RS232 or ExpressCard (at Notebooks)

Table 1: required PC specification

3 APPLICATION

In order to reduce the development time of TGDI (turbo charged gasoline direct injection) engines a high degree of test bed automation is required. To minimize the engine parameter adjustment time on the engine dynamometer or to have the possibility of running the development program unmanned, e.g. overnight, RTC's (Real Time Controller) are used to set engine parameters like SA (spark advance) or injection. Therefore a Combustion RTC is used to adjust ignition timing for the desired MFB50% value (50% mass fraction burned), as well as a Knock Controller or a Peak Pressure Controller to retard spark advance if necessary. Along with a Lambda Controller and Engine Component Surveillance Controller to adjust injection time to the desired air/fuel ratio and enrichment of the air fuel mixture to stay within the exhaust gas temperature limits, an unmanned engine operation is possible in almost all areas of the engine speed/load map. The problem in scavenging operation is that this will cause fuel enrichment that will damage the catalyst. So instead of increasing the fuelling needs to be decreased to stay within temperature limits.

When a TGDI engine is equipped with cam phasing on one or both cam shafts, there is the potential to run the engine in scavenging operation mode. Scavenging operation gives the opportunity to increase the low end torque of the engine compared to non-scavenging operation or an engine without cam phasing. This effect is driven by an advanced IVC (intake valve closing), increased air mass flow which shifts the operation point of the compressor away from compressor surge line to areas with higher compressor efficiency and reduced residual gas content in the combustion chamber.

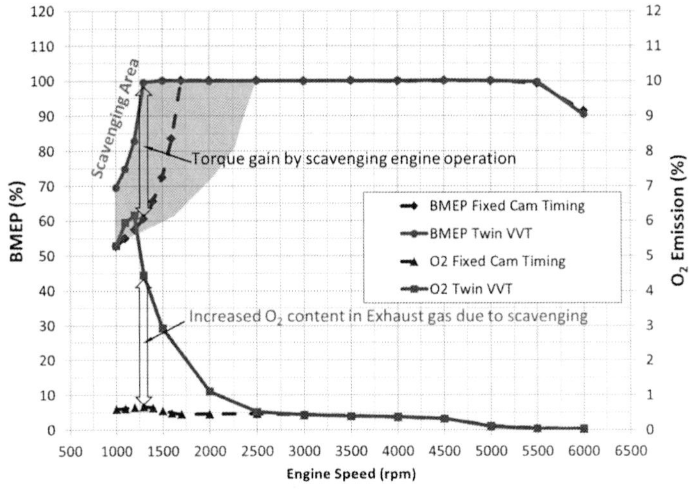

Figure 6: *BMEP & Oxygen (O_2) content of exhaust gas*

Scavenging operation is characterized by valve overlap at gas exchange TDC (top dead center) and a higher intake manifold pressure compared to the exhaust pressure (boosted operation at low engine speed, see Figure 6. This leads to a part of the fresh charge air being blown through the combustion chamber directly into the exhaust manifold without taking part in the combustion process whilst the fuel is injected after exhaust valve closing and therefore remains in the combustion chamber. As a result the oxygen sensor in the exhaust system will detect the scavenged air and shows "lean" exhaust air/fuel ratio depending on the amount of air being scavenged, whereas the air/fuel ratio of the combustion chamber can be rich or stoichiometric, see figure 7.

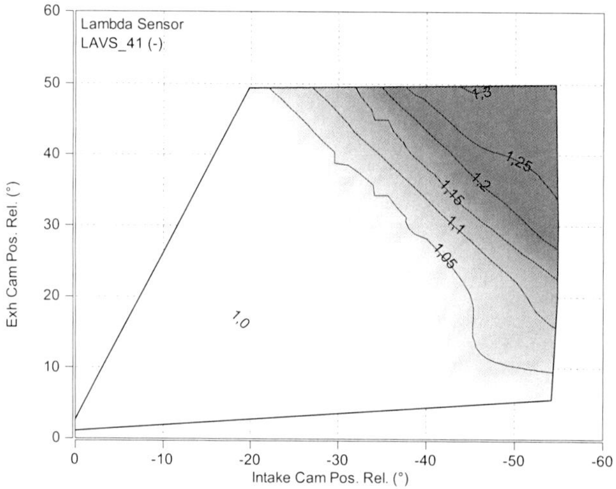

Figure 7: Exhaust gas Lambda = f (VVT) given by an oxygen sensor

This behavior makes it impossible to control the air/fuel ratio of the combustion with the Lambda Controller using an exhaust gas oxygen sensor. Emission components (CO & O2) measured by the CEB (combustion emission bench) can be used to evaluate the air/fuel ratio of the combustion chamber, but these signals are too slow to drive an RTC for injection timing. Scavenging operating of the engine with stoichiometric exhaust gas air/fuel ratio leads to very rich combustion chamber air/fuel ratio depending on the amount of scavenged air and might cause severe damage to the catalytic converter due to the thermal reaction of unburned fuel and scavenged air.

Figure 8 shows the BMEP potential of an engine operated at low speed with WOT (wide open throttle) and closed turbine waste gate depending on intake and exhaust cam position (valve overlap). For safe, unmanned automatic engine run the RTC for injection timing requires the air/fuel ratio of the combustion chamber.

GCA-Online (Gas exchange and Combustion Analysis) can be used as a "virtual" combustion chamber lambda and scavenging sensor. This procedure is applicable to the test bed as described in the following section.

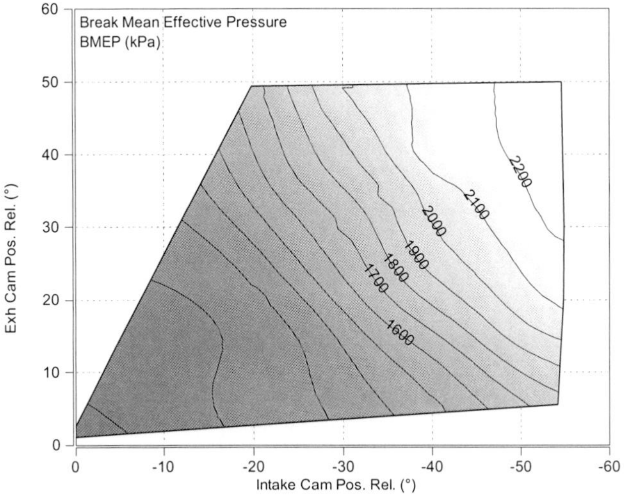

Figure 8: BMEP potential = f (VVT)

4 MEASUREMENT

The test engine is a state of the art 4 cylinder GDI gasoline engine of a series passenger car, with the main technical data described in Table 2.

Engine type:	4 cylinder gasoline, in line
Configuration:	GDI, VVT, 16 valves, 1 stage Turbo Charger
Power:	P_e = 180 kW
Torque:	Trq = 380 Nm
Displacement:	V_{total} = 2.0 l
Compression ratio:	ε = 9.7

Table 2: General engine data

An AVL Spark plug sensor (ZI31) with integrated pressure transducer element is mounted in the cylinder head, whilst intake and exhaust manifold are equipped with absolute measuring pressure transducers (LP11D), the exhaust transducer is installed in a cooling adapter, see figure 9.

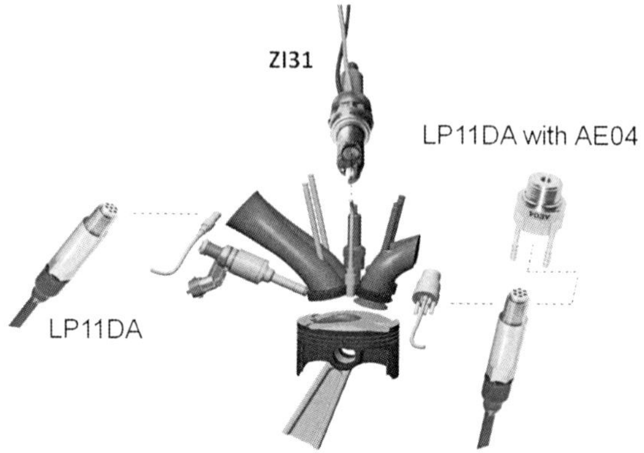

Figure 9: *pressure transducer application*

The central element of the measurement set up is the data acquisition by two cascaded AVL IndiModul Systems. The measurement set up and data flows are shown in figure 10. An IndiCom PC is connected via Gigabit Ethernet to the IndiModul Systems. Because the data required by the calculation changes rapidly this has to be provided by the measurement system on a cycle by cycle basis so that the transient operation can be followed by the calculation.

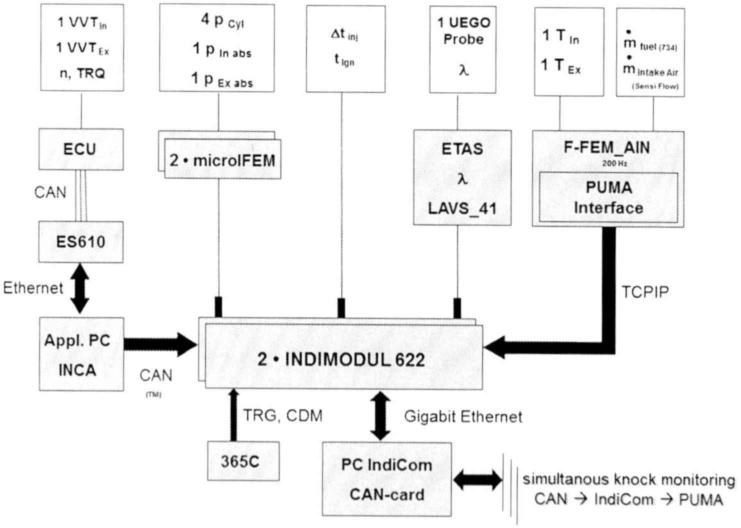

Figure 10: *Measurement setup at the test cell*

The intake, cylinder and exhaust pressure traces are fed via microIFEM into three high speed channels. The valve lift curve (cam profile) is fixed as the phasing itself can be shifted at both intake and exhaust valves. The signal of these phase shifts are provided by INCA via CAN-connection. The change in position of this square wave signal provides the crank degree shift of the cam shaft towards their reference position. Two current clamps are installed for detection of ignition and injection duration. The crank shaft signals Trigger and CDM are directly fed to the indicating device as low voltage differential signal (LVDS) with the crank degree information.

There is a number of signals needed for the GCA calculation. This includes VVT-parameter, speed and torque which are handled by the engine control unit (ECU). Pedal position and throttle position are additionally acquired. The transfer of these parameters is managed by CAN-Bus. Lambda via ETAS and acquisition of intake and exhaust manifold temperature via a F-FEM and PUMA interface as well as mass flows of fuel and air. The air mass flow trapped is calculated by the gas exchange analysis.

5 CALCULATIONS

From a large range of test cases and conditions a short period of transient dynamic operation has been selected to highlight the important advantages of performing gas exchange and combustion analysis. This consists of a period of 16 seconds, which means 200 cycles at an engine speed of 1500 rpm, where the IMEP increases from about 12.5 bar up to 18 bar. Engine speed stays almost constant, see figure 11.

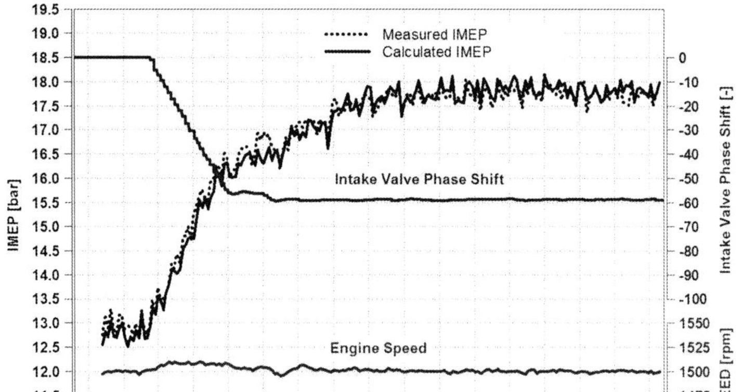

Figure 11: *Load change*

The load step is initiated by shifting the intake valve phase to an earlier position compared to the reference position by -60 deg CA, see intake valve shift in figure 12. This shift leads to increased valve overlap and therefore to scavenging. The exhaust cam shaft is not shifted.

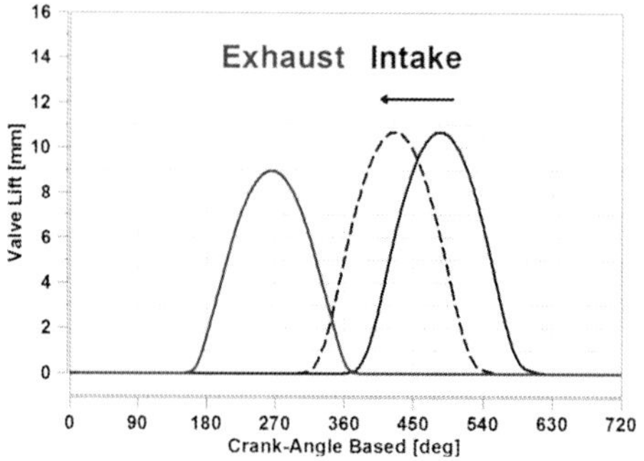

Figure 12: *Intake valve shift from reference position by -60 deg CA*

All cycles have been calculated and analyzed using the gas exchange and combustion analysis described in the previous sections. The results of two selected cycles - one at the beginning of the load step and the other one at the end of the load step - are shown in figures 13 and 14. They have been selected to explain the results.

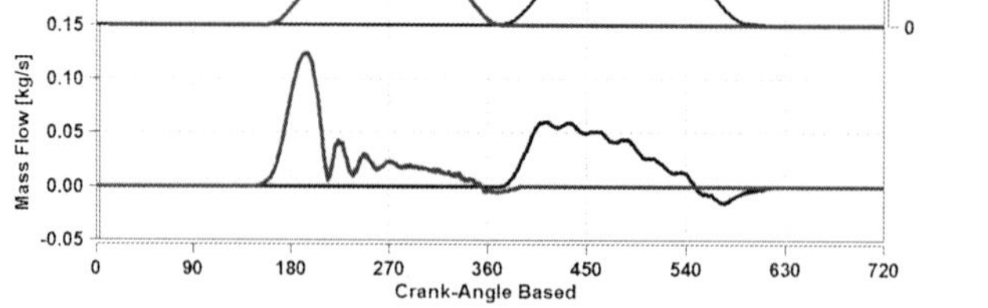

Figure 13: *Pressure traces, valve lift curves, mass flows before the load step*